电工操作200例

DIANGONG CAOZUO 200LI

张宪 张大鹏 主编

化学工业出版社
·北京·

图书在版编目（CIP）数据

电工操作200例/张宪，张大鹏主编．—北京：化学工业出版社，2017.1

ISBN 978-7-122-28449-5

Ⅰ.①电…　Ⅱ.①张…②张…　Ⅲ.①电工技术　Ⅳ.①TM

中国版本图书馆CIP数据核字（2016）第264665号

责任编辑：宋　辉　　　装帧设计：王晓宇

责任校对：吴　静

出版发行：化学工业出版社（北京市东城区青年湖南街13号　邮政编码100011）

印　　刷：北京云浩印刷有限责任公司

装　　订：三河市瞰发装订厂

787mm×1092mm　1/16　印张15　字数385千字　2017年2月北京第1版第1次印刷

购书咨询：010-64518888（传真：010-64519686）　售后服务：010-64518899

网　　址：http://www.cip.com.cn

凡购买本书，如有缺损质量问题，本社销售中心负责调换。

定　　价：46.00元

前言

FOREWORD

电工技术的广泛应用，给工农业生产、国防事业和人民的生活带来了革命性的变化。如果我们想正确地掌握、使用、维修电工设备，就必须具有一定的理论知识和较强的动手能力。为推广现代电工技术，普及电工科学知识，以帮助正在学习电工技术的读者，编者根据多年的电气工作实践经验，并结合教学科研经验，对维修电工应掌握的基础知识和实际操作技能进行了全面的介绍，编写了这本《电工操作200例》一书。

本书从广大电工爱好者的实际需要出发，在内容上力求简洁实用、图文并茂、通俗易懂，达到举一反三，融会贯通的目的。在编写安排上力争做到由浅入深，循序渐进，所编内容注重实用性和可操作性，理论联系实际。本书对电工实际操作做了较详尽的叙述，可为初学者奠定较扎实的理论基础，帮助读者提高实际操作技能，既是广大初学者的启蒙读本和速成教材，也是电工爱好者们的良师益友。

本书主要介绍了安全用电、电工常用工具的使用、常用电工材料、常用电工电子仪器仪表的使用、电工基本操作技能、三相异步电动机的拆装、三相异步电动机的维修、建筑电气工程应用、常用低压电器及实用电路、电工电子元器件的识别与检测方面的知识。

本书由张宪、张大鹏主编，谭允恩、郭振武、赵慧敏、刘小钊、白效松副主编，邹放、田家远、吴子谦、陈影、沈虹、赵建辉、李志勇、付兰芳等参加编写。全书由贾继德、付少波、王冠群主审。

由于时间有限，书中不妥之处恳请广大读者批评指正。

编　者

目　录

CONTENTS

参考文献

Chapter 01

第一章 安全用电

例 1: 电工安全操作规程

① 从事电气工作的人员，必须具备电气的基本知识，非电气人员禁止从事电气作业。

② 严禁带负荷拉隔离开关和刀开关。

③ 输电线路、电气设备和开关的安装位置不得影响人员与车辆通行，电气设备的外壳应有可靠的接地和接零。

④ 使用梯子时，下面应有人监护，禁止两人以上（含两人）在同一梯子上工作。

⑤ 选配熔断器熔体时，禁止用大容量熔体更换小容量的熔体或用铜、铝线代替熔体。

⑥ 高低压配电室设备和电动机，在检修后确认无误，人员应站到安全区域方可送电试车。

⑦ 从事现场作业、高空作业，必须有两人以上。

⑧ 设备和线路未经证实无电，不得轻易触摸。

⑨ 对地电压 250V 以上，禁止带电作业；250V 以下，需带电作业时必须采取安全措施。

⑩ 雷雨天气应停止工作，不得靠近带电体。

⑪ 检修工作完毕，检修人员应清点工具，防止遗忘在设备上而造成事故。

⑫ 停送电必须有专人与有关部门联系，严禁约时停、送电。

⑬ 如工作人员两侧、后方有带电部分，应特别加设防护遮栏。

⑭ 在已停电但未装地线设备上工作时，应先将设备对地放电。

例 2: 电工人身安全知识

① 在进行电气设备安装和维修操作时，必须严格遵守各种安全操作规程和规定，不得玩忽职守。

② 操作时要严格遵守停电操作的规定，要切实做好防止突然送电时的各种安全措施，如挂上“有人工作，不许合闸”的警示牌，锁上闸刀或取下总电源保险器等。不准约定时

间送电。

③ 在邻近带电部分操作时，要保证有可靠的安全距离。

④ 操作前应仔细检查工具的绝缘性能，绝缘鞋、绝缘手套等安全用具的绝缘性能是否良好，有问题的应立即更换，并应定期进行检查。

⑤ 登高工具必须安全可靠，未经登高训练的，不准进行登高作业。

⑥ 如发现有人触电，要立即采取正确的抢救措施。

例3: 安全电压

在一般情况下，36V以下电压不会造成人身伤亡，称为安全电压。工程上规定有交流36V、12V两种；直流48V、24V、12V、6V四种。为了减少触电事故，要求所有工作人员经常接触的电气设备全部使用安全电压，而且环境越潮湿，使用安全电压等级越低。例如，机床上的照明灯一般使用36V电压供电；坦克、装甲车使用24V电源供电；汽车使用24V、12V电源供电。

例4: 设备运行安全知识

① 对于已出现故障的电气设备、装置及线路，不应继续使用，以免事故扩大，必须及时进行检修。

② 必须严格按照设备操作规程进行操作，接通电源时必须先合隔离开关，再合负荷开关；断开电源时，应先切断负荷开关，再切断隔离开关。

③ 当需要切断故障区域电源时，要尽量缩小停电范围。有分路开关的，要尽量切断故障区域的分路开关，尽量避免越级切断电源。

④ 电气设备一般都不能受潮，要有防止雨雪、水汽侵袭的措施。电气设备在运行时会发热，因此必须保持良好的通风条件，有的还要有防火措施。有裸露带电的设备，特别是高压电气设备要有防止小动物进入造成短路事故的措施。

⑤ 所有电气设备的金属外壳，都应有可靠的接地措施。凡有可能被雷击的电气设备，都要安装防雷设施。

⑥ 在电力设备上工作，保证安全的组织措施：工作票制度（包括口头命令或电话命令）。工作许可制度、工作监护制度。工作间断和转移工地制度。工作结束和送电制度。

例5: 电工工作监护制度

① 工作监护制度是保障人身安全和正确操作的重要措施。电工在作业过程中，工作监护人和工作负责人都应在现场认真监护工作组员的安全。工作组员应服从工作负责人和工作监护人的指挥。

② 完成工作许可手续后，工作负责人（监护人）应向工作组员交待带电部位、已采取的安全措施和其他注意事项。在下列情况下，工作负责人可参加具体工作。

a. 在变配电设备上进行全部停电作业；b. 在变配电设备上进行邻近带电作业，工作组员不超过三人，且无偶然触及带电设备可能时；c. 架空线路停电作业的工作地点较集中，附近又无其他线路时。

③ 对工作条件复杂，有触电危险的工作，应设专职监护人并不得兼任其他工作。

④ 在工作中遇雷雨、暴风或其他威胁工作组员安全的情况时，工作负责人或工作监护人应及时采取措施，必要时停止工作。

例 6: 触电事故的预防 

如果对电气设备使用不当，安装不合理，设备维护不及时和违反操作规程等，都可能造成人身伤亡的触电事故。

为此，在实际工作中，要严格按照如下操作规程去做。

① 不要带电操作。电工应尽量不进行带电操作。特别是在危险的场所应禁止带电作业。若必须带电操作，应采取必要的安全措施，如有专人监护及采取相应的绝缘措施等。

② 对电气设备应采取必要的安全措施。电气设备的金属外壳可采用保护接零或保护接地等安全措施，但绝不允许在同一电力系统中一部分设备采取保护接零，另一部分设备采取保护接地。

③ 建立完善的安全检查制度。安全检查是发现设备故障，及时消除事故隐患的重要措施。安全检查一般应每季度进行一次，特别要加强雨季前和雨季中的安全检查。各种电器，尤其是移动式电器应建立经常的与定期的检查制度，若发现安全隐患，应及时处理。

④ 严格执行安全操作规程。安全操作规程是为了保证安全操作而制定的有关规定。根据不同工种、不同操作项目，制定各项不同安全操作规程。如《变电所值班安全规程》、《内外线维护停电检修操作规程》、《电气设备维修安全操作规程》、《电工试验室安全操作规程》等。此外，在停电检修电气设备时必须悬挂“有人工作，不准合闸”的警示牌。电工操作应严格遵守操作规程和制度。

⑤ 建立电气安全资料。电气安全资料是做好电气安全工作的重要依据之一，应注意收集和保存。为了工作和检查的方便，应建立高压系统图、低压布线图、架空线路及电缆布置和建立电气设备安全档案（包括厂家、规格、型号、容量、安装试验记录等），以便于查对。

⑥ 加强电气安全教育。加强电气安全教育和培训是提高电气工作人员的业务素质、加强安全意识的重要途径，也是对一般职工和实习学生进行安全用电教育的途径之一。

例 7: 电火灾的预防 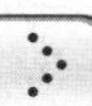

（1）合理地选用供电电压

在使用电气设备时，首先要使电气设备的额定电压必须与供电电压相配。供电电压过高，容易烧毁电气设备；供电电压过低，电气设备也不能发挥效能。其次，还要考虑到环境对安全用电的影响。

（2）合理选用导线截面积

在合理地选用供电之后，还必须合理选用导线截面积。导线是传输电流的，不允许过热，所以导线的额定电流比实际输送的电流要大些。家庭照明配电线路，其导线截面积一般选 $1.5mm^2$、$2.5mm^2$ 和 $4mm^2$，材质为铜导线或铝导线。铜导线以每平方毫米允许通过的电流为 6A 左右计，铝导线则为 4A 左右计。如表 1-1 所示为常用铜、铝导线的截面与安全载流量对照表。

（3）合理选用开关，相线应连接开关

选用开关时，应根据开关的额定电压及额定电流，还要根据它的开断的频率、负载功率的大小以及操纵距离远近等进行选用。

相线连接开关是重要的安全用电措施。相线连接开关可以保证当开关处于分断状态时用电器上不带电。

表 1-1 常用铜、铝导线的截面积与安全载流量对照表

导线截面积/mm^2	铜导线的安全载流量/A	铝导线的安全载流量/A
1.5	10	7
2.5	15	10
4	25	17
6	36	25

（4）提高安全用电的重视程度，培养良好的工作习惯

电能的应用十分广泛，电工技术要求也越来越高，如果安装、使用不当，就会发生这样或那样的事故。为了防止事故的发生，应提高用电的重视程度，培养良好的工作习惯。例如，尽量避免带电操作，不使用不合格的电器设备；注意线路维护，及时更换损坏的导线，不乱拉电线及乱装插座；对有小孩的家庭，所有明线和插座都要安装在小孩够不着的部位；也不在插座上装接过多和功率过大的用电设备，不用铜丝代熔丝等，如图 1-1 所示。

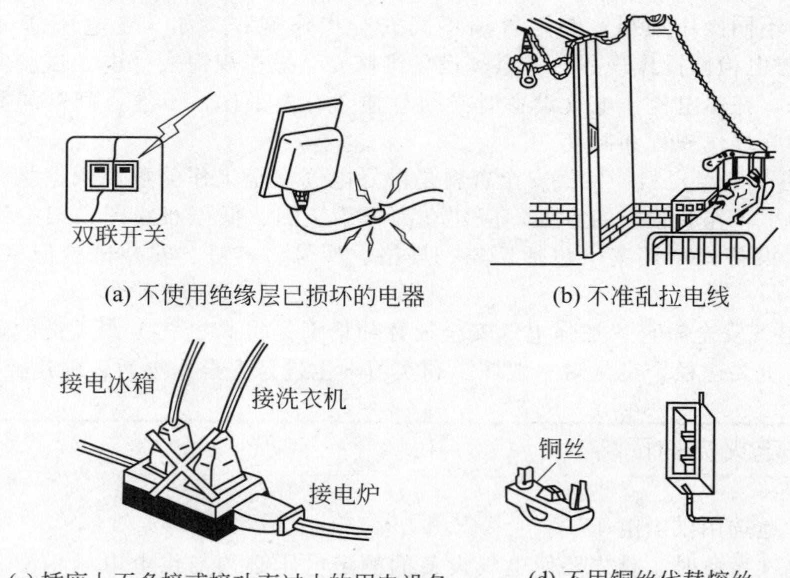

(a) 不使用绝缘层已损坏的电器

(b) 不准乱拉电线

(c) 插座上不多接或接功率过大的用电设备

(d) 不用铜丝代替熔丝

图 1-1 安全用电措施

例 8: 触电的类型及对人体的伤害

触电一般是指人体触及带电体时，电流对人体造成不同程度的伤害。触电事故可分为电击与电伤两种类型。生产与生活中所发生的触电死亡事故，大都是由电击造成的。

所谓电伤就是指人体外器官受到电流的伤害。如电弧造成的灼伤；电的烙印；由电流的化学效应而造成的皮肤金属化；电磁场的辐射作用等。电伤是人体触电事故较为轻微的一种情况。

所谓电击就是指当电流通过人体内部器官，使其受到伤害。如电流作用于人体中枢神经，使心脑和呼吸机能的正常工作受到破坏，人体发生抽搐和痉挛，失去知觉；触电的伤亡程度主要决定于通过人体的电流大小、途径和时间，实验证明，有0.6～1.5mA的电流通过人体则有感觉，手指麻刺发抖。50～80mA的电流通过人体，使人呼吸麻痹、心室开始颤动。电流通过人体的途径以两手间通过的情况最危险。通电时间越长，人体电阻越小，危险越大。电击是人体触电较危险的情况，往往会造成死亡。

例9: 触电的方式和类型

当人体被施加一定电压时，将会受到伤害。目前我国采用三相三线制和三相四线制供电方式，因此触电有下面几种类型。

（1）两相（双线）触电

如图1-2所示，当人的双手或人体的某二部位接触三相电中的两根火线时，人体承受线电压，环路电阻为人体电阻加接触电阻，这时将有一个较大电流通过人体。这种触电方式属最危险的一种触电。

（2）单相触电

① 三相四线制单相触电。如图1-3所示，人体的一个部位接触一根火线，另一部位接触大地，这样人体、大地、中线、一相电源绕组形成回路。人体承受相电压，构成三相四线制单相触电。

图1-2 两相（双线）触电

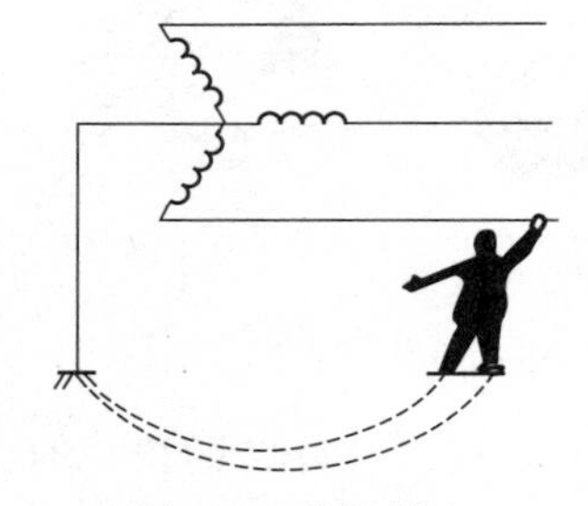

图1-3 单相触电

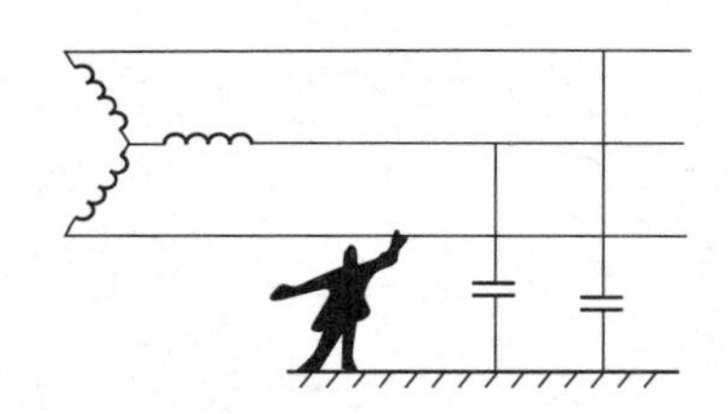

图1-4 三相三线制触电

② 三相三线制单相触电。输电线路与大地均属导体。因此，二者间存在电容，当人体某部位接触火线时，人体、大地、导体对地电容构成环路，引起触电事故，三相三线制单相触电如图1-4所示。这种触电方式，环路电流与对地电容大小有关。导线越长，接地电容越大，对人体的危害越大。

例10: 触电后脱离电源的方法

首先使触电人迅速脱离电源。其方法对低压触电，可采用“拉”、“切”、“挑”、“拽”、“垫”的方法，拉开或切断电源，操作中应注意避免救护人触电，应使用干燥绝缘的利器或物件，完成切断电源或使触电人与电源隔离。对于高压触电，则应采取通知供电部门，使触电电路停电，或用电压等级相符的绝缘拉杆拉开跌落式熔断器切断电路。或采取使线路短路造成跳闸断开电路的方法。也要注意救护人安全，防止跨步电压触电。触电人在高处触电，要注意防止落下跌伤。在触电人脱离电源后，根据受伤程度迅速送往医院或急救。

例 11：触电的诊断与急救

当发生触电时，应迅速将触电者撤离电源，或用绝缘器具（如木棒、干扁担、干布带、干衣服或干绳等）迅速将电源线断开，使伤员脱离电源。如果伤员未脱离电源，救护人员需用绝缘的物体（如隔着干衣服等）才能接触伤员的肌体，使伤员脱离电源。如果伤员在高空作业，还需预防伤员在脱离电源时摔下而导致摔伤。

伤员脱离电源被救下后，应及时拨打“120”联系医疗部门，并进行必要的现场诊断和抢救，直至救护人员到达。对触电者进行现场诊断的方法如图 1-5 所示。如果是一度昏迷，尚未失去知觉，则应使伤员在空气流通的地方静卧休息；如果是呼吸暂时停止，心脏停止跳动，伤员尚未真正死亡，或者虽有呼吸，但是比较困难，这时必须毫不迟疑地用人工呼吸和心脏按压进行抢救。

（1）口对口人工呼吸抢救法

将伤员伸直仰卧在空气流通的地方，解开领口、衣服、裤带，再使其头部尽量后仰，鼻孔朝天，使舌根不致阻塞气道，救护人用一只手捏紧伤员鼻孔，用另一只手的拇指和食指扳开伤员嘴巴，先取出伤员嘴里东西，然后救护人员紧贴着伤员的口吹气约 2s，放松 2s。如图 1-6 所示，依次吹气和放松，连续不断地进行。如果扳不开嘴巴，可以捏紧伤员的嘴巴，紧贴着鼻孔吹气和放松。

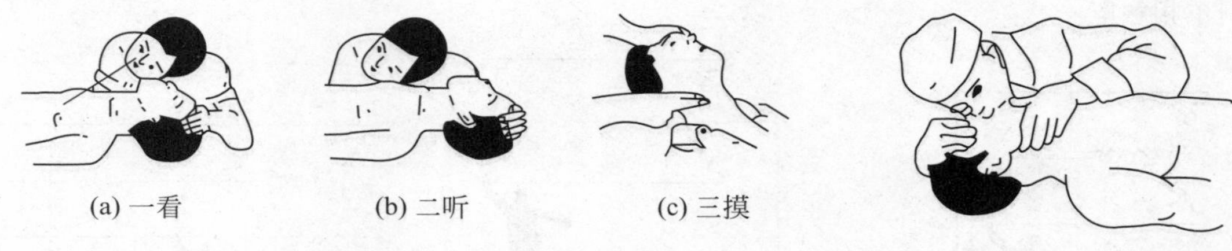

图 1-5　触电现场诊断方法

图 1-6　口对口人工呼吸法

人工呼吸法在进行中，若伤员表现出有好转的象征时（如眼皮闪动和嘴唇微动）应停止人工呼吸数秒钟，让他自行呼吸；如果还不能完全恢复呼吸，需把人工呼吸进行到能正常呼吸为止，人工呼吸法必须坚持长时间的进行，在没有呈现出明显的死亡症状以前，切勿轻易放弃，死亡症状应由医生来判断。

在实行口对口（鼻）人工呼吸时，当发现触电者胃部充气膨胀，应用手按住其腹部，并同时进行吹气和换气。

当触电者呼吸停止，但还有心脏跳动时，应采用口对口人工呼吸抢救法，如图 1-6 所示。

（2）人工胸外挤压抢救法

当触电者虽有呼吸但心跳停止，应采用人工胸外挤压抢救法，如图 1-7 所示。将伤员平放在木板上，头部稍低，救护人站在伤员一侧，将一手的掌根放在胸骨下端，另一只手叠于其上，靠救护人员的体重，向胸骨下端用力加压，使其陷下 3cm 左右，随即放松，让胸廓自行弹起，如此有节奏地压挤，每分钟 60～80 次。急救如有效果，伤员的肤色即可恢复，瞳孔缩小，颈动脉搏动可以扪到，自发性呼吸恢复，心脏按压法可以与人工呼吸同时进行。

当触电者伤势严重，呼吸和心跳都停止，或瞳孔开始放大，应同时采用“口对口人工呼吸”和“人工胸外挤压”抢救法，如图 1-8 所示。

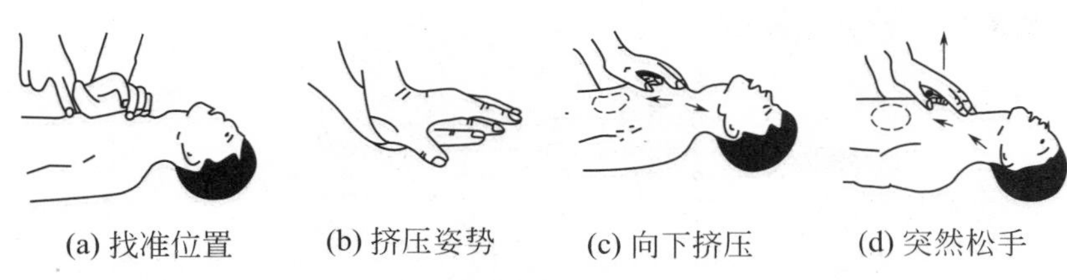

(a) 找准位置　(b) 挤压姿势　(c) 向下挤压　(d) 突然松手

图 1-7　人工胸外挤压抢救法

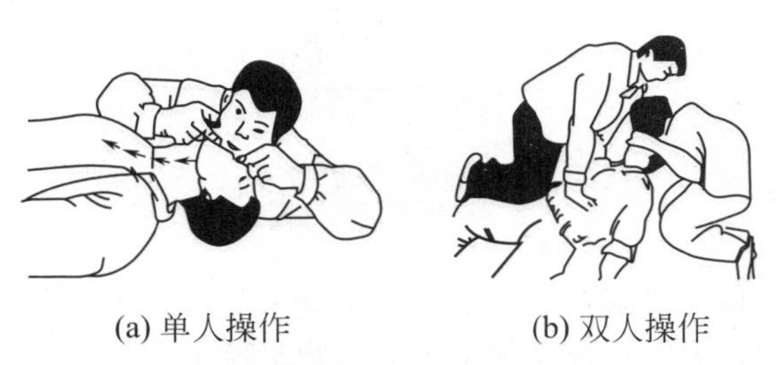

(a) 单人操作　(b) 双人操作

图 1-8　呼吸和心跳都停止时的抢救方法

例 12: 触电急救的注意事项

① 发现了触电事故，发现者一定不要惊慌失措，要动作迅速，救护得当。首先要迅速将触电者脱离电源，电源电流对人体的作用时间越长，对生命的威胁越大。所以，触电急救时首先要使触电者迅速脱离电源。其次，立即就地进行现场救护，同时找医生救护。

② 将触电者脱离电源后，将触电人员身上妨碍呼吸的衣服全部解开，立即移到通风处，越快越好。迅速将口中的假牙或食物取出。

③ 如果触电者牙紧闭，需使其口张开，把下颚抬起，将两手四指托在下颚背后外，用力慢慢往前移动，使下牙移到上牙前。

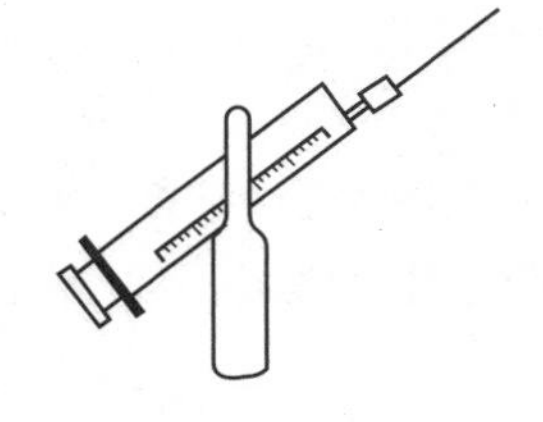

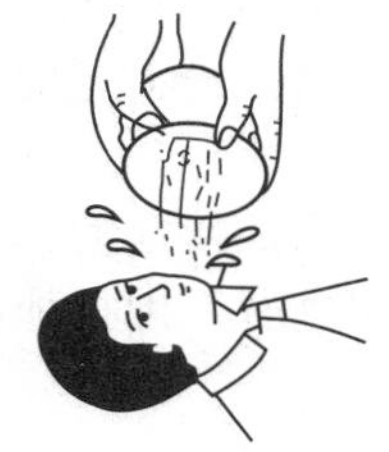

(a) 不能打强心针　(b) 不能泼冷水

图 1-9　触电急救的注意事项

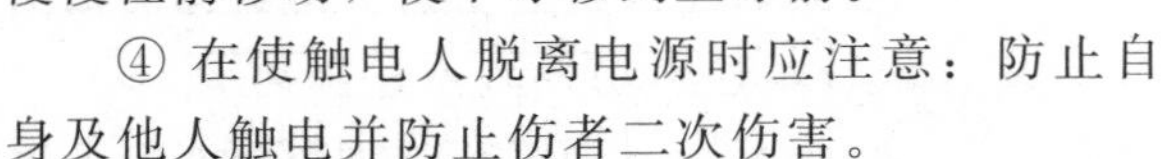

④ 在使触电人脱离电源时应注意：防止自身及他人触电并防止伤者二次伤害。

⑤ 抢救过程要不停地进行，在送往医院的途中也不能停止抢救。当抢救者出现面色好转、嘴唇逐渐红润、瞳孔缩小、心跳和呼吸迅速恢复正常，即为抢救有效的特征。

⑥ 在现场抢救中，不能打强心针，也不能泼冷水，如图 1-9 所示。

例 13: 电气设备的接零保护

电气设备经过长时间运行，内部的绝缘材料有可能已老化，如若不及时修理，将出现带电部件与外壳相连，从而使机壳带电，极易出现触电事故。因此，我们采用接零和接地两种保护措施。

在 1000V 以下中线接地良好的三相四线制系统中，例如，380V/220V 系统，将电气设备的外壳或框架与系统的零线相接，称保护接零。

图 1-10 为保护接零示意图，当某相绕组与机壳短路时，因有接零保护使该相电源短

接、电流很快烧断该相熔丝而断电。

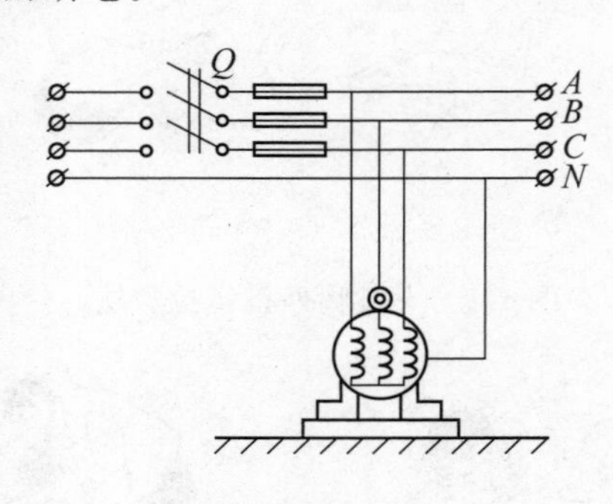

图 1-10　保护接零

在采用接零保护时，必须注意以下几点。

① 对中点接地的三相四线制系统，电力装置宜采用低压接零保护。

② 采用保护接零时，接零导线必须牢固，以防折断或脱线，在零线中不允许安装熔断器和开关等设备。为了在相线碰壳时，保护电器可靠地动作，要求接零的导线电阻不要太大。

例 14: 电气设备的接地保护

（1）接地保护的作用

接地保护就是把电气设备的金属外壳，框架等用接地装置与大地可靠地连接，以保护人身安全，它适用于 1000V 以下电源中性点不接地的电网和 1000V 以上的任何形式电网。

保护接地的示意图如图 1-11 所示。当某相绕组与机壳相碰，使机壳带电，而人体与机壳相碰时，因接地电阻很小，远小于人体电阻，电流绝大部分通过接地线入地，从而保护人身安全。

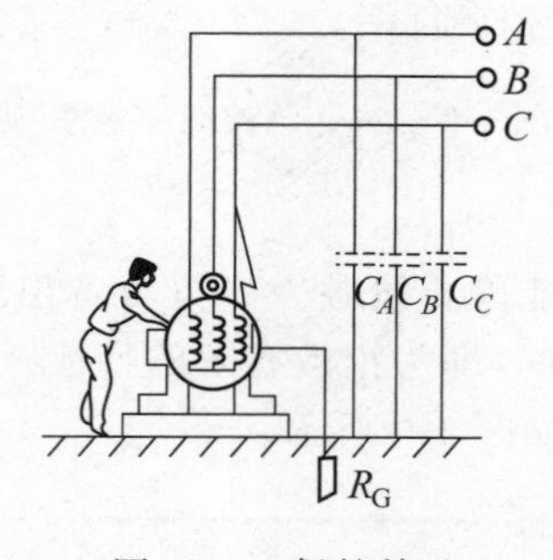

图 1-11　保护接地

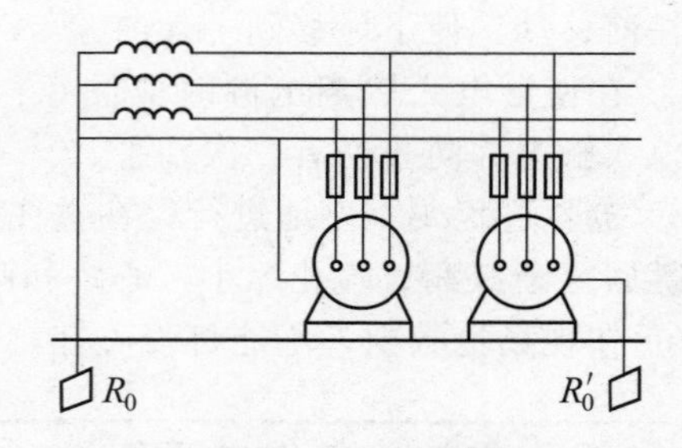

图 1-12　不正确的接地接零保护

（2）安装接地装置注意事项

① 同一电源上的电器设备不可一部分设备接零，另一部分接地。因为当接地的电气设备绝缘损坏而碰壳时，可能由于大地的电阻较大使保护开关或保护熔丝不能动作，于是电源中性点电位升高（等于接地短路电流乘以中点接地电阻），以至于使所有的接零电气设备都带电（图 1-12），反而增加了触电危险性。

② 接地装置的安装要严格按照国家有关规定，安装完毕必须进行严格测定接地电阻，

以满足完好运行的要求。

例 15: 雷电的形式

为了电气设备和建筑物的安全，电力系统和建筑物都采取了防止雷击的措施。为了防止人身触电，在用电设备中采用了接地保护，在电气领域中，防雷和接地是必不可少的安全保护系统。

当雷电场在某一方位的场强强度达到 25～30kV/cm 时，雷云就开始向这一方位放电（即雷电）。这种放电时间极短，在 0.03～0.15s 内，电流极大，可高达几十万安，并伴有雷鸣电闪，破坏性极大。图 1-13 为负雷云对建筑物顶部放电示意图，雷击的危害有三种形式。

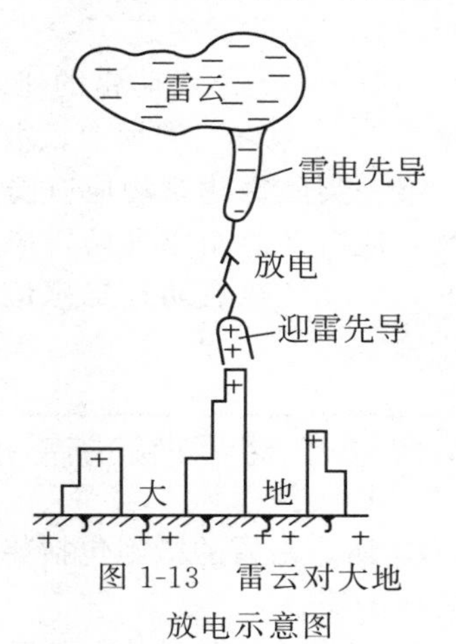

图 1-13　雷云对大地放电示意图

（1）直击雷

雷电直接击中电气设备、线路或建筑物，强大的雷电流通过被击物体，产生有极大破坏作用的热效应和机械力效应，伴之还有电磁效应和对附近物体的闪络放电（即雷电反击或二次雷击）。

（2）感应雷

雷云在建筑物和架空线路上空形成很强的电场，在建筑物和架空线路上便会感应出与雷云电荷相反的电荷。在雷云向其他地方放电后，云与大地之间的电场突然消失，但聚集在建筑物的顶部或架空线路上的电荷不能很快全部泄入大地，残留下来的大量电荷，相互排斥而产生强大的能量使建筑物震裂。同时，残留电荷形成的高电位，往往造成屋内电线、金属管道和大型金属设备放电，击穿电气绝缘层或引起火灾、爆炸。

（3）雷电波侵入

由于直击雷或感应雷所产生的高电位雷电波，沿架空线或金属管道侵入建筑物而造成危害。雷电波侵入的事故时有发生，在雷害事故中占相当大的比例。

例 16: 雷电的危害 

① 雷电产生强大电流，瞬间通过物体时产生高温，引起燃烧、熔化。

② 雷击爆炸作用和静电作用能引起树林、电杆、房屋等物体被劈裂倒塌。

③ 雷电放电时能使物体产生数万度高温，空气急剧膨胀扩散，产生冲击波，具有一定的破坏力。

④ 雷电流在周围空间形成强大电磁场。电磁感应能使导体的开口处产生火花放电，如有易燃、易爆物品就会引起爆炸或燃烧。而在闭路导体中，因强大的感应电流也会引起燃烧。

例 17: 建筑物的防雷等级 

根据建筑物的重要程度、使用性质、雷击可能性的大小，以及所造成后果的严重程度，民用建筑物的防雷分类，按《建筑电气设计技术规程》规定，可以划分为如下 3 类。

（1）一级防雷建筑

具有重要用途的建筑物、属于国家级重点文物的建筑物和建筑物及高度超过 100m 的建筑物，如国家级的会堂、办公建筑、大型博展建筑、大型旅游建筑、国际性的航空港、交通枢纽等属一级防雷建筑。

（2）二级防雷建筑

重要的或人员密集的大型建筑物、省级重点文物的建筑物和构筑物、19 层以上的住宅和高度超过 50m 的其他民用建筑、省级及以上大型计算机中心。如省部级办公室、省级通信广播建筑、大型的商店等属于二级防雷建筑。

（3）三级防雷建筑

不属于一、二类防雷的建筑属三级防雷建筑，但通过调查确认需要防雷的建筑物，如高度为 15m 及以上的烟囱、水塔等孤立的建筑物或构筑物。

第一类防雷建筑物应有防直击雷、放感应雷和防雷电波侵入的措施；第二类防雷建筑物，应有防直击雷和防雷电波侵入的措施，其中第二类防雷建筑物中储存易燃易爆物质的建筑物还应有防雷电感应的措施。第三类防雷建筑物应有防直击雷和防雷电波侵入的措施。

例 18: 建筑物的防雷措施

① 防直击雷的措施包括装设接闪器、引下线和接地装置，高度超过 45m 或 60m 建筑物防侧击等。

② 防感应雷的措施包括采用避雷器；建筑物内的主要金属物就近接地，平行敷设或交叉的金属管道的跨接，高度超过 45m 或 60m 的建筑物竖直敷设的金属管道和金属物的顶端和底端与防雷装置连接。

③ 防雷波侵入的措施包括架空和埋地的电缆、金属管道进出建筑物的要求。

例 19: 直击雷的预防

接闪器是用于接受雷电流的金属导体。接闪器的金属杆，称为避雷针；接闪的金属带、金属网，称为避雷带、避雷网。

避雷针一般用镀锌圆钢或镀锌焊接钢管制成。一般采用镀锌圆钢（针长为 1m 以下时，直径不小于 12mm；针长为 1～2m 时，直径不小于 16mm）或镀锌钢管（针长为 1m 以下时，内径不小于 20mm；针长为 1～2m 时，内径不小于 25mm）制成，通常安装在构架、支柱或建筑物上，其下端经引下线与接地装置焊接，与大地构成通路。

避雷针的保护范围可以用一个以避雷针为轴的圆锥形来表示采用滚球法对避雷针（避雷线）进行保护范围计算，滚球法就是设想一个半径为 h_r 的球围绕避雷装置左右上下滚动，并认为可被此球接触到的地方均是可按雷电击中并引起损坏的地方，而装置附近未能按此球接触的空间即是有效的保护空间，即在此空间内按击中的概率小，击中时也不致引起大的损坏。国标推荐采用滚球法确定避雷针的防雷范围，并对单支和多支避雷针保护范围作了明确的规定。

使用滚球法确定保护范围的模型请参看图 1-14 为单根避雷针保护范围示意图，图 1-15 为双支避雷针保护范围示意图。表 1-2 为按建筑物防雷等级确定滚球半径和避雷网格尺寸。

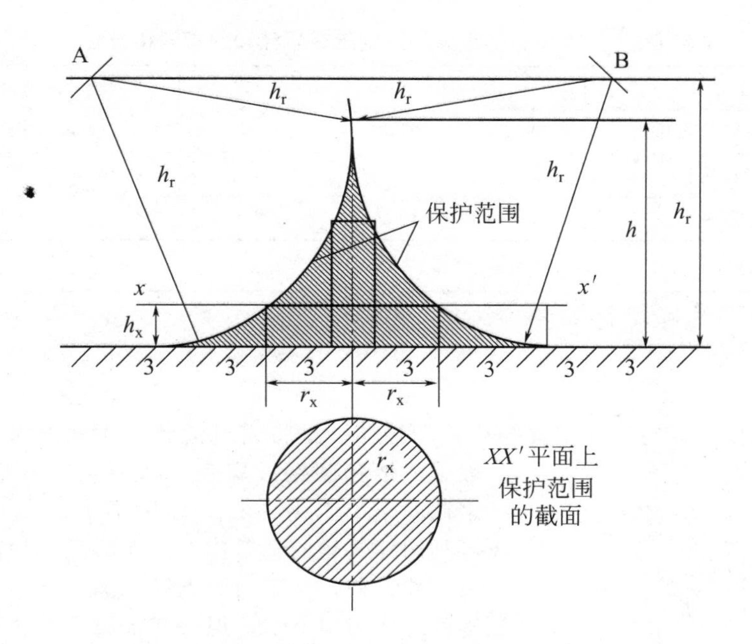

图 1-14　单根避雷针保护范围示意图

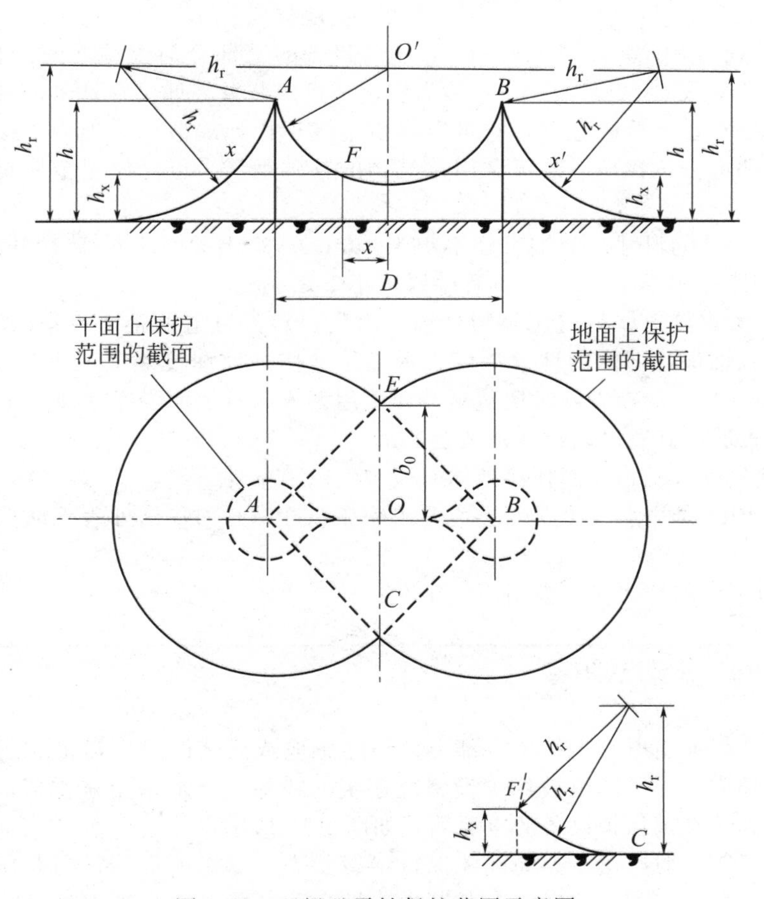

图 1-15　双根避雷针保护范围示意图

表 1-2　按建筑物防雷等级确定滚球半径和避雷网格尺寸

建筑物防雷等级	滚球半径 h_r/m	避雷网格尺寸/m×m
第一类防雷建筑物	30	≤5×5 或≤6×4
第二类防雷建筑物	45	≤h_r 时 10×10 或≤12×8
第三类防雷建筑物	60	≤20×20 或≤24×16

例 20: 引下线和接地装置

（1）引下线

引下线是将接闪器与接地装置相连接的导体。是将雷电流倒入大地的通道。引下线一般采用镀锌圆钢或扁钢，圆钢直径不小于 8mm，扁钢截面不小于 48mm²，厚度不小于 4mm，引下线还可利用建筑物的金属构件。如建筑物钢筋混凝土屋面板、梁、柱、基础内的钢筋，消防梯，烟囱的铁爬梯等都可作为引下线，但所有金属部件之间都应连成电气通路。

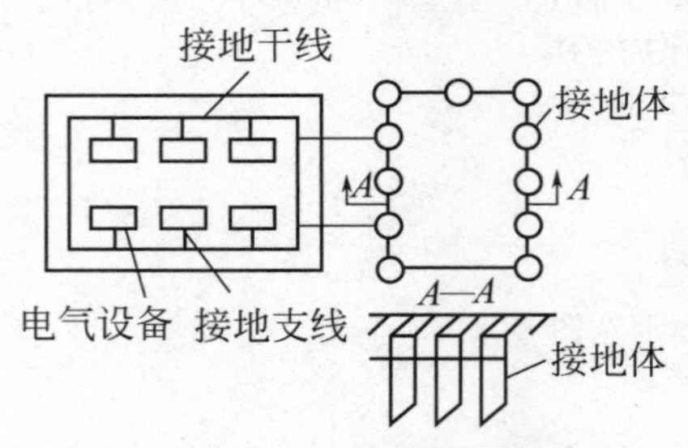

图 1-16　接地装置

（2）接地装置

电气设备的某部分与土壤之间的良好电气连接，称为接地。接地装置是埋设在地下的接地导体（即水平连接线）和垂直接地极的总称，它可以将雷电流尽快地疏散到大地中，接地装置包括接地体和接地线两部分，接地体既可利用建筑物的基础钢筋，也可使用金属材料进行人工敷设。如图 1-16 所示。

① 人工接地体的尺寸。圆钢直径不小于 10mm；扁钢截面不小于 100mm²，厚度不小于 4mm；角钢厚度不小于 4mm；钢管壁厚不小于 3.5m。

② 水平及垂直接地体距离建筑物外墙、出入口、人行道的距离不小于 3m。当不能满足要求时，可以加深接地体的埋设深度，水平接地体局部埋设深度不小于 1m 或水平接地体的局部用 50～80m 的沥青绝缘层包裹，或采用沥青碎石地面，在接地装置上而敷设 50～80mm 厚的沥青层，其宽度超过接地装置 2m。

③ 利用建筑物基础钢筋网作接地体时应满足以下条件。

a. 基础采用硅酸盐水泥和周围土壤含水率不低于 4%，基础外表无防腐层或沥青质的防腐层；

b. 每根引下线的冲击接地电阻不大于 5Ω。

例 21: 感应雷的预防

雷云放电消失或雷电直击线路，都会使线路感应或残余的过电压沿着线路侵入变配电所或其他建筑物内。为了防范被保护设备或建筑的毁坏，通常采用避雷器，使避雷器与保护设备并联，并装在被保护设备的电源侧，如图 1-17 所示。

保护原理：正常时，避雷器的间隙保持绝缘状态，不影响运行；当高压冲击波来临时避雷器间隙被击穿而接地，从而强行截断冲击波，此时能够进入被保护设备的电压仅为雷电流通过避雷器和引线以及接地装置而产生的所谓残压，雷电流通过以后，避雷器间隙又

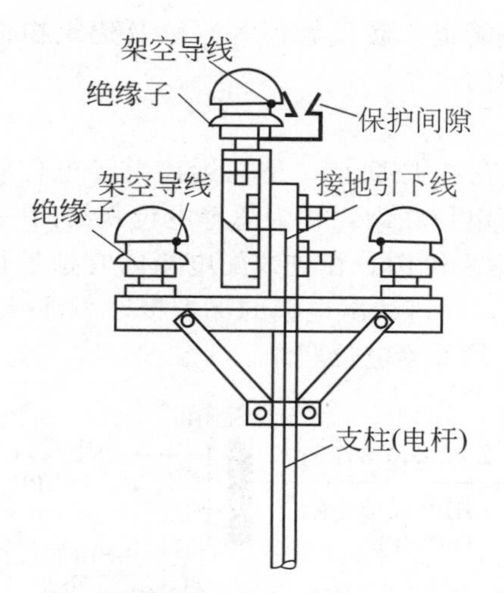

图 1-17　顶线绝缘子附加保护间隙

恢复绝缘状态。

防范雷电波侵入主要采取以下措施：

① 低压线路宜全线采用电缆直接埋地敷设。

② 在入户端应将电缆的金属外皮、钢管接到防雷电感应的接地装置上。

③ 当全线采用电缆有困难时，可采用钢筋混凝土杆和铁横担的架空线，并应使用一段金属铠装电缆或扩套电缆穿钢管直接埋地引入。

例 22: 防雷接地系统

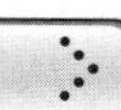

为了避免雷电的危害，金属杆塔、避雷针（线）和避雷器等防雷设备都必须配以相应的接地装置，以便将强大的雷电流导入大地中，这种接地称为防雷接地。流过防雷接地体的时间很短（一般为数十微秒）的雷电流，其值有时可达数十至数百千安。避雷器的接地电阻一般不超过 5Ω。

应当指出，上述三种接地有时是很难分开的，在工程上的接地实际上是集工作接地、保护接地和防雷接地为一体的接地装置。

接地系统有独立和等电位联结两种方式。等电位连接方式指用连接导线或过电压保护器将处于需要防雷的空间内的装置、建筑物的金属构架、金属装置、电气装置等连接起来。等电位连接是防止雷电冲击的重要技术手段，它不仅可以消除不同金属部件及导线间的雷电流引起的高电位差，而且可以很好地起到对雷电流分流的作用，以达到减少防雷空间内火灾、爆炸及生命危险。在实际防雷工程中，等电位连接的应用几乎无处不在。从某种意义上讲，共用接地就是接地系统间的等电位连接，而各种过电压保护器即避雷器的安装，就是为了实现当雷电流侵入导线时与接地系统暂时的连接，以均衡导线和接地系统间的电位，其实质仍然是等电位连接。

按《低压配电设计规范》(GB 50054—2011）规定：采用接地故障保护时，在建筑内应做总等电位联结（MEB)，当电气设备或其某一部分的接地故障保护不能满足规定要求时，应在局部范围内做局部等电位联结（LEB)。

（1）总等电位联结

总等电位联结是在建筑物进线处，将 PE 线或 N 线与电气装置接地干线、建筑物内的各种金属管道（如水管、煤气管道、暖气管道等）以及建筑物金属物件等都接向总等电位联结端子，使它们都具有相同的电位。

（2）局部等电位联结

局部等电位联结又称辅助等电位联结，是在远离总等电位联结处，非常潮湿、触电危险性大的局部区域内进行的等电位联结，作为总等电位联结的一种补充。

图1-18是某建筑物的接地系统图。在进线配电箱内有保护接地的小母线，由此与用电设备分配电箱上的PE线连接，在进线配电箱的保护接地小母线上做总等电位联结，而在分配电箱的保护接地干线上做了局部等电位联结。

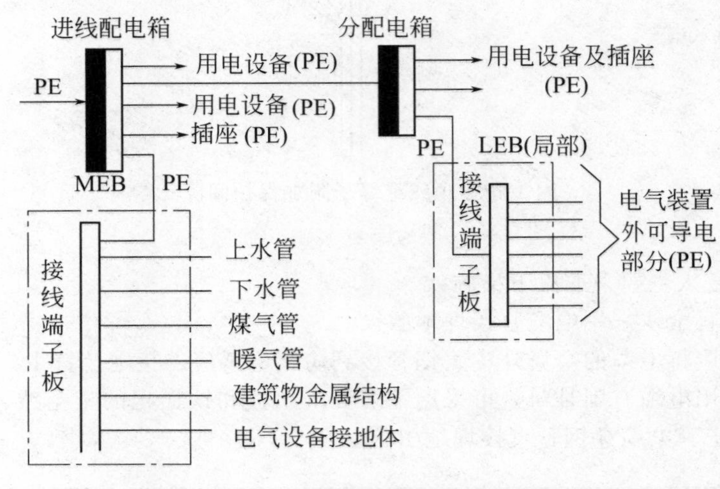

图1-18 某建筑物的接地系统图

Chapter 02

第二章 电工常用工具的使用

电子设备装配常用工具多为便携式工具，常用的有试电笔、钢丝钳、电工刀、螺钉旋具、钢卷尺、尖嘴钳、剥线钳、锉刀、电烙铁及各种活动扳手等。

例 1: 试电笔的使用

试电笔又称低压验电器，常用来测试500V以下导体或各种电子设备是否带电，是一种辅助安全工具，其外形有螺钉旋具式和钢笔式两种，由氖管、电阻、弹簧和笔身等部分组成。试电笔结构如图2-1所示。低压试电笔型号及主要规格见表2-1。

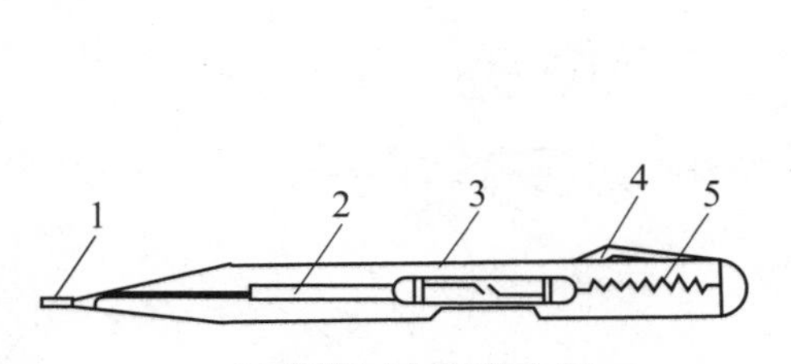

(a) 钢笔式低压验电器

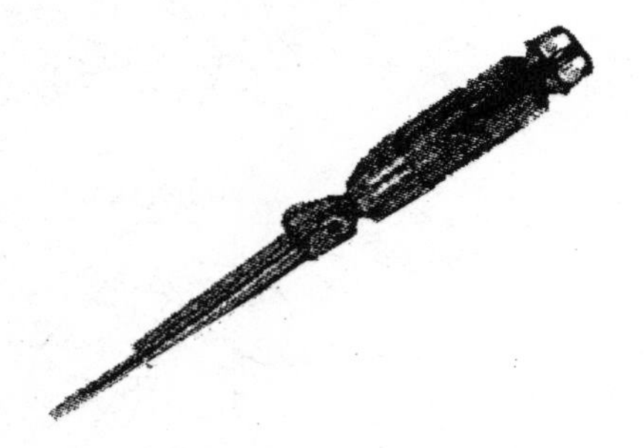

(b) 螺钉旋具式低压验电器

图 2-1 试电笔的结构

1—笔尖的金属体；2—炭质电阻；3—氖管；4—笔尾金属体；5—弹簧

表 2-1 低压试电笔型号及主要规格

型号	品名	测量电压的范围/V	总长/mm	炭质电阻		
				长度/mm	阻值/mΩ	功率/W
108	测电改锥	100～500	140±3	10±1	≥2	1
111	笔型测电改锥		125±3	15±1		0.5
505	测电笔		116±3	15±1		
301	测电器(矿用)	100～2000	170±1	10±1		1

当用试电笔检测电子设备是否带电时，将笔尖触及所检测的部位，用手指触及笔尾的金属体；只要带电体与大地之间的电位差超过 50V 时，电笔中的氖泡就会发光。

例 2: 钢丝钳的使用

钢丝钳又称克丝钳、老虎钳。

钢丝钳是一种夹持或折断金属薄片、切断金属丝的工具。技术工人用钢丝钳的柄部套有绝缘套管（耐压 500V），其规格用钢丝钳全长的毫米数表示，其构造如图 2-2 所示。

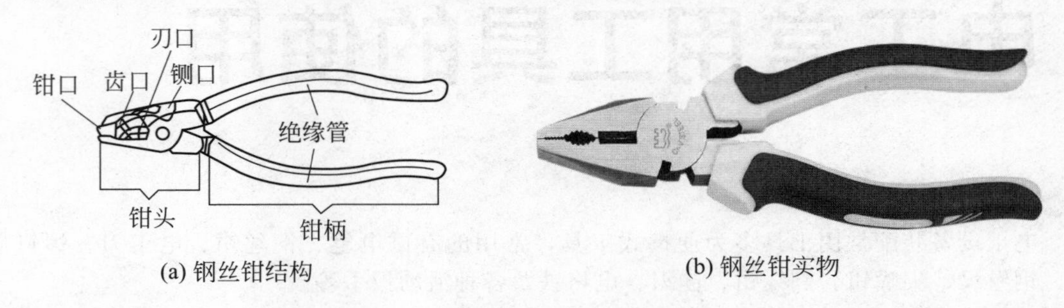

(a) 钢丝钳结构　　(b) 钢丝钳实物

图 2-2　钢丝钳

钢丝钳的不同部位有不同的用途：钳口用来弯绞或钳夹导线线头，齿口用来紧固或松动螺母，刃口用来剪切导线或剖削导线绝缘层；刃口还可用来拔出铁钉。铡口用来铡切导线线心、钢丝和铅丝等较硬的金属。钢丝钳的应用如图 2-3 所示。

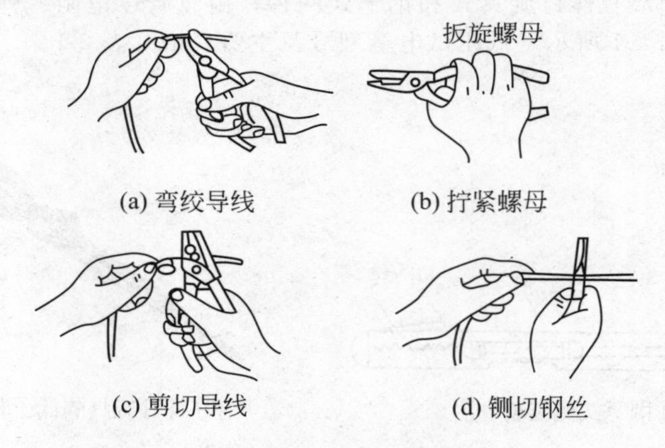

(a) 弯绞导线　　(b) 拧紧螺母

(c) 剪切导线　　(d) 铡切钢丝

图 2-3　钢丝钳的应用

常用的钢丝钳规格以全长为单位表示有 160mm、180mm、200mm 三种。

钢丝钳的基本尺寸应符合表 2-2 的规定。

表 2-2　钢丝钳的基本尺寸

全长 L/mm	钳口长/mm	钳头宽/mm	嘴顶宽/mm	嘴顶厚/mm
160±8	28±4	25	6.3	12
180±9	32±4	28	7.1	13
200±10	36±4	32	8.0	14

使用钢丝钳时应注意以下几点。

① 使用前，必须检查其绝缘柄，确定绝缘状况良好，否则，不得带电操作，以免发生触电事故。

② 用钢丝钳剪切带电导线时，必须单根进行，不得用刃口同时剪切相线和零线或者两根相线，以免造成短路事故。

③ 使用钢丝钳时要刃口朝向内侧，便于控制剪切部位。

④ 不能用钳头代替手锤作为敲打工具，以免变形。钳头的轴销应经常加机油润滑，保证其开闭灵活。

例 3: 电工刀的使用

电工刀是用来剖削电线绝缘层，切割绳索等的常用工具。电工刀的刀口磨制成单面呈圆弧状，刀刃部分锋利一些。在剖削电线绝缘层时，可把刀略微向内倾斜，用刀刃的圆角抵住线芯，刀口向外推出，这样既不容易削伤线芯，又可以防止操作者受伤。使用时，不能在带电体或器材上剖削，以防触电。电工刀按刀刃形状分为 A 型和 B 型，按用途又分为一用和多用。电工刀如图 2-4 所示。

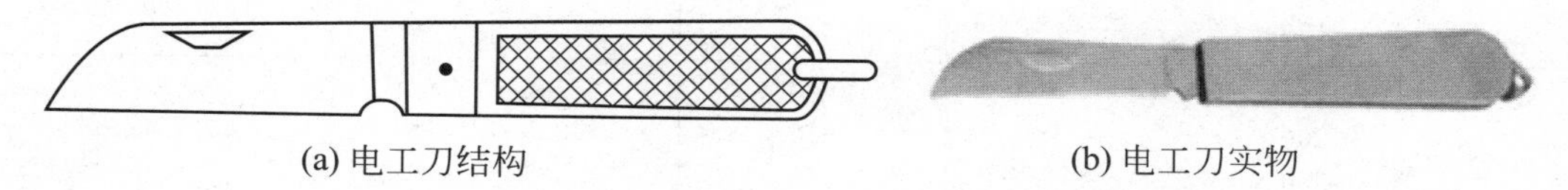

(a) 电工刀结构　　(b) 电工刀实物

图 2-4　电工刀

电工刀的规格尺寸及偏差应符合表 2-3 的规定。

表 2-3　电工刀的规格尺寸及偏差

名　称	大号		中号		小号	
	尺寸/mm	允差/mm	尺寸/mm	允差/mm	尺寸/mm	允差/mm
刀柄长度	115	±1	105	±1	95	±1
刃部厚度	0.7	±0.1	0.7	±0.1	0.6	±0.1
锯片齿距	2	±0.1	2	±0.1	2	±0.1

例 4: 螺钉旋具的使用

螺钉旋具俗称螺丝刀、起子、改锥等，如图 2-5 所示。主要用来旋紧或拧松头部带一字槽（平口）和十字槽的螺钉及木螺钉用的一种手用工具。电工应使用木柄或塑料柄的螺钉旋具，不可使用金属杆直通柄顶的螺钉旋具，以防触电。为了避免金属杆触及人体或触及邻近带电体，宜在金属杆上穿套绝缘管。

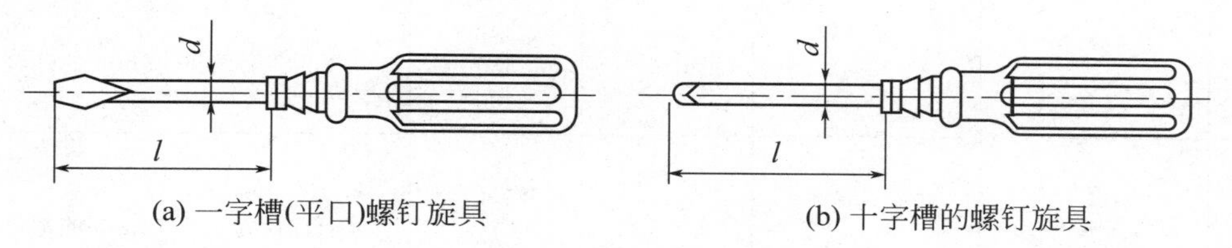

(a) 一字槽(平口)螺钉旋具　　(b) 十字槽的螺钉旋具

图 2-5　螺钉旋具

螺钉旋具木质旋柄的材料一般为硬杂木，其含水率不大于16%。塑料旋柄的材料应有足够的强度。旋杆的端面应与旋杆的轴线垂直。旋柄与旋杆应装配牢固。木质旋柄不应有虫蛀、腐朽、裂纹等；塑料旋柄不应有裂纹、缩孔、气泡等。一字槽螺钉旋具基本尺寸应符合表2-4的规定。十字槽螺钉旋具基本尺寸应符合表2-5的规定。

表2-4　一字槽螺钉旋具的规格　　单位：mm

公称尺寸（杆身长度×杆身直径）	全长		用途及说明
	塑柄	木柄	工作部分：宽度×厚度
50×3	100		3×0.4
75×3	125		
75×4	140		4×0.55
100×4	165		
50×5	120	135	5×0.65
75×5	145	160	
100×6	190	210	6×0.8
100×7	200	220	7×1.0
150×7	250	270	
150×8	260	285	8×1.1
200×8	310	335	
250×8	360	385	
250×9	370	400	9×1.4
300×9	420	450	
350×9	470	500	

表2-5　十字槽螺钉旋具的规格　　单位：mm

名称	公称尺寸（杆身长度×杆身直径）		全长		用途及说明
			塑柄	木柄	
十字形（SS形）	槽号	50×4	115	135	用于直径为2～2.5mm的螺钉
	1#	75×4	140	160	
		100×4	165	185	
		150×4	215	235	
		200×4	265	285	
	2#	75×5	145	160	用于直径为3～5mm的螺钉
		100×5	170	180	
		250×5	320	335	
		125×6	215	235	
		150×6	240	260	
		200×6	290	310	
	3#	100×8	210	235	用于直径为6～8mm的螺钉
		150×8	260	285	
		200×8	310	335	
		250×8	360	385	
	4#	250×9	370	400	用于直径为10～12mm的螺钉
		300×9	420	450	
		350×9	470	500	
		400×9	520	550	

另外，还有一种组合式旋具，它配有多种规格的一字头和十字头，可以方便更换，具有较强的灵活性，适合紧固和拆卸多种不同的螺钉。

此外，多用旋具是一种组合式工具，既可作旋具使用，又可作低压验电器使用，还可用来进行钻、锯、扳等。它的柄部和螺钉旋具是可以拆卸的，并附有规格不同的螺钉旋具、三棱锥体、锯片、锉刀等附件。

旋具是电工最常用的工具之一，使用时应选择带绝缘手柄的，使用前先检查绝缘是否良好；其头部形状和尺寸应与螺钉尾槽的形状和大小相匹配，严禁用小旋具去拧大螺钉，或用大旋具拧小螺钉，更不能将其当凿子使用。

例 5:　尖嘴钳的使用

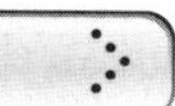

尖嘴钳的头部尖细而长，适用于在狭小的工作空间操作，可以用来弯扭和钳断直径为 1mm 以内的导线，将其弯制成所要求的形状，并可夹持、安装较小的螺钉、垫圈等。有铁柄和绝缘柄两种，电工多选用带绝缘柄的尖嘴钳，耐压 500V，其外形如图 2-6所示。

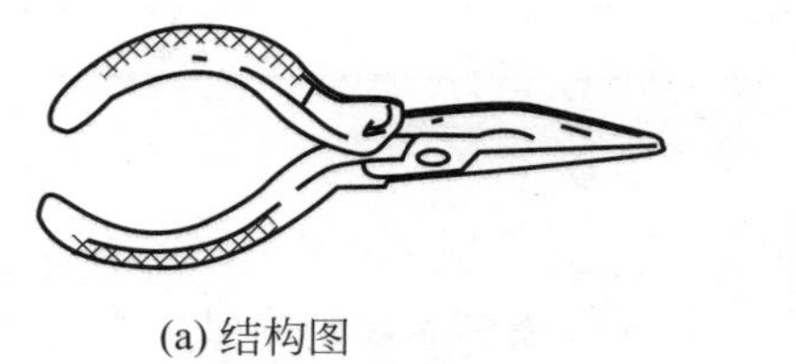

(a) 结构图

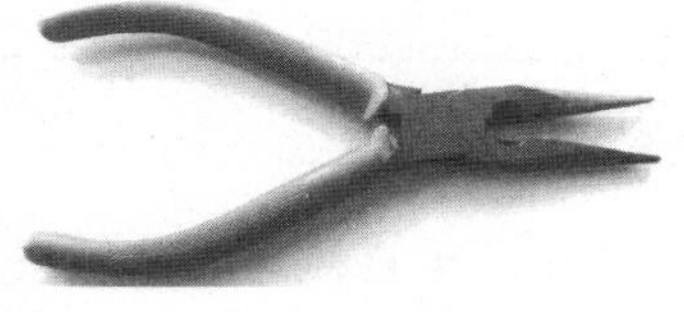

(b) 实物图

图 2-6　尖嘴钳

尖嘴钳的小刀口用于剪断导线、金属丝、剥削导线的绝缘层等。

尖嘴钳的基本尺寸应符合表 2-6 的规定。

表 2-6　尖嘴钳的基本尺寸　　　单位：mm

全长	钳口长	钳头宽(最大)	嘴顶宽(最大)	腮厚(最大)	嘴顶厚(最大)
125±6	32±2.5	15	2.5	8.0	2.0
140±7	40±3.2	16	2.5	8.0	2.0
160±8	50±4.0	18	3.2	9.0	2.5
180±9	63±5.0	20	4.0	10.0	3.2
200±10	80±6.3	22	5.0	11.0	4.0

例 6:　斜口钳的使用

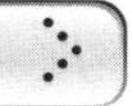

斜口钳的头部“扁斜”，因此又称作扁嘴钳或剪线钳，其外形如图 2-7 所示。斜口钳专供剪断较粗的金属丝、线材、导线及电缆等，适用于工作位置狭窄和有斜度的空间操作。常用的为耐压 500V 的带绝缘柄的斜口钳。

斜口钳的基本尺寸应符合表 2-7 的规定。

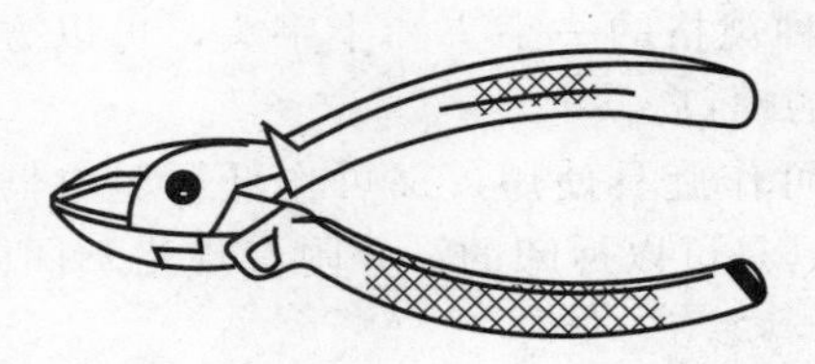
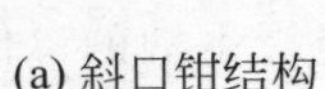

(a) 斜口钳结构

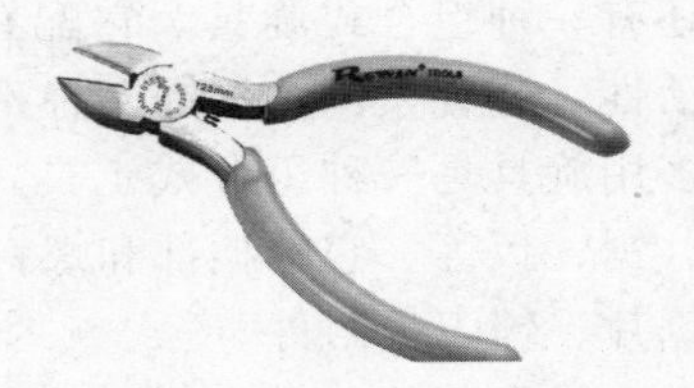

(b) 斜口钳实物

图 2-7　斜口钳

表 2-7　斜口钳的基本尺寸　　单位：mm

全长	钳口长	钳头宽(最大)	嘴顶厚(最大)
125±6	18	22	10
140±7	20	25	11
160±8	22	28	12
180±9	25	32	14
200±10	28	36	16

例 7:　剥线钳的使用

剥线钳是用来剥落小直径导线绝缘层的专用工具，其外形如图 2-8 所示。剥线钳的钳口部分设有几个不同尺寸的刃口，以剥落 0.5～3mm 直径导线的绝缘层。其柄部是绝缘的，耐压为 500V。

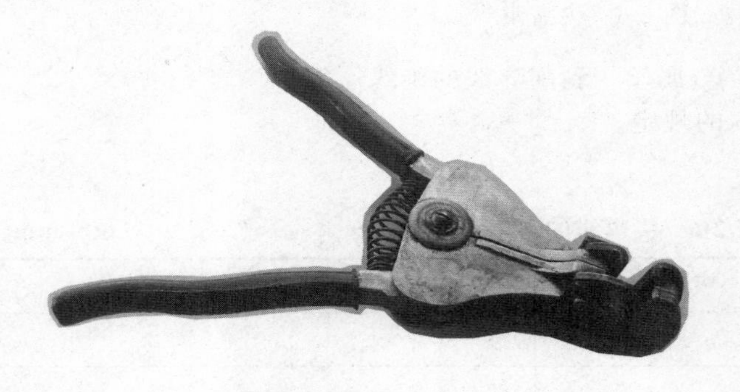

(a) 实物图

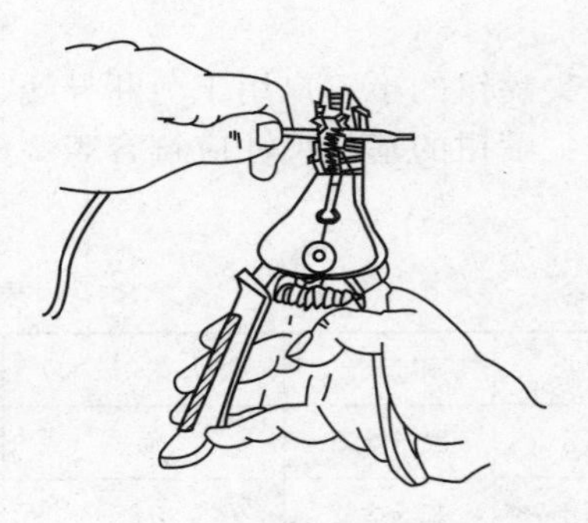

(b) 剥离导线绝缘层

图 2-8　剥线钳

使用剥线钳时，将待剥导线的线端放入合适的刃口中，然后用力握紧钳柄，导线的绝缘层即被剥落并自动弹出（图 2-8）。在使用剥线钳时，选择的刃口直径必须大于导线线芯直径，不允许用小刃口剥大直径的导线，以免切伤线芯；不允许当钢丝钳使用，以免损坏刃口。带电操作时，要先检查柄部绝缘是否良好，以防触电。

例 8:　活扳手的使用

活扳手是用于紧固和松动六角或方头螺栓、螺钉、螺母的一种专用工具，其构造如图 2-9所示。

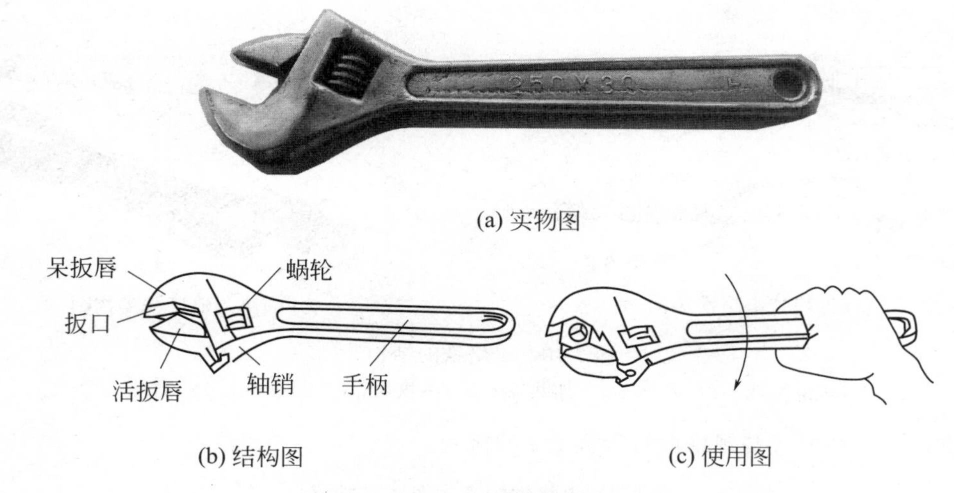

(a) 实物图

(b) 结构图

(c) 使用图

图 2-9　活扳手的构造及其应用

活扳手的特点是开口尺寸可以在一定的范围内任意调节，因此特别适宜螺栓规格多的场合使用。活扳手的规格以长度×最大开口宽度（mm）表示，常用的有 150×19（6in）、200×24（8in）、250×30（10in）、300×36（12in）等几种。活扳手的基本尺寸应符合表 2-8 的规定。

表 2-8　活扳手的基本尺寸

长度/mm	100	150	200	250	300	375	450	600
最大开口宽度/mm	14	19	24	30	36	46	55	65
相当普通螺栓规格	M8	M12	M16	M20	M24	M30	M36	M42
试验负荷/N	410	690	1050	1500	1900	2830	3500	3900

使用时应根据螺母的大小选配，将扳口放在螺母上，调节蜗轮，使扳口将螺母轻轻咬住，如图 2-9 所示的方向施力（不可反向施力，以免损坏扳唇）。扳动较大螺母，需较大力矩时，应握在手柄端部或选择较大规格的活扳手；扳动较小螺母，需较小力矩时，为防止螺母损坏而“打滑”，应握在手柄的根部或选择较小规格的活扳手。活络扳手的扳口夹持螺母时，呆扳唇在上，活扳唇在下。

在扳动生锈的螺母时，可在螺母上滴几滴煤油或机油，这样就好拧动了。在拧不动时，切不可采用钢管套在活络扳手的手柄上来增加扭力，因为这样极易损伤活络扳唇。注意活络扳手不能反用，也不能用钢管接长手柄来施加较大的扳拧力矩，活络扳手不得当作撬棒或手锤使用。

例 9:　电烙铁的使用

电烙铁是锡焊的主要工具。锡焊即通过电烙铁，利用受热熔化的焊锡，对铜、铜合金、钢和镀锌薄钢板等材料进行焊接。电烙铁主要由手柄、电热元件、烙铁头等组成。根据烙铁头的加热方式不同，可分为内热式和外热式两种。其中内热式电烙铁的热利用率高。电烙铁的规格是以消耗的电功率来表示的，通常在 20～300W。仪器装配中，一般选用 50W 以下的电烙铁，外热式电烙铁结构如图 2-10(a) 所示，内热式电烙铁实物图如图 2-10（b）所示。

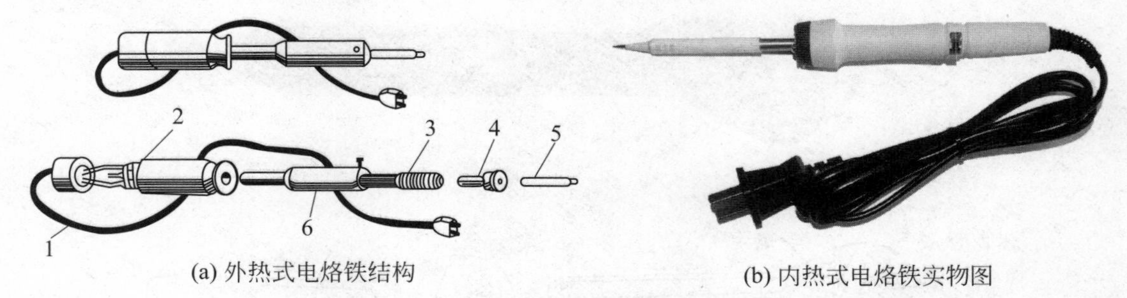

(a) 外热式电烙铁结构　　(b) 内热式电烙铁实物图

图 2-10　电烙铁的结构

1—电源线；2—木柄；3—加热器；4—传热筒；5—烙铁头；6—外壳

电烙铁的基本形式与规格应符合表 2-9 的规定。

表 2-9　电烙铁的基本形式与规格

形式	规格/W	加热方式
内热式	20,35,50,70 100,150,200,300	电热元件插入铜头空腔内加热
外热式	30,50,75,100 150,200,300,500	铜头插入电热元件内腔加热
快热式	60,100	由变压器感应出低电压大电流进行加热

锡焊所用的材料是焊锡和助焊剂。焊锡是由锡、铅和锑等元素所组成的低熔点合金。助焊剂具有清除污物和抑制焊接面表面氧化的作用，是锡焊过程中不可缺少的辅助材料。电动机修理中常用的助焊剂是固体松香或松香酒精液体。松香酒精液体的配方是松香粉25%、酒精 75%，混合后搅匀。

使用电烙铁前，对于紫铜烙铁头，先除去烙铁头的氧化层，然后用锉刀锉成 45°的尖角。通电加热，当烙铁头变成紫色时，马上沾上一层松香，再在焊锡上轻轻擦动，这时烙铁头就会沾上一层焊锡，这样就可以进行焊接了。对于已经烧死或沾不上焊锡的烙铁头，要细心地锉掉氧化层，然后再沾上一层焊锡。

锡焊时应注意：烙铁头的温度过高，容易烧死烙铁头或加快氧化，如出现这种情况应断开电源进行冷却；烙铁头温度过低，会产生虚焊或者无法溶化焊锡，如出现这种情况应待升温后再焊。

例 10：锉刀的使用

锉刀的结构如图 2-11 所示，是由以下部分组成。

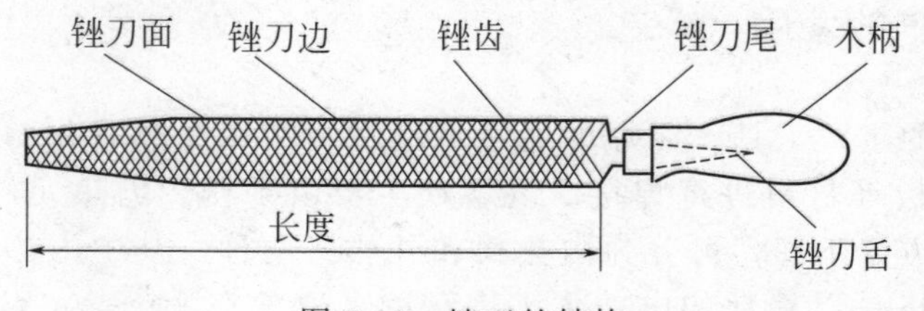

图 2-11　锉刀的结构

① 锉刀面。指主要切削工作面，它的长度即锉刀规格。锉刀面端部呈弧形，上下两面均有锉齿。

② 锉刀边。指锉刀两个侧面，其中一边有齿，另一边没有齿，这样锉削时避免碰坏另一个锉削面。

③ 锉刀舌。指锉刀尾部像锥子一样的部分，用于与木柄镶入。

④ 木柄。与锉刀连接，在连接处有一个铁箍以防镶配时裂开。

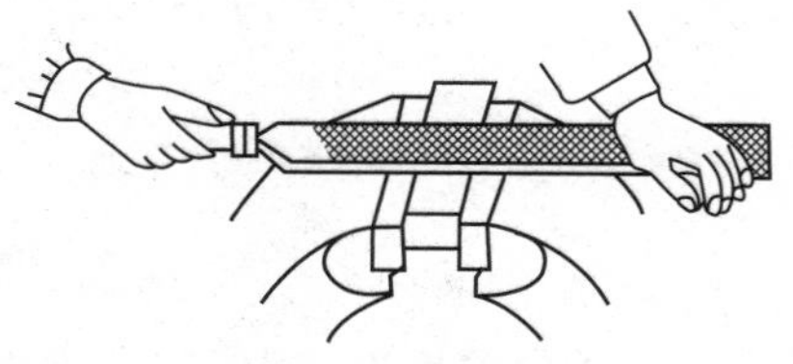

图 2-12 手掌压锉法

粗齿锉刀锉削时由于齿距间隔大，切削深度深，产生的阻力大，适用于粗加工；细齿锉刀锉削时由于齿距间隔小，切削深度浅，产生的阻力小，适用于精加工。

锉刀正确使用的握法有很多种，其中手掌压锉法如图 2-12 所示。右手握锉柄，柄端顶住掌心，大拇指放在柄的上部，其余手指满握锉柄，左手掌压在距锉刀头 30mm 左右的位置，手指自然下垂，回锉时略微伸直，以免与工件相碰。在锉削时，左手起扶稳锉刀辅助锉削的作用。

例 11: 使用锉刀的注意事项

① 新锉刀要先使用一面，用钝后再使用另一面。

② 在粗加工锉削时，应充分使用锉刀的有效全长，这样既可提高锉削效率，又可避免锉齿局部磨损。

③ 锉刀上不可沾油或沾水。锉屑嵌入齿缝时，必须用钢丝刷沿着锉齿的纹路清除，不能用嘴去吹锉屑或用手摸锉刀及锉削表面。

④ 无柄、破损的锉刀不能使用，更不能将锉刀当锤子或撬杠使用。

⑤ 不能用新锉刀锉削硬金属和工件的氧化层。铸件表面如有硬皮，应该先用砂轮磨去或用旧锉刀有齿的侧边锉去硬皮，然后再进行正常的锉削加工。

⑥ 锉刀每次使用完毕后都必须清刷干净，以免生锈。锉刀无论在使用过程中或放入工具箱时，都应放在干燥通风的位置，不能叠放或与其他工具、工件堆放在一起，以免损坏锉齿。

⑦ 锉削前工件要夹持牢靠，但不能使工件变形或夹伤。夹持表面形状不规则的工件时，应加衬垫；夹持工件的已加工表面和精密零件时应衬铜皮等材料。

例 12: 钢锯的安装和使用

钢锯又称锯弓，是用来锯割各种金属管壁（如铁管）和非金属管壁（如绝缘管子）的工具。

（1）锯条的正确安装

锯条的正确安装如图 2-13 所示，安装要领如下。

① 锯齿必须向前。②松紧应适当，一般用手扳动锯条，感觉硬实不会发生弯曲即可。③装好的锯条应尽量与锯弓保持在同一中心面内。

（2）钢锯的正确使用方法

使用时注意左手自然地轻扶在弓架前端，右手握稳锯弓的锯柄；锯割时左手压力不宜

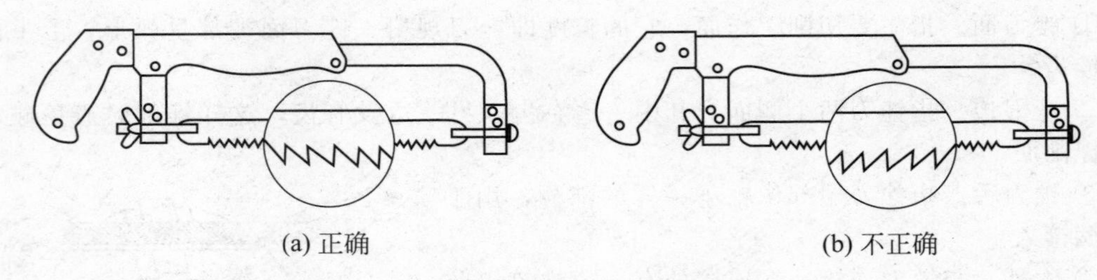

(a) 正确　　(b) 不正确

图 2-13　锯条的正确安装

过大，右手向前推进施力，进行锯割；左手协助右手扶正弓架，锯割在一个平面内，保持锯缝平直，如图 2-14 所示。

钢锯主要由锯柄、元宝螺母、锯弓架、锯条等组成，如图 2-14 所示。

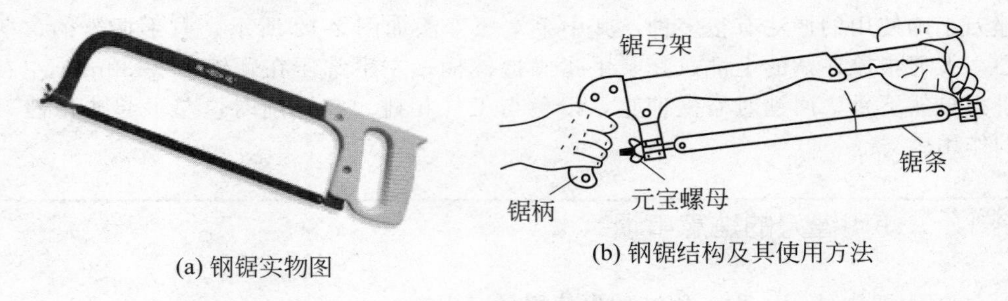

(a) 钢锯实物图　　(b) 钢锯结构及其使用方法

图 2-14　钢锯及其使用方法

（3）锯缝歪斜的原因

① 安装工件时，锯缝线未能与铅垂线方向保持一致。②锯条安装太松或相对锯弓平面扭曲。③锯削的压力太大而使锯条左右偏摆。④锯弓未扶正或用力方向歪斜。

（4）锯条折断的原因

① 工件未夹紧，锯削时工件松动。②锯条装得过松或过紧。③锯削用力太大或锯削方向突然偏离锯缝方向。④强行纠正歪斜的锯缝或调换新锯条后仍在原锯缝中过猛地锯削。⑤锯削时，锯条中段局部磨损，当拉长锯削时锯条被卡住引起折断。⑥中途停止使用时，锯条未从工件中取出而碰断。

例 13: 手电钻的使用

手电钻是一种头部有钻头、内部装有单相整流子电动机、靠旋转来钻孔的手持电动工具。它有普通电钻和冲击电钻两种。

① 手电钻。手电钻的作用是在工件上钻孔。手电钻主要由电动机、钻夹头、钻头、手柄等组成，分为手提式和手枪式两种，外形如图 2-15 所示。手电钻装上通用麻花钻仅靠旋转能在金属上钻孔。

② 冲击电钻。冲击电钻（简称冲击钻）的作用是在砌块和砖墙上冲打孔眼，其外形与手电钻相似，如图 2-16 所示。钻上有锤钻调节开关，可分别当普通电钻和电锤使用。冲击电钻采用旋转带冲击的工作方式，一般带有调节开关。当调节开关在旋转无冲击即“钻”的位置时，其功能同普通电钻；当调节开关在旋转带冲击即“锤”的位置时，装镶有硬质合金的钻头，便能在混凝土和砖墙等建筑构件上钻孔。通常可冲直径为 6～16mm 的圆孔。

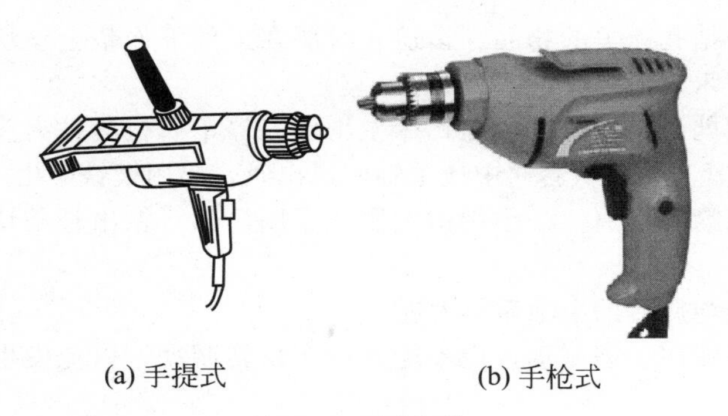

(a) 手提式 (b) 手枪式

图 2-15 手电钻

图 2-16 冲击电钻

例 14: 钻削刃具的使用

钻削刃具主要是钻头，钻头分为标准麻花钻和非标准麻花钻。标准麻花钻由柄部、颈部和工作部分组成，其中工作部分承担切削工作，由切削刃、容屑槽和刃带组成，如图 2-17 所示，柄部是钻头的夹持部分，有直柄和锥柄两种。直柄一般用于直径小于 ϕ13mm 的钻头，锥柄用于直径大于 ϕ13mm 的钻头。非标准麻花钻在标准麻花钻的基础上改制或刃磨而成，用来解决被加工零件的特殊加工问题。

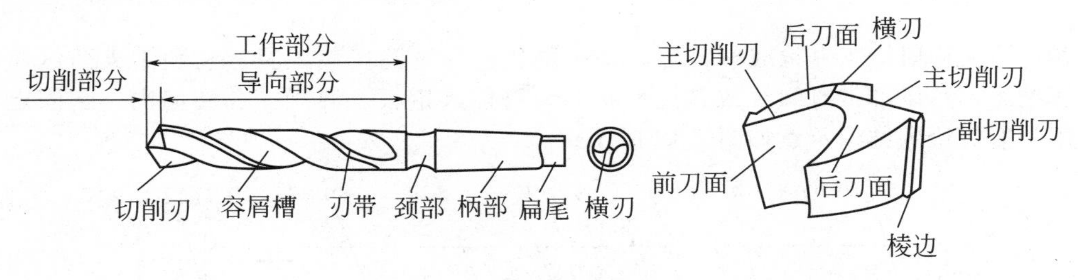

图 2-17 标准麻花钻组

(1) 钻孔的方法

① 工件固定方法。在工件上钻 ϕ8mm 以下孔时，可直接用手握持工件（工件应是锐角无锋边）。如果工件较小或钻孔大于 ϕ8mm 时，必须用手虎钳、机用平口钳和压板紧固后进行钻孔，如果工件长度较长，钻孔时必须在工作台面上用略高于工件的压板紧固后进行钻孔。如果是圆形工件，钻孔时必须用 V 形块对准钻床主轴中心，将工件放在 V 形槽内进行钻孔。总之，在钻孔切削过程中，工件必须固定，接触面尽量要大，使工件与钻床工作台面的摩擦力大于钻孔时产生的钻削力。

② 画线后直接进行钻孔。在钻孔时必须将钻头中心对准冲眼，先试钻一个浅孔检查两个中心是否重叠，如果完全一致就可继续钻孔，如果发现有误差就必须及时纠正，使两个中心重叠后才能钻孔。钻孔的切削进刀量是根据工件材料性质、切削厚度、孔径大小而定的。如果选用不当将给操作者带来危害及设备事故，特别要注意孔即将穿通时的进刀量。钻深孔时要经常把钻头提拉出工件表面，以便及时清除槽内的钻屑。

(2) 钻孔应注意的问题

① 钻孔时不准戴手套，袖口必须扎紧，女工必须戴上工作帽。

② 钻孔前，工件一定要夹紧（除钻削小孔时可用手握紧工件和在较大工件上钻小孔外）。孔即将钻通时，必须减小进给量，以防轴向力突然减小使进给量增大，发生工件甩出等事故。

③ 钻孔前，工作台面上不准放置与钻孔无关的物品。钻通孔时要在工件下面垫上垫块或使钻头对准工作台的T形槽，以免损坏工作台。

④ 开动钻床前，应检查钻夹头的钥匙或斜铁是否插在钻床主轴上。停车后松紧钻夹头时必须使用钥匙，不能用敲打的方法松紧。钻头从套筒中或主轴中退出时，要用楔铁敲出。

⑤ 钻孔时不能用棉纱清除切屑或用嘴吹切屑，必须用钢丝刷或毛刷清除。钻出长条切屑时，要用铁钩钩出。

⑥ 钻削过程中，操作者的身体不准与旋转的主轴靠得太近。

⑦ 停车时，应让主轴自然停止，不能用手去制动，也不能开倒车反转制动，以免发生机损人伤的事故。

⑧ 变速前必须先停车。清扫钻床或加注润滑油时，也必须停车。

⑨ 钻不通孔（盲孔）时，可根据所钻孔的深度用调整钻床上的挡块来限位；当所钻孔的深度要求不高时，也可用标尺来限位。

⑩ 当钻削直径大于ϕ30mm的孔时，一般要分两次钻削：第一次使用0.5～0.7倍孔径的钻头钻孔；第二次用所需孔径的钻头扩孔，这样可减小切削力，提高钻孔质量。

⑪ 钻深孔时，当钻削的深度达到直径的3倍时，要退出钻头排屑，以后每钻进一定深度，钻头就要退出排屑一次，以防止连续钻孔造成切屑堵塞而使钻头折断。

例15: 射钉枪的使用

射钉枪又称射钉工具枪或射钉器，是一种比较先进的安装工具。它利用火药爆炸产生的高压推力，将尾部带有螺纹或其他形状的射钉射入钢板、混凝土和砖墙内，起固定和悬挂作用。射钉枪的结构示意如图2-18所示。

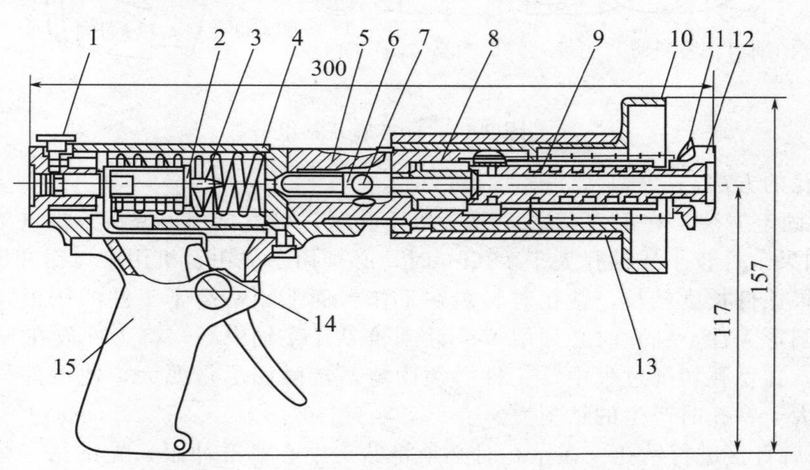

图2-18　射钉枪的结构示意（尺寸单位：mm）

1—按钮；2—撞针体；3—撞针；4—枪体；5—枪镜；6—轴闩；7—轴闩螺钉；8—后枪管；9—前枪管；10—坐标护罩；11—卡圈；12—垫圈夹；13—护套；14—扳机；15—枪柄

（1）射钉枪的结构

射钉枪主要由器体和器弹两部分组成。

① 器体部分的构造。射钉枪的器体部分主要由垫圈夹、坐标护罩、枪管、撞针体、扳机等组成，如图2-18所示，其前部可绕轴闩扳折转动45°。

② 器弹部分的构造。器弹部分主要由钉体、弹药、定心圈、钉套、弹套等组成，如

图 2-19所示。射钉直径为 3.9mm，尾部螺纹有 M8、M6、M4 等几种，弹药分为强、中、弱三种。

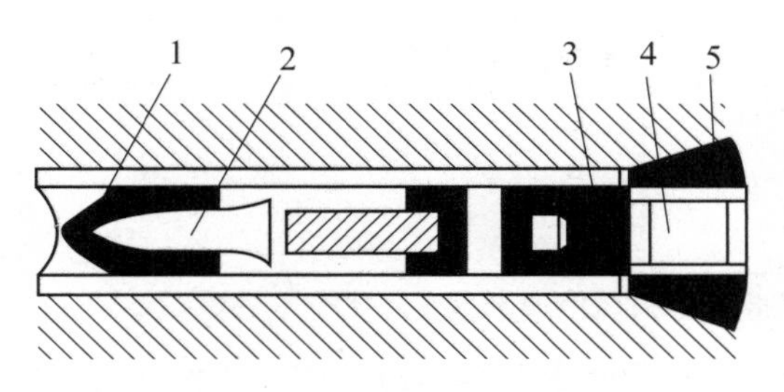

图 2-19　射钉枪构造示意图

1—定心圈；2—钉体；3—钉套；4—弹药；5—弹套

（2）射钉枪的操作

射钉枪的操作分为装弹、击发和退弹壳三个步骤。

① 装弹。将枪身扳折 45°，检查无脏物后，将适用的射钉装入枪膛，并将定心圈套在射钉的顶端，以固定中心（M8 的规格可不用定心圈）；将钉套装在螺纹尾部，以传递推进力。装入适用的弹药及弹套，一手握坐标护罩，一手握枪柄，上器体，使前后枪管成一条直线。

② 击发。为确保施工安全，射钉枪设有双重保险机构。一是保险按钮，击发前必须打开；二是击发前必须使枪口抵紧施工面，否则，射钉枪不会击发。

③ 退弹壳。射钉射出后，将射钉枪垂直退出工作面，扳开机身，弹壳即退出。

（3）使用射钉枪的注意事项

使用射钉枪时严禁枪口对人，作业面的后面不准有人，不准在大理石、铸铁等易碎物体上作业。如在弯曲状表面上（如导管、电线管、角钢等）作业时，应另换特别护罩，以确保施工安全。

例 16:　钢卷尺的使用

钢卷尺主要用于测量长度、高度或深度。钢卷尺按不同结构分为自卷式（小钢卷尺）、制动式（小钢卷尺）、摇卷盒式和摇卷架式（大型钢卷尺）等几种。钢卷尺的外形如图 2-20 所示。钢卷尺的尺寸应符合表 2-10 所列的尺寸。

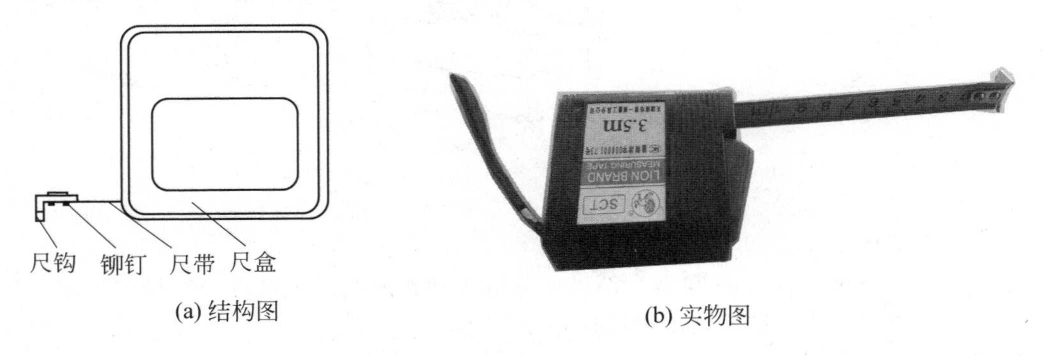

(a) 结构图　　(b) 实物图

图 2-20　钢卷尺的外形

使用时千万注意不要折损，用后卷起存放好。钢卷尺的技术规格如表 2-11 所示。

表 2-10 钢卷尺的尺寸规格 单位：mm

<table>
<tr><th rowspan="2">形式</th><th rowspan="2">规格</th><th colspan="5">尺带</th></tr>
<tr><th>宽度</th><th>宽度偏差</th><th>厚度</th><th>厚度偏差</th><th>形状</th></tr>
<tr><td>自卷式
制动式</td><td>0.5和0.5的整
倍数至10</td><td>6～25</td><td rowspan="2">−0.3</td><td>0.14</td><td rowspan="2">−0.04</td><td>弧形或平形</td></tr>
<tr><td>摇卷盒式
摇卷架式</td><td>5和5的
整倍数</td><td>8～16</td><td>0.18～
0.24</td><td>平形</td></tr>
</table>

注：表中的宽度和厚度系指金属材料的宽度和厚度。

表 2-11 钢卷尺的技术规格 单位：mm

<table>
<tr><th>标称长度</th><th>全长允差</th><th>毫米分度允差</th><th>厘米分度允差</th><th>米分度允差</th></tr>
<tr><td>0～1000</td><td>±0.8</td><td rowspan="11">±0.2</td><td rowspan="11">±0.3</td><td rowspan="11">±0.6</td></tr>
<tr><td>0～2000</td><td>±1.2</td></tr>
<tr><td>0～3000</td><td>±2.0</td></tr>
<tr><td>0～3500</td><td>±2.0</td></tr>
<tr><td>0～5000</td><td>±2.5</td></tr>
<tr><td>0～10000</td><td>±3.5</td></tr>
<tr><td>0～15000</td><td>±4.0</td></tr>
<tr><td>0～20000</td><td>±5.0</td></tr>
<tr><td>0～30000</td><td>±8.0</td></tr>
<tr><td>0～50000</td><td>±10</td></tr>
<tr><td>0～100000</td><td>±20</td></tr>
</table>

例17：塞尺的使用

塞尺如图2-21所示。

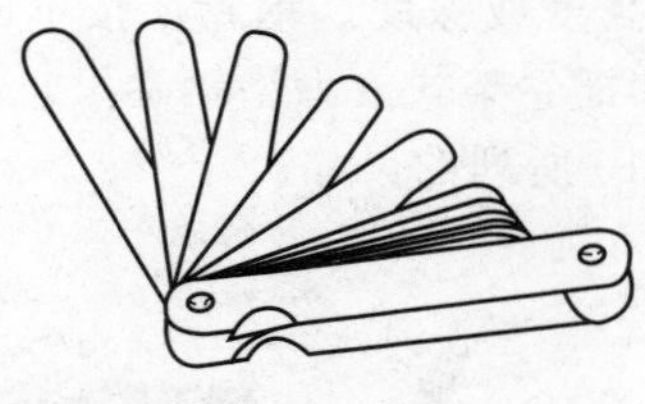

图2-21 塞尺

(1) 技术规格（JB/T 7979—1995）

技术规格见表2-12。

(2) 塞尺的用途

塞尺又称厚薄规，有A型和B型两种，分特级和普通级两个精度。塞尺主要用于检验两个平面之间缝隙大小，是片状定值量具。

(3) 使用时注意事项

塞尺可以单片使用，也可多片叠起来使用，在满足所需尺寸的前提下，片数越小越好。尺片很薄，使用时切忌折损。

表 2-12　塞尺尺组参数　　单位：mm

A 型	B 型	尺片长度	片数	尺片厚度及组装顺序
组别标记				
T75A13	75B13	75	13	0.02,0.02,0.03,0.03, 0.04, 0.04, 0.05,0.05,0.06,0.07,0.08,0.09,0.10
100A13	100B13	100		
150A13	150B13	150		
200A13	200B13	200		
300A13	300B13	300		
75A14	75B14	75	14	1.00,0.05,0.06,0.07,0.08,0.09,0.10,0.15,0.20,0.25,0.30,0.40,0.50,0.75
100A14	100B14	100		
150A14	150B14	150		
200A14	200B14	200		
300A14	300B14	300		
75A17	75B17	75	17	0.50,0.02,0.03,0.04,0.05,0.06,0.07,0.08,0.09,0.10,0.15,0.20,0.25,0.30,0.35,0.40.0.45
100A17	100B17	100		
150A17	150B17	150		
200A17	200B17	200		
300A17	300B17	300		
75A20	75B20	75	20	1.00,0.05,0.10,0.15,0.20,0.25,0.30,0.35,0.40,0.45,0.50,0.55,0.60,0.65,0.70,0.75,0.80,0.85,0.90,0.95
100A20	100B20	100		
150A20	150B20	150		
200A20	200B20	200		
300A20	300B20	300		
75A21	75B21	75	1	0.50,0.02,0.02,0.03,0.03,0.04,0.04,0.05,0.05,0.06,0.07,0.08,0.09,0.10,0.15,0.20,0.25,0.30,0.35,0.40,0.45
100A21	100B21	100		
150A21	150B21	150		
200A21	200B21	200		
300A21	300B21	300		

例 18: 游标卡尺的使用 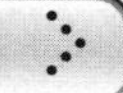

游标卡尺如图 2-22 所示。

(1) 技术规格（GB/T 1214.4—1996）

游标卡尺分Ⅰ、Ⅱ、Ⅲ、Ⅳ四种形式，其技术规格见表 2-13。

(2) 游标卡尺的用途

游标卡尺主要用于机械加工中测量工件内外尺寸、宽度、厚度和孔距等，其合理选用范围见表 2-14。

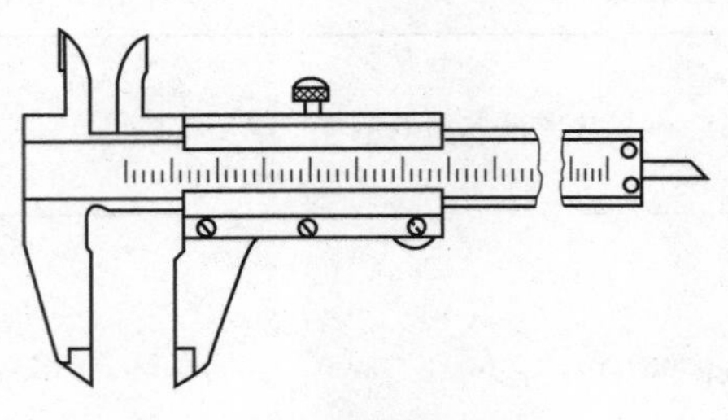

(a) Ⅰ型游标卡尺

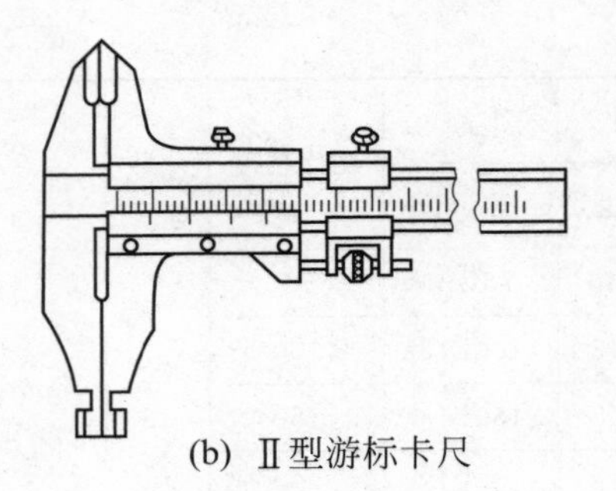

(b) Ⅱ型游标卡尺

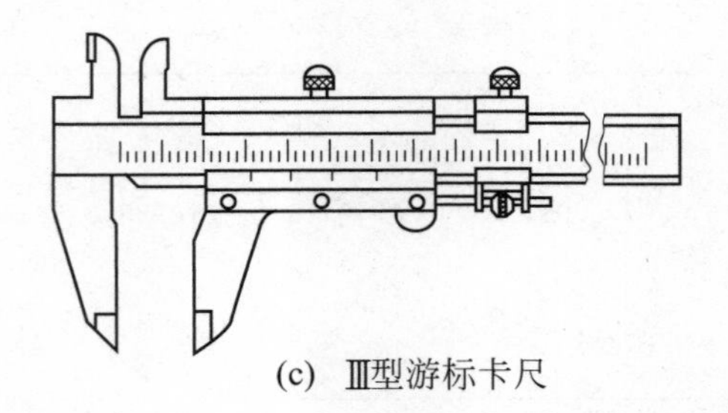

(c) Ⅲ型游标卡尺

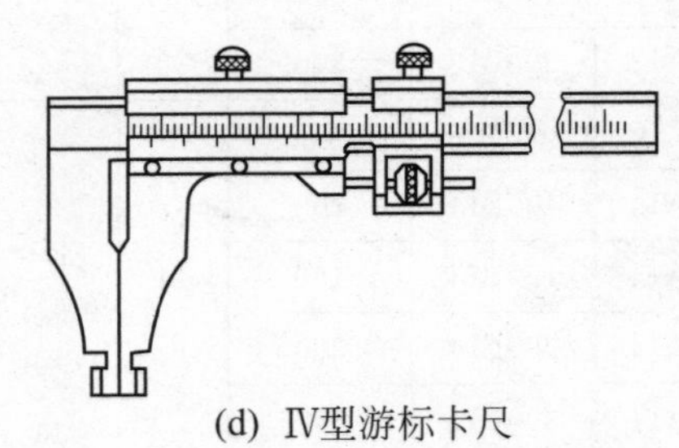

(d) Ⅳ型游标卡尺

图 2-22　游标卡尺

表 2-13　形式、测量范围和游标读数值　　单位：mm

形式	测量范围	游标读数值
Ⅰ	0～125,0～150	0.02 0.05 0.10
Ⅱ　Ⅲ	0～200,0～300	
Ⅳ	0～500,0～1000	

表 2-14　游标卡尺合理选用范围

游标读数值/mm	适用范围	合理选用范围
0.02	IT11～IT16	IT11～IT12
0.05	IT12～IT16	IT12～IT14
0.10	IT14～IT16	IT14～IT16

(3) 使用时注意事项

① 使用前，应先把量爪和被测工件表面的灰尘和油污等擦干净，以免碰伤量爪面和影响测量精度，同时检查各部件的相互作用，如尺框和微动装置移动是否灵活，紧固螺钉是否能起作用等。

② 使用前，还应检查游标卡尺零位，使游标卡尺两量爪紧密贴合，用眼睛观察时应无明显的光隙，同时观察游标零刻线与尺身零刻线是否对准，游标的尾刻线与尺身的相应刻线是否对准。最好把量爪闭合三次，观察各次读数是否一致。如果三次读数虽然不是“零”，但却一样，可把这一数值记下来，在测量时，加以修正。

③ 使用时，要掌握好量爪面同工件表面接触时的压力，做到既不太大，也不太小，刚好使测量面与工件接触，同时量爪还能沿着工件表面自由滑动。有微动装置的游标卡尺，应使用微动装置。

④ 在读数时，应把游标卡尺水平地拿着朝光亮的方向，使视线尽可能地和尺上所读的刻线垂直，以免由于视线的歪斜而引起读数误差（即视差）。必要时，可用3～5倍的放大镜帮助读数。最好在工件的同一位置上多测量几次，取其平均读数，以减小读数误差。

⑤ 测量外尺寸读数后，切不可从被测工件上猛力抽下游标卡尺，否则，会使量爪的测量面加快磨损。测量内尺寸读数后，要使量爪沿着孔的中心线滑出，防止歪斜，否则，将使量爪扭伤、变形或使尺框走动，影响测量精度。

⑥ 不准用游标卡尺测量运动中的工件，否则，容易使游标卡尺受到严重磨损，易发生事故。

⑦ 不准以游标卡尺代替卡钳在工件上来回拖拉。使用游标卡尺时不可用力同工件撞击，以防损坏游标卡尺。

⑧ 游标卡尺不要放在强磁场附近（如磨床的工作台上），以免使游标卡尺感受磁性，影响使用。

⑨ 使用后，应注意把游标卡尺平放，尤其是大尺寸的游标卡尺，否则，会使主尺弯曲变形。

⑩ 使用完毕之后，应安放在专用盒内，注意不要使它弄脏或生锈。

例19：外径千分尺的使用

外径千分尺如图2-23所示。

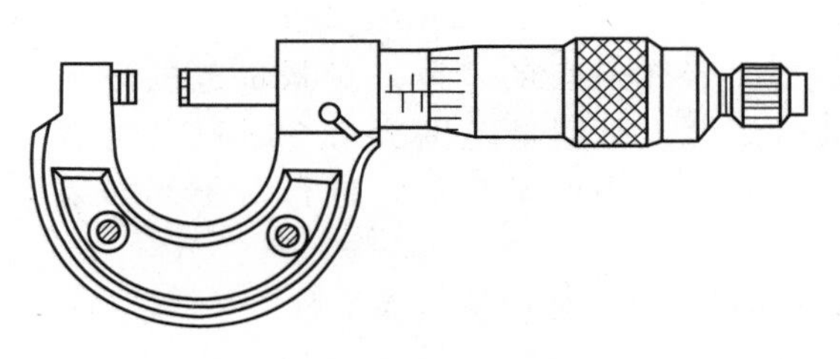

(a) 测砧为固定式的外径千分尺

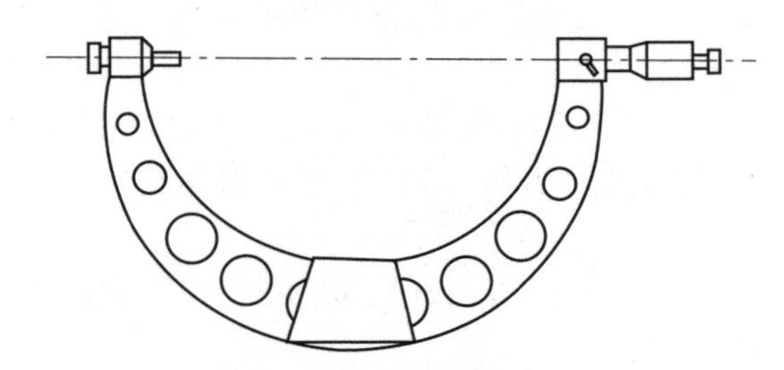

(b) 测砧为可换式或可调式的外径千分尺

图2-23　外径千分尺

（1）技术规格（GB/T 1216—1985）

测量范围：0～25mm，25～50mm，50～75mm，75～100mm，100～125mm，125～150mm，150～175mm，175～200mm，200～225mm，225～250mm，250～275mm，275～300mm，300～3400mm，400～500mm。

分度值：0.01mm。示值误差见表2-15。

表 2-15 外径千分尺示值误差

测量尺寸/mm	示值误差/μm	
	0 级	1 级
约 100	±2	±4
100～150	—	±5
150～200	—	±6
200～300	—	±7
300～400	—	±8
400～500	—	±10

（2）外径千分尺的用途

主要用于测量各种外尺寸，如长度、宽度、外径及形位偏差等。其合理选用范围见表 2-16。

表 2-16 外径千分尺合理选用范围

级别	适用范围	合理使用范围
0 级	IT6～IT16	IT6～IT7
1 级	IT7～IT16	IT7～IT9
2 级	IT8～IT16	IT9～IT10

（3）使用时注意事项

① 使用前，必须校对外径千分尺的零位。对测量范围为 0～25mm 的外径千分尺，校对零位时应使两测量面接触；对测量范围大于 25mm 的外径千分尺，应在两测量面间安放尺寸为其测量下限的校对用的量杆后，进行对零。如果零位不准，则按下述步骤调整。

a. 使用测力装置转动测微螺杆，使两测量面接触。

b. 锁紧测微螺杆。

c. 用外径千分尺的专用扳手，插入固定套管的小孔内，扳转固定套管，使固定套管纵刻线与微分筒上的零刻线对准。

d. 若偏离零刻线较大时，需用螺钉旋具将固定套管上的紧固螺钉松脱，并使测微螺杆与微分筒松动，转动微分筒，进行粗调，然后锁紧紧固螺钉，再按上述步骤③进行微调并对准。

e. 调整零位，必须使微分筒的棱边与固定套管上“0”刻线重合，同时要使微分筒上“0”线对准固定套管上的纵刻线。

② 使用时，应手握隔热装置。如果手直接握住尺架，会使外径千分尺和工件温度不一致，而增加测量误差。

③ 测量时，要使用测力装置，不要直接转动微分筒使测量面与工件接触。

④ 测量时，外径千分尺测量轴线应与工件被测长度方向一致，不要斜着测量。

⑤ 外径千分尺测量面与被测工件相接触时，要考虑工件表面几何形状，以减少测量误差。

⑥ 在加工过程中测量工件时，应在静态下进行测量。不要在工件转动或加工时测量，否则，容易使测量面磨损，测杆弯曲，甚至折断。

⑦ 按被测尺寸调整外径千分尺时，要慢慢地转动微分筒或测力装置，不要握住微分筒挥动或摇转尺架，以免使精密螺杆变形。

例 20: 带表千分尺的使用

带表千分尺如图 2-24 所示。

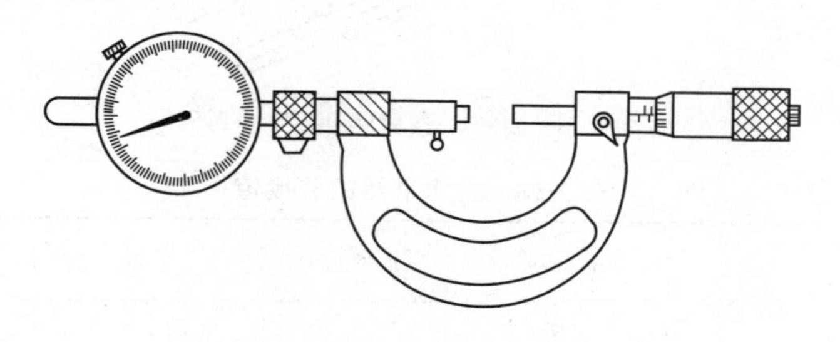

图 2-24　带表千分尺

(1) 技术规格 (JJG 427—1986)

测量范围、分度值、示值误差见表 2-17。

表 2-17　测量范围、分度值、示值误差　　单位：mm

测量范围	测微头分度值	指示表分度值	示值总误差
0～25 25～50	0.01	0.001	±0.003
50～75 75～100			

(2) 带表千分尺的用途

主要用于外尺寸的比较测量。带表千分尺的合理选用范围基本与外径千分尺相同。

(3) 使用时注意事项

① 测量前，应校准带表千分尺的零位。首先校对微分筒零位和指示表的零位。对于 0～25mm 的带表千分尺，可使两测量面接触直接进行校对；对于 25mm 以上的带表千分尺，可用调整量棒或量块来校对。

② 比较测量时，可用量块作为标准调整带表千分尺，使指示表指针位于零位，然后固紧微分筒，在指示表上读数，提高了检验效率和测量精度。

③ 成批测量时，可按被测工件尺寸，用量块组来调整带表千分尺的示值。测量时，只需观察指示表指针位置，即可确定工件是否合格，检验效率高。

④ 用后放入专用盒中保存。

例 21: 条式水平仪的使用

条式水平仪如图 2-25 所示。

(1) 技术规格 (GB/T 16455—1996)

工作面长度分为 150mm，200mm，250mm 和 300mm 四种。

主水准器的分度值见表 2-18。

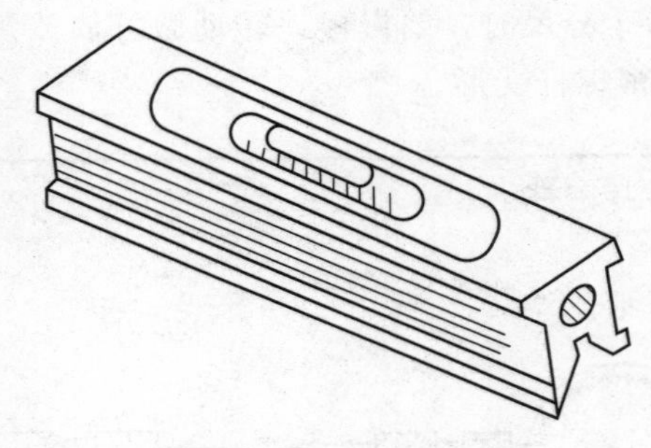

图 2-25 条式水平仪

表 2-18 主水准器的分度值

分度值 \ 组别	Ⅰ组	Ⅱ组	Ⅲ组	Ⅳ组
以 mm/m 表示	0.02～0.05	0.06～0.10	0.12～0.20	0.25～0.50
以(″)表示	4″～10″	12″～20″	24″～40″	50″～1′40″

（2）条式水平仪的用途

主要用于检验各种各类型设备导轨的直线度和平面度，电气部件相互位置的平行度，以及空调设备安装相对于水平位置的倾斜度。此外，还可以用于测量微小的倾角。

（3）使用时注意事项

① 测量前，应认真清洗测量面并擦干，检查测量表面是否有划伤、锈蚀和毛刺等缺陷。

② 测量前，应检查零位是否正确。如不准，对可调式水平仪应进行调整，对固定式水平仪应进行修复。

③ 测量时，应尽量避免温度的影响，水准器内液体对温度影响变化较大，因此，应注意手热、阳光直射、哈气等对水平仪的影响。

④ 使用中，应在垂直水准器的位置上进行读数，以减少视差对测量结果的影响。

例 22: 电动机维修专用工具

（1）榔头

榔头又分为木榔头、橡胶榔头、铁榔头、如图 2-26 所示。一般在绕组整形、成型绕组嵌线时用木榔头或橡胶榔头，在封槽楔、装配电动机时使用铁榔头。

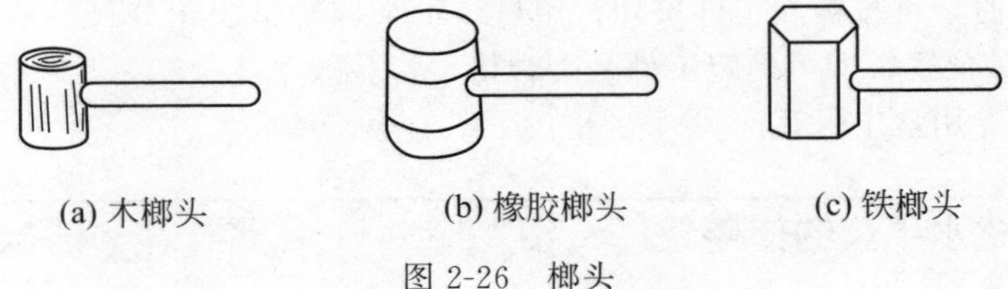

(a) 木榔头　(b) 橡胶榔头　(c) 铁榔头

图 2-26 榔头

（2）划线板

划线板也称滑线板（理线板），用以嵌线圈时把导线划入线槽，不致交叉。划线板还可以迫使堆积在槽口的导线移至槽内两侧，以及理顺嵌入槽内的导线。划线板一般用不锈钢制作，也可用竹片或层压塑料板削磨制作，其形状为适合不同槽口需要而制成多个规格。

如图 2-27 所示。划线板长度一般为 15～20cm，宽度为 10～15mm，厚度为 2～3mm。头部略呈尖形，一边稍薄，如刺刀形，表面应光滑。

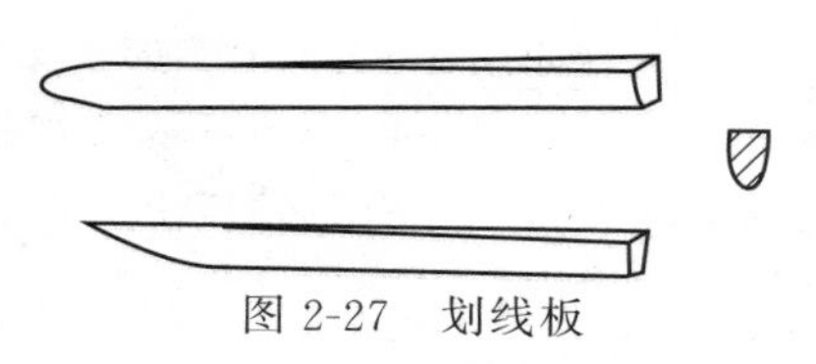

图 2-27　划线板

（3）压线板

压线板又称压线脚，它是用来压紧槽内导线的工具，其外形如图 2-28 所示。

压线板通常与划线板配合作为折槽口绝缘的工具，使用时应根据槽口尺寸选择其大小。其压线部分的宽度 b 按槽形顶部尺寸缩小 0.6～0.7mm，长度 L 以 30～60mm 为宜。压线板一般用黄铜及低碳钢制成，表面要光滑，以免划伤导线绝缘。

（4）刮线刀

刮线刀是用来刮去导线焊接头上的绝缘层的专用工具。在有弹性的对折的钢片两端各装一片铅笔刀片，每片用两只螺钉拧紧固定，其形状如图 2-29 所示。

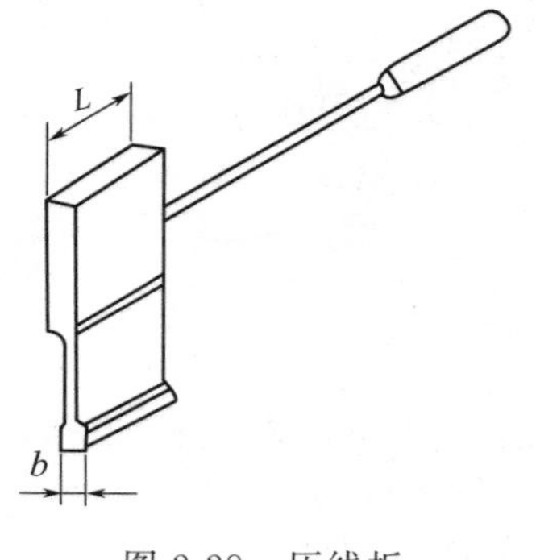

图 2-28　压线板

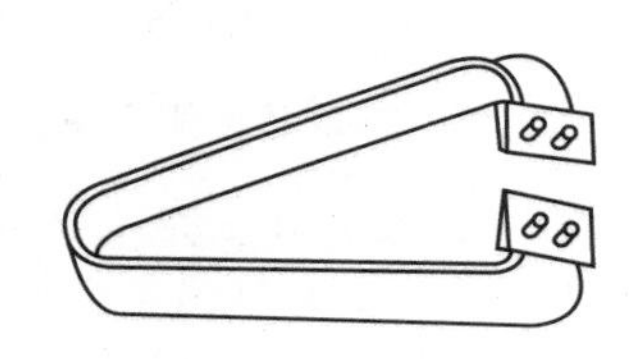

图 2-29　刮线刀

（5）清槽片

清槽片通常用断锯条制成。在一截断锯条一端缠上布条或用木板等夹紧固定即可，如图 2-30所示。这样通过锯条就可清理铁芯槽。

电动机修理拆除槽内的线圈后，需要用清槽片来清除铁芯槽内残留的绝缘物、锈斑等杂物，以保证不会损伤新的槽绝缘，以及用足够的空间容纳所有的导线。

（6）拉具

拉具又称拉模、拉力器、皮带扒子等。它由碳钢锻打或球墨铁浇铸而成，是拆卸皮带轮、联轴器及滚动轴承的专有工具，其结构如图 2-31 所示。

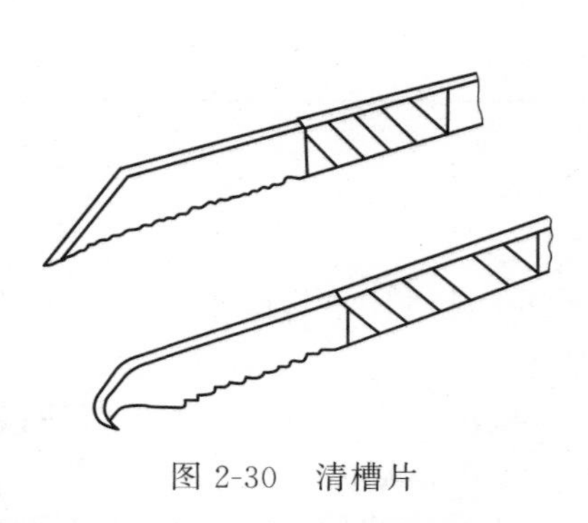

图 2-30　清槽片

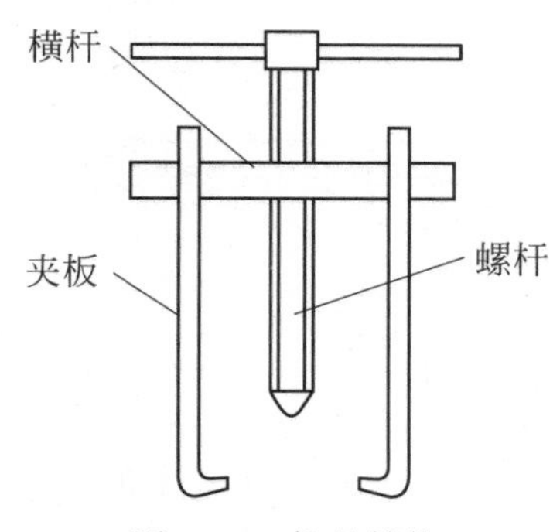

图 2-31　拉具结构

使用时摆正拉具，将螺杆对准电动机轴的中心，用力均匀地慢慢转动螺杆即可将皮带轮等卸下，如图 2-32 所示。如果带轮一时拉不出来，切勿硬拉，或在带轮与轴的接缝中加些煤油。必要时也可用喷灯或气焊枪在带轮的外表面加热，趁带轮受热膨胀而轴还尚未热透的情况下，迅速将带轮拉下。对工件的外部加热时，注意温度不能太高，以防轴变形或烧坏电动机内的绝缘层。

（7）手摇绕线机

小型电动机和变压器的线圈一般都采用圆铜导线（漆包线）制成。由于线圈的尺寸一般不大，导线较细，因此可以直接在手摇绕线机上进行绕制。绕线机是绕制线圈的专用工具，常见的绕线机如图 2-33 所示。

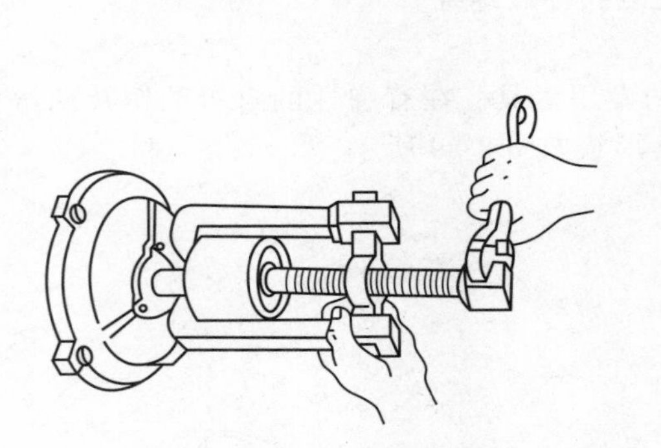

图 2-32　拉具及使用方法

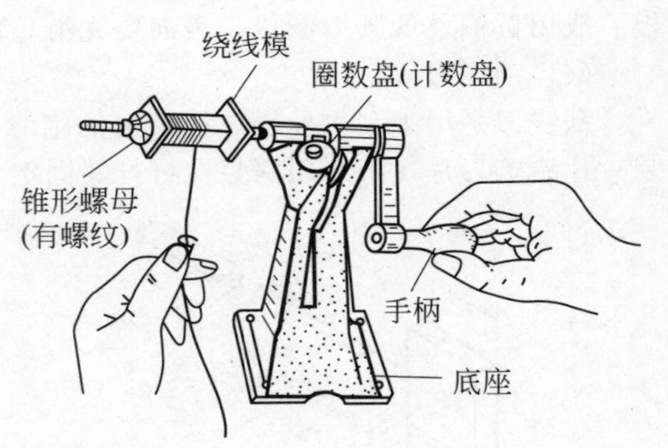

图 2-33　绕线机

绕线机的手柄安装在一个大齿轮上，大齿轮带动两个小齿轮，大小齿轮的转速比一般为 1∶4 或 1∶8，有时也为 1∶12。机轴连接着一个小齿轮，机轴直径为 9.5mm，长度为 160mm。手摇绕线机的高速挡在绕制小型变压器的线圈时较为方便。绕线机机轴上有两个锥形螺母，其中一个无螺纹，应放在里面，另一个有螺纹的锥形螺母放在外面，用来夹紧绕线模。在机轴靠近齿轮的一侧有一段螺纹，啮合了一只圈数盘（又称计数盘），用来记录线圈的匝数。

使用绕线机时应注意以下几方面。

① 绕线机底座应固定在工作台上，机座的外侧边缘与工作台或桌边的距离以 10～12mm 为宜。

② 若转动绕线机时齿轮摩擦声较大，可以注入少许润滑油。同时，要注意保持清洁，及时清除灰尘。

③ 手摇绕线机绕制线圈时，一般不用紧线夹，而由操作者用手将导线拉紧、拉直及平整。

例 23: 电动机维修专用测试仪器

（1）4 号黏度计

4 号黏度计又称 4 号福特杯，是测量绝缘漆黏度的计量用具。其形状和尺寸如图 2-34 所示。它的有效容积为 $100cm^3$，一般用黄铜或紫铜制成。

绝缘漆的黏度是指一定体积的漆，在一定温度下，从规定直径的孔中流出时所需的时间，单位为秒。时间越长，表示黏度越大；反之相反。黏度与温度有较大的关系，相同的绝缘漆，在高温时黏度小，在低温时黏度大。因此，对于绝缘漆的黏度，必须说明使用 4 号黏度计和测量时绝缘漆的温度。通常，测量时保持室温和绝缘漆的温度为 20℃，摆正黏度计，先用手指堵住漏嘴，黏度计中倒满20℃的绝缘漆试样，然后松开手指，让漆从底部的孔中流出，当漆面下降到图中A面一样平时，按下秒表开始计时，直到杯内所有的漆流完，此时读得的秒表数即为绝缘漆在20℃时的黏度。一般需要测量三次，取其平均值。

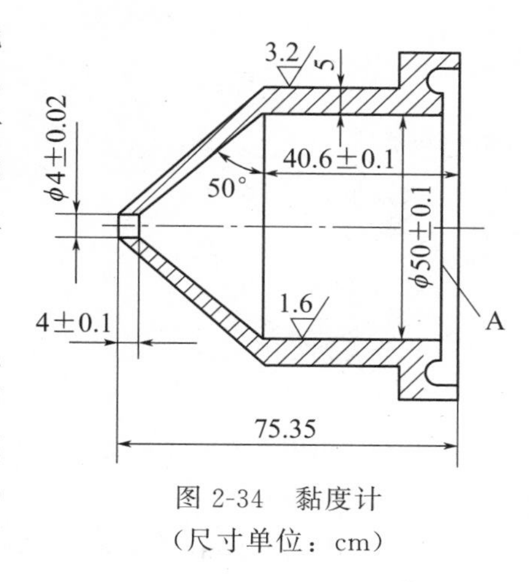

图2-34　黏度计

（尺寸单位：cm）

（2）短路侦察器

短路侦察器又称短路检查器，它是检查电动机绕组匝间短路最有效的仪器。短路侦察器的结构相当于一个开口变压器。铁芯通常用0.35mm或0.5mm厚的硅钢片冲成H形或U形叠成，也可用小型变压器或废旧日光灯镇流器的铁芯改制而成，两边用1.5～2mm厚的钢板压紧固定。铁芯上绕有线圈，如图2-35所示。

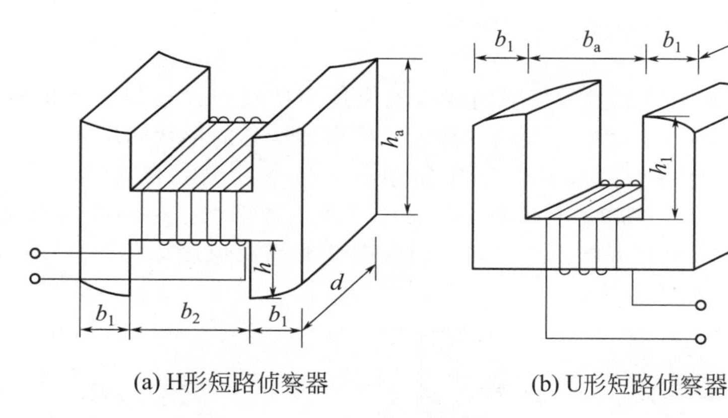

图2-35　短路侦察器

b_1—铁芯宽度；d—铁芯厚度；b_2—窗口宽度；h_1—窗口高度；h_a—铁芯高度

短路侦察器的上部和下部都做成圆弧形，目的是与被测电动机定子、转子外圆基本吻合。H形短路侦察器既可用于定子绕组，也可用于转子绕组；U形短路侦察器只能用于一种绕组。

用短路侦察器检查定子绕组匝间短路的方法如下：检查时定子绕组不接电源，把侦察器的开口部分放在被检查的定子铁芯槽口上，如图2-36所示。

短路侦察器线圈的两端接到单向电源上（一般用低压电源）。此时短路侦察器的线圈与图2-36上槽中的线圈组成变压器的一次、二次侧绕组，图中的虚线就是此变压器中的磁通。当线圈中不存在匝间短路时，相当于一个空载变压器，电流表的读数较小，如图2-37（a）所示。若线圈中有匝间短路，则相当于一个短路变压器，电流表读数增大，如图2-37（b）所示。

在被测线圈的另一条有效边所处的槽上，由短路线圈产生了磁通，就会经过硅钢片形成回路，把硅钢片吸附在定子铁芯上，并发出吱吱的响声。将短路侦察器沿定子铁芯逐槽移动检查，可检查出短路线圈。

使用短路侦察器时应注意以下几点。

① 若电动机绕组接成三角形，则要将三角形拆开，不能闭合。

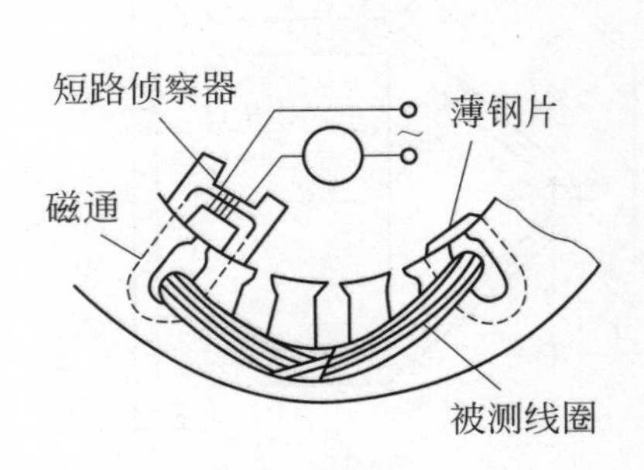

图 2-36　用短路侦察器检查短路线圈

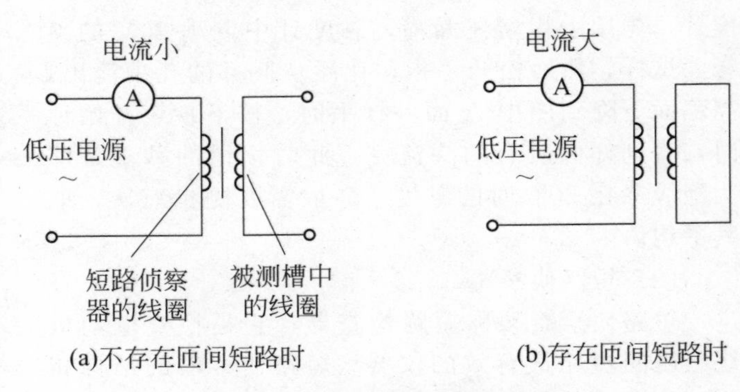

图 2-37　短路侦察器测量原理

② 绕组是多路并联时，要拆开并联支路。

③ 若是双层绕组，被测槽中有两个线圈，它们分别隔一个线圈节距跨于左右两边，若电流表上读数增大，存在匝间短路时，要把薄钢片在左右两边对应的槽上都试一下，以确定槽中两个线圈中哪一个线圈存在匝间短路。

(3) 断条侦察器

断条侦察器又称断条测试器，是利用变压器原理来侦察笼式异步电动机转子断条的工具。如图 2-38 所示是小型电动机常用的一种断条侦察器铁芯的形状和尺寸。

断条侦察器由一大一小两只开口变压器组成。断条侦察器的铁芯是用 0.35mm 或 0.5mm 厚的硅钢片叠成。铁芯 1 上线圈 1 的导线用漆包圆铜线。裸铜线的直径为 1.0mm，共 1200 匝，电源为 220V 交流电。铁芯 2 上的线圈 2 的导线也用漆包圆铜线，裸铜线的直径为 0.19mm，共 2500 匝。

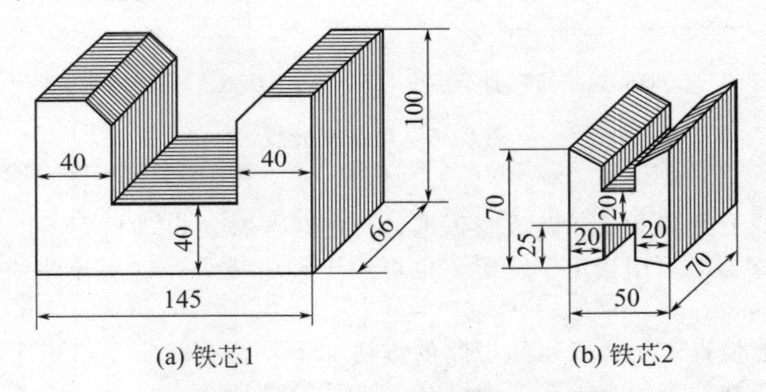

图 2-38　断条侦察器铁芯的形状和尺寸（尺寸单位：mm）

(4) 轴承故障测试仪

COL-2251 型多功能轴承故障测试仪，能测量轴承温度、噪声、磨损程度、轴电压四种物理量，适用于轴承运行中不解体故障的检测、诊断，如图 2-39 所示。

① 温度检测。测量范围为 0～100℃，测量时功能选择开关置 C，温度传感器置温度耳机插孔，将传感器的圆平面接触或插入测点约 3min，获得稳定读数。

② 噪声检测听诊。功能开关置任何位置，振动传感器插入“振动”插座；耳机插入耳机插孔，将传感器紧靠被测点，即可从耳机听到各种噪声。

③ 轴承磨损状态检测。轴承磨损状态检测分油膜电阻“x”、油膜电压“y”两个科目，得出“x”、“y”数据后，在仪器面板上的坐标中找出“x”、“y”对应点，即可判断出轴承

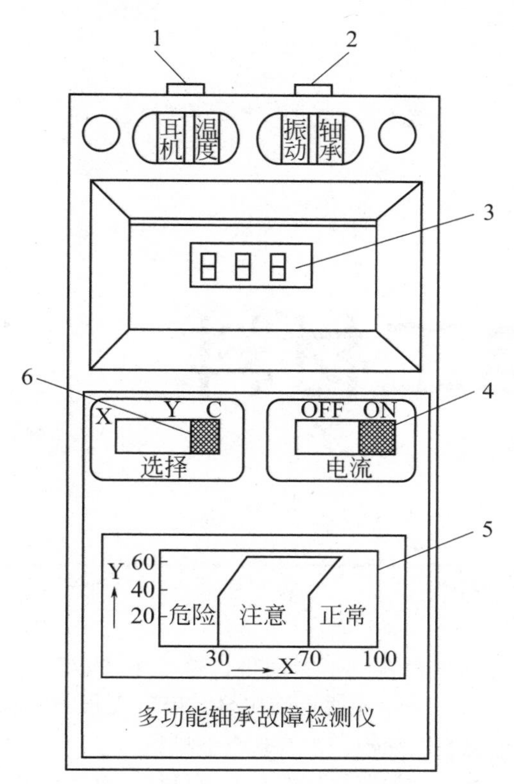

图 2-39　轴承故障测试仪面板图

1—温度、耳机插孔；2—轴承、振动测量插孔；3—显示屏；4—电源开关；
5—磨损程度对照表；6—功能选择开关

磨损状况。当“y”值小于 20 时，轴承状态完全取决于“x”数值；当 y 值大于 25 时，那么就要根据“x”、“y”的坐标值确定是“危险”、“注意”、“正常”，以判明劣化趋势。

Chapter 03

第三章 常用电工材料

例 1: 电工材料的分类

电工材料的种类很多，新型材料也不断涌现，这给电子仪器仪表装配工在选材时增加了难度。因此，需要学习更多的知识，才能正确用材。电气工程上常将电工材料作如下分类：

① 导电材料
- 普通导电材料　如铜、铝及其合金材料。
- 特殊导电材料　如熔体材料、电阻材料、电热材料、电触头材料、热双金属等。

② 绝缘材料
- 固态绝缘材料　如绝缘纤维制品、橡胶、塑料、玻璃、陶瓷等。
- 气态绝缘材料　如空气、六氟化硫等。
- 液体绝缘材料　如绝缘油、绝缘漆和胶等。

③ 磁性材料。如铁、硅钢、稀土钴、钴、镍等。

④ 半导体材料。如硅、锗、硒等。

⑤ 超导材料。如铌-钛-铜合金，铋锶钙和铜的氧化物等。

例 2: 常用导电材料主要性能

普通导电材料是指专门用于传导电流的金属材料。如做电线电缆的铜材、铝材。常用导电材料主要性能表如表 3-1 所示。

表 3-1　常用导电材料主要性能表

名称	电阻率 ρ(20℃时)/(Ω·m)	抗拉强度/MPa	抗氧化耐腐蚀(比较)	电阻温度系数 α (20℃时)/$℃^{-1}$	可焊性
银(Ag)	0.0165×10^{-6}	160～180	中	0.0038	优
铜(Cu)	0.0173×10^{-6}	200～220	上	0.0040	优
铝(Al)	0.0283×10^{-6}	70～80	中	0.0041	中
低碳钢(Fe)	0.12×10^{-6}	250～330	下	0.0042	良

注：表中电阻温度系数 $\alpha=\dfrac{R_2-R_1}{R_1(t_2-t_1)}$ ($℃^{-1}$)。

电线电缆的定义为用以传输电能、传输信息和实现电磁能量转换的线材产品，它包括裸导线、电磁线、电气装备用绝缘电线和电缆线四大类。

例 3: 裸导线的性能及用途

裸导线是指仅有金属导体而无绝缘层的电线。裸导线有单线、绞合线、特殊导线和型线与型材四大类。主要用于电力、交通运输、通信工程与电动机、变压器和电器制造。裸导线的分类、型号、特性及主要用途见表 3-2。

表 3-2　裸导线的分类、型号、特性及主要用途

分类	名称	型号	截面范围/mm^2	主要用途	备注
裸型线	硬铝扁线 半硬铝扁线 软铝扁线	LBY LBBY LBR	a:0.80～7.10 b:2.00～35.5	用于电动机、电器设备绕组	
	硬铜扁线 软铜扁线	TBY TBR	a:0.80～7.10 b:2.00～35.00	用于安装电动机、电器、配电设备	
	硬铜母线 软铜母线	TMY TMR	a:4.00～31.50 b:16.00～125.00	用于安装电动机、电器、配电设备	
裸软接线	铜电刷线 软铜电刷线 纤维编织镀锡铜电刷线	TS TSR TSX	0.3～16	用于电动机、电器及仪表线路上连接电刷	
	纤维编织镀锡铜软电刷线	TSXR	0.6～2.5		
	铜软绞线	TJR	0.06～5.00	电气装置、电子元器件连接线	
	镀锡铜软绞线	TJRX			
	铜编织线	TZ	4～120		
	镀锡铜编织线	TZX			

例 4: 漆包线的使用

漆包线的绝缘层是漆膜，在导电线芯上涂覆绝缘漆后烘干形成。特点是漆膜薄而牢固，均匀光滑，有利于线圈的自动绕制。漆包线主要采用有机合成高分子化合物，广泛用于制造中、小型电动机、变压器和电器线圈。按漆膜及使用特点分为油性漆包线、聚氨酯漆包线、聚酯漆包线、聚酰亚胺漆包线、聚酰亚胺漆包线和缩醛漆包线等。

（1）漆包线的主要规格与性能

表 3-3 列出了部分常用漆包线的主要性能比较。

除表 3-3 列出的主要性能外，漆包线的参数与性能还包括耐有机溶剂性能、耐化学药品性能和耐制冷剂性能。

（2）漆包线的用途

漆包线在电子产品中的用途很广，可作为中、高频线圈及仪表、仪器的线圈，普通中小型电动机、微电动机绕组和油浸变压器的线圈，还可作为大型变压器线圈和换位导线。

如规格为 0.02～2.5mm 的油性漆包圆铜线，可作为中、高频线圈及仪表、仪器的线圈；而聚酯漆包线可作为普通中小型电动机绕组。缩醛漆包线可作为大型变压器线圈和换位导线。

表 3-3 常用漆包线的主要性能比较

漆包线种类	规格/mm	耐温等级/℃	力学性能		电性能		热性能		
			耐刮性	弹性	击穿电压	介质损耗角正切	软化击穿温度	热老化	热冲击
油性漆包线	0.02～2.5	105	差	优	良	优	差	良	一般
聚氨酯漆包线	0.015～1.0	120	一般	良	良	优	良	良	一般
聚酯漆包线	0.02～2.5	130	良	良	优	优	优	优	一般
聚酰亚胺漆包线	0.06～2.5	220	一般	优	优	良	优	优	优

例 5: 绕包线的使用

绕包线用天然丝、玻璃丝、绝缘纸或合成树脂薄膜等紧密绕包在导电线芯（或漆包线）上，形成绝缘层的电磁线。一般绕包线的绝缘层较漆包线厚，是组合绝缘，电性能较高，能较好地承受过电压与过载负荷。

绕包线主要分为纸包线、玻璃丝包线、丝包线和薄膜绕包线四大类。

（1）绕包线的主要规格与性能

表 3-4 列出了常用绕包线的主要性能。

表 3-4 常用绕包线的主要性能比较

绕包线种类	规格/mm	耐温等级/℃	耐弯曲性	电性能		热性能
				击穿电压	过载性	
纸包线	1.0～5.6	105	差	优	—	—
玻璃丝包线	0.25～6.0	120～180	较差	—	优	—
丝包线	0.05～2.5	105	较好	优	好	—
薄膜绕包线	2.5～5.6	120～220	优	优	—	优

（2）绕包线的用途

由于绕包线的电性能较高，能较好地承受过电压与过载负荷，所以主要应用于大型设备及输送电设备。例如，纸包线常作为油浸电力变压器的线圈；玻璃丝包线可作为发电机、大中型电动机、牵引电动机和干式变压器的绕组。丝包线常用于仪器仪表、电信设备的线圈绕组，以及采矿电缆线的线芯等。薄膜绕包线常用于高温、有辐射等场所的电动机绕组及干式变压器线圈。

例 6: 聚氯乙烯（PVC）绝缘电线

（1）结构

绝缘电线由线芯和绝缘层组成，其线芯有铜芯线，也有铝芯线；有单根线，也有多根线，绝缘层为包在线芯外面的聚氯乙烯材料。在电工材料手册中查阅聚氯乙烯绝缘电线，就会看到有一栏是根数/单线直径（mm），若该栏中的数据是1/0.8，则表示这个聚氯乙烯绝缘电线的线芯是单根线（俗称独股线），且线芯直径是0.8mm；若该栏中的数据是7/1.7，则表示这个聚氯乙烯绝缘电线的线芯是7根线，且线芯直径是1.7mm。

（2）常用聚氯乙烯绝缘电线的主要性能参数

① 工作温度。电线的线芯允许长时间工作温度不超过65℃，电线的安装温度不低于－15℃。

② 电线导电线芯的直流电阻。只要导线实际的电阻值不大于直流电阻值，即为符合要求的导线。直流电阻值与导线的材料、截面积有关。相同材料导线的截面积越大，直流电阻值就越小。以铝线为例，在20℃时，截面积是4mm^{2}的铝线每千米直流电阻为7.59Ω；截面积是10mm^{2}的铝线每千米直流电阻为3.05Ω。相同截面积的导线，铜线的直流电阻值小于铝线的直流电阻值，例如，在20℃时，截面积为1.5mm^{2}的铜芯线，每千米直流电阻不大于12.5Ω；而同样是截面积为1.5mm^{2}的铝芯线，每千米直流电阻不大于20.6Ω。

③ 绝缘线芯能承受规定的交流50Hz击穿电压：即绝缘电线耐压值。例如，绝缘厚度为1.0mm的电线耐压值是6000V；绝缘厚度为1.4mm的电线耐压值是8000V。

④ 绝缘电线的载流量。即绝缘电线在运行中允许通过的最大电流值。相同材料导线的截面积越大，载流量就越大；反之，载流量就越小。以铝线为例，截面积1.5mm^{2}的铝线载流量是18A；截面积2.5mm^{2}的铝线载流量是25A。相同截面积的导线，铜线的载流量比铝线大。例如，截面积是4mm^2，铜线的载流量是42A，铝线的载流量是32A。

铜线的电性能优于铝线，但铜线的价格较贵。

（3）常用聚氯乙烯绝缘电线的用途

聚氯乙烯绝缘电线广泛应用于交流额定电压（U_o/U）为450V/750V、300V/500V及以下和直流电压1000V以下的动力装置及照明线路的固定敷设中。适用于各种交流、直流电器装置，电子仪表、仪器、电信设备等。

例7: 聚氯乙烯绝缘软线

（1）结构

聚氯乙烯绝缘软线与聚氯乙烯绝缘电线的结构基本相同，其线芯有铜芯线，也有铝芯线；与聚氯乙烯绝缘电线不同的是，线芯只有多股线，没有独股线。其特点是柔软，可多次弯曲。

（2）主要性能参数

聚氯乙烯绝缘软线与聚氯乙烯绝缘电线的主要性能参数基本相同。使用时要注意工作电压，大多为交流250V或直流500V以下，及在交流额定电压（U_o/U）为450V/750V、300V/500V及以下。

（3）用途

聚氯乙烯绝缘软线适用于各种交流、直流移动电器、电工仪器、电信设备及自动化装置等。

常用橡胶、聚氯乙烯绝缘软线的品种、型号和主要用途，如表3-5所示。

聚氯乙烯绝缘屏蔽电线用于防电磁波干扰，广泛应用于防止互相干扰的仪器仪表、电子设备、电信器件、计算机及电声广播等线路中。

表 3-5　常用橡胶、聚氯乙烯绝缘软线的品种、型号和主要用途

产品名称	型号	截面范围/mm²	额定电压 (U_o/U) /V	最高允许工作温度 /℃	主要用途
聚氯乙烯绝缘单芯软线	RV	0.12～10	450/750	70	供各种移动电器、仪表、电信设备、自动化装置接线、移动电具、吊灯的电源连接线
聚氯乙烯绝缘双芯平行软线	RVB	0.12～2.5	300/300		
聚氯乙烯绝缘双芯绞合软线	RVS	0.12～2.5			
聚氯乙烯绝缘及护套平行软线	RVVB	0.5～0.75			
聚氯乙烯绝缘和护套软线	RVV	0.12～6 (4 芯以下) 0.12～2.5 (5～7 芯) 0.12～1.5 (10～24 芯)	300/500	70	同 RV,用于潮湿和机械防护要求较高场合
丁腈-聚氯乙烯复合绝缘平行软线	RFB RVFB	0.12～2.5	交流 300/500	70	同 RVB,但低温柔软性较好
丁腈-聚氯乙烯复合绝缘绞合软线	RFS RVFS	0.12～2.5	直流 500	70	同 RVB,但低温柔软性较好
橡胶绝缘棉纱编织双绞软线	RXS	0.2～4 0.3～4	300/500	65	用于灯头、灯座之间,移动家用电器连接线
橡胶绝缘棉纱总编软线(2 芯或 3 芯)	RX				
氯丁橡胶套软线	RHF		300/500	65	用于移动电器的电源连接线
橡套软线	RH				
聚氯乙烯绝缘软线	RVR-105	0.5～6	450/700	105	高温场所的移动电器连接线
氟塑料绝缘耐热电线	AF AFP	0.12～0.4 (2～24 芯)	300/300	－60～200	用于航空、计算机、化工等行业

例 8: 电缆线的使用

电缆线是指在绝缘护套内装有多根相互绝缘芯线的电线，除了具有导电性能好、芯线之间有足够的绝缘强度、不易发生短路故障等优点外，其绝缘护套还有一定的抗拉、抗压和耐磨特性。

电缆线按其用途可分为通用电缆线、电力电缆线和通信电缆线等。电气装备用电缆线用作各种电气装备、电动工具、仪器和日用电器的移动式电源线；电力电缆线用于输配电网络干线中；通信电缆线用作有线通信（如电话、电报、传真、电视广播等）线路，按结构类型分为对称通信电缆线和同轴通信电缆线。

（1）结构

电缆线有铜芯线、铝芯线，有单芯线、多芯线，并有各种不同的线径。普通电缆线由导线的线芯、绝缘层、保护层、护套组成；屏蔽电缆线由导线的线芯、绝缘层、保护层、

屏蔽层、护套组成。

① 线芯。线芯的材料主要有铜和铝，在电路中起载流作用。

② 绝缘层和保护层。绝缘层材料应具有电气性能和适当的机械物理性能，适用于隔离相邻导线或防止导线不应有的接地。

③ 屏蔽层。屏蔽层是用金属带绕包或细金属丝编织而成，主要材料有铜、钢、铝，作用是抑制其内部或外部电场和磁场的干扰和影响。

④ 护套。常用的护套材料有聚氯乙烯、黑色聚乙烯、尼龙、聚氨酯、氯丁橡胶等。护套的主要作用是机械保护和防潮。

(2) 绝缘电缆线的规格、参数

电缆线一般由线芯、绝缘层和保护层组成。它们的规格和参数主要有电缆线的根数，例如，若为三根线，通常就称为三芯电缆；每根芯线的规格，其中包括每根芯线的根数、截面积，这项指标很重要，它是决定电缆线载流量的重要因素。线芯有软芯和硬芯之分。绝缘层的作用是防止通信电缆漏电和电力电缆放电，它由橡胶、塑料或油纸等绝缘物包缠在芯线外构成。保护层有金属护层和非金属护层两种，金属护层大多为铝套、铅套、皱纹金属套和金属编织套等；非金属护层大多数采用橡胶、塑料等。另外，还有耐压值、载流量等参数。

例 9: 绝缘材料的功用和分类

绝缘材料又称电介质，是仪器、仪表设备中用途较广、用量较大，品种较多的一种电工材料。其电阻率大于 $10^9\Omega \cdot m$。它在直流电压作用下，除有极微小的泄漏电流通过外，实际上可认为它是不导电的。

绝缘材料的主要功用是把带电体封闭起来，隔离电位不同的导体以防止导体短路和保护人身安全。在某些情况下，还能起支承固定、灭弧、防潮、防霉及保护导体等作用。

绝缘材料种类繁多，通常根据其不同特征进行分类。按材料的化学成分可分无机绝缘材料、有机绝缘材料和混合绝缘材料三种；按材料的物理状态可分气体绝缘材料、液体绝缘材料、固体绝缘材料三种。

常用绝缘材料的分类及特点如表 3-6 所示。

表 3-6 绝缘材料的分类及特点

序号	类别	主要品种	特点及用途
1	气体绝缘材料	空气、氮、氢、二氧化碳、六氟化硫、氟利昂	常温、常压下的干燥空气，围绕导体四周，具有良好的绝缘性和散热性。用于高压电器中的特种气体具有高的电离场强和击穿场强，击穿后能迅速恢复绝缘性能，不燃、不爆、不老化，无腐蚀性，导热性好
2	液体绝缘材料	矿物油、合成油、精制蓖麻油	电气性能好，闪点高，凝固点低，性能稳定，无腐蚀性。常用作变压器、油开关、电容器、电缆的绝缘、冷却、浸渍和填充
3	绝缘纤维制品	绝缘纸、纸板、纸管、纤维织物	经浸渍处理后，吸湿性小，耐热、耐腐蚀，柔性强，抗拉强度高。常用作电缆、电动机绕组等的绝缘

续表

序号	类别	主要品种	特点及用途
4	绝缘漆、胶、熔敷粉末	绝缘漆、环氧树脂、沥青胶、熔敷粉末	以高分子聚合物为基础，能在一定条件下固化成绝缘膜或绝缘整体，起绝缘与保护作用
5	浸渍纤维制品	漆布、漆绸、漆管和绑扎带	以绝缘纤维制品为底料，浸以绝缘漆，具有较好的机械强度、良好的电气性能，耐潮性、柔软性好。主要用作电动机、电器的绝缘衬垫，或线圈、导线的绝缘与固定
6	绝缘云母制品	天然云母、合成云母、粉云母	电气性能、耐热性、防潮性、耐腐蚀性良好。常用于电动机、电器主绝缘和电热电器绝缘
7	绝缘薄膜、黏带	塑料薄膜、复合制品、绝缘胶带	厚度薄(0.006～0.5mm)，柔软，电气性能好，用于绕组电线绝缘和包扎固定
8	绝缘层压制品	层压板、层压管	由纸或布作底料，浸或涂以不同的胶黏剂，经热压或卷制成层状结构，电气性能良好，耐热，耐油，便于加工成特殊形状，常用作电气绝缘构件
9	电工用塑料	酚醛塑料、聚乙烯塑料	由合成树脂、填料和各种添加剂配合后，在一定温度、压力下，加工成各种形状，具有良好的电气性能和耐腐蚀性，常用作绝缘构件和电缆护层
10	电工用橡胶	天然橡胶、合成橡胶	电气绝缘性好，柔软，强度较高，主要用作电线、电缆绝缘和绝缘构件

例 10: 绝缘材料的基本性能

绝缘材料的基本性能主要表现为以下几点。

① 电气性能用绝缘电阻、绝缘材料的极化与相对介电常数、绝缘材料的介质损耗和绝缘耐压强度等来表示它们的电气性能。

② 绝缘材料按材料的耐热等级可分为七个级别，如表 3-7 所示。

表 3-7 绝缘材料的耐热等级

级别	耐热等级定义	相当于该耐热等级的绝缘材料	极限工作温度
Y	经过试验证明，在 90℃ 极限温度下，能长期使用的绝缘材料或其组合物所组成的绝缘结构	天然纤维材料及制品，如纺织品、棉花、纸板、木材等，以醋酸纤维和聚酰胺为基础的纤维制品以及熔化点较低的塑料	90℃
A	经过试验证明，在 105℃ 极限温度下，能长期使用的绝缘材料或其组合物所组成的绝缘结构	用油或树脂浸渍过的 Y 级材料，漆包线，漆布、油性漆、沥青漆、层压木板等	105℃
E	经过试验证明，在 120℃ 极限温度下，能长期使用的绝缘材料或其组合物所组成的绝缘结构	玻璃布、油性树脂漆、环氧树脂、胶纸板、聚酯薄膜和 A 级材料的复合物	120℃
B	经过试验证明，在 130℃ 极限温度下，能长期使用的绝缘材料或其组合物所组成的绝缘结构	聚酯薄膜、云母制品、玻璃纤维、石棉等制品，聚酯漆等	130℃

续表

级别	耐热等级定义	相当于该耐热等级的绝缘材料	极限工作温度
F	经过试验证明，在155℃极限温度下，能长期使用的绝缘材料或其组合物所组成的绝缘结构	用耐油有机树脂或漆黏合、浸渍的云母、石棉、玻璃丝制品，复合硅有机聚酯漆等	155℃
H	经过试验证明，在180℃极限温度下，能长期使用的绝缘材料或其组合物所组成的绝缘结构	加厚的F级材料，复合云母，有机硅云母制品，硅有机漆，复合薄膜等	180℃
C	经过试验证明，在超过180℃极限温度下，能长期使用的绝缘材料或其组合物所组成的绝缘结构	用有机黏合剂及浸渍剂的无机物，如石英、石棉、云母、玻璃和电瓷材料等	180℃以上

③ 理化性能用熔点、黏度、吸湿性、固体含量、耐油性、化学稳定性等表示。

④ 力学性能用硬度、抗拉、抗压、抗弯曲强度等表示。

⑤ 绝缘材料老化即材料在运行过程中由于各种因素的作用，而发生一系列不可恢复的物理、化学变化而导致材料电气性能与力学性能的劣化，通称为老化。主要的老化形式有环境老化、热老化与电老化三种。工程上应尽力采用一些有效的方法来防止绝缘材料的老化。

例 11: 影响半导体导电能力的三个特性

半导体是导电能力介于导体和绝缘体之间的物质，如硅、锗、硒、砷化镓和一些氧化物、硫化物等。

常用的半导体材料是硅和锗，它们都是具有共价键结构的四价元素。因此，纯净的半导体具有晶体结构，我们把具有晶体结构的纯净半导体称作本征半导体。

环境条件的变化会影响半导体材料的导电能力，主要体现在以下几个方面。

（1）热敏性

环境温度对半导体的导电能力影响很大，温度升高，本征激发增强，产生的电子空穴对就增多，导电能力就增强。根据半导体材料的热敏特性，可制成热敏电阻和其他温度敏感元件。

（2）光敏性

一些半导体材料受到光照时，本征激发增强，载流子数量增加，导电能力亦随之增强。利用半导体的光敏性，可制成光敏电阻、光敏二极管、光敏三极管等光敏器件。

（3）掺入杂质可改变半导体的导电性能

在半导体中掺入微量其他元素称作掺入杂质，简称掺杂。掺杂后的半导体导电能力有很大的提高。

例 12: PN 结及其单向导电性

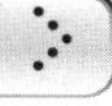

在PN结两端加上不同极性的电压，PN结便会呈现不同的导电性能。PN结上外加电压的方式称为偏置方式，所加电压称为偏置电压。

（1）PN结外加正向电压导通

将PN结的P区接电源正极，N区接电源负极，即PN结处于正向偏置时，外加电场方向和内电场方向相反，削弱了内电场的作用，从而破坏了原来的平衡，空间电荷区变窄，多数载流子的扩散运动大大超过了少数载流子的漂移运动，形成较大的扩散电流。这时 PN 结所处的状态称为正向导通，如图 3-1 所示。正向导通时，通过 PN 结的正向电流较大，即 PN 结呈现的正向电阻很小。

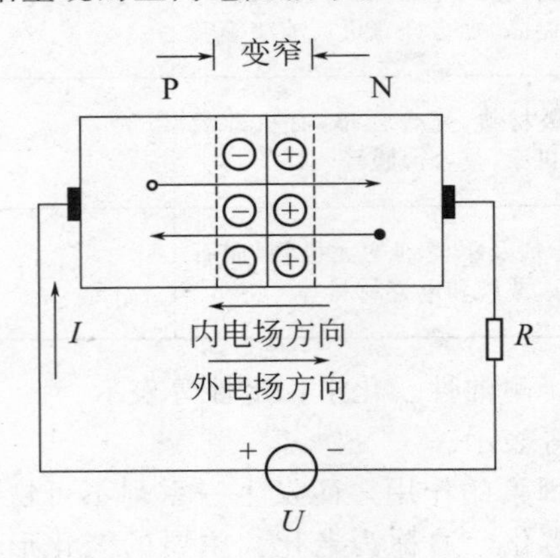

图 3-1　PN 结加正向电压

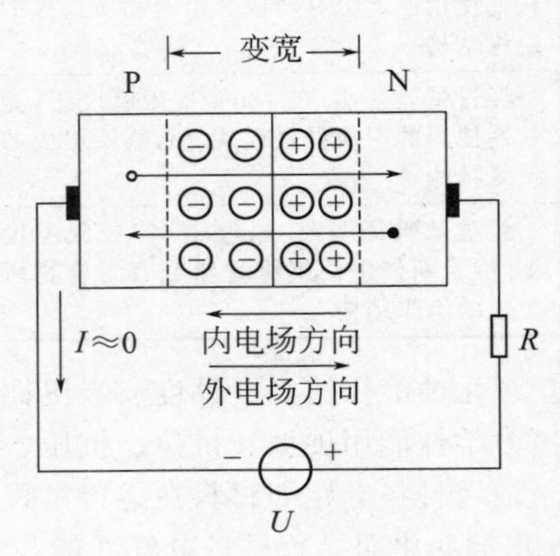

图 3-2　PN 结加反向电压

（2）PN 结外加反向电压截止

当 PN 结的 P 区接电源的负极，N 区接电源的正极，即 PN 结处于反向偏置时，外加电场方向与 PN 结内电场方向一致，使空间电荷区变宽，多数载流子的扩散几乎难以进行，少数载流子的漂移运动则得到加强，从而形成反向漂移电流。由于少数载流子浓度极小，故反向电流很微弱。这时 PN 结所处的状态称为反向截止，如图 3-2 所示。反向截止时，通过 PN 结的电流很小，PN 结呈现的反向电阻很大。

单向导电性是 PN 的重要特性，也是晶体二极管、三极管等半导体器件导电特性的基础。

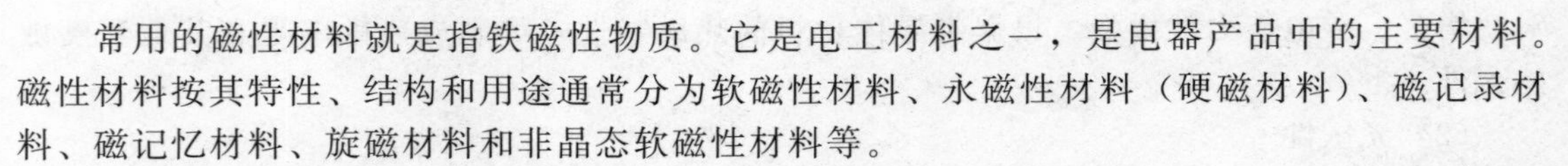

例 13: 软磁材料的使用

常用的磁性材料就是指铁磁性物质。它是电工材料之一，是电器产品中的主要材料。磁性材料按其特性、结构和用途通常分为软磁性材料、永磁性材料（硬磁材料）、磁记录材料、磁记忆材料、旋磁材料和非晶态软磁性材料等。

软磁材料磁性能的主要特点是磁导率 μ 很高，剩磁 B_r 很小、矫顽力 H_c 很小，磁滞现象不严重，因而它是一种既容易磁化，也容易去磁的材料，磁滞损耗小。所以一般都是在交流磁场中使用，是应用最广泛的一种磁性材料。磁导率 μ 表示物质的导磁能力，由磁介质的性质决定其大小。一般把矫顽力 $H_c < 10^3$ A/m 的磁性材料归类为软磁材料。

属于软磁性材料的品种有电工用纯铁、硅钢片、铁镍合金、铁铝合金、软磁铁氧体、铁钴合金等，主要是作为传递和转换能量的磁性零部件或器件。

（1）电工用纯铁

电工用纯铁（牌号 DT）的主要特点是含碳量在 0.04%以下，具有较高的磁感应强度和磁导率，冷加工性好，而矫顽力较低；缺点是电阻率低，涡流损耗大，铁损高，存在磁老化现象，故不能用在交流磁场中，主要应用在直流或低频电路中。制备高纯度铁的工艺复杂，成本高，所以，工程上用电磁纯铁替代电工纯铁。电磁纯铁一般加工成厚度不超过 4mm 的板材。

(2) 硅钢片

硅钢片（牌号有 DR、DW 或 DQ）又称为电工钢片，是在铁中加入 0.8%～4.5%的硅制成的。在铁中加入硅后可以起到提高磁导率、降低矫顽力和铁损耗，但硅含量增加，硬度和脆性加大，热导率降低，不利于机械加工和散热，一般硅含量要小于 4.5%。它和电工纯铁相比，电阻率增高，铁损降低，磁时效基本消除，但热导率降低，硬度提高，脆性增大。适合在强磁场条件下使用。另外，硅钢片的厚度，也影响着它的电磁性能，厚度越大，涡流损耗越高，但是，厚度减小，就会影响制造铁芯的效率，并使叠装系数下降。在电动机工业中大量使用的硅钢片厚度为 0.35mm 和 0.5mm；在电信工业中，由于频率高、涡流损耗大，硅钢片的厚度为 0.05～0.2mm。按照制造工艺的不同，硅钢片可分为热轧和冷轧两类。

① 热轧硅钢片。广泛应用于交直流电动机、电力变压器、调压器、互感器、继电器、电抗器、磁放大器及开关等产品的铁芯中。

② 取向冷轧硅钢片。它的特点是磁导率高、铁损低、磁性有方向性，主要应用于制造电力变压器和大型发电机的铁芯。

③ 无取向冷轧硅钢片。其特点是硅钢片的磁性无方向性，也就是沿各方向的磁性相同，主要应用于制造小型发电机、电动机和变压器的铁芯。

(3) 铁镍合金

铁镍合金（牌号 1J50、1J51 等）和其他软磁材料相比的优点是在低磁场下，有极高的磁导率μ和很低的矫顽力 H_c，但对应力比较敏感。在弱磁场下，磁滞损耗相当低，电阻率又比硅钢片高，故高频特性好。常用于频率较高的弱磁场中工作的器件，可用来制造中小功率变压器、脉冲变压器、微型电动机、继电器、互感器、精密仪器仪表的动静铁芯、磁屏蔽器件、记忆器件等。

(4) 铁铝合金

铁铝合金（牌号 1J12 等）的电磁性能好，具有较高的磁导率和较小的矫顽力，比铁镍合金的电阻率高，在重量上比铁镍合金轻，但随着含铝量增加（超过 10%），硬度和脆性增大，塑性变差。常用于弱磁场和中等磁场下工作的器件，如小功率变压器、脉冲变压器、高频变压器、微电动机、继电器、互感器、磁放大器、电磁离合器、磁放大器、电感元件、磁屏蔽器件、电磁阀、磁头和分频器等。

(5) 软磁铁氧体

软磁铁氧体（牌号 R100 等）属非金属磁化材料，烧结体，其特点是电阻率非常高，高频时具有较高的磁导率，但饱和磁感应强度低，温度稳定性也较差，较硬脆，不耐冲击，不易加工，用于 100～500kHz 的高频磁场的电磁元件，可用于制造脉冲变压器、高频变压器、开关电源变压器、中长波及短波天线等。

例 14: 硬磁材料的使用

硬磁性材料也称为永磁性材料。它是将所加的磁化磁场去掉以后，仍能在较长时间内保持强和稳定磁性的一种磁性材料。永磁性材料主要的特点是剩磁 B_r 和矫顽力 H_c 都很大，当将磁化磁场去掉以后，不易消磁，它适合制造永久磁铁，被广泛应用于磁电式测量仪表、扬声器、永磁发电机和通信设备中。按照制造工艺和应用特点分类，永磁性材料可分为铝镍钴、稀土钴、硬磁铁氧体等。由于铝镍钴、稀土钴需要大量的贵重金属镍和钴，所以，最常用的永久磁性材料便是硬磁铁氧体了。

硬磁铁氧体在高频的工作环境中电磁性能好，所以广泛应用于电视机的部件、微波器件等中。硬磁材料的品种和用途如表 3-8 所示。

表 3-8　硬磁材料的品牌和用途

硬磁材料品种			用途举例
铝镍钴合金	铸造铝镍钴	铝镍钴 13	转速表、绝缘电阻表、电能表、微电动机、汽车发电机
		铝镍钴 20 铝镍钴 32	话筒、万用表、电能表、电流、电压表，记录仪，消防泵磁电动机
		铝镍钴 40	扬声器、记录仪、示波器
	粉末绕结铝镍钴 铝镍钴 9 铝镍钴 25		汽车电流表、爆光表、电器触头、受话器、直流电动机、钳形表、直流继电器
铁氧体硬磁材料			仪表阻尼元件、扬声器、电话机、微电动机、磁性软水处理
稀土钴硬磁材料			行波管、小型电动机、副励磁机、拾音器精密仪表、医疗设备、电子手表
塑料变形硬磁材料			里程表、罗盘仪、计量仪表、微电动机、继电器

例 15：线管的使用

线管用于保护穿越其中的绝缘导线不易受外界的机械损伤，保障安全并有防潮防腐的作用。常用的线管有水煤气管、电线管、聚氯乙烯（PVC）管、自熄塑料线管、金属软管、瓷管等。常用线管的品种和规格如表 3-9 所示。

表 3-9　常用线管的品种和规格数据

品种	项目	单位									
水煤气管	公称口径	mm	10	15	20	25	32	40	50	70	80
		in①	$\frac{3}{8}$	$\frac{1}{2}$	$\frac{3}{4}$	1	$1\frac{1}{4}$	$1\frac{1}{2}$	2	$2\frac{1}{2}$	3
电线管	公称口径	mm	13	16	20	25	32	38	50		
		in	$\frac{1}{2}$	$\frac{5}{8}$	$\frac{3}{4}$	1	$1\frac{1}{4}$	$1\frac{1}{2}$	2		
硬聚氯乙烯管（PVC）	公称直径/mm	10、15、20、25、32、40、50、65、80、100									
	外径/mm	15、20、25、32、40、50、65、76、90、114									
软聚氯乙烯管（彩色）	内径/mm	1、1.5、2、2.5、3、3.5、4、4.5、5、6、7、8、9、10、12、14、16、18、20、22、25、28、30、34、36、40									
自熄塑料线管（PAV 型）	外径/mm	16、19、25、32、40、50									
	内径/mm	12.4、15、20.6、27、34、43.5									
金属软管	内径/mm	6、8、10、12、13、15、16、19、20、22、25、32、38、51、64、75、100									

1in=2.54cm。

例 16：钎料、助钎剂和清洗剂的使用

焊接是固定连接导线间、导线与电气设备间常用的方法。焊接方法按过程分为三大类。

① 熔焊。如电弧焊、气焊即属于熔焊。

② 压焊。如电阻焊、摩擦焊。

③ 钎焊。如锡焊、铜焊、银焊等都属于钎焊。电气工程中以钎焊为主。常用的钎料有锡基钎料、铜基钎料和银基钎料。常用的锡铅钎料牌号及用途，如表 3-10 所示。

表 3-10 常用的锡铅钎料品牌及用途

牌号 (冶金部) (机械部)	主要成分			熔点/℃	主要用途
	锡 Sn	锑 Sb	铅 Pb		
HLSnPb39 (39 锡铅焊料) 料 600	60%	≤0.8%	余量	185	熔点低，能充分填充毛细间隙的地方，如无线电零件、电器开关零件、计算机零件、精密仪表中的导流丝、悬丝的钎接
HLSnPb50 (50 锡铅焊料)	50%	≤0.8%	余量	210	钎接散热器、计算机零件、一般仪表零件、铜件等
HLSnPb10 (10 锡铅焊料) 料 604	90%	≤0.15%	余量	220	钎接钢、铜及合金和其他金属，如仪表的游丝，食品器皿和医疗器材的内缝
HLSnPb58-2 料 603	40%	2%	余量	235	应用最广的钎料、无线电元器件、铜导线、镀锌铁皮等。焊点表面光洁，用于无线电电器开关等
HLSnPb68-2 料 602	30%	2%	余量	256	应用广泛，润湿性较好，钎接用铜、钢、锌板、白铁皮等金属，用于仪表零件、无线电器械、电动机匝线，电缆套等钎接

铜基钎料熔点在 800℃左右，常用于铜、铜合金、镍、钢与铸铁等材料的钎接。

银基钎料熔点在 600～850℃，常用于焊铜、不锈钢、硬质合金等材料的钎接。

助钎剂其主要作用是除去被焊金属表面的氧化物、硫化物、油污等，净化金属与熔融钎料的接触面；同时具有覆盖保护作用。助钎剂有无机助钎剂即氯化锌水溶液，腐蚀作用大，锡焊性非常好。但在无线电、电子线路装置中禁用。另外，还有有机助钎剂和松香助钎剂。松香酒精助钎剂无腐蚀，常和锡铅钎料配合在仪器、电子设备生产中使用。

清洗剂是焊前除去被焊件上的油污等以利施焊或清除焊后残留物。常用的清洗剂有无水酒精、汽油和三氟三氯乙烷高档清洗剂。

例 17: 电工常用塑料的使用

电工常用塑料的主要成分是合成树脂，按合成树脂的类型，电工用塑料分为热固性塑料和热塑性塑料。这些塑料在一定的温度、压力下可加工成不同规格、形状的绝缘零部件，还可以作为电线电缆的绝缘材料。

(1) 热固性塑料

热固性塑料在热压成型后，成为不溶解不熔化的固化物，其树脂成分结构发生变化，主要分为酚醛塑料、氨基塑料、聚酯塑料和耐高温塑料等。

① 酚醛塑料。酚醛塑料耐霉性好，适用于制作一般低压电动机、仪器仪表绝缘零部件。

② 氨基塑料。氨基塑料色泽好、耐电弧性能好，适用于塑制电动机、电器、电动工具

绝缘结构，还可塑制电器开关灭弧部件。

③ 聚酯塑料。具有优良的电气性能和耐霉性能，成型工艺性好，适用于塑制湿热地区电动机、电器、电信设备的绝缘部件。

④ 耐高温塑料。有较高的耐高温性，适用于塑制耐高温的电动机、电器绝缘零部件。

（2）热塑性塑料

热塑性塑料在热压或热挤成型后树脂的分子结构不变，其物理、化学性质不发生明显变化，仍具有可溶解和可熔化性，所以热塑性塑料可以多次反复成型。热塑性塑料主要有聚苯乙烯、苯乙烯-丁二烯-丙烯腈共聚物、聚甲基丙烯酸甲酯、聚酰胺、聚碳酸酯、聚砜、聚甲醛、聚苯醚等。

① 聚苯乙烯（PS）。是无色的透明体，有优良的电性能和透光性，但性脆、易燃，可用于制作各种仪表外壳、罩盖、绝缘垫圈、线圈骨架、绝缘套管、引线管、指示灯罩等。

② 苯乙烯-丁二烯-丙烯腈共聚物（ABS）。是象牙色不透明体，有较高的表面硬度，易于成型和机械加工，并可在表面镀金属。ABS适用于制作各种仪表外壳、支架、小型电动机外壳、电动工具外壳等。

③ 聚甲基丙烯酸甲酯（PMMA）。俗称为有机玻璃，是透光性优异的无色透明体，可透过92%以上的阳光和73.5%的紫外线，电气性能优良，易于成型和机械加工。PMMA适用于制作仪表的一般结构零件，绝缘零件，读数透镜，电器外壳、罩、盖等。

④ 聚酰胺（尼龙）1010。是白色半透明体，常温下有较高的机械强度，良好的冲击韧性、耐磨性、自润滑性和良好的电气性能。尼龙1010可用于制作方轴绝缘套、小方轴、插座、线圈骨架、接线板以及机械传动件，如仪表齿轮等。

⑤ 聚碳酸酯（PC）。是无色或微黄色透明体，有突出的抗冲击强度，抗弯强度较高，耐热和耐寒性较好，电气性能优良。PC可作电器、仪表中的接线板，支架、线圈支架等。

⑥ 聚砜（PSF）。是带琥珀色的透明体，具有较高的耐热性和耐寒性，机械强度好，电气性能稳定，可用于制作手电钻外壳、高压开关座、接线板、接线柱等。

⑦ 聚甲醛（PA）。呈乳白色，耐电弧性能好，在－40～100℃很宽的温度范围内力学性能很好，用于制作绝缘垫圈、骨架、电器壳体、机械传动件等。

⑧ 聚苯醚（PPO）。呈淡黄色或白色，电气性能优良，机械强度高，使用温度范围很广，在－127～121℃的温度范围内可以长期使用，缺点是加工成型较困难，可用于制作电子装置零件、高频印制电路板、机械传动件等。

Chapter 04

第四章 常用电工测量仪表的使用

例 1: 电工电子测量仪器仪表的分类

电工电子测量仪器仪表是指将被测量转换成可直接观测的指示值或等效信息的器具。它包括各种指示式仪器、比较式仪器（仪表）、记录式仪器以及传感器等。电工电子测量仪器仪表的精确度一般都能达到相当高的水平，很多情况下是其他测量无法相比的。一些需要精密测量的地方，几乎都要采用电子测量和其他技术相结合的方法来进行测量。

目前一般根据结构、用途等几个方面的特性，把电工电子测量所用的仪器仪表分为以下几类。

（1）电气测量指示仪器仪表

电气测量指示仪器仪表是电测仪表的一个主要组成部分，这种仪器仪表的特征是直接将通入测量仪器仪表的被测量转换成可动部分的机械位移，连接在可动部分的指针在标度尺上的指示，直接在标尺上反映被测量的数值，又称直接作用指示仪器仪表。

电气测量指示仪器仪表具有测量简便、读数可靠、结构简单、测量范围广、制造成本低等一系列优点，因此目前仍被广泛地使用。但随着微电子技术的发展，以及对测量要求的提高，终将被电子数字仪器仪表所取代。

（2）比较仪器

比较仪器主要包括用于精密测量的交直流仪器和标准量具，它是用比较法测量所采用仪器的总称。直流比较仪器主要有电桥、电位差计、标准电阻箱等；交流比较仪器有交流电桥、标准电感、标准电容等。

由于应用比较法将被测量和标准量具进行比较，所以仪器仪表的测量准确度和灵敏度都很高。

（3）数字仪器仪表和巡回检测装置

电子数字仪器仪表是指能以自身逻辑控制，并以数码形式显示被测量值的仪器仪表。近几年电子数字仪器仪表结构形式不断改进、技术指标大幅度提高、可靠性日益改善、应用范围日益广泛，带来了电测仪器仪表技术的数字化和现代化，无疑是电测与仪器仪表技术的发展方向。

自动巡回检测装置即为数字化仪器仪表加上选测控制系统及打印（显示）输出设备构

成的整体。可用一台装置实现对多个测量点的自动循环测量、记录和控制。它是电测技术与自动控制技术融合的基础，是电测技术的又一发展方向。

（4）记录仪器仪表和电子示波器

记录仪器仪表是把被测量随时间的变化连续记录下来，记录仪器仪表一般分为测量和记录两部分。数字电子技术和计算机技术的引入使记录式仪器仪表逐渐走向成熟；如电压监测仪，能连续记录和统计每月的电压合格率，并具有存储功能。

示波器是电信号的“全息”测量仪器，表征电信号特征的所有参数，几乎都可以用示波器进行测量。电压（电流）和时间（相位、频率）是最基本的，它们可以用示波器直接测量。一般常把记录式仪表与示波器等电子仪器划为一类。

（5）扩大量程装置和变换器

扩大量程装置是指分流器、附加电阻、电流互感器、电压互感器等。变换器是指将非电量，如温度、压力等，变换为电量的转换装置。对这类装置均有测量准确度的要求。

（6）电源装置

电源装置包括稳压器，稳流器，各类稳压电源，称准电压、电流发生器等。电源装置虽然都作为测量的附件，但对测量的影响较大，因此精密测量一般对电源装置的要求较高，如对电压波动、波形畸变、调节细度等都有比较严格的要求。目前，测量用标准电源的主要发展趋势是向多功能、智能化、程控化、小型化和便携式的方向发展。由于新技术的应用，如数字和微机技术的应用，电源装置的稳定性和精密度均有较大幅度的提高。

例 2: 直流稳压电源的正确使用

直流稳压电源一般有线性负反馈型稳压电源和开关型稳压电源两种。

虽然线性负反馈型稳压电源比起开关型稳压电源来说有效率低、体积庞大、电网波动的适应范围差等缺点，但是由于它的纹波小，电压调整率好，内阻小的优点，特别适用于实验，故现在仍然是实验室里的主流电源。

为了不至于使得线性串联负反馈型稳压电源在低电压、大电流输出的情况下的效率降得太低，一般都在面板上设置一个选择电压范围的波段开关，以便在低电压输出时将变压器的次级切换到低电压的抽头上。而为了使得过载时或输出端短路时稳压电源内的调整管不至于因为功耗过大而烧毁，一般都设置有保护电路。但通常保护电路是限流型保护，故保护电路即使启动，机内的调整管依然处于大功耗状态（但被限制在调整管的功耗指标内），如果超载时间过长，则调整管将因长时间发热而温度升高，如果散热不良，则也有烧毁的危险。这是使用稳压电源时所应该注意的。

例 3: 直流电桥的正确使用

利用单臂电桥测量电阻是一种比较精密的测量方法，而电桥本身又是灵敏度和准确度都比较高的测量仪器，若使用不当不仅不能达到应有的准确度，给测量结果带来误差，而且还可能损坏仪器，因此应掌握正确的使用方法。现将电桥的正确使用方法和注意事项叙述如下。

① 使用电桥时，首先要大致估计一下被测电阻的阻值范围和所要求的准确度，而后根据所估计的数值来选择电桥。所选用电桥的精度应略高于被测电阻的精度，其误差应小于被测电阻的允许误差的三分之一。

② 如果需外接检流计时，检流计的灵敏度应选择适当，如果灵敏度太高，则电桥平衡困难，调整费时；灵敏度太低则达不到应有的测量精度。因此，所选择的检流计在调节电桥最低一挡时，只要指针有明显变化即可。

③ 如果需外接电源时，直流电源应根据电桥使用说明的要求，选择各桥臂的适当数值及工作电源电压。一般电压为2～4V，为了保护检流计，应在电源电路中串联一可调电阻，测量时可逐渐减小电阻，以提高灵敏度。

④ 使用电桥时，应先将检流计的锁扣打开，若指针或光点不指零位，应调节检流计的零位。

⑤ 连接线路时，将被测电阻R_x接到标有R_x的接线柱上。如果为外接电源，则电源的正极应接电桥的“＋”端钮，电源的负极接在“－”端钮。接线应选择较粗较短的导线，并将接头拧紧，因为接头接触不良，会使电桥的平衡不稳定，甚至能损坏检流计。

⑥ 估计被测电阻R_x的大小，适当选择比率臂的比率，选择比率时，应使比较臂各挡都充分被利用，以提高测量的准确度。如用QJ23电桥测2.222Ω的电阻时，比率臂应在0.001挡，当电桥平衡时，则比较臂的四挡均被利用，此时比较臂上读得的数为2222，即

$$R_x=\frac{R_2}{R_3}R_4=0.001\times2222=2.222\Omega \tag{4-1}$$

若比率臂的比率选择不当如为0.1，则电桥平衡时，比较臂只能用两挡读数（为22），即$R_x=2.2\Omega$，测量的误差就人为地增大。因此在选择比率时，应以比较臂的各挡能充分利用为前提。

⑦ 测量时，先将电源按钮按下并锁住，然后按下检流计按钮，若此时指针向正的方向偏转，应加大比较臂电阻，反之，将减小。如此反复调节，直至检流计指针平衡在零位。

在调节过程中，在电桥尚未接近平衡状态前，通过检流计的电流较大，不应使检流计按钮旋紧，只能在每调节时短时按下按钮，观察平衡状况。当检流计指针偏转不大时，方可旋紧按钮进行反复调节。

⑧ 当测量小电阻时，注意把电源电压降低，并只能在测量的短暂时间内将电源接通，否则，因通电时间较长，会导致桥臂过热。应该提醒的是，直流单电桥不适合测量0.1Ω以下的电阻。

⑨ 当测量具有电感性绕组（如电动机或变压器绕组）的直流电阻时，应特别注意要先按下电源电钮，充一下电后，再按下检流计按钮，测量完毕应先断开检流计，而后再切断电源，以免因电源的突然接通和断开所产生的自感电动势冲击检流计，而使检流计损坏。

⑩ 电桥使用完毕，应先切断电源，然后拆除被测电阻，将检流计的锁扣锁上，以防止搬动时震坏检流计。若检流计无锁扣时，应将检流计短路，以保护检流计。

⑪ 对测量精度要求较高时，除了选择精度较高的电桥外，为了消除热电势和接触电势对测量结果带来的影响，在测量时应采取改变电源极性的办法，进行正反向两次测量，而后取其平均值。

⑫ 当使用闲置较久的电桥时，应先将电桥上的有关接线端钮、插孔或接触点等进行清洁处理，使其接触可靠良好，转动灵活自如，以防接触不良等因素影响正常使用和测量结果。

例4: 万用电桥的正确使用

（1）万用电桥的测量步骤

① 估计被测量电感量的大小，然后旋动量程开关至合适量程。

② 旋动测量选择开关量“L”位置。

③ 在测量空心线圈时，损耗倍率开关放在Q×1位置，在测量高Q值滤波线圈时，损耗倍率开关放在D×0.01的位置，在测量叠片铁芯电感线圈时，损耗倍率开关放在D×1的位置。

④ 将损耗平衡旋钮大约放在1左右的位置，然后调节灵敏度，使电表的偏转略小于满刻度。

⑤ 首先调节电桥“读数”步进开关至0.9或1.0的位置，再调节滑线盘，然后“调节”损耗平衡旋钮使电表偏转最小，再逐步增大灵敏度，反复调节电桥的“读数”，滑线盘和损耗平衡旋钮，直至灵敏度足够，满足测量精度的分辨率（一般使用不必把灵敏度调至最大），电表指针的偏转指零或接近指零，此时可认为电桥达到平衡。

例如，电桥的“读数”开关的第一位指示为0.9，第二位滑线盘为0.098，则被测电感量为

$$100\text{mH}\times(0.9+0.098)=99.8\text{mH}$$

即　被测量L_x=量程开关指示值×电桥的读数值　(4-2)

损耗倍率开关放在$Q\times1$位置，损耗平衡旋钮指示为2.5，则电感的Q_x值为

$$Q_x=1\times2.5=2.5$$

即　被测量Q_x=损耗倍率指示×损耗平衡旋钮的指示值　(4-3)

（2）万用电桥测量时应注意的事项

① 被测元件必须与仪器的地线隔离。如果被测元件与仪器的“地”之间有连接线或通过任何阻抗与“地”相连接，则都将引起误差，甚至无法进行测量（这是因为被测元件置于电桥的一个桥臂上，它的两端与“地”之间应没有直接的联系）。

② 在使用外接音频振荡器测量电容或电感时，外加音频电压值应符合电桥所规定的范围（如在QSl8A型万用电桥中，该电压值为1～2V），此时测得的D_x值等于损耗平衡盘读数乘以f/f_0。式中f_0为仪器内部振荡器的频率（如GS18A型电桥为1000Hz）；f为外加音频振荡器的频率。

③ 测量电感线圈时若发现受到外界干扰，可先使仪器内部的振荡器停止工作（如将面板上的拨动开关放在“外”的位置），然后移动被测线圈的位置和角度，使指零仪表指示值降低到最小程度，最后使仪器内部振荡器恢复工作，消除干扰后，再进行测量。

④ 有些万用电桥的读数盘是通过机械传动装置，用数字显示的，也有通过数字电路用数码管或液晶显示读数的。这些万用电桥的基本测量原理及使用方法基本相同，仅仅读数显示部分不同而已。

（3）万用电桥的正确使用

万用电桥有各种型号，使用时也各有特点，但基本使用方法是相同的。现以QSl8A为例将万用电桥的一般使用步骤介绍如下。

① 测量前的准备工作。

a. 测量前必须先熟悉仪器面板上各元件及控制旋钮的作用。

b. 在熟悉仪器面板上各元件及控制旋钮的作用之后，再检查仪器的输入电源电压是否符合仪器使用电源电压的规定值。

c. 插上电源插头，合上电源开关预热5～15min。

d. 如电桥使用外部音频电源或外部指零仪时，应将相应的旋钮开关置于“外接”位置。

e. 测量前，各调节旋钮均应置于“0”位置。

② 测量过程。

a. 将被测元件接到“测量”接线柱上。

b. 根据被测元件的性质，调节“测量选择”开关至相应的“C”、“L”、“R≤10”、“R>10”等位置。

c. 估计被测元件数值的大小，将“量程开关”放置在合适的位置上。

d. 逐步增大灵敏度，使指针偏转略小于满刻度。

e. 先调“读数”旋钮再调“损耗平衡”旋钮，观察指零仪表指针的偏转，使其尽量指零。然后，再逐渐增大灵敏度，使指针偏转略小于满刻度，再调节读数盘及损耗平衡旋钮，使指零仪表指零。如此反复调整，直至灵敏度调到足够分辨出测量精度的要求，并使电桥达到最后的平衡状态。

f. 读取被测元件的数值，当电桥平衡时，把各级读数盘所指示的数字相加，再根据量程开关的位置（或倍率选择开关位置），便可得到被测元件的数值。被测元件的 D 值（或 Q 值）根据平衡时平衡旋钮的示值和损耗倍率开关的位置来决定。

例 5: MF-47指针式万用表结构特征

通常所说的万用电表，是指模拟万用表，即指针式万用表。简称万用表或三用表，在国家标准中又称为复用表。目前，常见的指针型万用表有 MF-47 型等，如图 4-1 所示。

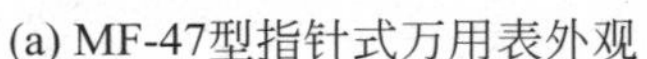

(a) MF-47型指针式万用表外观

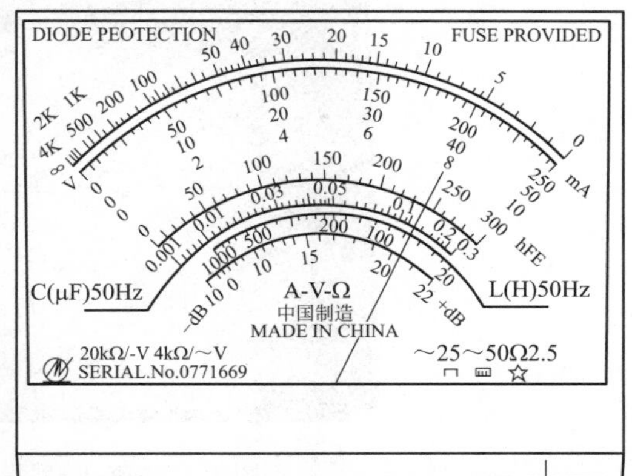

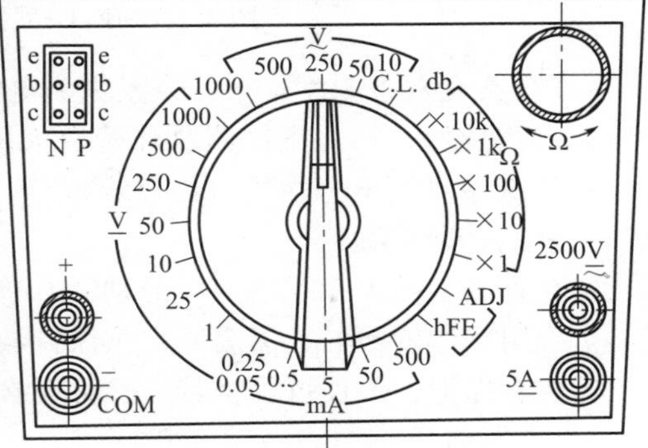

(b) MF-47型万用表的面板示意图

图 4-1　MF-47 型指针式万用表

MF-47 型万用电表结构特征如下。

MF-47型万用电表造型大方，设计紧凑，结构牢固，携带方便，零部件均选用优良材料及工艺处理，具有良好的电气性能和机械强度，其使用范围可替代一般中型万用电表，具有以下特点。

① MF-47型指针式万用表的测量机构采用高灵敏度表头，性能稳定、并置于单独的表壳之中，保证密封性和延长使用寿命，表头罩采用塑料框架和玻璃相结合，避免产生静电，可保持测量精度。

② 线路采用印制电路板，保证可靠、耐磨、整齐、维修方便。

③ 测量机构采用硅二极管保护，保证电流过载时不损坏表头，线路并设有0.5A熔丝装置以防止误用时烧坏电路。

④ 在设计上考虑了温度和频率补偿，受温度影响小，频率范围宽。

⑤ 低电阻挡选用2号干电池，容量大、寿命长。两组电池装于盒内，换电池时只需卸下电池盖板，不必打开表盒。

⑥ 若配加本厂专用高压探头，可以测量电视接收机内25kV以下高压。

⑦ 表外壳装有提把，不仅可以携带，必要时可以作倾斜支撑。

⑧ 有一挡三极管静态直流电流放大系数检测装置以供在临时情况下检测三极管。

⑨ 标度盘与开关指示盘印制成红、绿、黑三色。分别按交流电压挡为红色、晶体三极管绿色、其余挡位为白色或黑色标示其位置和量程，使用时读取示数便捷。MF-47型指针式万用表标度盘如图4-2所示。

图4-2　MF-47型指针式万用表的标度盘

标度盘共有六条刻度，第一条专供测电阻用（黑色线）；第二条供交直流电压、直流电流之用（黑色线）；第三条供测晶体管放大倍数用（绿色线）；第四条供测量电容之用（红色线）；第五条供测电感之用（红色线）；第六条供测音频电平（红色线）。标度盘上装有反光镜，消除视差。

⑩ 交直流2500V和直流5A分别装有单独插座，其余各挡只需转动一个选择开关。

⑪ 采用整体软塑红、黑表笔，以保持长期良好使用。

⑫ 装有提把，不仅可以携带，且可在必要时作倾斜支撑，便于读数。

例6：用万用表测量直流电压

① 将万用表的转换开关旋至相应的直流电压挡“$\underline{V}$”（DCV）挡位，如果已知被测电压的数值，可以根据被测电压的数值去选择合适的量程，所选量程应大于被测电压，若不知

被测电压大小时，可以选择直流电压量程最高挡进行估测，然后逐次旋至适当量程上（使指针接近满刻度或大于 2/3 满刻度为宜）。

② 万用表并接于被测电路，必须注意正、负极性，即红表笔接高电位端（电压的正极），黑表笔接低电位端（电压的负极），如图 4-3 所示。如果不知被测电压极性时，应先将转换开关置于直流电压最高挡进行点测，观察万用表指针的偏转方向，以确定极性；点测的动作应迅速，防止表头因严重过载，反偏将万用表指针打弯。

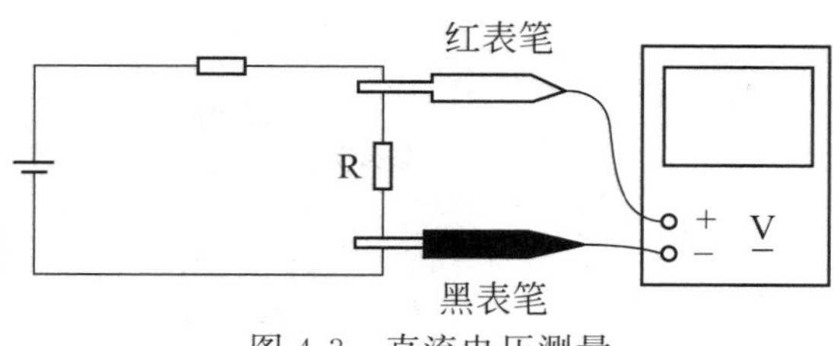

图 4-3　直流电压测量

假如误用交流电压挡去测直流电压，由于万用表的接法不同，读数可能偏高一倍或者指针不动。

③ 正确读数。在标有“-”或“DC”符号的刻度线上读取数据。

④ 当被测电压在 1000～2500V 时，MF-47 型万用表需将红表笔插入万用表右下侧的 2500V 量程扩展孔中进行测量。这时旋转开关应置于直流电压 1000V 挡。

例 7:　用万用表测量交流电压 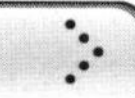

① 选择挡位。先选择交流电压挡，将转换开关置于相应的交流电压挡“$\underset{\sim}{\mathrm{V}}$”（ACV）。正确选择量程，其方法与测直流电压相同。若误用直流电压挡去测交流电压，则表针在原位附近抖动或根本不动。

② 测量交流电压时，表笔不分正负，分别接触被测电压的两端，使万用表并联在被测电路两端亦可。

③ 正确读数。在标有“～”或“AC”符号的刻度线上读取数据。

④ 当被测电压在 1000～2500V 时，MF-47 型万用表可以将红表笔插入万用表右下侧的 2500V 量程扩展孔中进行测量。这时旋转开关应置于交流电压 1000V 挡。

MF-47 型万用表若配以高压探头可测量电视机小于或等于 25kV 的高压，测量时开关应放在 50μA 位置上，高压探头的红黑插头分别插入“＋”，“－”插座中，接地夹与电视机金属底板连接，而后握住探头进行测量。

例 8:　用万用表测量直流电流 

① 选择挡位。将万用表的转换开关置于相应的直流电流挡（DC mA）。已知被测电流范围时，选择略大于被测电流值的那一挡。不知被测电流范围时，可先选择直流电流量程最大一挡进行估测，再根据指针偏转情况选择合适的量程。

② 测量直流电流时，应先切断被测电路电源，将检测支路断开一点，将万用表串联在电路中，且要注意正负极性，将红表笔接触电路的正极性端（或电流输入端），黑表笔接触电路的负极性端（或电流输出端）。不可接反，否则，指针反偏。不知道电路极性时，可将转换开关置于直流电压最高挡，在带电的情况下，先点测一下试探极性，然后再将万用表串入电路中测量电流。

测量时万用表串入被测回路，如图 4-4 所示。既可以串入电源正极与被测电路之间，如图 4-4(a) 所示；也可串入被测电路与电源负极之间，如图 4-4(b) 所示。

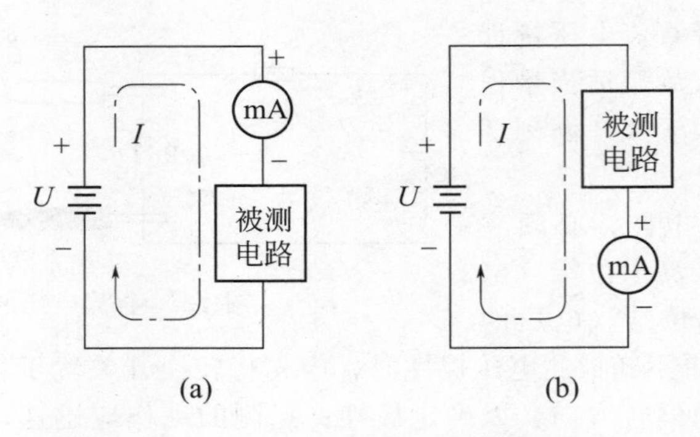

图 4-4　直流电流的测量

③ 模拟万用表测量500mA及其以下直流电流时，转动测量选择开关至所需的“mA”挡。测量0.55A的直流电流时，将测量选择开关置于“500mA”挡，并将正表笔改插入“5A”专用量程扩展插孔。

例 9: 用万用表测量交流电流

有的万用表能够测量交流电流，与测量直流电流相似，转动测量选择开关至所需的“交流A”挡，串入被测电流回路即可测量。测量200mA以下交流电流时，红表笔插入“mA”插孔；测量200mA及以上交流电流时，红表笔插入“A”插孔。

例 10: 用万用表测量电阻

① 装上电池（如MF-47型万用表R14型2号1.5V及6F22型9V各一只），如果被测电阻处于电路中，那么首先应该将被测电路断电，如电路中有电容则应在断电后先行放电。测量时注意断开被测电阻与其他元器件的连接线。

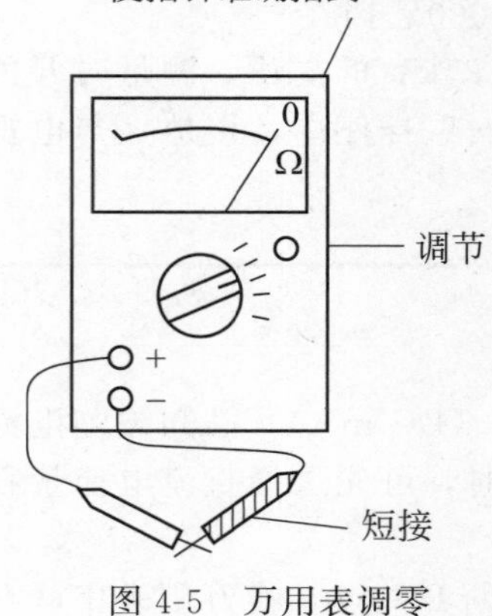

图 4-5　万用表调零

② 转换开关旋至“Ω”挡位，正确选择量程，即尽量使指针指在刻度线的中间部分（该挡的欧姆中心值）。若不知被测电阻大小时，可选择高挡位试测一下，然后选取合适的挡位。

③ 调节零点。测量前应首先进行调零，在所选电阻挡位，将两表笔短接，指针不指零位时，调节“Ω”调零旋钮，使指针准确指在0Ω刻线上，如图4-5所示。每次换挡后必须重新调零，如某个电阻挡位不能调节至欧姆零位，则说明电池电压太低，已不符合要求，应及时更换电池。

④ 测量。将红黑表笔分别接触被测电阻的两端，并保证接触紧密。被测对象不能有并联支路，当被测线路有并联支路时，测得的电阻值不是该电路的实际值，而是某一等效电阻值。尤其测量大电阻时，不能同时用两手接触表笔的导电部分，防止人体电阻使测量出现较大的误差。

⑤ 正确读数。在标有“Ω”符号的刻度线上读取数据再乘以转换开关所在挡位倍率。即：

$$被测电阻值=刻度线示数\times电阻挡倍率 \tag{4-4}$$

⑥ 当检查电解电容器漏电电阻时，应在测量前先行放电；转动开关至 R×1k 挡，红表笔必须接电容器负极，黑表笔接电容器正极。

例 11: 用万用表测量电容

① 模拟万用表测量电容时，通过电源变压器将交流 220V 市电降压后获得 10V、50Hz 交流电压作为信号源，然后将转换开关旋转至交流电压 10V 挡。

② 将被测电容 C 与任一表笔串联后，再串接于 10V 交流电压回路中，如图 4-6 所示，万用表即指示出被测电容 C 的容量。

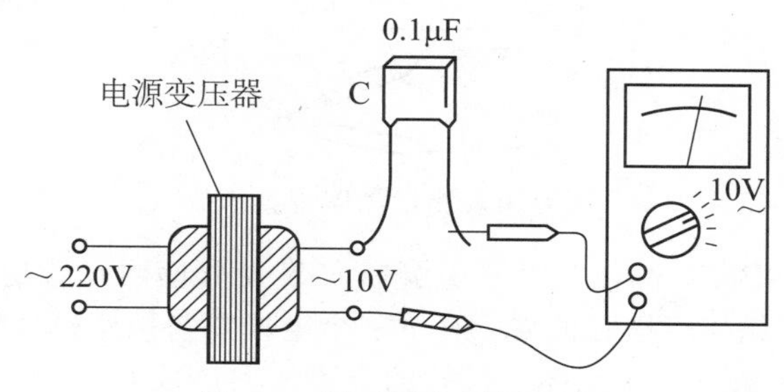

图 4-6 用万用表测量电容

③ MF-47 型万用表从第四条标尺刻度线（电容刻度线）上读取数据。

④ 应注意的是 10V、50Hz 交流电压必须准确，否则，会影响测量的准确性。

⑤ 测量完毕，将转换开关置于交流电压最大挡或“OFF”挡位。

例 12: 用万用表测量电感

模拟万用表测量电感与测量电容方法相同，将被测电感 L 与任一表笔串联后，再串接于 10V 交流电压回路中，如图 4-7 所示，万用表即指示出被测电感 L 的电感量。MF-47 型万用表从第五条标尺刻度线（电感刻度线）上读取数据。

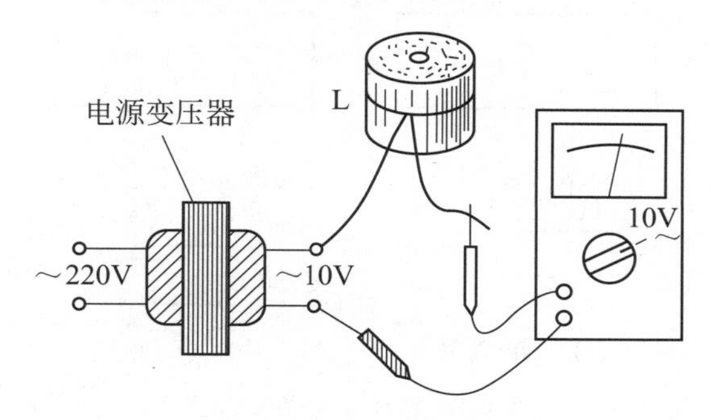

图 4-7 用万用表测量电感

例 13: 用万用表测量晶体管直流放大倍数 h_{FE}

① 模拟万用表测量晶体管直流放大倍数时，先将测量选择开关转动至“ADJ（校准）”挡位，将红黑两表笔短接，调节欧姆调零旋钮，使表针对准 h_{FE} 刻度线的“300”刻度线

（如 MF-47 型），如图 4-8 所示。

② 分开两表笔，将测量选择开关转动至“h_{FE}”挡位，即可插入晶体管进行测量。

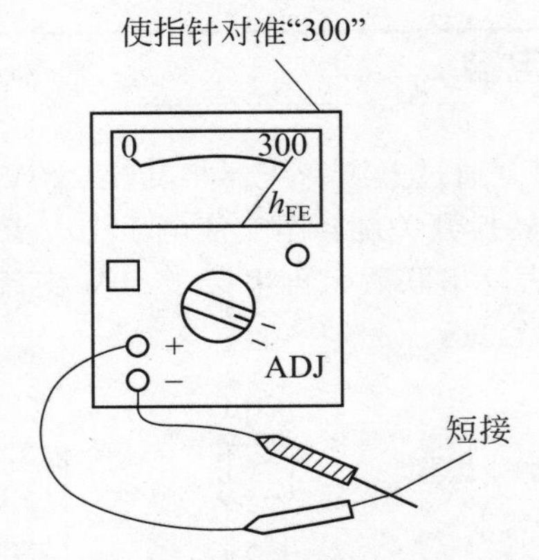

图 4-8　用万用表测量晶体管直流放大倍数

③ 待测量如果是 NPN 型晶体三极管引脚插入 N 型管座内，若是 PNP 型晶体三极管应插入 P 型管座内。注意晶体三极管的 e、b、c 三个电极要与插座极性对应，不可插错。

④ 指针偏转所指示数值约为晶体三极管的直流放大倍数 h_{FE}（β）值。

例 14：用万用表测量反向截止电流 I_{ceo}、I_{cbo}

I_{ceo} 为集电极与发射极间的反向截止电流（基极开路）。I_{cbo} 为集电极与基极间反向截止电流（发射极开路）。

① 转动开关至 $R\times1k$ 挡，将红黑表笔短接，调节零欧姆电位器，使指针对准零欧姆上（此时满度电流值约 90μA）。

② 然后分开表笔，将欲测的晶体管按图 4-9 插入管座内，此时指针指示的数值乘以 1.2 即为反向截止电流 I_{ceo} 和 I_{cbo} 的实际值。

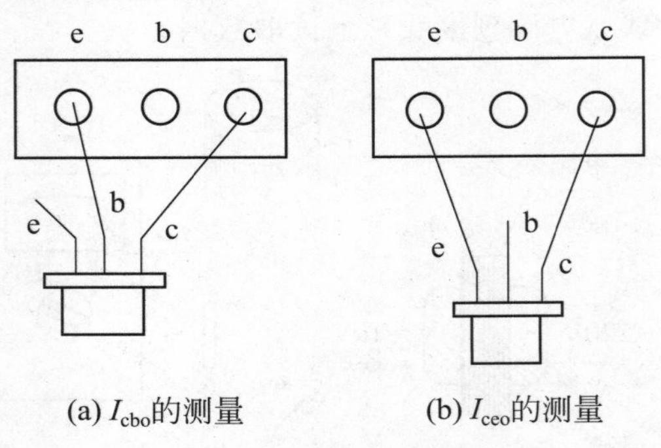

(a) I_{cbo}的测量　　(b) I_{ceo}的测量

图 4-9　晶体三极管测量图

③ 当 I_{ceo} 电流值大于 90μA 时可换用 $R\times100$ 挡进行测量（此时满度电流值约为 900μA）。

④ NPN 型晶体管应插入 N 型管座，PNP 型晶体管应插入 P 型管座。

例 15：使用万用表的注意事项

① 测量未知的电压或电流时，应先选择最高数，待第一次读取数值后，方可逐渐转至

适当位置以读取较准读数，并避免烧坏电路。

如偶然发生因过载而烧断熔丝时，可打开表盒换上相同型号的熔丝。

② MF-47 型万用表测量高压或大电流时，为避免烧坏开关，应在切断电流情况下，变换量限。测量交、直流电压在 1000～2500V 或直流电流在 0.5～5A 时，红表笔应从“+”插孔中拔出，分别插到标有“2500V”或“5A”的插孔中，再将转换开关分别旋至交、直流电压 1000V 或直流电流 500mA 量程上。测量高压时，要站在干燥绝缘板上，并一手操作，防止意外事故发生。

③ 电阻各挡用干电池应定期检查、更换，以保证测量精度。如长期不用，应取出电池，以防止电液溢出腐蚀而损坏其他零件。

④ 仪表应保存在室温为 0～40℃，相对湿度不超过 85%，并不含腐蚀性气体的场所。

例 16：数字式万用表的构造与功能

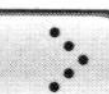

广泛采用新技术与新工艺，并由大规模集成电路构成的数字仪表是近十几年来发展起来的一种新型仪表，它具有测量精度高、灵敏度高、速度快及数字显示等特点。进入 20 世纪 80 年代后，随着单片 CMOSA/D 转换器的广泛使用，新型袖珍式数字万用表也迅速得到普及，尤其现代电子设备普遍应用微机作中央控制系统，因此，除在测试过程中特殊指明者外，不能用指针式欧姆表测试微机和传感器，以免微机或传感器受损。通常应使用高阻抗的数字式万用表（内阻在 10MΩ 以上）。

数字式万用表的使用本节主要以 MS8215 型数字万用表为例，介绍它的使用方法。

（1）仪表外观

万用表的外观如图 4-10 所示。

（2）液晶显示器

显示器的面板如图 4-11 所示。

显示器面板的符号说明如表 4-1 所示。

表 4-1　显示器面板的符号说明

号码	符　号	含　意
1		电池电量低 为避免错误的读数而导致遭受到电击或人身伤害，本电池符号显示出现时，应尽快更换电池
2	—	负输入极性指示
3	AC ～	交流输入指示。交流电压或电流是以输入的绝对值的平均值来显示，并校准至显示一个正弦波的等效均方根值
4	DC ⎓	直流输入指示
5	AUTO	仪表在自动量程模式下，它会自动选择具有最佳分辨率的量程
6		仪表在二极管测试模式下
7		仪表在通断测试模式下
8	DATA-H	仪表在读数保持模式下
9	REL△（仅限 MS8217）	仪表在相对测量模式下
10	℃（仅限 MS8217）	℃：摄氏度。温度的单位

续表

号码	符　　号	含　　意
11	V，mV	V：伏特。电压的单位 mV：毫伏。1×10^{-3} 或 0.001V
	A，mA，μA	A：安培。电流的单位 mA：毫安。1×10^{-3} A 或 0.001A μA：微安。1×10^{-6} A 或 0.000001A
	Ω，kΩ，MΩ	Ω：欧姆。电阻的单位 kΩ：千欧。1×10^{3} Ω 或 1000Ω MΩ：1×10^{6} Ω 或 1000000Ω
	%（仅限 MS8217）	%：百分比。使用于占空系数测量
	Hz，kHz，MHz （仅限 MS8217）	Hz：赫兹。频率的单位（周期/秒） KHz：千赫。1×10^{3} Hz 或 1000Hz MHz：兆赫。1×10^{6} Hz 或 1000000Hz
	μF，nF	F：法拉。电容的单位 μF：微法。1×10^{-6} F 或 0.000001F nF：纳法。1×10^{-9} F 或 0.000000001F
12	OL	对所选择的量程来说，输入过高

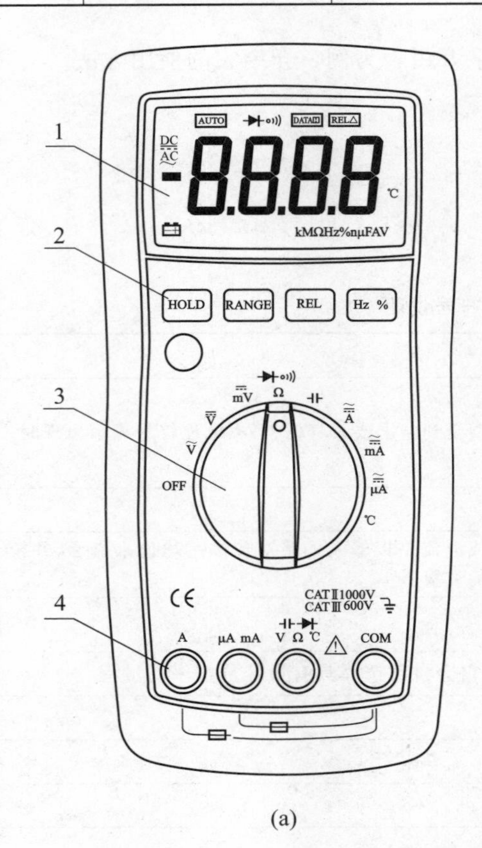

(a)

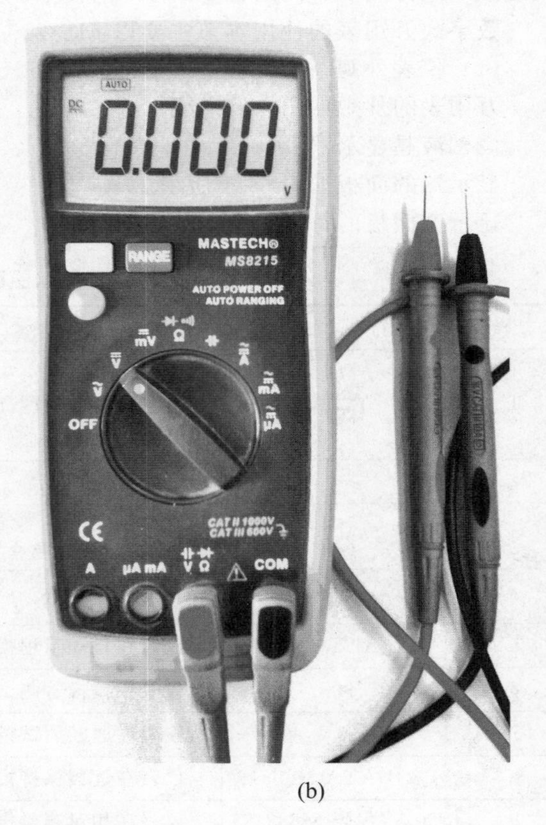

(b)

图 4-10　万用表的外观

1—液晶显示器；2—功能按键；3—旋转开关；4—输入插座

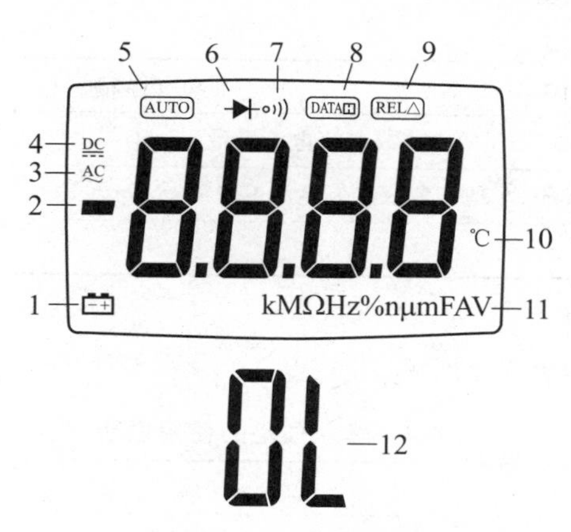

图 4-11 显示器的面板

(3) 功能按键操作说明

功能按键操作说明见表 4-2。

表 4-2 功能按键操作说明

按　键	功　能	操作介绍
O(黄色)	Ω ⊣▷⊢ •)) A、mA 和 μA 开机通电时按住	选择电阻测量、二极管测试或通断测试 选择直流或交流电流 取消电池节能功能
HOLD	任何挡位	按 HOLD 键进入或退出读数保持模式
RANGE	V～、V⎓、Ω、A、mA 和 μA	①按 RANGE 键进入手动量程模式 ②按 RANGE 键可以逐步选择适当的量程(对所选择的功能挡) ③持续按住 RANGE 键超过 2s 会回到自动量程模式
REL(仅限 MS8217)	任何挡位	按 REL 键进入或退出相对测量模式
Hz%(仅限 MS8217)	V～、A、mA 和 μA	①按 Hz%键启动频率计数器 ②再按一次进入占空系数(负载因数)模式 ③再按一次退出频率计数器模式

(4) 旋转开关操作说明

旋转开关挡位的操作说明见表 4-3。

表 4-3 旋转开关挡位的操作说明

旋转开关挡位	功　能
V～	交流电压测量
V⎓	直流电压测量
mV⎓	直流毫伏电压测量
Ω ⊣▷⊢ •))	Ω 电阻测量/⊣▷⊢二极管测试/•))通断测试
⊣⊢	电容测量
A≂	0.01～10.00A 的直流或交流电流测量

续表

旋转开关挡位	功　能
mA ≂	0.01～400mA 的直流或交流电流测量
μA ≂	0.1～4000μA 的直流或交流电流测量
℃(仅限 MS8217)	温度测量

(5) 输入插座使用说明

输入插座的使用说明如表 4-4 所示。

表 4-4　输入插座的使用说明

输入插座	描　述
COM	所有测量的公共输入端(与黑色测试笔相连)
⊣⊢ ▷⊢ V Ω ℃	电压、电阻、电容、温度(仅限 MS8217)、频率(仅限 MS8217)、二极管测量及蜂鸣通断测试的正输入端(与红色测试笔相连)
μA/mA	电流 μA 及 mA 和频率(仅限 MS8217)的正输入端(与红色测试笔相连)
A	电流 4A 及 10A 和频率(仅限 MS8217)的正输入端(与红色测试笔相连)

例 17: MS8215 型数字万用表的使用

(1) 读数保持模式

读数保持模式可以将目前的读数保持在显示器上。在自动量程模式下启动读数保持功能将使仪表切换到手动量程模式，但原有量程维持不变。通过改变测量功能挡位、按 RANGE 键或再按一次 HOLD 键都可以退出读数保持模式。

要进入和退出读数保持模式：

① 按一下"HOLD"键，读数将被保持且"DATA-H"　符号同时显示在液晶显示器上。

② 再按一下"HOLD"键将使仪表恢复到正常测量状态。

(2) 手动量程和自动量程模式

本仪表有手动和自动量程两个选择。在自动量程模式内，仪表会为检测到的输入选择最佳量程。这让您转换测试点而无需重置量程。在手动量程模式内，您需要自己选择所需的量程。这可以让您取代自动量程并把仪表锁定在指定的量程下。

对具有超过一个量程的测量功能挡，仪表会将自动量程模式作为其默认模式。当仪表在自动量程模式时，显示器会显示"AUTO"符号。

要进入和退出手动量程模式，按如下进行。

① 按 RANGE 键。仪表进入手动量程模式。"AUTO"符号消失。每按一次 RANGE 键，量程会增加一挡。到最高挡的时候，仪表会循环回到最低的一挡。

注意：当您进入读数保持模式后，如果您以手动方式改变量程，仪表会退出该模式。

② 要退出手动量程模式，持续按住 RANGE 键 2s。仪表回到自动量程模式且显示器显示"AUTO"符号。

(3) 电池节能功能

若开启但 30min 未使用仪表，仪表将进入"休眠状态"并使显示屏空白。按 HOLD 键或转动旋转开关将唤醒仪表。

在开启仪表的同时按下黄色功能键，将取消仪表的电池节电功能。

（4）相对测量模式（仅限 MS8217）

除频率测量功能以外的所有测量功能都可以进入相对测量模式。要进入和退出相对测量模式：

① 将仪表设置在所需要的功能上，把测试表笔连接到以后要进行比较测量的电路上。

② 按 REL 键，仪表将会把当前的测量读数储存为参考值，同时进入相当测量模式。此时仪表显示参考值和后续读数间的差值。

③ 持续按 REL 键超过 2s，仪表退出相对测量模式，恢复正常测量状态。

例 18: MS8215 型数字万用表测量交流和直流电压

（1）测量电压

注意：不可测量任何高于 1000V 直流或交流有效值的电压，以防遭到电击和损坏仪表。不可在公共端和大地间施加超过 1000V 直流或交流有效值电压，以防遭到电击和损坏仪表。

电压是两点之间的电位差。图 4-12 为实际测量交流电压 220V 和实际测量直流电压 1.5V 干电池的图，注意它们所选择测量电压的挡位不同。

交流电压的极性随时间而变化，而直流电压的极性不会随时间而变化。

本仪表的电压量程为：400.0mV、4.000V、40.00V、400.0V 和 1000V（交流电压 400.0mV 量程只存在于手动量程模式内）。

测量交流或直流电压（请按照图 4-12 设定和连接仪表）：

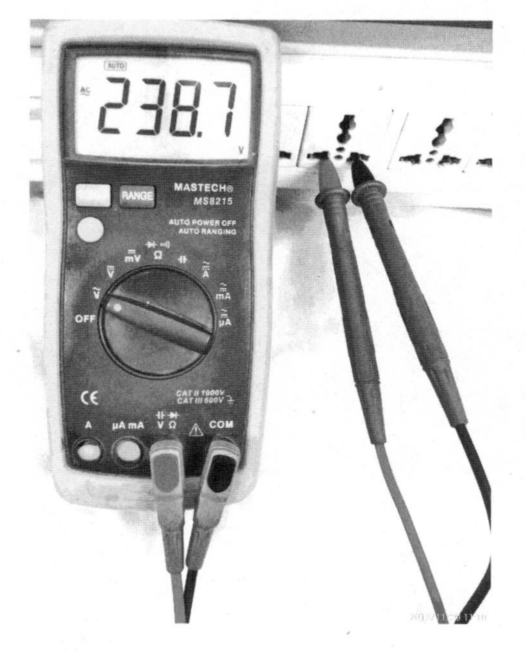

(a) 测量交流220V电压

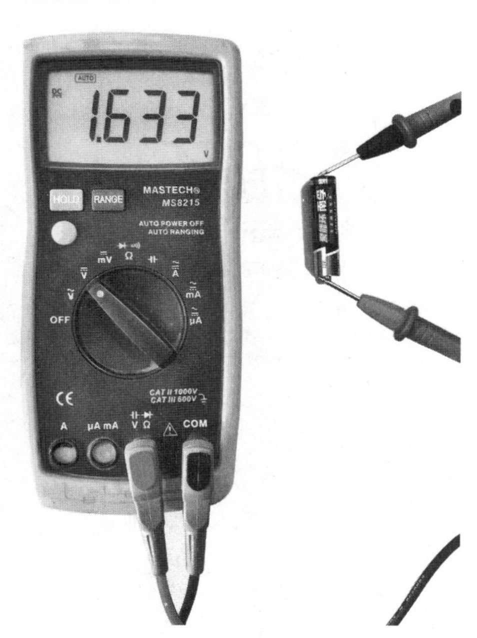

(b) 测量干电池1.5V直流电压

图 4-12　实际测量交流和直流电压图

① 将旋转开关旋至 DCV、ACV 或 DCmV 挡。

② 分别把黑色测试笔和红色测试笔连接到 COM 输入插座和 V 输入插座。

③ 用测试笔另两端测量待测电路的电压值（与待测电路并联）。

④ 由液晶显示器读取测量电压值。在测量直流电压时，显示器会同时显示红色表笔所

连接的电压极性。

注意：在 400mV 量程，即使没有输入或连接测试笔，仪表也会有若干显示，在这种情况下，短路“V-Ω”和“COM”端一下，使仪表显示回零。

测量交流电压的直流偏压时，为得到更佳的精度，应先测量交流电压。记下测量交流电压的量程，而后以手动方式选择和该交流电压相同或更高的直流电压量程。这样可以确保输入保护电路没有被用上，从而改善直流测量的精度。

（2）市电火线和零线的检测

市电火线（相线的俗称）和零线的判断通常采用测电笔，在手头没有测电笔的情况下，也可以用数字万用表来判断。

市电火线和零线的检测采用交流电压 20V 挡。检测时，将挡位选择开关置于交流电压 20V 挡，让黑表笔悬空，然后将红表笔分别接市电的两根导线，同时观察显示屏显示的数字，结果会发现显示屏显示的数字一次大、一次小，以测量大的那次为准，红表笔接的导线为火线。

例 19: MS8215 型数字万用表测量电流

注意：当开路电压对地之间的电压超过 250V 时，切勿尝试在电路上进行电流测量。如果测量时保险管被烧断，您可能会损坏仪表或伤害到您自己。为避免仪表或被测设备的损坏，进行电流测量之前，请先检查仪表的保险管。测量时，应使用正确的输入插座、功能挡和量程。当测试笔被插在电流输入插座上的时候，切勿把测试笔另一端并联跨接到任何电路上。

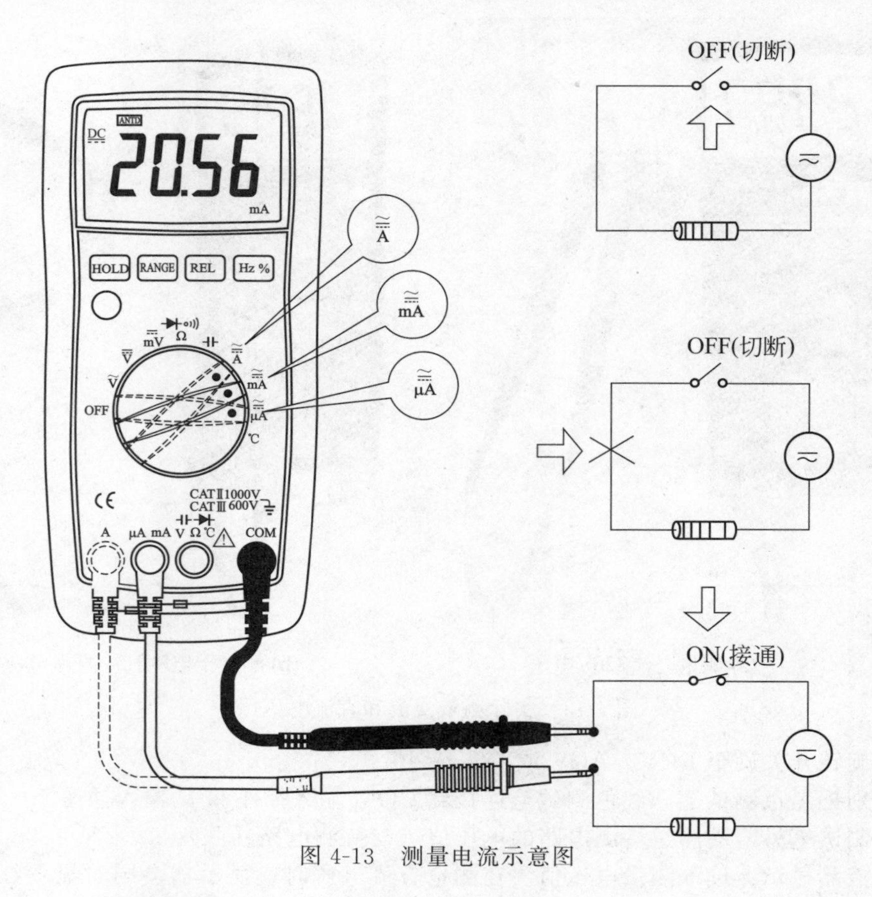

图 4-13　测量电流示意图

MS8215 型数字万用表的电流量程为 400.0μA、4000μA、40.00mA、400.0mA、4.000A 和 10.00A。测量电流（请按照图 4-13 设定和连接仪表）。

① 切断被测电路的电源。将全部高压电容放电。

② 将旋转开关转至微安、毫安或安培挡位。

③ 按黄色功能按钮选择直流电流或交流电流测量方式。

④ 把黑色测试笔连接到 COM 输入插座。如被测电流小于 400mA 时，将红色测试笔连接到毫安输入插座；如被测电流在 0.4～10A，将红色测试笔连接到 A 输入插座。

⑤ 断开待测的电路。把黑色测试笔连接到被断开的电路（其电压比较低）的一端，把红色测试笔连接到被断开的电路的一端，即电压比较高的一端。把测试笔反过来连接会使读数变为负数，但不会损坏仪表。

⑥ 接上电路的电源，然后读出显示的读数。如果显示器只显示“OL”，这表示输入超过所选量程，旋转开关应置于更高量程。

⑦ 切断被测电路的电源。将全部高压电容放电。拆下仪表的连接并把电路恢复原状。

图 4-14 为实际测量电流图，其中图 4-14(a) 为测量安培（A）大电流时挡位和插孔位置，图 4-14(b) 为测量毫安（mA）小电流时挡位和插孔位置。

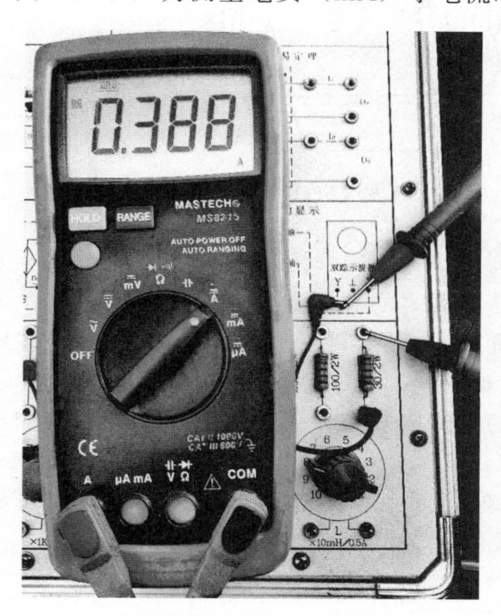

(a) 测量安培(A)大电流

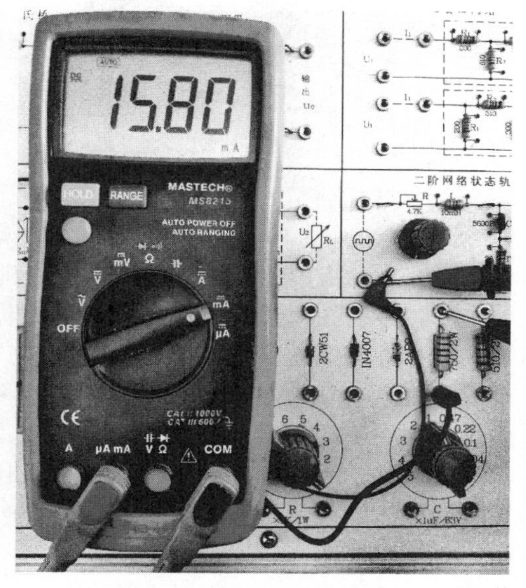

(b) 测量毫安(mA)小电流

图 4-14　实际测量电流图

例 20: 兆欧表的构造与功能

兆欧表（因其刻度以兆欧 MΩ 为单位）又称绝缘摇表或高阻表，兆欧表大多采用手摇发电机供电，故又称摇表。它是一种专门用来检查电气设备、家用电器或测量绝缘电阻的可携式仪表，在电气安装、检修和试验中，得到广泛的应用。

（1）兆欧表的功能

由于一般的绝缘材料几乎都是不导电的，例如，要测量洗衣机电源线与外壳（地线）加上电压以后只有微小的电流，如图 4-15 所示，所以这个电流被称为漏电流（I），绝缘电

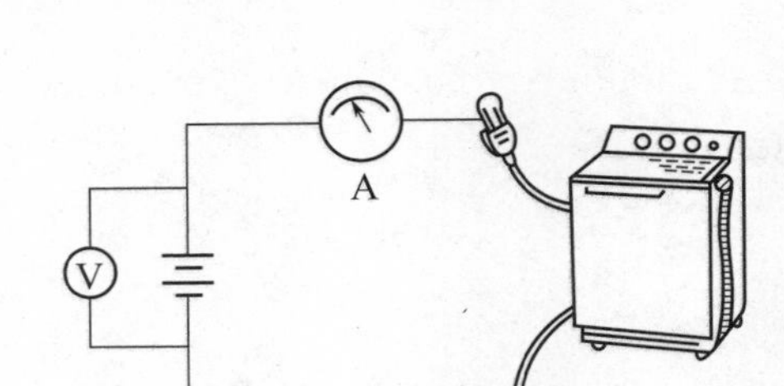

图 4-15　电源线与机壳（地）之间的绝缘电阻

阻即可以由外加电压 U 除以漏电流求得。如果电源线与地线之间的绝缘电阻较小，就容易发生漏电的情况，对机器和人身都可能造成危害。这个电阻值一般以 MΩ 为单位，所以通常用兆欧表测量。被测物品的绝缘电阻较小，则属不良产品。因此，这项测量可以检查设备的安全性能。

兆欧表的测量机构，通常是采用磁电式比率表做成的。比率表不用游丝产生反作用力矩，而由电磁力产生反作用力矩，并且其指示取决于两个动圈电流的比例，因而抗震性好，结构简单，便于携带，并且对电源稳定度要求不高。

（2）兆欧表的形式

这种仪表有两种，一种为电池式，一种为发电机式，如图 4-16 所示。

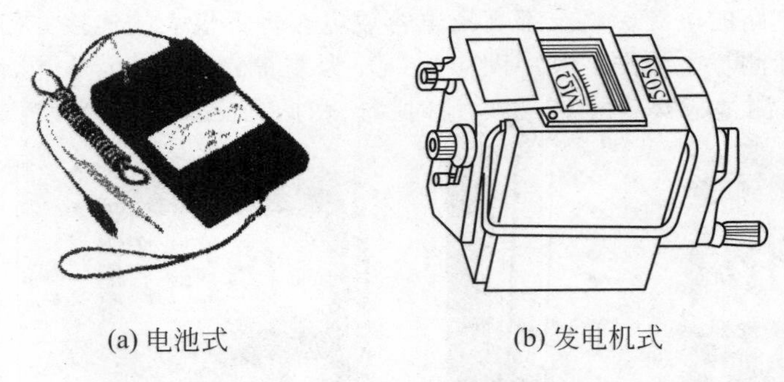

(a) 电池式　　(b) 发电机式

图 4-16　兆欧表的外形

发电机式兆欧表中装有一个手摇式发电机，兆欧表的高压电源，是由手摇直流发电机产生的，故兆欧表又称摇表。测量时通过发电机产生高压以便使漏电电流有足够值去驱动显示表头。如果电压低，漏电流几乎为 0，则很难测量。

电池式是用电池通过电压变换器产生足够的直流高压，以便形成漏电流，用以测出绝缘电阻。这给使用带来更大的方便。

兆欧表内可产生 100V、250V、500V、1000V、5000V 等多种高压，在测量时可根据被测设备的种类进行选择。家电产品的测量通常使用 500V 挡。

（3）兆欧表的结构

兆欧表的结构及测量原理接线图如图 4-17 所示。

兆欧表的结构主要由一台手摇发电机和一个磁电式比率表组成。磁电式比率表是一种特殊形式的磁电式仪表，它有两个动圈 A_1 和 A_2，但是没有产生反作用力矩的游丝，动圈的电流是采用柔软的金属丝引入的。此外由于动圈内圆柱形铁芯上有缺口，仪表磁路系统空气隙的磁场是不均匀的，这是它和一般磁电式仪表不同的地方。两个动圈彼此相交成一固定角度（a），并连同指针接在同一转轴上，整个放置于永久磁铁的极掌之中。

由于这种比率表的两个线圈彼此相交成一定角度位于非均匀磁场中，当线圈中有电流通过时，就会产生两个转动方向相反的转矩。当被测电阻 R_X 变化时，两个线圈中的电流比 I_1/I_2 与两个线圈所受磁通密度比 B_2/B_1，相应地发生变化，当力矩平衡时，指针便指示在相应的刻度上。

手摇直流发电机（或交流发电机与整流电路的配合装置）的容量很小，而电压却很高。兆欧表的分类，就是以发电机发出的最高电压来决定的，电压越高，测量绝缘电阻值的范围越大。

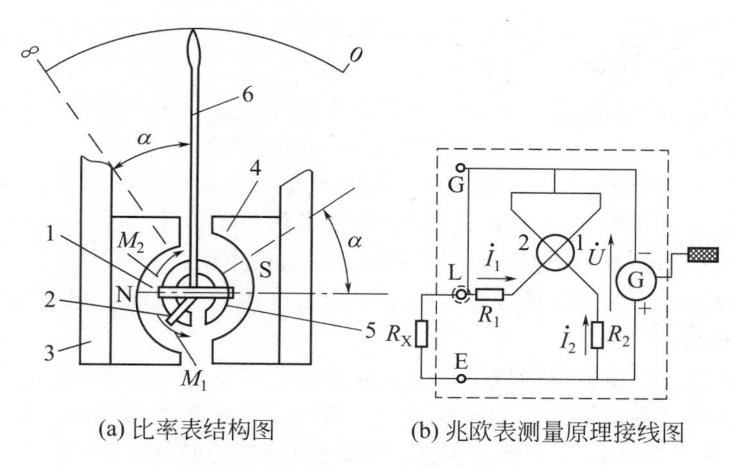

(a) 比率表结构图　　(b) 兆欧表测量原理接线图

图 4-17　兆欧表的结构及测量原理接线图

1—线圈 A1；2—线圈 A2；3—永久磁铁；4—极掌；5—圆柱铁芯；6—指针

例 21: 正确选用兆欧表

选择兆欧表时，其额定电压一定要与被测电气设备或线路的工作电压相适应。不同额定电压的兆欧表，使用范围可参照表 4-5 选择。

表 4-5　兆欧表的使用选择表

测量对象	被测设备额定电压/V	兆欧表额定电压/V
线圈绝缘电阻	500 以下 500 以上	500 1000
电力变压器绝缘电阻 电动机绝缘电阻	500 以下	1000～2500
	500 以上	2500
电气设备绝缘电阻	500 以下	500～1000
绝缘子	—	2500～5000
发电机线圈绝缘	380 以下	1000

例如，测量高压设备的绝缘电阻时，不能用额定电压 500V 以下的兆欧表。因为这时测量结果不能反映工作电压下的绝缘电阻；同样不能用电压太高的兆欧表测量低压电气设备的绝缘电阻，以防损坏绝缘。

此外，兆欧表的测量范围也应与被测绝缘电阻的范围相适应。

例 22: 兆欧表在测量前应做的准备

兆欧表本身在工作时产生高压电，测量的对象又是高压电气设备，在测量之前如果不做好准备工作，万一疏忽，就会酿成人身或设备事故。因此，在用兆欧表进行测量之前必须做好以下准备工作。

① 测量电气设备的绝缘电阻之前，必须切断被测设备的电源，这一要求对具有电容的高压设备尤为重要，并接地进行短路放电。绝不允许用兆欧表测量带电设备的绝缘电阻，

以防发生人身和设备事故。即使加在设备上的电压很低，对人身和设备构不成危害，也得不到正确的测量结果，达不到测量的目的。

在被测量设备上的电源被切断而未进行放电之前，也不允许进行测量，必须将设备对地短路放电。否则，容性设备残余电荷将造成人身和表的损害。

用兆欧表测量过的电气设备，也要及时接地放电，可进行再次测量。

② 凡可能感应出高压电的设备，在可能性没有消除前，不可去测绝缘电阻。为确保安全，无论高压电气设备或低压电气设备，不可在设备带电的情况下测量其绝缘电阻。

③ 被测部分如有半导体器件或耐压低于兆欧表电压的电子管、电子元件等，应将它们或它们的插件板拆掉。

④ 有可能感应产生高电压的设备，未采取措施之前不得进行测量。

⑤ 为获得正确的测量结果，被测物体的表面应该用干净的布或棉纱擦拭干净。因表面绝缘可随各种外界污染的影响而发生变化，测量结果将受到影响。

⑥ 兆欧表放置位置的选择：

a. 兆欧表在测量之前，测量时兆欧表应放置在平稳的地方，以免摇动发电机手柄时，表身晃动而影响测量的准确性。带有水平调节装置的兆欧表，应先调节好水平位置再进行测量。

b. 测量时兆欧表应远离大电流的导体及有较强外磁场的场合，以免影响测量结果。

⑦ 兆欧表使用前要检查仪表指针的偏转位置：先使 L、E 端子开路，将手摇发电机摇至额定转速，观察指针是否偏转至“∞”位置；然后再将 L、E 端子短路，摇发电机手柄，观察指针是否指在“0”位置。如指针偏离上述位置，说明兆欧表本身存在故障，应进行检修调整。

例 23: 兆欧表的正确使用

（1）选择良好的测试环境

电气设备绝缘电阻的测量受环境的影响较大，湿度过大，温度过高或过低时，都会影响测试结果的准确度。一般情况下，应选择相对湿度 80%以下，温度在 0～40°C 的良好天气测量。雷雨天气不得摇测。

（2）切断被测设备电源

测量前需将被测设备电源切断，并对地短路放电。决不能让设备带电进行测量，以保证人身和设备的安全。对可能感应出高压电的设备，必须消除这种可能性后，才能进行测量。

（3）使用兆欧表前应进行检查

检查方法如下：将兆欧表平稳放置，先使“L”、“E”两个端子开路，摇动手摇发电机的摇柄，使发电机的转速达到额定转速，这时指针应指在标度尺的“∞”处；然后将“L”、“E”两个端子短接，如图 4-18(a) 所示。缓慢摇动手柄，指针应指在“0”位上。否则，必须对兆欧表进行检修后才能使用。兆欧表使用时应放在平稳、牢固的地方，且远离大的外电流导体和外磁场。

（4）额定输出电压的选择

被测设备的额定电压在 500V 以下时，应选用 500V 的兆欧表；额定电压在 500～3000V 的使用 1000V 的兆欧表；额定电压在 3～10kV 的高压设备，选用 2500～5000V 的兆欧表。额定电压为 1000V 以上的变压器绕组采用 2500V 兆欧表；1000V 以下的绕组采用

1000V兆欧表。

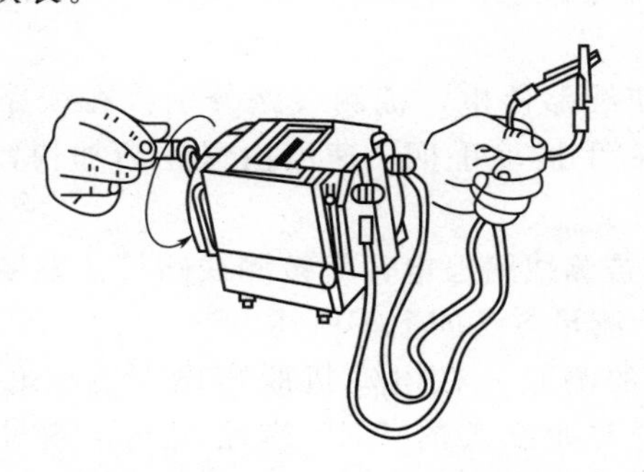

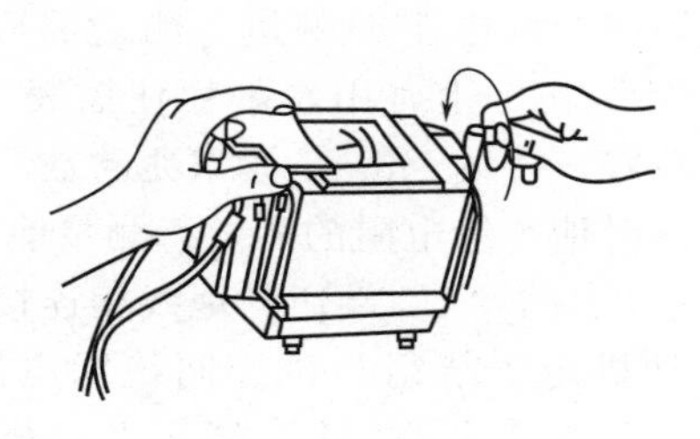

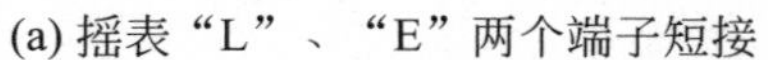

(a) 摇表“L”、“E”两个端子短接　　(b) 测量时摇表的操作方法

图4-18　兆欧表的操作方法

（5）接线方法

进行一般测量时，将被测绝缘电阻接到“L”和“E”两个端子上；若被测对象为线路的绝缘电阻，应将被测端接到“L”端子，而“E”端子接地。当被测设备表面有较大泄漏电流且不易消除时，需接保护环进行测量。例如，测量电缆芯线与外皮之间的绝缘电阻时，应采用图4-19所示的接线方式。

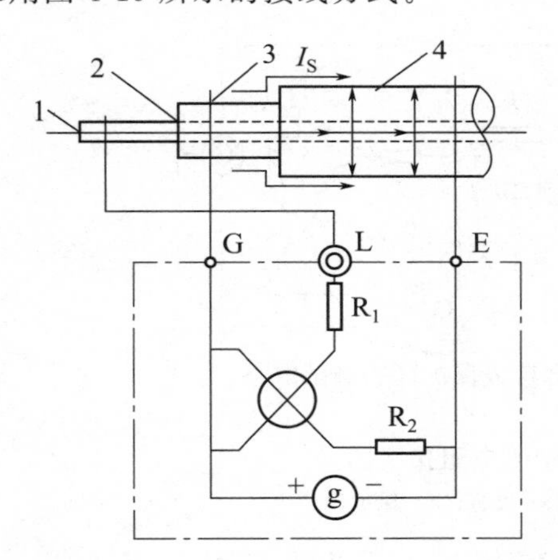

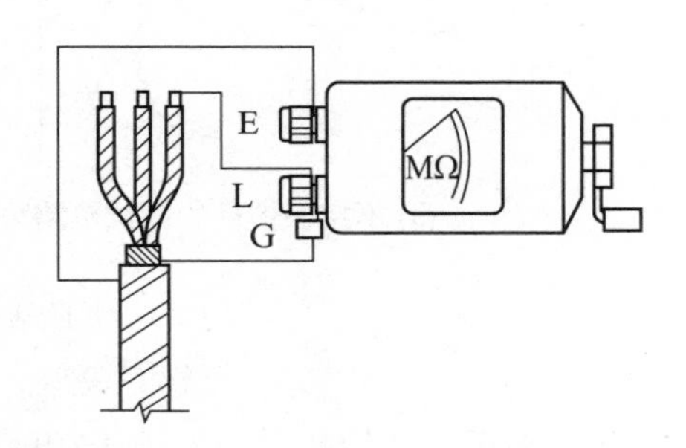

图4-19　测量电缆绝缘电阻的接线图

1—芯线；2—绝缘层；3—保护环；4—电缆外皮

（6）手摇发电机的转速

测量绝缘电阻时，发电机的手柄应由慢到快地摇动，并保持转速在120r/min，切忌忽快忽慢，使指针摆动不定，加大误差。读数时，一般用一分钟以后的读数为准。

（7）测量后放电

对于电容量大的设备，读数完毕应将被测设备放电。放电方法是将测量时使用的地线从兆欧表上取下来与被测设备短接一下即可（不是兆欧表放电）。

例24：用兆欧表测量绝缘电阻

一般兆欧表有三个接线柱，线路端钮“L”，在测量时与被测设备和大地及外壳绝缘的导电部分连接；接地端钮“E”，测量时与被测设备的外壳（测量相间绝缘时也与其他导体连接）连接；保护环端钮“G”测量时根据需要连接。一般测量时只用“L”和“E”两个端钮。

① 线路间绝缘电阻的测量。测量前应使线路停电，被测线路分别接在线路端钮“L”上和地线端钮“E”上，用左手稳住摇表，右手摇动手柄，速度由慢逐渐加快，并保持在120r/min左右，持续1min，读出兆欧数。

② 线路对地绝缘电阻的测量。测量前将被测线路停电，将被测线路接于兆欧表的“L”端钮上，兆欧表的“E”端钮与地线相连接，测量方法同上①所述。

③ 电动机定子绕组与机壳间绝缘电阻的测量。在电动机脱离电源后，将电动机的定子绕组接在兆欧表的“L”端钮上，机壳与兆欧表的“E”端钮相连，测量方法同上①所述。

④ 在特殊条件下（如空气潮湿，绝缘材料的表面受到浸污而不能擦干净时），当测量比较大的绝缘电阻时，如果额定电压又较高，则会出现不容忽视的漏电电流。如果不接入保护环“G”，则漏电电流将通过仪表线圈流入测量机构，给测量带来较大的误差，影响对设备绝缘状况的判断。

例如在测量电力电缆的绝缘电阻时，如不接入保护环“G”就会产生测量误差，分析如图4-20所示。

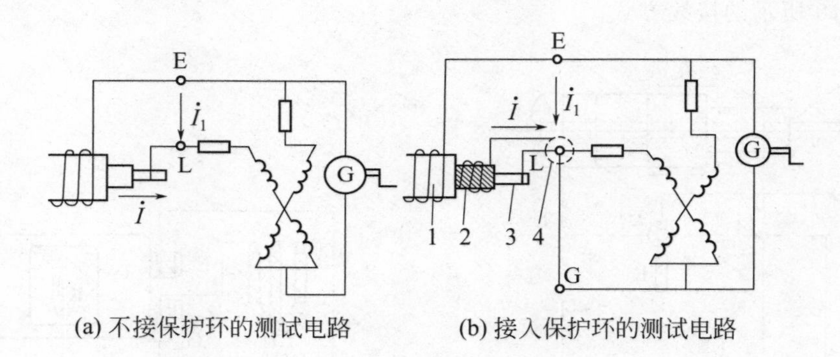

(a) 不接保护环的测试电路　　(b) 接入保护环的测试电路

图4-20　兆欧表测量电缆绝缘电阻接线图

1—电缆金属外壳；2—绝缘层；3—线芯；4—保护环

当测量不接入保护环时，如图4-20(a) 所示，I_1为E、L端钮的表面漏电流，它由发电机正电压端“E”沿仪表壳体表面流向“L”端。另外，还有一个沿电缆层表面流向电缆芯线的漏电流I，这是两种不容忽视的表面漏电流。由于没有接入保护环G，I_1和I这两个表面漏电流都要流过测量机构，造成测量误差。

如果接入保护环G，则漏电流I_1和I就可以直接通过保护环G流回发电机负极，如图4-20(b) 所示。由于L与G之间有较好的绝缘，所以漏电流不经过测量机构，这样就避免了兆欧表由表面漏电流引起的测量误差。

应特别注意保护环C的引线必须与设备接触良好，否则，起不到“屏蔽”作用。

测量时应用专用测试导线与被测设备相连接，尤其是L端钮的连接导线一定要绝缘良好，因为这条导线的绝缘电阻相当于与被测设备绝缘电阻并联，直接影响测量结果。

例25: 兆欧表高压直流电源部分常见故障的排除

手摇发电机常见故障、产生的原因及排除方法见表4-6。

表 4-6　手摇发电机常见故障、产生的原因及排除方法

序号	常见故障	产生原因	排除方法
1	发电机无输出电压或电压很低	①绕组断线 ②电路接头脱焊或断线 ③炭刷磨损，造成接触不良	①重绕或更换绕组线圈 ②检查脱焊处，焊牢 ③更换或调整炭刷
2	发电机电压很低，摇动时很重	①发电机整流环之间脏污有摩擦、磨损或炭粒形成短路 ②发电机电容击穿 ③转子线圈绝缘损坏，形成短路 ④整流环击穿短路	①清洗整流环 ②更换发电机并联电容 ③重绕转子线圈 ④修理整流环
3	发电机电压不稳	①调速器装置上螺钉松动调速轮摩擦点接触不紧 ②调速器的弹簧松动或弹性不足	①紧固松动螺钉 ②调整或更换弹簧
4	摇动发电机时，产生抖动	①发电机转子不平衡 ②发电机转轴不直变形	①重新调整转子平衡 ②矫正转轴
5	摇动发电机时打滑，无电压输出	①偏心轮固定螺钉松动，造成齿轮啮合不好 ②调速器弹簧松动或弹簧弹性不足	①调整好偏心轮位置并使各齿轮啮合好，再固紧偏心轮螺钉 ②旋动调速器位置上的螺钉，使调速器橡皮接点紧压橡皮轮
6	摇动发电机时炭刷声音响，有火花产生	①炭刷与整流环摩擦，表面不光滑，接触不好 ②炭刷位置偏移，与整流环接触不在正中位置	①更换炭刷，修整整流环并清洗干净 ②调整整流环和炭刷的位置，使炭刷在整流环正中，并全面接触
7	发电机有卡碰现象或摆时很重	①发电机定子与转子间相碰 ②增速，齿轮咬合不好或损坏 ③滚珠轴承脏污，油干枯 ④小机盖固定螺钉松动使转子不在轴承中心位置 ⑤转轴弯曲变形	①拆下发电机，重新装配 ②调整齿轮位置，咬合适度，损坏更换 ③拆下转轴，清洗轴承，加滑润油 ④调整小机盖位置，紧固螺钉 ⑤矫正转轴
8	机壳漏电	①机内布线碰壳 ②仪表受潮，造成绝缘不良	①检查内部线路，消除碰壳现象 ②烘干（温度控制在60～80℃之内）

例 26: 兆欧表测量机构常见故障的排除

兆欧表测量机构的常见故障、产生原因及排除方法，见表 4-7。

表4-7 兆欧表测量机构的常见故障、产生原因及排除方法

序号	常见故障	产生原因	排除方法
1	指针转动不灵活有卡滞现象(或有轻微卡挡现象)	①铁芯与线圈相碰 ②导丝与固定部分相碰 ③上下轴尖位置松动,使转动部分与固定部分相碰 ④表盘上有毛刺或纤维物	①固定铁芯螺钉 ②整理导丝 ③重新调整上下轴尖位置 ④清理表盘上异物
2	指针指不到“∞”位置	①导丝使用日久,变质发硬时加力矩变大 ②电源电压不足 ③电压回路电阻变质,阻值增大 ④电压线圈局部短路或断路	①更换导丝 ②修理电源,查找故障部件 ③重新调整电压回路电阻 ④重绕或更换电压线圈
3	指针超出“∞”位置	①电压回路电阻变小 ②导丝变形,影响指示 ③有“∞”平衡线圈的仪表,该线圈短路或断路	①重新调整电压回路电阻 ②更换或整修导线 ③重新绕制“∞”平衡线圈
4	指针不指“0”位置	①电流回路电阻阻值变化 ②电压回路电阻阻值变化 ③导丝变质或变形 ④电流线圈或零点平衡线圈有短路或断路	①调整电流回路电阻 ②调整电压回路电阻 ③修理或更换导丝 ④重新绕制或更换电流线圈或零点平衡线圈
5	当“∞”与“0”调整好后,其他各刻度点的误差较大	①轴尖、轴承偏斜,造成动圈在磁极间的相对位置改变 ②两线圈间的夹角改变 ③线圈支持架与极掌间有位移 ④指针与线圈间的夹角改变 ⑤机械平衡不好 ⑥导丝变形 ⑦电压或电流回路电阻阻值变化	①重新装轴座或重新装正轴尖 ②调整两线圈间应有夹角 ③改变和调整它们的相对位置 ④调整线圈与指针的夹角 ⑤调整可动部分平衡 ⑥修理或更换导丝 ⑦调整或更换两回路电阻
6	指针位移较大	①轴承、轴尖,磨损或生锈 ②轴承破裂或有脏物	①重新配制或清洗 ②更换轴承或清洗脏污
7	可动部分平衡不好	①指针变形 ②指针位置与线圈框夹角改变 ③平衡锤夹角改变 ④平衡锤上螺钉松动,位置改变 ⑤轴承松动,造成轴间间距增大,轴中心位置偏移	①校正指针 ②调整指针与线圈夹角 ③校正平衡锤夹角 ④重新调整平衡锤 ⑤调整轴承

例27: 钳形电流表的构造与功能

一般在测量交流电流时，需切断电源，将电流表或电流互感器一次绕组串联接入电路，这样测量很不方便，有时甚至无法做到。而钳形电流表是在不需断开电路的情况下，测量电流的一种仪表，因此得到广泛的应用，其结构如图4-21所示。

钳形电流表，具有使用方便，不用拆线、切断电源及重新接线的特点。但其精度不高，只能用于对设备或电路运行情况进行粗略了解，而不能用于需要精确测量的场合。

钳形电流表，是由电流互感器和电流表组成的。它实际上是对导线周围磁场的检测。将检测的信号经放大后驱动电流表，从而等效计算出交流电流的值。电流互感器和铁芯2在握紧手柄6时便可张开，这样被测载流导线1可不必切断就可穿过电流互感器的铁芯缺口，然后松开手柄使铁芯闭合，将被测电流的导线卡入钳口中。此时通过电流的导线1就相当于电流互感器的单匝一次绕组。二次绕组3中便会出现与线路电流成一定比例的二次感应电流，其大小取决于导线的工作电流和圈数比。和二次绕组相连的电流表4的指针便会按比例偏转，将折算好的刻度作为电流表的刻度，从而指示出被测电流量值。选择适当的量程即可测出电流值，但拨挡时不允许带电进行操作。注意钳嘴的接触点要经常保持清洁，否则，会影响测量精度。这种钳形电流表在实际应用中十分方便，可利用量限开关5改变和调整测量范围，供测不同等级电流以及测量电压。钳形表一般准确度不高，通常为2.5～5级。

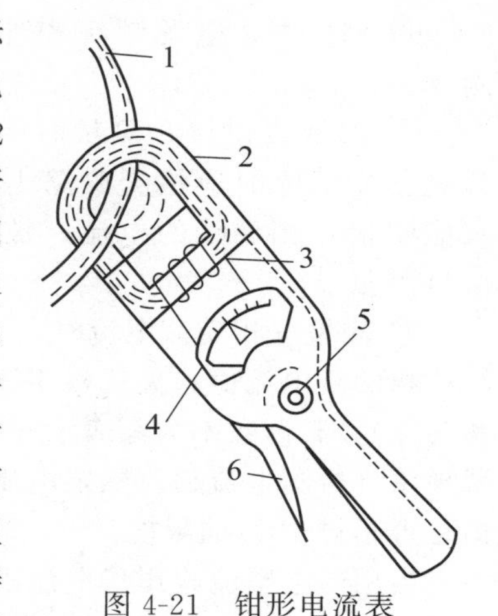

图4-21　钳形电流表结构图

1—被测载流导线；2—铁芯；3—二次绕组；4—电流表；5—量限开关；6—钳形表手柄

钳形电流表中的电流互感器，和普通的电流互感器不同，它没有一次侧绕组，它的一次侧绕组就是钳口中被测电流所通过的导线。

钳形电流表有两种结构，一种是整体式，即钳形互感器与测量仪表固定连接；另一种是分离式，即钳形互感器与测量仪表分离，组合时进行交流电流的测量，分离时则成为一只多功能万用表，如MG36型多功能钳形表。

有些钳形表还具有测量交流电压和交流功率的功能，如MG41-VAW型三用钳形表。

例28：钳形电流表使用注意事项

用钳形电流表测量电流，其准确度较低，大多用于测量精度要求不高的场合。使用时应注意以下几方面。

① 钳形电流表在使用前，应仔细阅读说明书，弄清是交流还是交直流两用钳形表。使用前应检查绝缘是否良好、有无破损，指针是否摆动灵活、钳口端面有无污垢、锈蚀，以免油污或锈斑影响钳口的密合，而引起测量误差，保障使用的安全与测量的准确。使用完毕，应将量限开关置于最大挡位处。

② 测量前应根据被测电流值的大小，要注意钳形电流表的测量范围，选择量限合适的钳形电流表。量程过小不能满足测量要求，可能损坏表计，过大则影响测量准确度。测量直流电流或频率较低的电流时，应选用电磁式钳形电流表。

③ 测量电流时，应将被测载流导体置于钳口内中央位置，不宜偏向四周，钳口闭合应紧密。

④ 用钳形电流表测量小电流（一般为最低量限上限值的20%以下）时，为了得到较为准确的测量值，在条件允许的情况下，应将被测导线在钳口铁芯上绕几匝后再测量，然后将读数除以钳口内导线的匝数。若导线在钳口上绕五圈，则钳口内导线数为六匝。

⑤ 使用钳形表进行电流测量时，一定要注意安全，钳形电流表只能测低电压电流，不能用来测高电压电流，并应注意，也不能用其测裸导线电流，不得让表钳接触带电体，以防造成电击、短路等故障。钳形电流表不能用于高压带电测量。

⑥ 测量中，电源频率和外界磁场对测定值的影响很大，应避开附近的大电流进行测量。

⑦ 钳型表钳口在测量时闭合要紧密，闭合后如有杂音可打开钳口重测一次，若杂音仍不能消除时应检查磁路上各接合面是否光洁，有尘污时要擦拭干净。钳形表每次只能测量一相导线的电流，被测导线应置于钳形窗口中央，不可以将多相导线都夹入窗口测量。

⑧ 测量三相交流电流时，夹住一相线表上读数为本相线电流；夹两根相线表上读数为第三相的线电流值；夹三根相线时，若三相平衡则表上读数应为零（因对称三相电流相量和为零），若读数不为零表示三相电流不平衡。通过测量各相电流可以判断电动机是否有过载现象（所测电流超过额定电流值）、电动机内部或电源电压是否有问题，即三相电流不平衡是否超过 10%的限度。

当用磁电整流式钳形电流表测量绕线式异步电动机的转子电流时，不仅仪表上的指示值同被测量的实际值有很大差异，而且还会没有指示。这是因为磁电整流式钳形电流表的表头电压是由二次线圈获得的，根据磁感应原理，互感电动势的大小和频率成正比。而转子上的频率较低，则表头上得到的电压就比测量同样电流值的工频电流小得多，甚至是很小。以至于不能使表头中的整流元件工作，致使钳形电流表无指示或指示值与实际值相比误差大，失去了测量的意义。

若选用电磁式测量机构的钳形电流表，由于测量机构无有二次线圈和整流元件。表头是和磁回路直接相连，又不存在频率关系，因此能够比较正确地测量出转子的电流值。可见，在测量时应根据被测对象的特点，选择相应的仪表。

交流钳形电流表为电工测量常用的携带式测量仪表，稍不留心经过震动或碰撞便很容易损坏。

例 29: 钳形电流表常见故障的排除

交流钳形电流表常见的故障和排除方法列于表 4-8。

表 4-8 交流钳形电流表常见的故障和排除方法

故障现象	产生原因	排除方法
无指示	①动圈损坏 ②二次电流互感线圈断路	①重绕动圈 ②拆去断路部分数清匝数重绕
指示偏低	①测量机构轴尖、轴承磨损 ②平衡不好 ③环形铁芯断截面闭合不重合，断平面上有污物黏附闭合不紧 ④仪表测量机构磁钢磁性减弱 ⑤氧化铜整流器品质降低	①修磨轴尖、轴承 ②调整平衡 ③清除污物，使闭合严实 ④充磁或更换游丝适当减小力矩 ⑤更换整流器

例 30: 功率表的构造与功能

电动式仪表本身具有相敏特性，因此可以制成功率表，实现对功率的测量。

当电动式测量机构作为功率表应用时，其接线如图 4-22 所示。

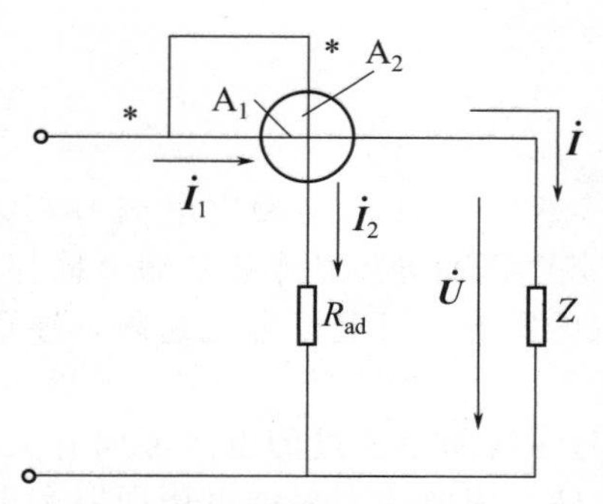

图 4-22 电动式功率表原理线路图

由图 4-22 可以看出，测量机构的固定线圈 A_1 和负载串联，测量时通过负载电流，一般把功率表的固定线圈叫作电流线圈；测量机构的可动线圈 A_2 和附加电阻 R_{ad} 串联后与负载并联，这时接到可动线圈回路的电压就是负载电压，因此，常把功率表的可动线圈叫作电压线圈。

① 当用于直流测量时。由 $\alpha=KI_1I_2$ 可知，其可动部分的偏转角 α 与两线圈中的电流 I_1I_2 的乘积成正比。由图 4-22 可以看出，通过固定线圈的电流 I_1 就是负载电流 I，即 $I_1=I$，通过可动线圈的电流为 I_2，它由欧姆定律求出

$$I_2=\frac{U}{R}$$

$$R=R_{ad}+R_{A2} \tag{4-5}$$

式中 R_{A2}——可动线圈电阻。

即电流 I_2 与负载电压 U 成正比，因此可动部分偏转角 α 为

$$\alpha=KI_1I_2=KI\frac{U}{R}=K_PP \tag{4-6}$$

其中

$$K_P=\frac{K}{R}$$

即 α 和负载的功率 $P=UI$ 成正比。

② 当用于交流电路测量时，则 $I_1=I$，且可动线圈电流 I_2 正比于负载电压 U，测量机构指针偏转角 α 为

$$\alpha=KI_1I_2\cos\varphi=KI\frac{U}{R}\cos\varphi \tag{4-7}$$

$$=K_PUI\cos\varphi=K_PP$$

由式(4-7) 可以看出，可动线圈的偏转角 α 与电路中负载所消耗的有功功率成正比，因此能够实现对交流功率的测量。

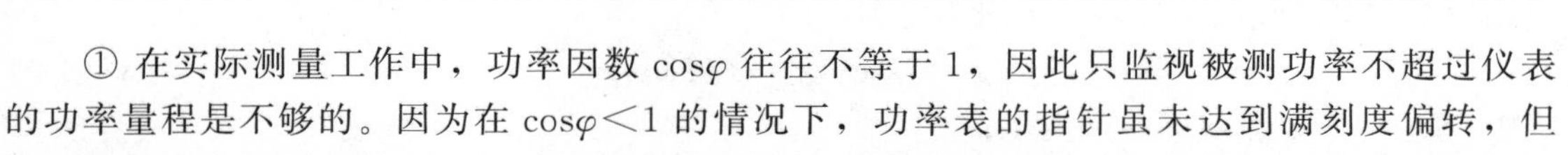

例 31: 功率表的正确使用

① 在实际测量工作中，功率因数 $\cos\varphi$ 往往不等于 1，因此只监视被测功率不超过仪表的功率量程是不够的。因为在 $\cos\varphi<1$ 的情况下，功率表的指针虽未达到满刻度偏转，但被测的电流或电压可能已经超过了功率表的电流量程或电压量程，这样仍会导致功率表的损坏，也就是说，在选择和使用功率表时，不但要注意功率量程是否够，还应注意功率表的电流量程及电压量程，是否同被测功率的电流与电压相适应。

例 有一感性负载，其功率为 500W，电压为 220V，功率因数为 0.8，试选择一功率表测量其功率。

解：由于负载电压为 220V，可选用电压量程为 250V 或 300V 的功率表。负载中的实际电流为：

$$I=\frac{P}{U\cos\varphi}=\frac{500}{220\times0.8}=2.55\text{A} \tag{4-8}$$

可选用电流量程为 3A 或 5A 的功率表。若实际选用的功率表的电压量程为 300V、电

流量程为 3A，则它的功率量程为：

$$3\times300=900\text{W}$$

可以满足测量要求。

如果不考虑电压量程，只考虑功率量程，而选用电压量程为 150V、额定电流为 6A，功率量程为 900W 的功率表时，将因电压量程低于线路负载电压而导致功率表烧毁。同样，如果只考虑电压量程和功率量程而忽略了功率因数对电流的影响，可能因电流超限，导致仪表的损坏。

② 由功率表的测量原理可知，电动式功率表的转矩与两线圈中流过的电流方向有关。如果其中一个线圈的电流方向接反，功率表指针将反向偏转，因此功率表的电压回路和电流回路各有一个端子标有“*”、“↑”或“+”的符号，该端子又称为发电机端。功率表接线必须遵守“发电机端守则”。为保证两个线圈的电流方向一致，功率表的电流线圈和电压线圈的发电机端应接到电源的同一极性端子上。

功率表的正确接线方式有两种，如图 4-23 所示。

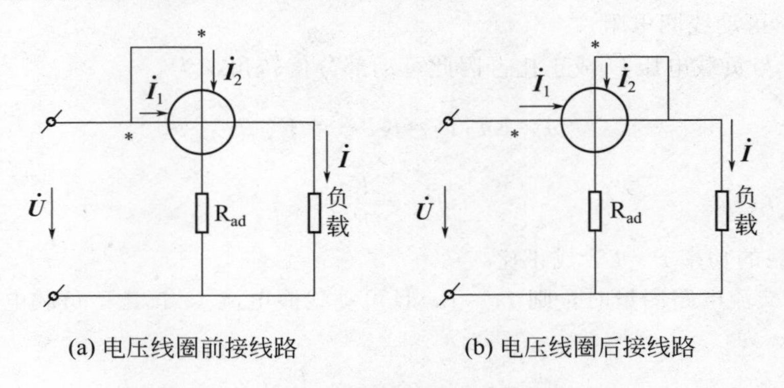

图 4-23　电动式功率表的正确接线图

它们的共同特点是在规定的正方向下，两线圈的电流均由发电机端子流入，而且可动线圈、固定线圈间的电位几乎相等。图 4-23(a) 中功率表的电压线圈回路，接在电流线圈的前面，称为电压线圈前接线路；电流线圈和负载直接串联，因此固定线圈电流 $\dot{I}_1$ 等于负载电流 $\dot{I}$，而电压回路端电压却是负载电压和电流线圈电压降 $\dot{I}R_A$ 之和，功率表的读数是负载功率和电流线圈消耗功率 $\dot{I}_2R_A$ 之和，即

$$P=UI\cos\varphi+U_AI\cos\varphi_A \tag{4-9}$$

式中　U_A——电流线圈两端电压；

φ_A——电流线圈两端电压与电流之间的相位差。

上式表明，电压线圈前接线路可造成测量误差，故这种接线方法适用于负载电阻比电流线圈电阻大很多的情况。

图 4-23(b) 的线路是将功率表电压线圈接在电流线圈后面，故称为电压线圈后接线路。此时电压回路的端电压等于负载电压。但电流线圈通过的电流 $\dot{I}_1$ 即是负载电流 $\dot{I}$ 与电压回路电流 $\dot{I}_2$ 之和。功率表的读数是负载功率与电压回路损耗的功率之和，即

$$P=UI\cos\varphi+I_2^2(R_{A2}+R_{ad}) \tag{4-10}$$

式中　R_{ad}——附加电阻。

这种接线方法适合于负载电阻远小于功率表电压回路电阻的情况。

之所以采取上述两种接法，都是为减小功率表本身的功率消耗和电流线圈上的压降、电压线圈的分流对测量结果的影响。

③ 可携式功率表一般都是做成多量程的，而标尺只有一条。为此，在标尺上不标注瓦特数，而只标注为格数。这样，选用不同的电流量程和电压量程时，每一分格所代表的瓦特数就不同。每一分格所代表的瓦特数，叫作功率表的分格常数。测量时，在读出功率表的偏转格数 n 后，需乘上功率表的相应分格常数 C，才是被测功率的数值，即：

$$P=Cn\ (\mathrm{W}) \tag{4-11}$$

式中 P——被测功率的瓦数；

例 32: 用两只功率表测量三相三线制电路的有功功率

在三相三线制电路中，可用两只表来测量三相有功功率。这种方法就是两功率表法，简称“两表法”，其接线方式与相量图如图 4-24 所示。

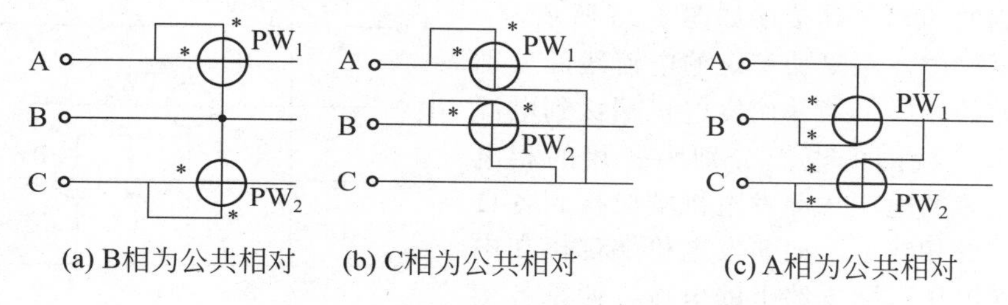

图 4-24 两表法测量三相三线有功功率

图 4-24 中三种接线方式的测量原理相同，以图 4-24(a) 为例说明如下。

功率表 PW_1 的电流回路按图 4-25 所示极性串联接入 A 相电路，电压回路的发电机端（带符号＊端）也接在 A 相，另一端接在 B 相；功率表 PW_2 的电流回路按图 4-24 所示极性串联接入 C 相，电压回路的发电机端（符号＊端）也接在 C 相，另一端接在 B 相，没有串入电流回路的 B 相是两只功率表电压回路的公共端，所以常把 B 相叫作“公共相”。

经推导可知

$$P=P_1+P_2=U_AI_A+U_BI_B+U_CI_C \tag{4-12}$$

上式为三相电路的有功功率瞬时值的表达式，因此可以说，当按图 4-24 中任一种接线方式测量三相三线电路的有功功率时，功率表都能正确地测量三相电路的有功功率。

两表法测量三相有功功率，只要是三线制，不论负载对称与否都是适应的。当用两表法测量三相电路功率时，电路的总功率等于两个功率表读数的代数和。以图 4-24(a) 中所列情况为例，三相电路的总有功功率 P 为两功率表读数 PW_1 和 PW_2 的代数和。即

$$P=P_1+P_2=\sqrt{3}UI\cos\varphi \tag{4-13}$$

两只功率表的读数与负载功率因数有关：

① 当负载为纯电阻时，$\cos\varphi=1$，$\varphi=0$，两只功率表读数相等，即 $P_1=P_2$。三相的总功率为两表读数之和。

② 当负载为感性时，P_2 始终大于 P_1。

当 $\cos\varphi=0.5$ 时 $\varphi=\pm60°$，则两只功率表中将有一只功率表的指示为零，另一只表的读数即为三相的总功率。

当 $\cos\varphi<0.5$ 时，$P_1<0$，则两只功率表中必有一只功率表的读数为负值。这时应调换

功率表电压接线或切换功率表极性开关之后才能读数，并应记为负值，即三相电路的总有功功率是两只功率表的读数之差。

当 $\cos\varphi=0$ 时，$\varphi=90°$，PW_1 表与 PW_2 表读数相等，但 PW_1 表读数是负值。

③ 当负载为容性时，PW_1、PW_2 表的读数与功率因数角的关系正好与负载为感性时相反。

综上所述，在对称或不对称的三相电路中，两只功率表出现读数不同是正常现象，只要在使用中予以注意即可。需要指出的是，这种测试方法对于三相四线制电路则不论负载是否对称均不能采用两表法测量。

例 33: 用三只功率表测量三相四线制不对称负载功率

三相四线制的负载通常是不对称的，每相的功率都不相等，因此，再不能用一只或两只功率表进行功率测量，而是采用三只功率表测量三相四线制的功率，其接线如图 4-25 所示。

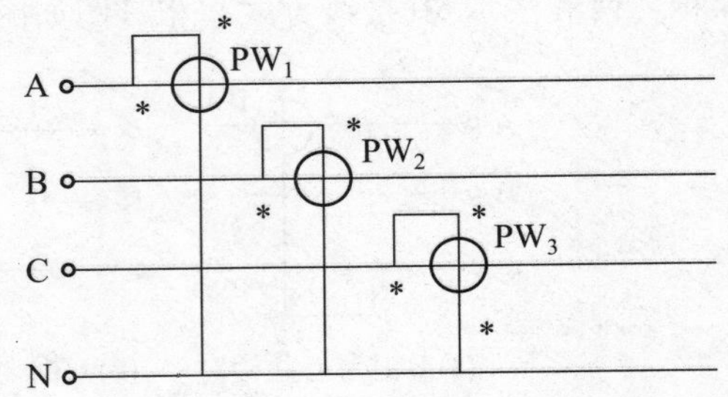

图 4-25 用三个功率表测量不对称三相四线制的功率

在这个电路中，三只功率表的电流线圈分别串联接入三相的相线上，并使发电机端接到电源侧，则通过电流线圈的电流分别为各相的相电流；三只功率表的电压线圈发电机端应接到各自电流线圈所在的相线上，而非发电机端都接在中线上，则加在电压线圈支路上的电压，便是各相的相电压。这时，用三只单相表分别测量出各相功率，而三相总功率 P，就等于三只功率表读数之和。即

$$P=P_1+P_2+P_3 \tag{4-14}$$

三相功率的测量除用单相功率表按以上方法测量外，有时也用三相功率表，而后者具有直接读数的优点。

例 34: 二元三相功率表测量功率

三相功率表在结构上有二元件和三元件之分；二元件结构适用于三相三线制电路的有功功率测量；三元件结构适用于三相四线制电路有功功率的测量。

“二元三相功率表”中有两个独立单元，其内部连接线路图如图 4-26 所示。功率表的面板上有 7 个接线端子，两对电流端子，三个电压端子。

二元三相功率表测三相功率如图 4-27 所示。两个电流线圈应遵守“发电机端”原则，将带“*”的电流端子分别接至 U 和 W 相的电源侧，使电流线圈通过电路的线电流；电压线圈带“*”的端子分别接 U 和 W 相的电源侧，无“*”标志的端子接 V 相。

例 35: 三元三相功率表测量功率

“三元三相功率表”内部有三个独立单元，其结构与“二元三相功率表”相类似。

三元三相功率表测三相功率接线图，如图 4-28 所示。三个电流线圈分别串联在三相电路中；三个电压线圈则分别并联在三条相线和零线间。

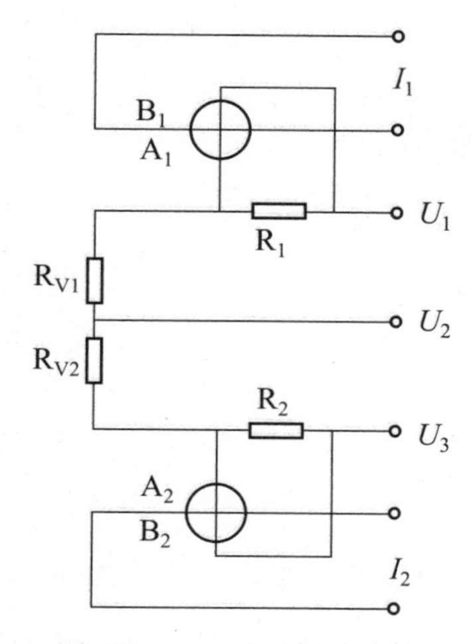

图 4-26　二元三相功率表

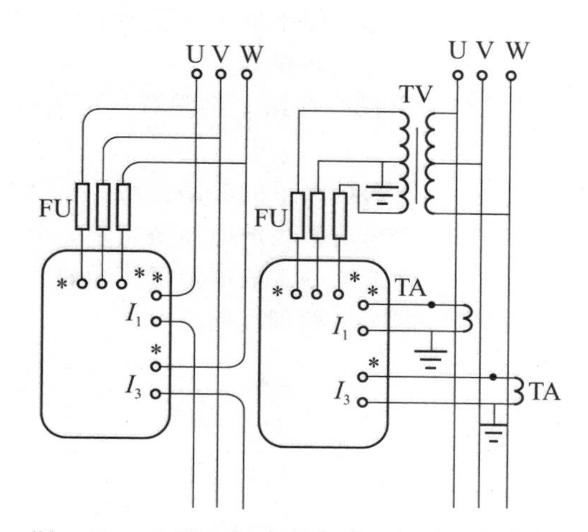

图 4-27　二元三相功率表测三相功率接线图

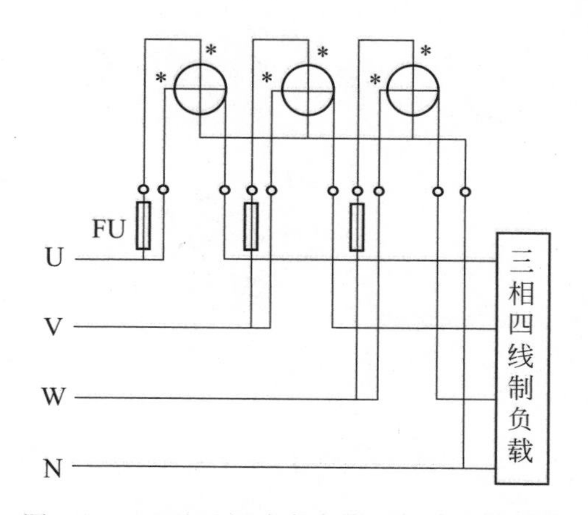

图 4-28　三元三相功率表测三相功率接线图

例 36: 功率表的正确选用

（1）功率表的选择

测量直流功率，选用直流功率表。交流功率的测量，应选用单相或三相交流功率表。被测电路的功率因数低于 0.3，应选用低功率因数交流功率表。

功率表量程的选择，实际上就是正确选择功率表的电流量限和电压量限，即通过负载的电流不能大于功率表中的电流量限，负载两端的电压不能大于功率表中的电压量限。

（2）功率表的使用

多量程功率表表盘上只有一条标度尺，标度尺上所标出的只是分格数，而不是瓦特数。使用时，必须根据所选用的电流量限和电压量限，算出每一分格所代表的瓦特数（即分格常数）。一般情况下，功率表的技术说明书中都给出了功率表在不同电流电压量限下的分格常数，以供查用。测量时，读取指针偏转格数后再乘以相应的分格常数，就是被测量功率的数值。即

$$P=Cn \tag{4-15}$$

式中　P——被测功率数值，W；

C——所选量限下的分格常数；

n——指针偏转格数。

如果说明书没有给出分格常数，可按式(4-16) 计算

$$C=U_N I_N/N \tag{4-16}$$

式中 C——所选量限下的分格常数；

U_N——所选功率表的电压额定值；

I_N——所选功率表的电流额定值；

N——标度尺满刻度的格数。

Chapter 05

第五章 电工基本操作技能

例 1: 元器件在印制电路板上布局的方法和要求

① 元器件在印制电路板上的分布应尽量均匀，密度一致。无论是单面印制电路板还是双面印制电路板，所有元器件都尽可能安装在板的同一面，以便加工、安装和维护。

② 印制电路板上元器件的排列应整齐美观，一般应做到横平竖直，并力求电路安装紧凑、密集，尽量缩短引线。如果装配工艺要求需将整个电路分成几块安装时，应使每块装配好的印制电路板成为独立功能的电路，以便单独调整、检验和维护。

③ 元器件安装的位置应避免相互影响，元器件之间不允许立体交叉和重叠排列，元器件放置的方向应与相邻印制导线交叉，电感器件要注意防电磁干扰，发热元件要放在有利于散热的位置，必要时可单独放置或装散热器，以降温和减少对邻近元器件的影响。

④ 大而笨重的元器件如变压器、扼流圈、大电容器、继电器等，可安装在主印制板之外的辅助底板上，利用附件将它们紧固，以利于加工和装配。也可将上述元件安置在印制板靠近固定端的位置上并降低重心，以提高机械强度和耐振、耐冲击能力，减小印制板的负荷和变形。

⑤ 元器件在印制板上可分为三种排列方式，即不规则排列，坐标排列及坐标格排列。三种排列方式如图 5-1 所示。

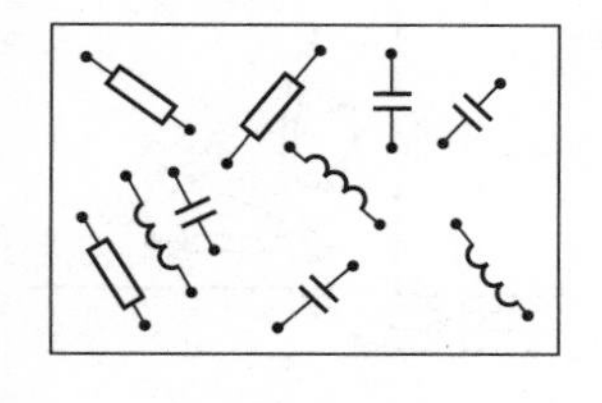

(a) 不规则排列

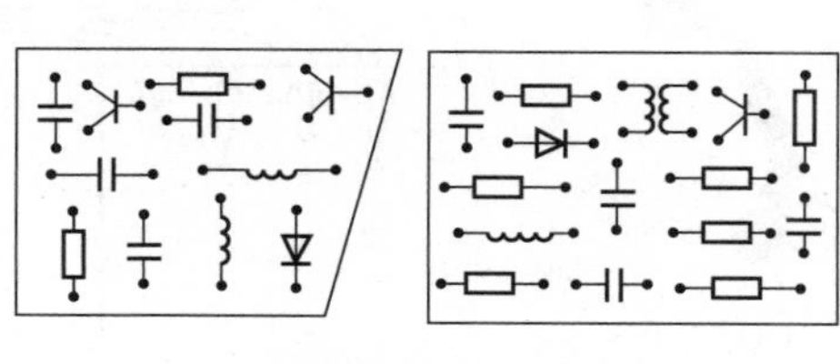

(b) 坐标排列

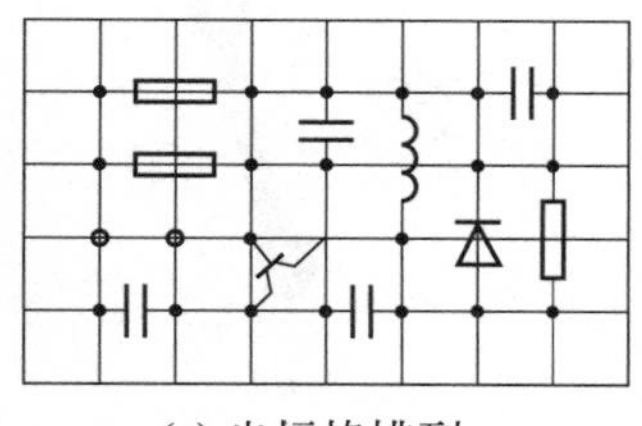

(c) 坐标格排列

图 5-1　元器件在印制板上的排列

不规则排列主要从电性能方面考虑，其优点是减少印制导线和元器件的接线长度，从而减少电路的分布参数，缺点是外观不整齐，不便于机械化装配，该排列方式适用于 30MHz，以上的高频电路中。

坐标排列是指元器件与印制电路板的一条边平行或垂直，其优点是排列整齐，缺点是引线可能较长，适用于 1MHz 以下的低频电路中。

坐标格排列要求元器件不仅与印制电路板的一条边平行或垂直，还要求元器件的接孔位于坐标格的交点上。这种方式使元器件排列整齐，便于机械化打孔及装配。

例 2: 印制电路板布设导线的方法和要求

① 公共地线应尽可能布置在印制电路板的最边缘，便于印制电路板安装以及与地相连。同时导线与印制板边缘应留有一定距离，以便进行机械加工和提高绝缘性能。

② 各级电路的地线一般应自成封闭回路，以减小级间的地线耦合和引线电感，并便于接地。若电路工作于强磁场内时，其公共地线应避免设计成封闭状，以免产生电磁感应。

③ 高频电路中的高频导线、晶体管各电极引线及信号输入、输出线应尽量做到短而直。输入端与输出端的信号线不可靠近，更不可平行，否则，将有可能引起电路工作不稳定甚至自激，宜采取垂直或斜交布线。若交叉的导线较多，最好采用双面印制板，将交叉的导线布设在印制板的两面。双面印制板的布线，应避免基板两面的印制导线平行，以减小导线间的寄生耦合，最好使印制板两面的导线成垂直或斜交布置。如图 5-2 所示。

④ 为减小导线间的寄生耦合，多级电路布线时应按信号流程逐级排列，不可互相交叉混合，以免引起有害耦合和互相干扰。设计印制电路板时，尽可能将输入线与输出线的位置远离，并最好采用地线将两端隔开。输入线与电源线的距离应大于 1mm，以减小寄生耦合。另外输入电路的印制导线应尽量短，以减小感应现象及分布参数的影响。

⑤ 电源部分印制导线应和地线紧紧布设在一起，以减小电源线耦合所引起的干扰。电感元件应注意其互相之间的互感作用。需要互感作用的两电感线圈应靠近并平行放置，它们将通过磁力线进行磁耦合。不相耦合的电感线圈、变压器等应互相远离，并使其磁路互相垂直，以避免产生有害的磁耦合。

⑥ 地线不能形成闭合回路，以免因地线环流产生噪声干扰。

⑦ 在高频电路中，可采用大面积包围式地线方式，即将各条信号线以外的铜箔面全部作为地线。这样能够有效地防止电路自激，提高高频工作的稳定性。高频电路中元器件之间的连线应尽量短，以减少分布参数对高频电路的影响。

⑧ 印制电路板上的线条宽度和线条间距应尽量大些，以保证电气要求和足够的机械强度。在一般的电子制作中，可使线条宽度和线条间距分别大于 1mm。

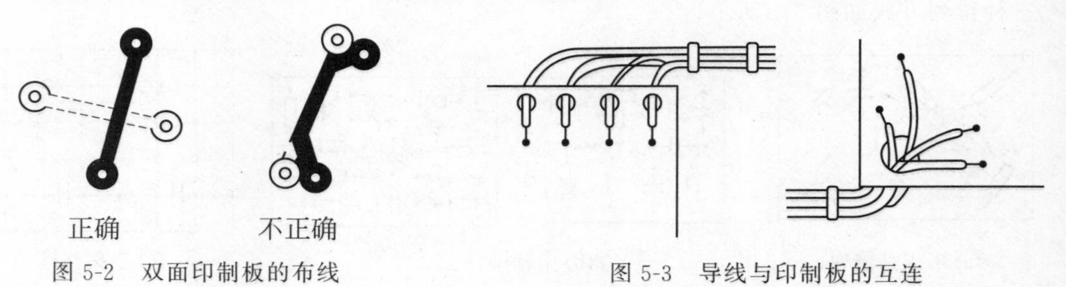

图 5-2　双面印制板的布线　　图 5-3　导线与印制板的互连

例 3: 印制电路板的对外连接

印制电路板间的互连或印制电路板与其他部件的互连，可采用插头座、转接器或跨接导线等多种形式，下面介绍插头座互连和用导线互连方法。

① 插头座互连。印制板电路的互连，可采用簧片式和针孔式插头座连接方式进行。

② 导线互连。采用导线互连时，为加强互连导线在印制板上连接的可靠性，印制板上一般设有专用的穿线孔，导线从被焊点的背面穿入穿线孔，如图 5-3 所示。

采用屏蔽线作互连导线时，其穿线方法与一般互连导线相同，但屏蔽导线不能与其他导线一起走线，避免互相干扰。

例 4: 印制导线的尺寸和图形

① 同一块印制电路板上的印制导线宽度应尽可能保持均匀一致（地线除外），印制导线的宽度主要与其流过的电流大小有关，印制导线的宽度一般均应大于 0.4mm，不能过小。

② 印制导线的最小间距应不小于 0.5mm。若导线间的电压超过 300V 时，其间距不应小于 1.5mm，否则，印制导线间易出现跳火、击穿现象，导致基板表面炭化或破裂。

③ 在高频电路中，导线间距大小会影响分布电容、分布电感的大小，从而影响信号损耗、电路稳定性等。

④ 印制导线的形状应简洁美观，在设计印制导线的图形时应遵循以下几点。

a. 除地线外，同一印制板上导线的宽度尽量保持一致。

b. 印制导线的走向应平直，不应出现急剧的拐弯或尖角，如图 5-4 所示。

c. 应尽量避免印制导线出现分支，如图 5-5 所示。

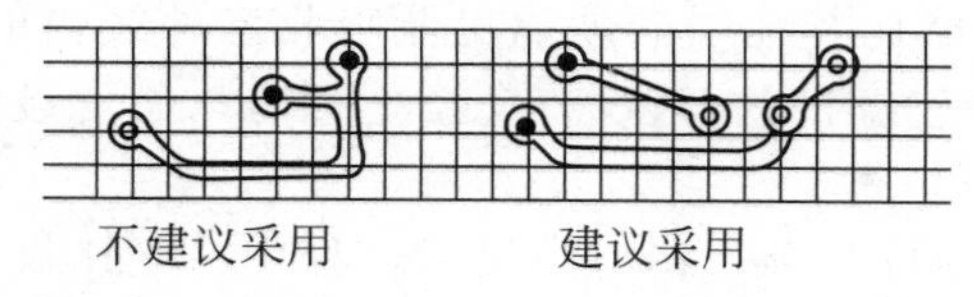

图 5-4　印制导线不应有急剧的拐弯或尖角

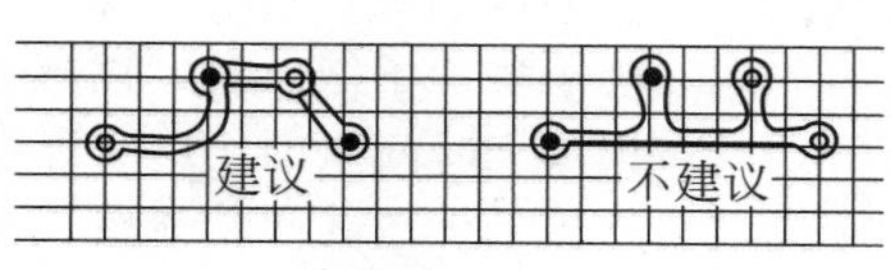

图 5-5　避免印制导线的分支

⑤ 印制接点是指穿线孔周围的金属部分，又称焊盘，它供元器件引线的穿孔焊接用。焊盘的形状有圆形或岛形，其形状如图 5-6 所示。

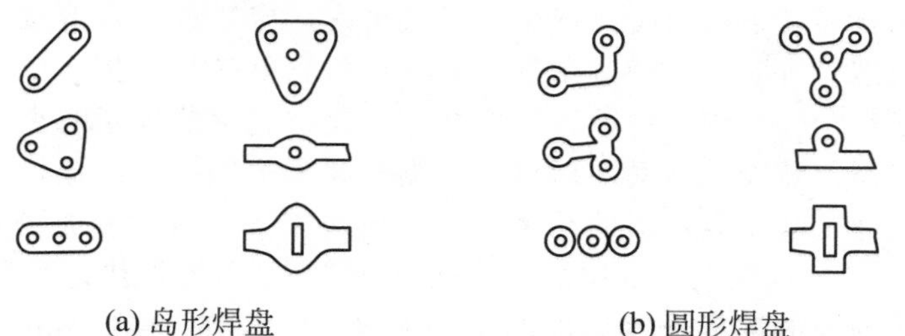

(a) 岛形焊盘　　(b) 圆形焊盘

图 5-6　焊盘的形状

例 5: 印制线路板的制作

（1）印制线路板的材料

制作印制线路板所用的材料由制作者自己决定。最普通和最经济的材料是 0.16cm（1/16in），28g（1 盎司）铜的印制板。这是一种厚为 0.16cm，面积在 930cm^2 上的铜为 28g 的酚醛纸板。第二种类型的印制线路板是铜面的环氧玻璃丝板 G-10。这种板子强度更好，更适合在高频电路里使用。使用时可以用钢锯把两种材料的板子锯成我们所要求的各种大小的若干标准板。

(2) 制作印制线路板的步骤

制作印制线路板的过程分为三步：翻印图形，加抗蚀剂和腐蚀。现将手工和照相两种制作印制线路板的方法叙述于下，但每种方法的腐蚀工艺都一样。

(3) 手工制作法

手工方法制作单块板比较好，利用一张复写纸把本书最后所示印制线路板样图的黑线条的外形翻印到板子有铜皮的一面上。图中的任何一个孔都应精确描绘。描写后就钻孔及涂覆抗蚀剂，更准确地说是把抗蚀剂涂在那些要保留下来的铜皮处。当抗蚀剂完全干时，板子腐蚀的准备工作就做好了。

(4) 照相制作法

假如需要若干块图形相同的板子，那么照相法比较适用。采用这种方法时，用感光胶片翻印电路图形。制作印有电路图形的底片有两种方法：一种是样板照相的负片，这是一种极好的专用的方法，第二种方法比较节省费用，做法是把透明塑料片放在样图上，将某种不透明的涂料涂覆在要腐蚀的区域。在家可以制作光敏板，但整个过程要特别的精巧和小心。这种板要求装入不透光的箱内，并要求在弱光线下进行操作。

有了涂覆光敏抗蚀剂的覆箔板，就可以开始曝光了。首先把照相底板夹在未曝光的板子和一块窗玻璃（称为压力板）之间。重要的是要把精确印有电路图形的一面对着玻璃，以避免产生镜像电路。把这个三层结构放在光源下曝光，究竟采用什么光源要根据覆箔板生产厂家的说明书来选用。曝光时间一般取 5～10min，然而，精确的曝光时间与厂家、光源和压力板所用的玻璃类型有关。某些类型的玻璃比其他一些玻璃更能吸收紫外线辐射。有时可先取一些小块片子做试验，以寻求精确的曝光时间。当没有完全把握时，通常最好是在开始时，把曝光时间取的比厂家规定的时间长一些。

曝光之后，板子就放在印制线路板显影液里进行显影。在整个显影过程中，应让板子在溶液里来回晃动，时间为几分钟。没有受到光照的那部分光敏抗蚀剂被溶解掉，留下的仅仅是曝过光的抗蚀剂。在曝过光的抗蚀剂下面，就是我们需要的铜箔导电线路。板子显影以后，要用流动的清水进行冲洗并晒干。

制作印制线路板通常采用的腐蚀剂是氯化铁溶液。应注意这种溶液会产生一种对人有害的气体，这种溶液对皮肤是一种刺激剂，一旦接触它就应马上把皮肤冲洗干净。因此在使用这种溶液时必须十分小心。腐蚀过程应在一个比被腐蚀的板子略大一些的浅底玻璃盘里进行，腐蚀剂仅需覆盖浅盘的底部即可。覆铜板有铜箔的一面应淹没在腐蚀剂里，并且要不停地搅拌，以使化学反应在板的整个表面均衡地进行，同时可加快腐蚀的速度。把腐蚀剂加热到 32～46℃，这样也可以加快腐蚀过程。应注意溶液加热过度会冒出极多的烟雾。腐蚀的时间随着腐蚀剂的浓度及其温度的不同而异，一般在 5～15min 范围内。腐蚀结束时，应把板子放在干净的水中冲洗，用细小的铁毛刷或溶剂把留在板上的抗蚀剂刷掉。

例 6: 元器件的装配方式

元器件的规格多种多样，引脚长短不一，装配时应根据需要和允许的安装高度，将所有元器件的引脚适当剪短、剪齐，如图 5-7 所示。

元器件在电路板上的装配方式主要有立式和卧式两种。立式装配如图 5-8 所示，元器件直立于电路板上，应注意将元器件的标志朝向便于观察的方向，以便校核电路和日后维修。元器件立式装配占用电路板平面面积较小，有利于缩小整机电路板面积。卧式装配如图 5-9 所示，元器件横卧于电路板上，同样应注意将元器件的标志朝向便于观察的方向。

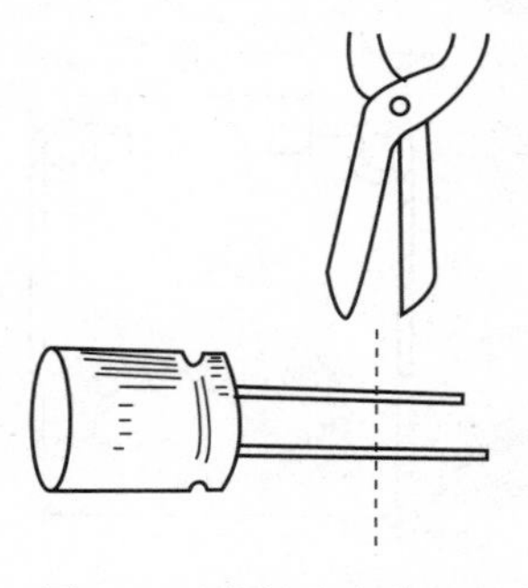

图 5-7　引脚适当剪短

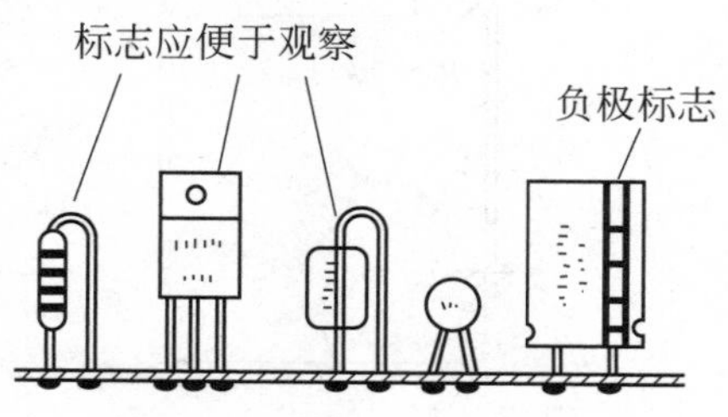

图 5-8　元器件装配方式

元器件卧式装配时可降低电路板上的装配高度，在电路板上部空间距离较小时很适用。根据整机的具体空间情况，有时一块电路板上的元器件往往混合采用立式装配和卧式装配方式。

为了方便地将元器件插到印制板上，提高插件效率，应预先将元器件的引线加工成一定的形状，有些元器件的引脚在安装焊接到电路板上时需要折转方向或弯曲。但应注意，所有元器件的引脚都不能齐根部折弯，以防引脚齐根折断，如图 5-10 所示。

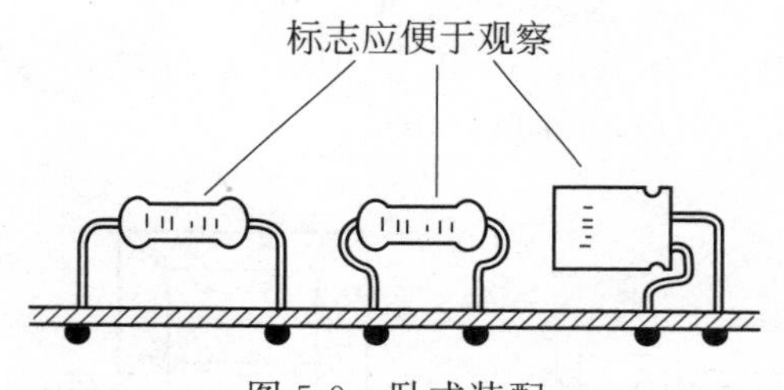

图 5-9　卧式装配

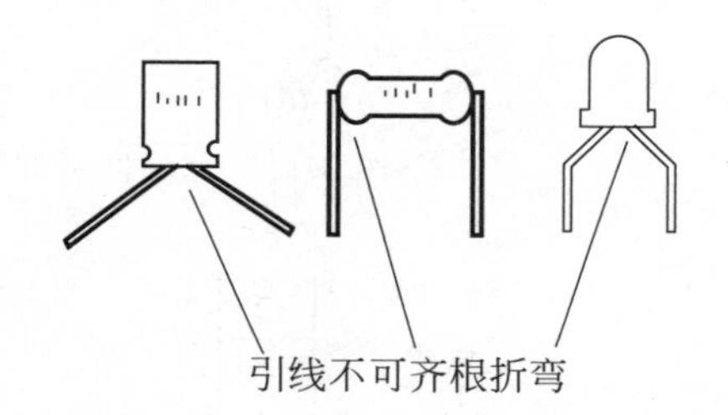

图 5-10　引线不能齐根折弯装配

塑封半导体器件如齐根折弯其引脚，还可能损坏管芯。元器件引脚需要改变方向或间距时，应采用图 5-11 所示的正确的方法来折弯。图 5-11 中（a）、（b）、（c）为卧式装配的弯折成型，（d）、（e）、（f）为立式装配的成型。成型时引线弯折处离根部要有 2mm 以上，弯曲半径不小于引线直径的两倍，以减小机械应力，防止引线折断或被拔出。图 5-11(a)、(f) 成型后的元件可直接贴装到印制板上；图 5-11(b)、(d) 主要用于双面印制板或发热器件的成型，元件装配时与印制板保持 2～5mm 的距离；图 5-11(c)、(e) 有绕环使引线较长，多用于焊接时怕热的元器件或易破损的玻璃壳体二极管。凡有标记的元器件，引线成型后其标称值应处于查看方便的位置。

折弯所用的工具有自动折弯机、手动折弯机、手动绕环器和圆嘴钳等。使用圆嘴钳折弯时应注意勿用力过猛，以免损坏元器件。

对于一些较简单的电路，也可以将元器件直接搭焊在电路板的铜箔面上，如图 5-12 所示。采用元器件搭焊方式可以免除在电路板上钻孔，简化了装配工艺。对于金属大功率管、变压器等自身重量较重的元器件，仅仅直接依靠引脚的焊接已不足以支撑元器件自身重量，应用螺钉固定在电路板上，如图 5-13 所示，然后再将其引脚焊入电路板。

例 7:　CMOS 电路空闲引脚的处置

由于 CMOS 电路具有极高的输入阻抗，极易感应干扰电压而造成逻辑混乱，甚至损坏。

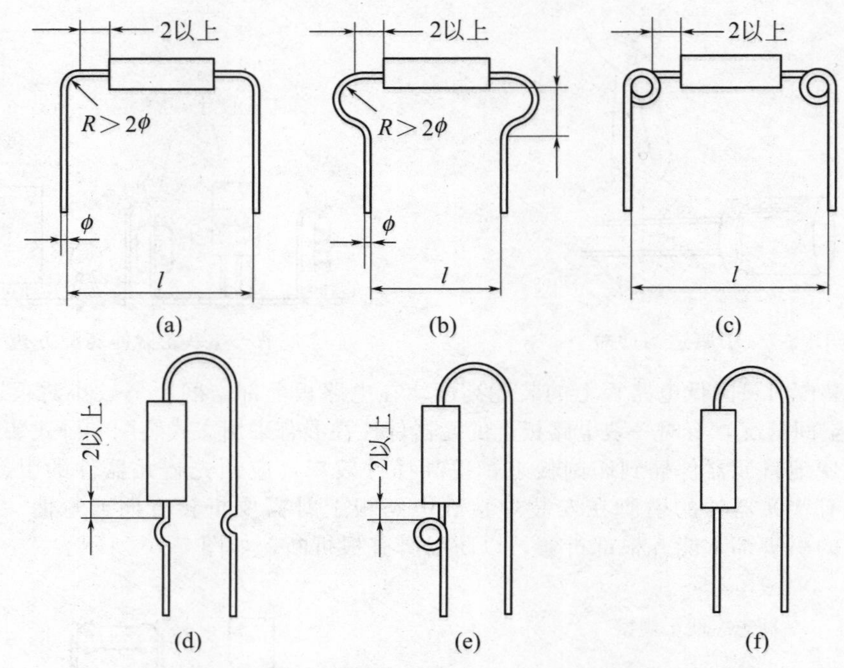

图 5-11　元器件引脚正确的折弯方法（尺寸单位：mm）

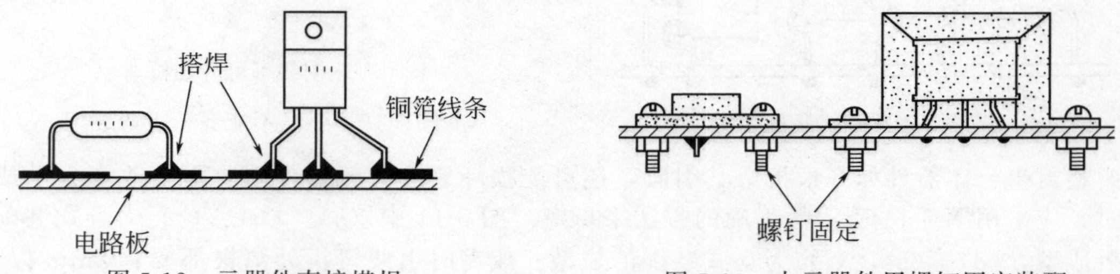

图 5-12　元器件直接搭焊

图 5-13　大元器件用螺钉固定装配

因此，对于 CMOS 数字电路空闲的引脚不能简单地不管，应根据 CMOS 数字电路的种类、引脚的功能和电路的逻辑要求，分不同情况进行处置。

Q
后续电路
$\overline{Q}$
悬空即可

图 5-14　输出端悬空

① 对于多余的输出端，一般将其悬空即可，如图 5-14 所示。

② CMOS 数字电路往往在一个集成块中包含有若干个互相独立的门电路或触发器。对于一个集成块中多余不用的门电路或触发器，应将其所有输入端接到系统的正电源 V_{DD}上，见图 5-15。也可以将一个集成块中多余不用的门电路或触发器的所有输入端接地，见图 5-16。

③ 门电路往往具有多个输入端，而这些输入端不一定全都用上。对于与门、与非门多余的输入端，应将其接正电源 V_{DD}，如图 5-17 所示，以保证其逻辑功能正常。

④ 对于或门、或非门多余的输入端，应将其接地，如图 5-18 所示，以保证其逻辑功能正常。

⑤ 对于与门、与非门、或门、或非门多余的输入端，还可将其与使用中的输入端并接在一起，如图 5-19 所示，也能保证其正常的逻辑功能。

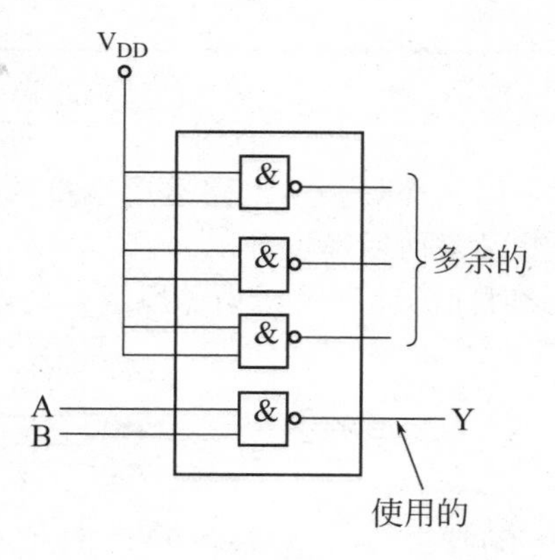

图 5-15　多余输入端接区电源

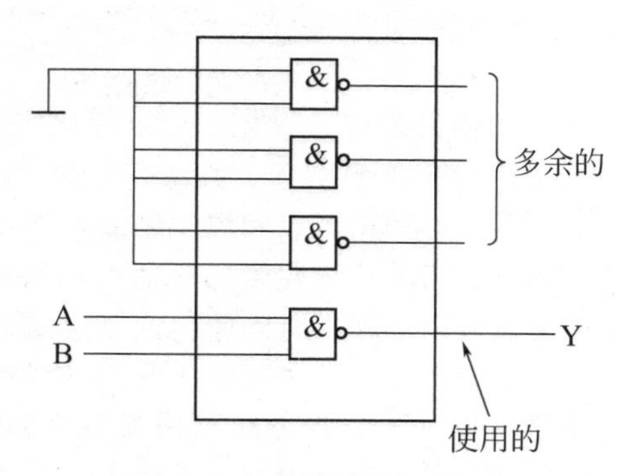

图 5-16　多余输入端接地

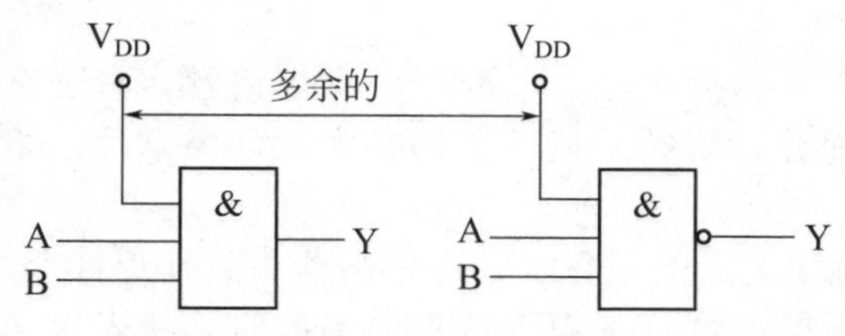

图 5-17　与非门多余输入端接正电源

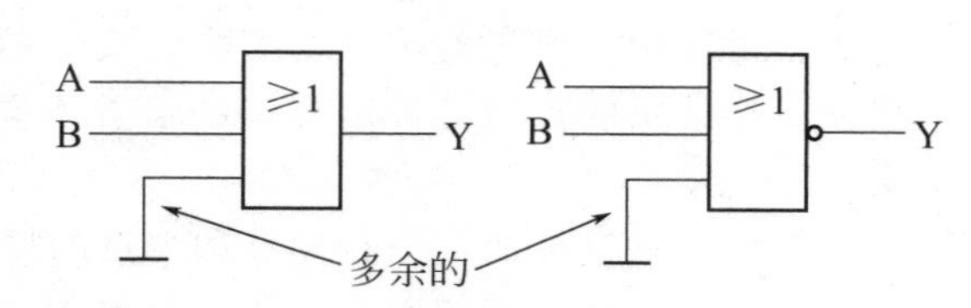

图 5-18　或非门多余输入端接地

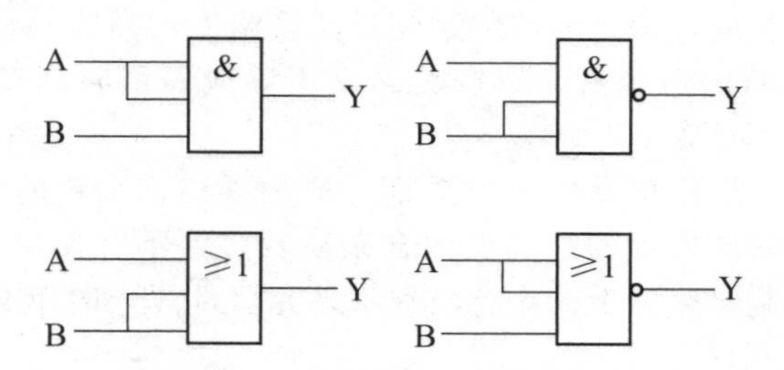

图 5-19　多余的输入端的接法

⑥ 对于触发器、计数器、译码器、寄存器等数字电路不用的输入端，应根据电路逻辑功能的要求，将其接系统的正电源 V_{DD}或接地。例如，对于不用的清零端 R（“1”电平清零）或置位端 S（“1”电平置位），应将其接地，见图 5-20(a)。而对于不用的清零端 $\overline{R}$（“0”电平清零）或置位端 $\overline{S}$（“0”电平置位），则应将其接正电源 V_{DD}上，见图 5-20(b)。

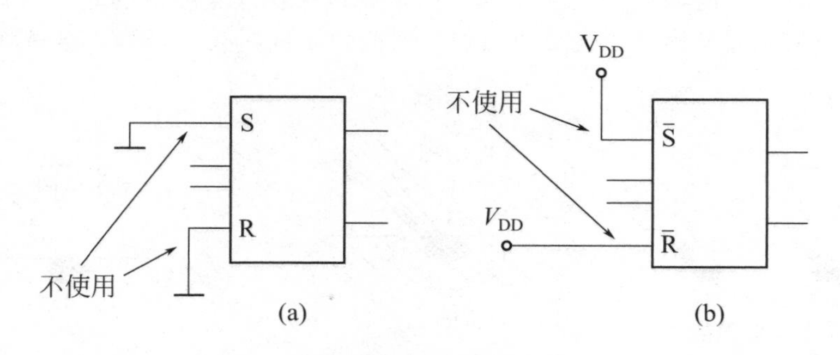

图 5-20　根据逻辑功能连接不用的输入端

例 8: 手工焊接基础知识

对于初学者来说，首先，要求焊接牢固、无虚焊，因为虚焊会给电路造成严重的隐患，给调试工作带来很多麻烦。其次，是焊点的大小，形状及表面粗糙度等。

焊接前，必须把焊点和焊件表面处理干净。由于长时间的储存及污染等原因，使焊件表面带有锈迹、污垢或氧化物。轻的可用酒精擦洗，重的要用刀刮或砂纸磨，直到露出光亮金属后再蘸上松香水，镀上锡。多股导线镀锡前要用剥线钳或其他方法去掉绝缘皮（不要将导线剥伤或造成断股），再将剥好的导线拧在一起后镀锡。镀锡时不要把焊锡浸入到绝缘皮中去，最好在绝缘皮前留出一段长度的导线没有锡，这有利于穿套管，如图 5-21 所示。

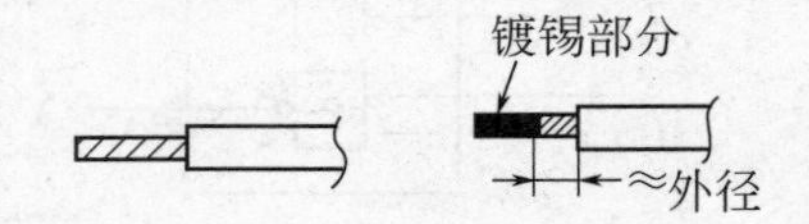

(a) 拧在一起的多股线 (b) 镀好锡的导线

图 5-21 多股导线镀锡要求

焊接过程中，要经常用棉丝把烙铁头上的氧化物擦干净。一般左手拿焊锡丝，右手拿电烙铁。烙铁头的方向应根据焊件的位置不同而异，烙铁手柄不要握得太死，要拿稳，烙铁头不能抖动。

焊接过程是这样的：先在焊件和焊点的接触面上涂上松香水，再把烙铁头放在焊件上，原则上烙铁头应在引线的裸头一侧，待被焊金属的温度达到焊锡熔化的温度时，使焊锡丝接触焊件，当适量的焊锡熔化后，立即移开焊锡丝再移开烙铁，整个过程只需几秒钟。烙铁头停留的时间不能过长或过短，停留的时间过长，温度太高容易使元件损坏，焊点发白，甚至造成印制电路板上的铜箔脱落，烙铁头温度不够或停留时间过短，则焊锡流动性差，很容易凝固，使焊点成“豆腐渣”状。

焊锡丝的粗细各异，应根据操作要求选择合适的规格，太粗的焊锡丝将过多地消耗能量，拖长操作时间。焊铁皮桶等的焊锡块因含杂质较多，不宜使用。元器件引脚镀锡时应选用松香作助焊剂。印制电路板上已涂有松香水，元器件焊入时不必再用助焊剂。焊锡膏、焊油等焊剂腐蚀性大，不宜使用。

例 9: 焊接标准

① 金属表面焊锡充足。焊接时，电烙铁头部蘸锡量要恰当，不可太少，也不可太多，如图 5-22 所示。每焊接一个焊点时，将蘸了锡的烙铁头沿元器件引脚环绕一圈，如图 5-23 所示，使焊锡与元器件引脚和铜箔线条充分接触。烙铁头在焊点处再稍停留一下后离开，即可焊出一个光滑牢固的焊点，见图 5-24。如果烙铁头在焊点停留的时间过短，焊不牢固，而且由于助焊剂未能充分挥发，会形成虚焊。时间也不能过长，否则，会烫坏电路板。

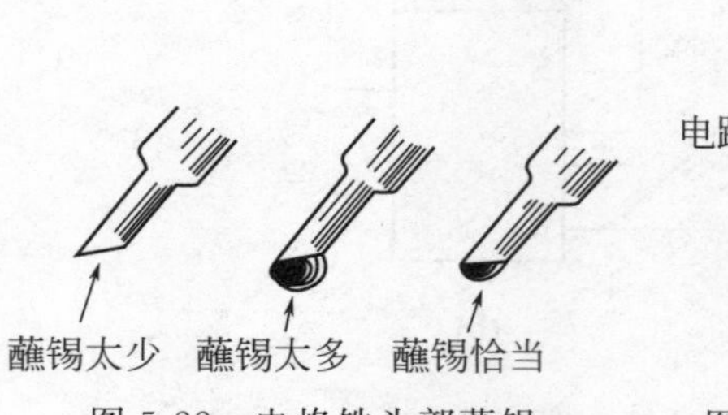

图 5-22 电烙铁头部蘸锡

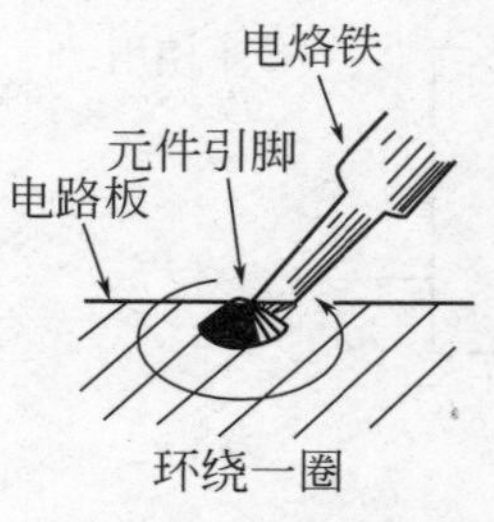

图 5-23 焊接方法

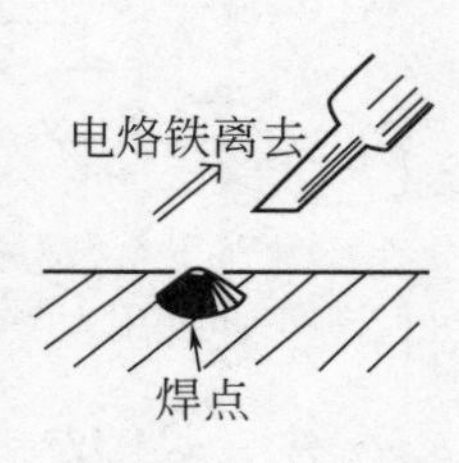

图 5-24 焊点

② 焊点表面光亮光滑、无毛刺。

③ 焊锡匀薄，隐约可见导线的轮廓。

④ 焊点干净，无裂纹或针孔。

在电子工程中采用焊接方法的最大优点是接好电路可以长期使用，因此电子产品一般采用焊接的方法。在大规模生产的情况下多用流水线波峰焊的方式。但用焊接方式完成实验制作就显得不太方便，特别是需要修改电路时尤为突出，因此实验和制作中经常在面包板或实验箱上完成。

例 10: 焊接注意事项

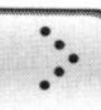

① 在加焊锡之前，应把导线在接线柱或接线头绕几圈，使它们之间有良好的机械连接。应该把焊接看成是一种进行良好电气连接的方法，而不是一种机械连接。焊锡不要太多，能浸透接线头即可，每个焊点最好一次成功。

② 固定元件时，应注意保护引线以防机械损伤。焊接时必须扶稳焊件，特别是焊锡冷却过程中不能晃动焊件，否则，容易造成虚焊。印制电路板上的插头一般是镀金的，千万不要再镀上焊锡，那样反而造成接触不良。

③ 在焊接晶体管、集成电路和半导体二极管时，应在靠近元件的地方用镊子夹住被焊接的引线。镊子的作用像一条热通道或一个散热器，把有害的热量传走。假如引线不便于用镊子夹住，可以改用鳄鱼夹或散热器。

④ 元器件安装方向应便于观察极性、型号和数值。装在印制电路板上的元件尽可能保持同一高度，元器件引脚不必加套管，把引脚剪短些便于焊接，又可避免引脚相碰而短路。

⑤ 为了使铬铁和焊点（机械连接）处导热良好，应把少许焊料加到烙铁头镀锡的一面，并且应该使镀锡面向着焊接点。把焊料放在机械连接点处，但不要与烙铁头接触。当焊锡熔化时，焊点就真正焊好了。

⑥ 剥皮后的大功率实芯线头或多股软导线的线头（如用作电源引线的花线）在机械连到所要焊接的接线头或接线端之前，都应该用带松香芯的焊锡对线头进行镀锡。这种镀锡步骤可以保证焊接迅速、干净，可以得到良好的热焊点。这种镀锡方法在焊大的引线端（如焊钮子开关的端点）时也是一种切实可行的做法。而普通的连接线就没有先镀锡的必要。

⑦ 用小刀从导线一端剥去绝缘层时，小刀应该钝些为好，以便不致刮伤导线。用剥线钳时则必须利用适当的钳口以使要剥的导线不会受损伤。

例 11: 电路板的焊接

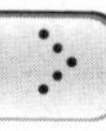

焊接一般分三个步骤：①净化印制电路板的金属表面。②元器件引脚与导线线头的处理，将被焊的金属表面加热到焊锡熔化的温度。③把焊料填充到被焊的金属表面上，将焊点焊牢。

（1）印制电路板的处理

电路中的虚焊等焊接质量问题，往往是制作失败的原因之一。努力提高焊接质量对于初学者是十分重要的。制作中应着重注意以下环节。

① 印制电路板制好后，首先应彻底清除铜箔面氧化层，可用擦字橡皮擦，这样不易损伤铜箔，如图 5-25 所示。

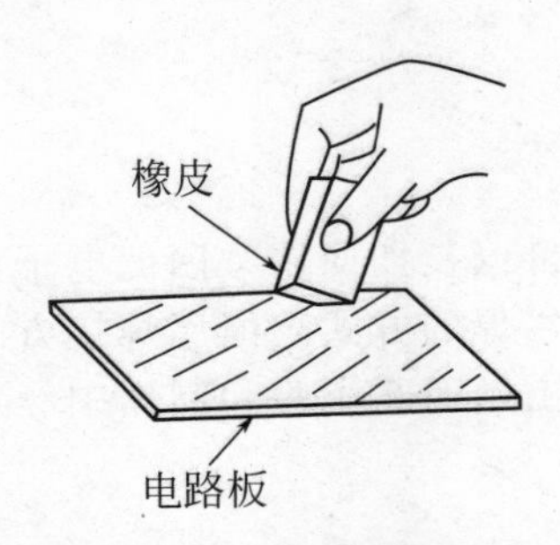

图 5-25 用橡皮清除铜箔面氧化层

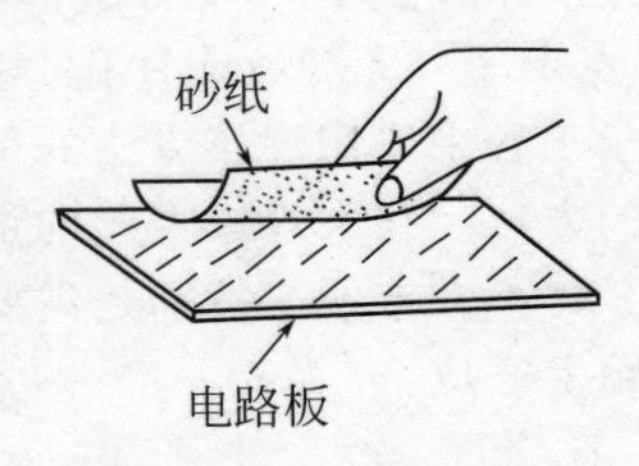

图 5-26 用细砂纸打磨铜箔

② 有些印制电路板，由于受潮或存放时间较久，铜箔面氧化严重，用橡皮不易擦净的，可先用细砂纸轻轻打磨，如图 5-26 所示。而后再用橡皮擦，直至铜箔面光洁如新。

③ 清洁好的印制电路板，最好涂上一层松香水作为助焊保护层。松香水的配制方法是将松香碾压成粉末，溶解于 2～3 倍的酒精中即可。用干净毛笔或小刷子蘸上松香水，在印制电路板的铜箔面均匀地涂刷一层，然后晾干即可。松香水涂层很容易挥发硬结，覆盖在电路板上既是保护层（保护铜箔不再氧化），又是良好的助焊剂。

（2）元器件引脚与导线线头的处理

所有元器件的引脚和连接导线的线头，在焊入电路板之前，都必须清洁后镀上锡。有的元器件出厂时引脚已镀锡的，因长期存放而氧化了，也应重新清洁后镀锡。

清洁元器件引脚可用橡皮擦，如图 5-27 所示。对于氧化严重的元器件引脚端部，可用小刀等利器将其刮净，如图 5-28 所示。在用刀刮的过程中应注意旋转元器件引脚，务求将引脚的四周一圈全部刮净。但要注意不要伤着引脚。

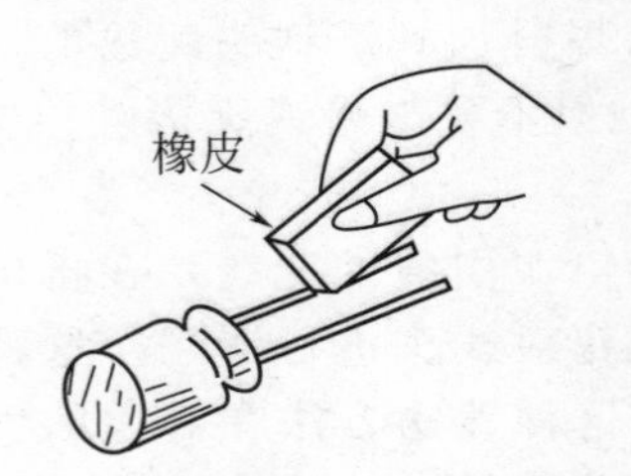

图 5-27 橡皮擦

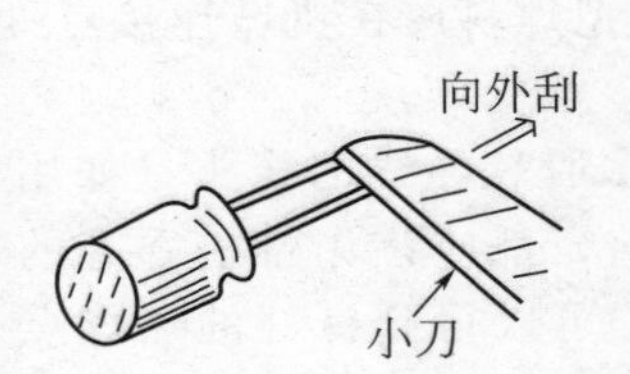

图 5-28 小刀刮

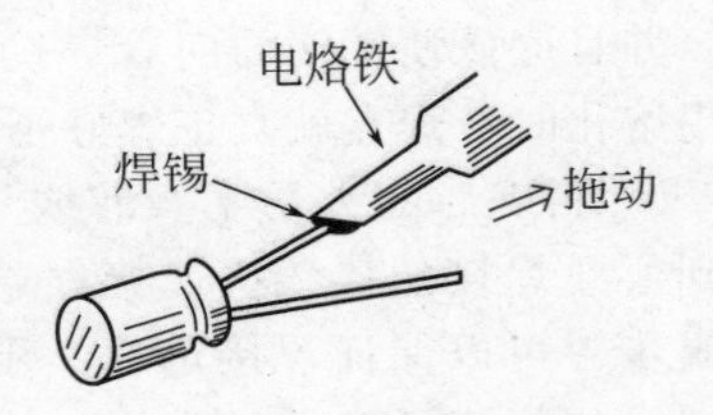

图 5-29 引脚镀锡

清洁后的元器件引脚应及时镀上锡，以防再度氧化。如图 5-29 所示，电烙铁头部蘸锡后，在松香的助焊作用下，沿元器件引脚拖动，即可在引脚上镀上薄薄的一层焊锡。

有一些电感类元器件是用漆包线或纱包线绕制的，例如，输入、输出变压器是用漆包线绕制的；高频扼流圈是用单股纱包线或漆包线绕制的；天线输入线圈一般是用多股纱包线绕制的，也有用漆包线绕制的。漆包线是在铜丝外面涂了一层绝缘漆，纱包线则是在单股或多股漆包线外面再缠绕上一层绝缘纱。由于漆皮和纱层都是绝缘的，装机时，如果不把这类引脚线上的漆皮和纱层去掉就焊接，表面看是焊起来了，实际上是虚焊，电气上并未接通。因此，焊接前一定要把引脚线上的漆皮和纱层去除干净，方法如下。

① 去除漆皮和纱层一般常用刀刮法，即用小刀或断锯条将漆皮刮掉，边刮边旋转漆包线一周以上，将线头四周的漆皮刮除干净，如图 5-30 所示。单股纱包线也可用此法，将纱层与漆皮一起直接刮去。

② 对于多股纱包线，应先将纱层逆缠绕方向拆至所需长度后剪掉，如图 5-31 所示，然后再按如图 5-30 所示的方法刮去漆皮。

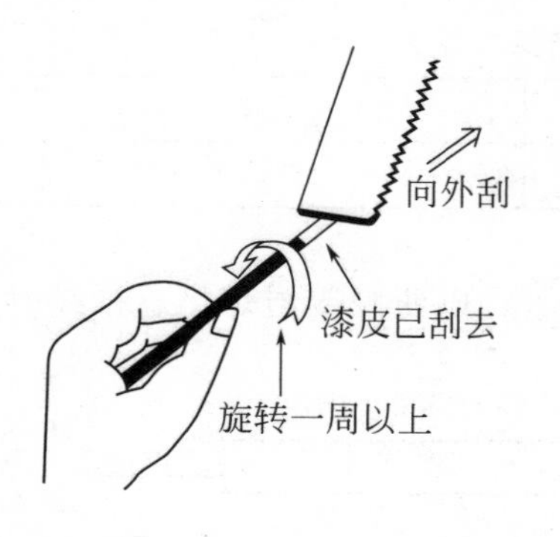

图 5-30　小刀刮漆皮

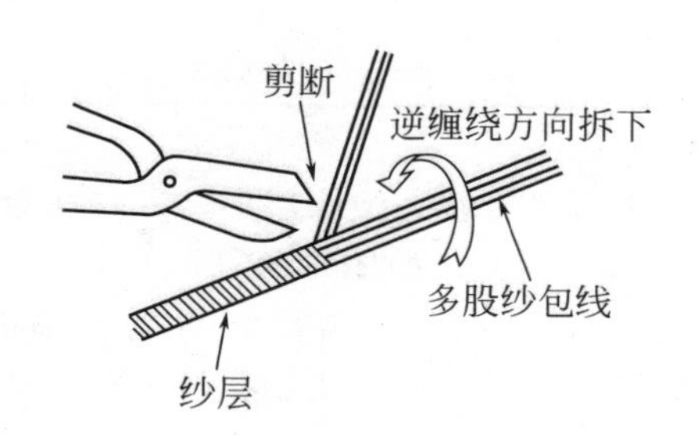

图 5-31　拆除纱层

③ 采用刀刮法或火烧法去除漆皮和纱层后，应即刻用蘸有焊锡和松香的电烙铁在线头上镀上锡备焊。镀锡方法与元件引脚镀锡方法相同。

例 12: 导线线端加工工艺

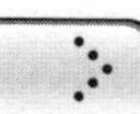

导线直径应和插接板的插孔直径相一致，过粗会损坏插孔，过细则与插孔接触不良。

为检查电路的方便，要根据不同用途，导线可以选用不同颜色。一般习惯是正电源用红线，负电源用蓝线，地线用黑线，信号线用其他颜色的线等。

连接用的导线要求紧贴在插接板上，避免接触不良。连接不允许跨在集成电路上，一般从集成电路周围通过，尽量做到横平竖直，这样便于查线和更换器件，但高频电路部分的连线应尽量短。

装配仪器时注意，电路之间要共地。正确的装配方法和合理的布局，不仅使仪器设备内部电路整齐美观，而且能提高仪器设备工作的可靠性，便于检查和排除故障。

绝缘导线的加工主要可分为剪裁、剥头、捻头（多股线）、浸锡、清洁几个步骤。

（1）剪裁

在装配仪器时，导线应按先长后短的顺序，用剪刀、斜口钳、自动剪线机或半自动剪线机进行剪切。如果是绝缘导线，应防止绝缘层损坏，影响绝缘性能。手工裁减导线时要拉直再剪。自动手工裁减导线时可用调直机拉直。剪线导线时要按工艺文件中的导线加工表规定进行，导线长度可按表 5-1 选择公差。

表 5-1　导线长度的公差

导线长度/mm	50	50～100	100～200	200～500	500～1000	1000 以上
公差/mm	+3	+5	+5～+10	+10～+15	+15～+20	+30

（2）剥头

剥头为绝缘导线的两端去掉一段绝缘层而露出芯线的过程。导线剥头可采用刀剪法和热剪法。刀剪法操作简单，但有可能损伤芯线；热剪法操作虽不伤芯线，但绝缘材料会产生有害气体。使用刀剪法之一的剥线钳剥头时，应选择与芯线粗细相配的钳口，对准所需要的剥头距离，剥头时钳口不能过大，以免漏剪；也不能过小，以免损伤芯线。剥头长度应符合导线加工表，无特殊要求时可按表 5-2 所示选择剥头长度。

表 5-2　剥头长度的选择

芯线截面积/mm^2	1 以下	1.1～2.5
剥头长度/mm	8～10	10～14

(3) 捻头

对于多股线剥去绝缘层后，芯线可能松散，应捻紧，以便浸锡与焊接。捻线时的螺旋角度为 30°～45°，如图 5-32 所示。手工捻线时用力不要过大，否则，易捻断细线。如果批量大，可采用专用捻线机。

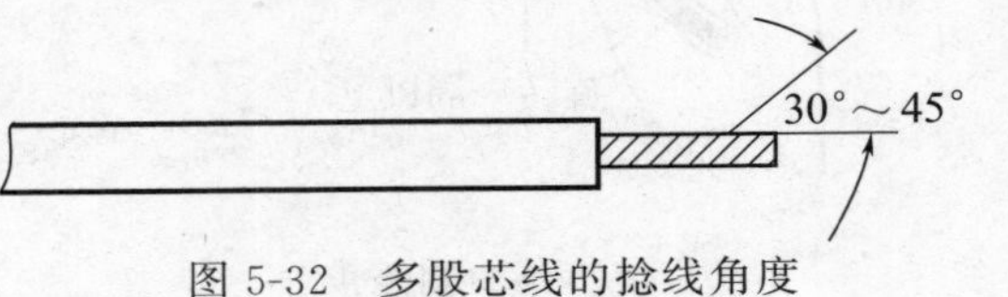

图 5-32　多股芯线的捻线角度

(4) 浸锡

浸锡是为了提高导线及元器件在整机安装时容易焊接，是防止产生虚焊、假焊的有效措施。

① 芯线浸锡。绝缘导线经过剥头、捻头后，应进行浸锡。浸锡前应先浸助焊剂，然后再浸锡。浸锡时间一般为 1～3s，且只能浸到距绝缘层线 1～2mm 处，以防止导线绝缘层因过热而收缩或者破裂。浸锡后要立刻浸入酒精中散热，最后再按工艺图要求进行检验、修整。

② 裸导线浸锡。裸导线在浸锡前应先用刀具、砂纸或专用设备等刮除浸锡端面的氧化层，再蘸上助焊剂后进行浸锡。若使用镀银导线，就不需要进行浸锡，但如果银层已氧化，则仍需清除氧化层及浸锡。

③ 元器件引线及焊片的浸锡。元器件的引线在浸锡前必须先进行整形，即用刀具在离元器件根部 2～5mm 处开始除氧化层，如图 5-33(a)、(b) 所示。浸锡应在去除氧化层后的数小时内完成。焊片浸锡前首先应清除氧化层。无孔焊片浸锡的长度应根据焊点的大小或工艺来确定，有孔焊片浸锡应没过小孔 2～5mm，浸锡后不能将小孔堵塞，如图 5-33(c) 所示。浸锡时间还要根据焊片或引线的粗细酌情掌握，一般为 2～5s。时间过短，焊片或引线未能充分预热，易造成浸锡不良。时间太长，大部分热量传到器件内部，易造成器件变质、损坏。元器件引线、焊片浸锡后应立刻浸入酒精中进行散热。

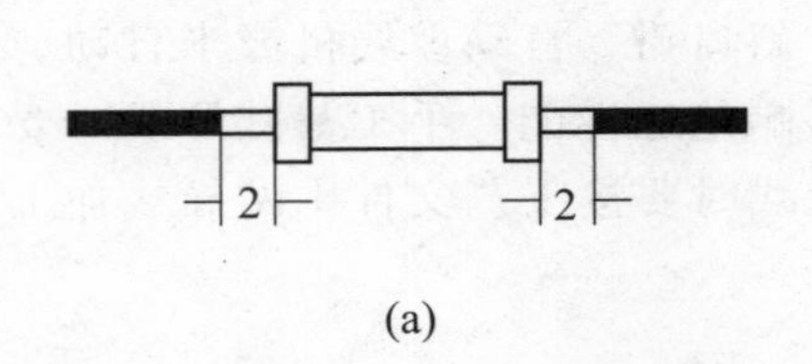

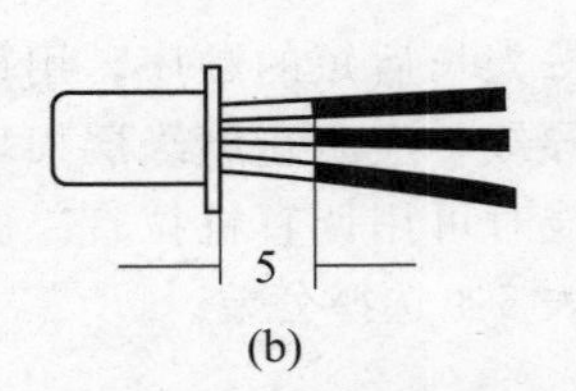

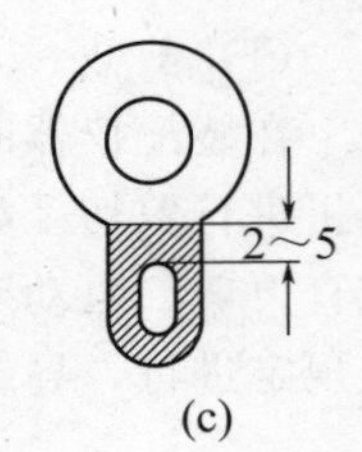

图 5-33　元器件浸焊示意图（尺寸单位：mm）

经过浸锡的焊片、引线等，其浸锡层要牢固、均匀、表面光滑、无孔状，无锡瘤。

(5) 清洁

绝缘导线通过浸锡后，一般还残留了部分助焊剂，需用液相进行清洗。提高焊接的可靠性。

例 13: 线扎加工

(1) 线把扎制

由于电子设备整机的线路有的很复杂，电路连接所用的导线较多，如果不进行整理，则显得十分混乱，既不美观，也不便于查找。为此，在装配工作中，常用线绳或线扎搭扣等把导线扎制成各种不同形状的线扎（或称线把、线束）。通常线扎图采用 1：1 的比例绘制，以便在图纸上直接排线。线扎拐弯处的半径应比线束直径大两倍以上。导线的长短应合适，排列要整齐美观。线扎分支线到焊点应有 10～30mm 的余量。不要拉得过紧，以免在焊接、振动时将焊片或导线拉断。导线走线要尽量短，并注意避开电场的影响。输入、输出的导线尽量不排在一个线扎内，以防止信号回授引起自激；如果必须排在一起，则应使用屏蔽导线。射频电缆不排在线扎内。电子管两根灯丝线应拧成绳状之后再排线，以减少交流噪声干扰。靠近高温热源的线束容易影响电路正常工作，应有隔热措施，如加石棉板、石棉绳等隔热材料。

在排列线扎的导线时，应按工艺文件导线加工表的排列顺序进行。导线较多时，排线不易平稳，可先用废铜线或其他废金属线临时绑扎在线束主要点位置上，然后再用线绳从主干线束绑扎起，继而绑分支线束，并随时拆除临时绑线。导线较少的小线扎，亦可按图纸从一端随排随绑，不必排完导线再绑扎。绑线在线束上要松紧适当，过紧易破坏导线绝缘，过松线束不挺直。

每两线扣之间的距离可以这样掌握：线束直径在 10mm 以下的为 15～22mm，线束直径在 10～30mm 的为 20～40mm，线束直径在 30mm 以上的为 40～60mm。绑线扣应放在线束下面。

绑扎线束的材料有棉线、亚麻线、尼龙线、尼龙丝等。棉线、亚麻线、尼龙线，可在温度不高的石蜡或地蜡中浸一下，以增强线的涩性，使线扣不易松脱。

（2）绑扎线束的方法

① 线绳绑扎。图 5-34(a) 是起始线扣的结法。先绕一圈拉紧，再绕第二圈，第二圈与第一圈靠紧。图 5-34(b)、(c) 两图是中间线扣的结法。图 5-34(b) 所示为绕两圈后结扣；图 5-34(c) 所示是绕一圈后结扣。终端线扣如图 5-34(d) 所示，先绕一个像图 5-34(b) 那样的中间线扣，再绕一圈固定扣。起始线扣与终端线扣绑扎完毕后应涂上清漆，以防止松脱。

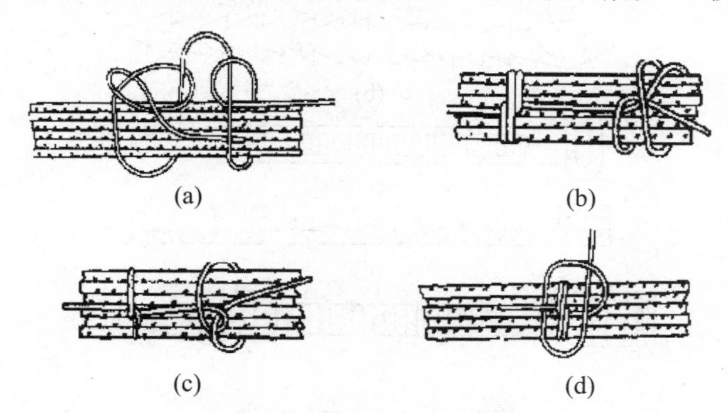

图 5-34 线束线扣绑扎示意图

线束较粗、带分支线线束的绑扎方法如图 5-35 所示。在分支拐弯处应多绕几圈线绳，以便加固。

② 黏合剂结扎。导线较少时，可用黏合剂四氯化呋喃黏合成线束，如图 5-36 所示。黏合完不要马上移动线束，要经过 2～3min 待黏合凝固后再移动。

③ 线扎搭扣。线扎搭扣有许多式样，如图 5-37 所示。用线扎搭扣绑扎导线时，可用专用工具拉紧，但不要过紧，否则会破坏搭扣锁。拉紧后剪去多余长度即完成了一个线扣的绑扎，如图 5-38 所示。

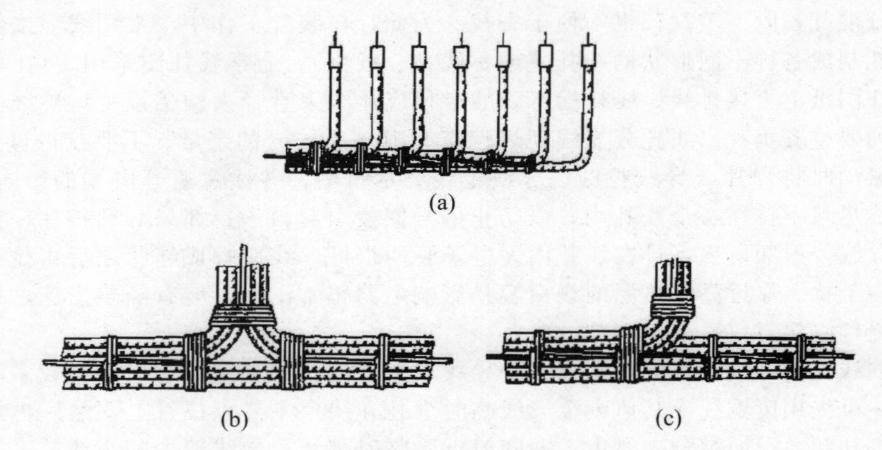

图 5-35　线束较粗、带分支线束的绑扎方法

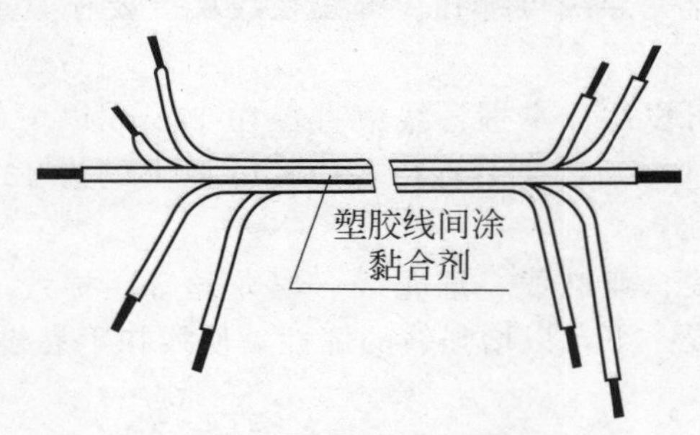

图 5-36　导线黏合示意图

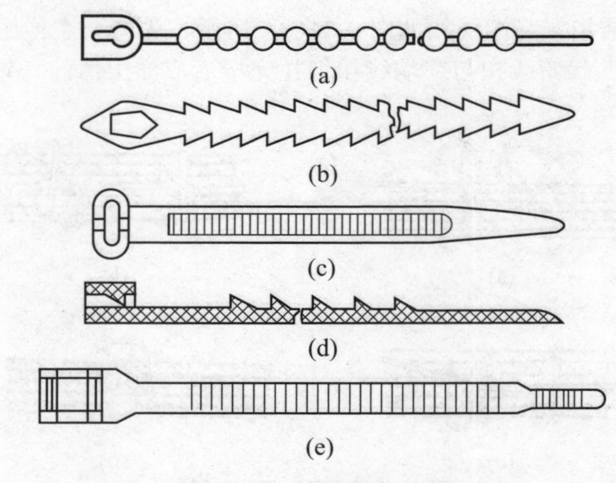

图 5-37　线扎搭扣式样

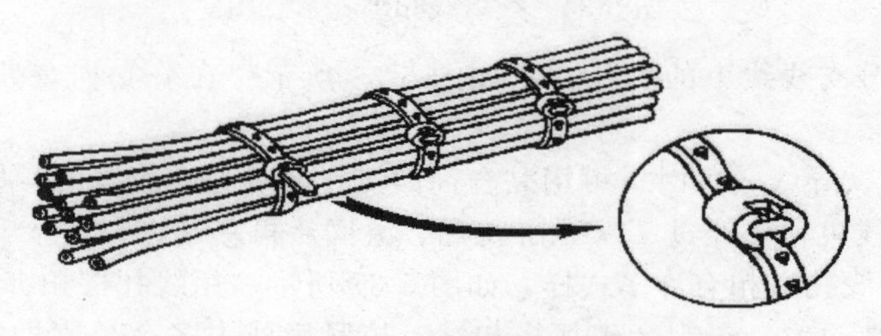

图 5-38　线扎搭扣绑扎示意图

例 14: 电子设备的整机装配工艺流程

电子设备的整机装配是严格按照设计要求，将相关的电子元器件、零部件、整件装接到规定的位置上，并组成具有一定功能电子设备的过程。它又分为电气装配和机械装配两部分。电气装配是从电气性能要求出发，根据元器件和部件的布局，通过引线将它们连接起来；机械装配则是根据产品设计的技术要求，将零部件按位置精度、表面配合精度和运动精度装配起来。以下主要介绍电气装配。

电子设备装配的工艺流程就是依据设计文件的要求，按照工艺文件的工艺规程和具体要求，把元器件和零部件装配在印制电路板、机壳、面板等指定位置上，构成完整电子设备生产的过程。它一般可分为装配准备、部件装配和整件装配三个阶段。根据产品的复杂程度、技术要求、员工技能等情况的不同，整机装配的工艺也有所不同。电子设备整机装配的工艺流程如图 5-39 所示。

电子设备整机装配的主要内容包括电子设备单元的划分，元器件的布局，元器件、线扎、零部件的加工处理，各种元器件的安装、焊接，零部件、组合件的装配及整机总装。在装配过程中根据装配单元的尺寸大小、复杂程度和特点的不同，可将电子设备的装配分成不同的等级，组装级别分为：

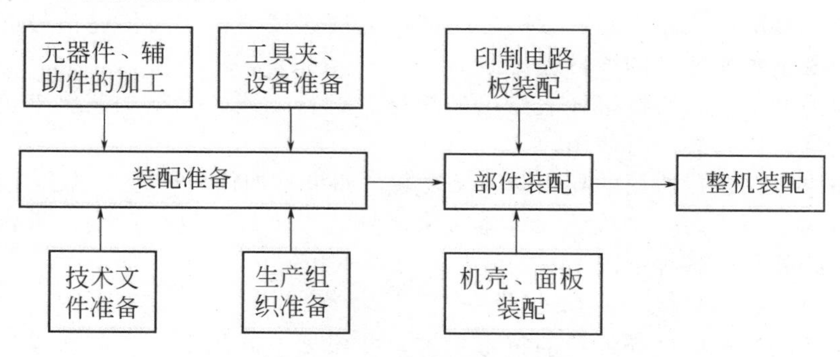

图 5-39　整机装配工艺流程

① 元件级组装。是最低的组装级别，通常指电路元器件和集成电路的组装，其特点是结构不可分割。

② 插件级组装。用于组装和互连第一级元器件，例如，装有元器件的印制电路板或插件等。

③ 底板级或插箱级组装。用于安装和互连第二级组装的插件或印制电路板部件。

④ 系统级组装。主要通过电缆及连接器互连前两级组装，并以电源馈线构成独立的有一定功能的仪器或设备。对于系统级，设备可能不在同一地点，需用传输线或其他方式连接。

装配环节是整机装配的主要生产工艺。它的好坏直接决定产品的质量和工作效率，是整机装配的非常重要的组成部分。

例 15: 电子设备整机装配前的准备工作

（1）元器件的分类和筛选

① 元器件的分类。在电子设备整机装配的准备工序中，按技术文件对元器件和材料进

行分类，是产品质量管理体系的一个重要环节，它可避免元器件的安装错误，还可保证总装流水线的顺利运转，提高整机装配的速度。

② 元器件的筛选。为了提高整机产品的质量和可靠性，在整机装配前，购买回来的各类元器件，要进行认真的检验和精心筛选，剔除不合格的元器件。

元器件的筛选是多方面的，包括对筛选操作人员的操作技能以及业务水平的考核、对元器件供货单位的考查、对元器件外观检验和用仪器仪表对元器件电气性能的检验等，对有特殊要求的元器件还要进行老化筛选。

一般情况下的筛选，主要是查对元器件的型号、规格及外观检查，如表面有无损伤、变形，几何尺寸是否符合要求，型号、规格是否与装配图要求相符。

（2）元器件引线成型

在电子设备整机装配时，为了满足安装尺寸与印制电路板的配合，提高整机装配质量和生产效率，特别在自动焊接时防止元器件脱落、虚焊，使元器件排列整齐、美观，元器件引线成型是不可缺少的工艺流程。

（3）零部件的加工

对需要加工的零部件，应根据图纸的要求进行加工处理，待焊接的零部件引脚，需去氧化层、镀锡、清洗助焊剂。

（4）导线与电缆的加工

导线是整机装配中电路之间、分机之间进行电气连接与相互间传递信号必不可少的线材，在装配前必须对所使用的线材进行加工。

导线与电缆的加工，需按接线表给出的规格、材料下线，根据工艺要求进行剥线、捻头、上锡、清洗，以备装配时使用。

电子设备中电路连接所用的导线既多又复杂，如果不加任何整理，就会显得十分混乱，势必影响整机的空间美观，给检测、维修带来麻烦。为了解决这个问题，常常用线绳或线扎搭扣等把导线扎制成各种不同形状的线扎。

（5）印制电路板的焊接

印制电路板的焊接应遵守焊接的技术要求，并根据不同的电子产品所设计的工艺文件要求进行焊接。如焊接印制电路板，则焊接需遵守工艺文件的工艺要求。

由于电子设备的部件装配中，印制电路板装配元器件的数量多、工作量大，因此整机产品的批量生产都采用流水线进行印制电路板装配。根据产品生产的性质、批量和设备的不同，生产流水线有几种形式：第一种是手工装插、手工焊接，每个工位只负责装配几个元器件，此方式只适用于小批量生产；第二种是手工装插、自动焊接，其生产效率和质量都较高，适合大批量生产；第三种是大部分元器件由机器自动装插、自动焊接，这种方式适合于大规模、大批量生产；第四种是由机器自动贴装、自动焊接，此方式适用于片式元器件的表面安装。

（6）单板焊接要求

① 电阻、二极管可采用立式安装或水平安装，紧贴印制电路板，且型号和标称值应便于观察，若电阻为色环表示时，其方向应一致。

② 电解电容尽量插到底部，离线路板的高度不得超过 2mm，特别注意电解电容的正负极不能插反。片式电容高出印制电路板不超过 4mm。

③ 三极管采用立式安装，离印制电路板的高度以 5mm 为宜。

④ 集成电路、接插件底座与印制电路板紧贴。

⑤ 接插件要求焊接美观、均匀、端正、整齐、高低有序。

⑥ 焊点要求圆滑、光亮、均匀，无虚焊、假焊、搭焊、连焊和漏焊，剪脚后的留头为1mm左右适宜。

（7）插拔式接插件的焊接

① 插拔式接插件的接头焊接，接头上有焊接孔的需将导线插入焊接孔中焊接，多股线焊接要捻头，焊锡要适中，焊接处要加套管。

② 焊接要牢固可靠，有一定的插拔强度。

③ 10芯扁平电缆的焊接，要用专用的压线工具操作。

例16：零部件的装配

（1）面板的装配

面板、机壳既构成了电子设备的主体骨架，保护机内部件，也决定了电子设备的外观造型，并为电子设备的使用、维护和运输带来方便。目前电子设备的面板、机壳已向全塑形发展。

根据图纸面板装配图，在前面板上，一般装配指示灯、显示器件、输入控制开关；在后面板上安装电源开关、电源接插件、熔丝等。在安装时需注意以下几点。

① 面板上零部件的安装需采用螺钉安装，需加防松垫圈，既防止松动，又保护面板。

② 面板、机壳用来安装印制电路板、显像管、变压器等部件，装配时应先里后外、先小后大、先低后高、先轻后重。

③ 印制电路板安装要平稳，螺钉紧固要适中。印制电路板安装距离机壳要有10mm左右的距离，不可紧贴机壳，以免变形、开裂，影响电气性能。

④ 显示器件可加黏胶剂粘贴在面板上，再加装螺钉。各种可动件、钮子开关的动作要操作灵活自如。

⑤ 面板、机壳上的铭牌、装饰板、控制指示、安全标记等应按要求端正牢固地装接或粘接在固定位置。使用胶黏剂时用量要适当，防止量多溢出。若胶黏剂污染了外壳，要及时用清洁剂擦净。

⑥ 面板、机壳合拢时，除卡扣嵌装外，用自攻螺钉紧固时，应垂直无偏斜、无松动。装配完毕，用“风枪”清洁面板、机壳表面，然后用泡沫塑料袋封口、装车或装箱。

（2）散热器的装配

大功率元器件一般都安装在散热器上，以便提高效率。电子元器件的散热大多都用铝合金材料制成的散热器，安装时元器件与散热器之间的接触面要平整、清洁，装配孔距要准确，防止装紧后安装件变形。散热器上的紧固件要拧紧，保证良好的接触，以利于散热。为使接触面密合，常常在接触面上适当涂些硅脂，以提高散热效率。散热器的安装部位应放在机器的边沿或机壳等容易散热的地方，以便提高散热效果。

（3）屏蔽罩的装配

随着电子技术的发展，电子整机日趋微型化、集成化，造成整机内部组件的装配密度越来越高，相互之间产生干扰。为了抑制干扰，提高产品的性能，在整机装配时采用屏蔽技术，安装屏蔽罩。

屏蔽罩的装配方式有多种。采用螺装或铆装方式时，螺钉、铆钉的紧固要牢靠、均匀；采用锡焊方式时，焊点、焊缝应做到光滑无毛刺。

（4）电源变压器的安装

变压器的4个螺孔要用螺钉固定，并加装弹簧垫圈。引线焊接要规范，并用套管套好，防止漏电。

例 17: 整机装配的特点

电子设备的整机装配在电气上是以印制电路板为支撑主体的电子元器件的电路连接，在结构上是以组成产品的钣金件和塑件，通过紧固零件或其他方法，由内到外按一定的顺序进行安装。电子产品属于技术密集型产品，它的组装具有以下特点。

① 装配工作通常是机械性的重复工作，它由多种基本技术组成。例如，元器件的筛选与引线成型技术、导线与线扎的加工处理技术、安装技术、焊接技术、质量检验技术等。

② 装配工作人员必须进行岗前培训，要求能够识别元器件，熟悉工具的使用，掌握操作技能和质量要求，否则，由于知识缺乏和技术水平不高，可能生产出次品。一旦混进次品，就不可能百分之百被检查出来，产品质量就没有保证。

③ 装配质量的检验一般只用直观判断法，难以用仪表、仪器进行定量分析。例如，焊接质量的好坏，通常用目测判断，刻度盘子、旋钮等的装配质量常用手感鉴定等。

例 18: 电子产品生产过程的总装

总装是电子产品生产过程的一个主要生产环节。

① 总装前对焊接好的具有一定功能的印制电路板、零部件按上述规则装配到位后，开始按接线图接线，调试合格后进入总装过程。

② 在总装线上把具有不同功能的印制电路板安装在整机的机架上，并进行电路性能指标的初步调试。调试合格后再把面板、机壳等部件进行合拢总装，如采用的是通用型机箱，装配相对简单，只需将面板直接插到机箱的导轨就行了。然后检验整机的各种电气性能、机械性能和外观，检验合格后即进行产品包装和入库。

③ 总装的工艺原则是先轻后重、先小后大、先铆后装、先装后焊、先里后外、先上后下、先低后高、上道工序不影响下道工序、下道工序不改变上道工序的连接。

④ 总装的基本要求是牢固可靠，安装元器件的方向、位置要正确，不损伤元器件，不碰伤面板、机壳表面的涂敷层，不破坏整机的绝缘性，装配完毕，安装机箱的螺钉，注意不要拧得太紧，以免损坏塑料机壳，但又要确保产品电气性能的稳定和足够的机械强度。

例 19: 装配技能训练

音频信号发生器是电子设备中常用到的小型仪器。这里介绍的正弦波音频信号发生器制作简单，成本低，输出频率有 400Hz 与 1000Hz 两挡。通过装配不仅可以使技术工人得到锻炼，而且可以学到一些关于振荡电路的基础知识。

(1) 电路工作原理

如果一个放大器的输入端没有外加的任何信号，而在它的输出端却有一个稳定的高频或低频正弦振荡波形，这就是自激振荡现象。这里介绍的音频信号发生器就是一个正弦波自激振荡器。一个反馈放大器要能产生一个稳定的正弦振荡波必须具备一定的相位条件和幅值条件。

图 5-40 是音频信号发生器的电原理图。电路中由三极管 VT_1 组成一个反相放大器，它的输出电压与输入电压相位差为 180°，要满足振荡电路的相位平衡条件，反馈电路必须使一特定频率的正弦电压通过它时再移相 180°，这样就使电路成为一个正反馈电路。简单的

RC 电路就有移相作用，但是一节 RC 电路最大的相移只能接近 90°，而且此时信号的输出幅值已接近为零。所以需要三节 RC 移相电路来完成再移相 180°这个任务。音频信号发生器就是根据这个原理做成的。

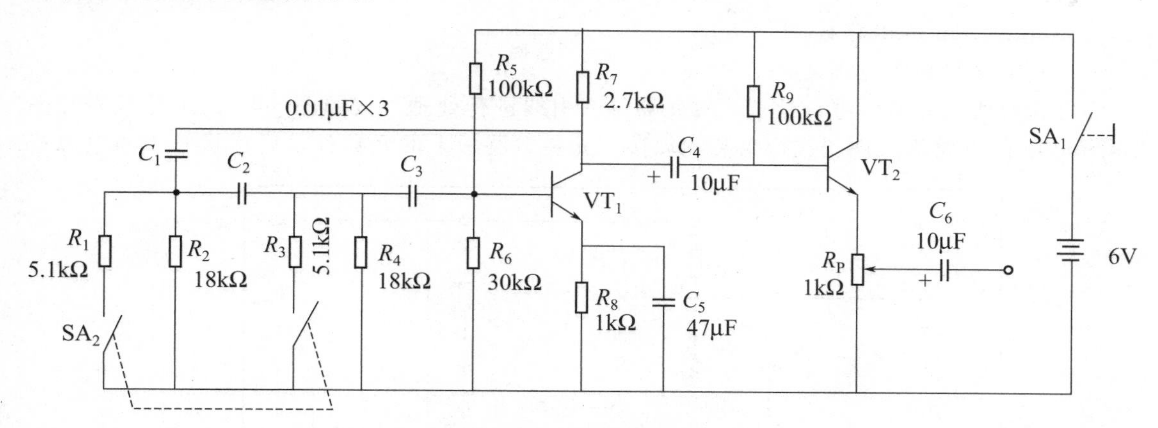

图 5-40 音频信号发生器的电原理图

为了满足振荡器的幅值条件，放大器的电流放大倍数 β 值不能低于 29。但是实际上放大器的放大倍数很难做到一点不差，为了保证振荡器的工作，总是把放大器的放大倍数选得比临界值大一些。这样振荡器的输出信号幅度会不会越来越大呢？由于三极管的工作点进入饱和区与截止区时，电流放大倍数明显减小，最终会使振荡器输出信号的幅度受到限制。不过如果选用的三极管的放大倍数太大，会使振荡器输出的正弦波波形失真过于严重，这一点在实际调试中是要注意的。

在图 5-40 电路中的放大器是由三极管 VT_1 等构成的共发射极单管放大电路。电阻器 R_5 和 R_6 是 VT_1 的直流偏置电阻器，R_7 是放大器的负载电阻器，R_8 是发射极反馈电阻，使电路工作得更稳定。电容器 C_5 是发射极旁路电容。振荡器的反馈电路由三节相位领先的 RC 电阻组成，它们包括电阻器 R_2、R_4、R_6 和电容器 C_1、C_2、C_3。装配这个音频信号发生器的频率有两挡。电阻器 R_1 和 R_3 是为改变振荡器的振荡频率而设置的。当开关 SA_2 断开时，音频信号发生器的输出频率为 400Hz，当开关 SA_2 闭合时，电阻器 R_1 和 R_3 分别并联在电阻器 R_2 和 R_4 上，使 RC 电路的时间常数减小，音频信号发生器的输出频率为 1000Hz。为了减小振荡器输出端的负载对振荡器频率特性的影响，在电路中加了一级射极输出器，由三极管 VT_2、电阻器 R_9 和电位器 R_P 等组成。电容器 C_4、C_6 是耦合电容器。输出信号的大小由电位器来调节。

这台音频信号发生器的最大输出幅度将近 3V（峰-峰值），信号的失真度为 5%。如果能用双连电位器代替电阻器 R_1 和 R_3，（去掉开关 SA_2）就可以实现输出频率的连续调节。

(2) 元器件选择

由于这是一个简易的音频信号发生器，可以使用金属膜电阻器，这样电路工作的更稳定些。电路中三极管 VT_1 的放大倍数应在 50 倍左右，三极管 VT_2 的放大倍数应大于 100 倍。三个涤纶电容器的容量应尽量一致。所用的元器件如下列所示。

R_1、R_3：5.1kΩ、1/8W 碳膜电阻器；R_2、R_4：18kΩ、1/8W 碳膜电阻器；R_6：30kΩ、1/8W 碳膜电阻器；R_5、R_9：100kΩ、1/8W 碳膜电阻器；R_7：2.7kΩ、1/8W 碳膜电阻器；R_8：1kΩ、1/8W 碳膜电阻器。

RP：1kΩ 微调电位器。

C_1、C_2、C_3：0.01μF 涤纶电容器；C_4、C_6：10μF/10V 电解电容器；C_5：47μF/10V

电解电容器。

VT_1、VT_2：9014 等 NPN 型三极管。

SA_1：1×2 小型开关；SA_2：2×2 小型开关。

50mm×35mm 电路板。

（3）电路的制作与调试

首先对所用元器件进行检查，对元器件的引线进行处理。按照图 5-41 的电路板安装图和图 5-42 的电路板元件图进行组装和焊接。先装电路板上的元器件，后连接开关与电源连

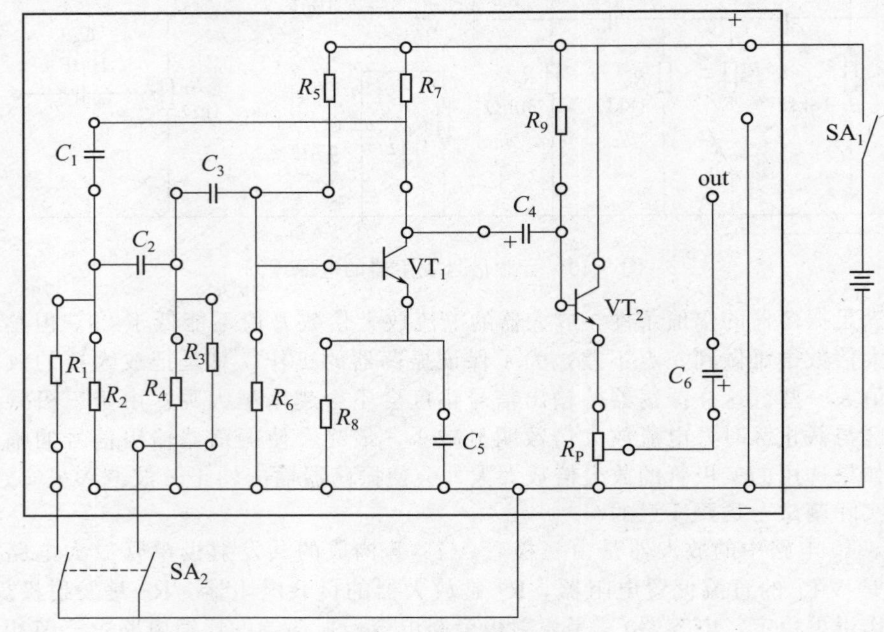

图 5-41　电路板安装图

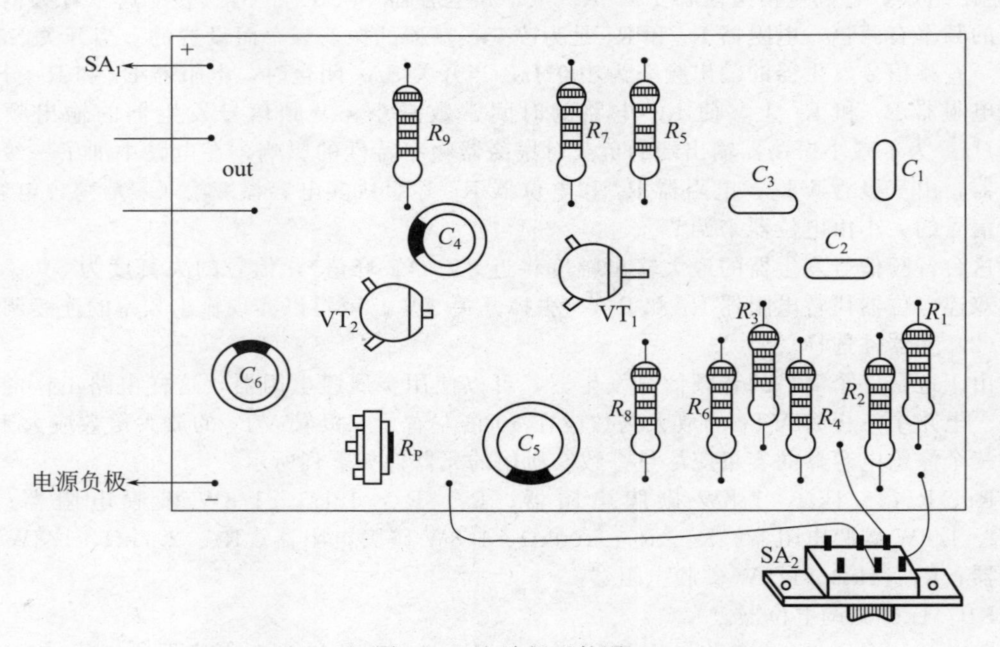

图 5-42　电路板元件图

线。SA_2 是 2×2 小型开关，它有 6 个接点，其中一边的两接点不用，中间的两点连接在一起，另外两接点与电路板进行连接。

电路装好后需要进行调试，用万用电表的直流电压挡测量一下三极管 VT_1 的集电极电压，最好在 3V 左右。否则，要改变电阻器 R_5 的阻值。需要注意 VT_1 基极电压的变化对振荡器频率的影响较大，基极电压升高，振荡器的频率也升高。三极管 VT_2 的发射极电压，也要在 3V 左右，如果不合适，应调整电阻器 R_9 的阻值。

为了保证音频信号发生器的输出幅度和工作频率能够更稳定，一定要使用带稳压的电源进行供电。如果要得到精确的输出频率，需要利用频率计进行仔细的调整。一般只调整电阻器 R_1～R_4。

Chapter 06

第六章 三相异步电动机的拆装

电动机损坏的主要原因是保护不善和维护不良所致。故障现象大致分为电气故障和机械故障。电气故障可以通过适当的保护来预防，而机械故障则可通过加强维护来避免。电动机在检修过程中，大量工作是拆、洗、修理、试验和组装，因此正确拆装电动机是十分重要的。如果拆装步骤和方法不当，就会使部分零部件受到不应有的应力而损坏，甚至可能引发新的故障。因此，必须掌握正确的拆装步骤和方法，才能保证修理质量。拆卸三相异步电动机的方法按以下步骤进行。

例 1: 三相异步电动机的拆卸方法

小型笼形电动机的拆卸一般按如图 6-1 所示步骤进行。

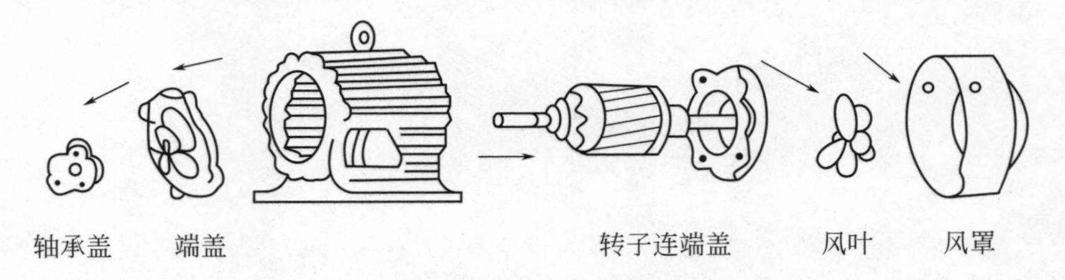

图 6-1 小型三相异步电动机的拆卸示意图

① 首先切断电源，拆除电动机外部所有接线，并标记好各线端，记下连接线路图，绝缘处理好电源线的线头。

② 拆卸皮带轮或联轴器，记录联轴器与轴台距离。

③ 拆下风罩和风叶。

④ 卸下轴承盖及前端盖。

⑤ 将后端盖固定螺钉松掉，用木槌敲击前轴端，待后端盖止口与机座脱离开，抽出转子。若为中大型电动机，应将后盖卸下，然后再用工具将其转子抽出。如果是绕线型电动机，应先提起和拆除电刷、电刷架和引出线。对于直流电动机，则应先提起电刷，拆下接到刷杆上的连接线并做好记号。然后标记好刷架位置，取出刷架，用厚纸或布将换向器包好，以保持换向器的清洁干净并避免碰伤。

⑥ 卸下后端盖和轴承盖。

⑦ 卸下滚动轴承进行清洗或更换。

电动机的装配步骤与拆卸步骤相反。装配前，要清除各配合处的锈斑及污垢异物，仔细检查有无碰伤。装配时，最好按原拆卸时所作的标记复位。装配后，转动转子，检查其转动是否灵活。对大型电动机还要用塞尺检查定子、转子之间的气隙是否均匀。

例 2: 皮带轮或联轴器的拆装

皮带轮或联轴器的拆装，是电动机大修中的关键工序之一。

（1）拆卸

首先在皮带轮或联轴器的轴伸端上作好尺寸标记，以免安装时装反；记下皮带轮与前端盖之间的距离，如图 6-2 所示。然后将皮带轮或联轴器上的固定螺钉或销子拧松并取下，如不易拧松则可在螺钉孔内注入煤油。接着装上拉具，将皮带轮或联轴器慢慢拉出，如图 6-3 所示。装拉具时，拉锯的螺杆中心应对准转轴的中心线，各拉脚长度要相同，并在皮带轮外圆上均匀分布，注意皮带轮或联轴器的受力情况，不要将轮绝缘拉破。

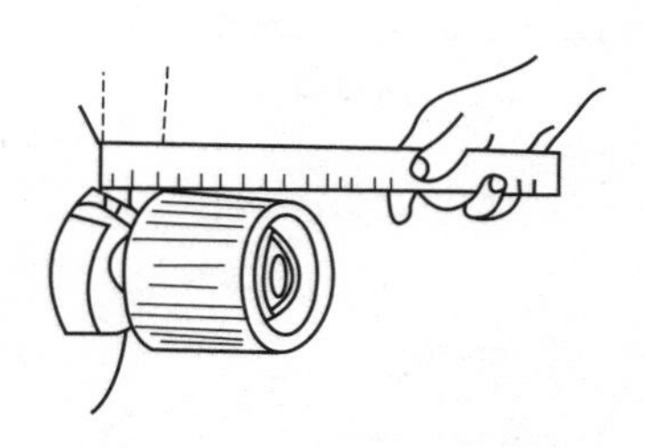

图 6-2　皮带轮位置的标法

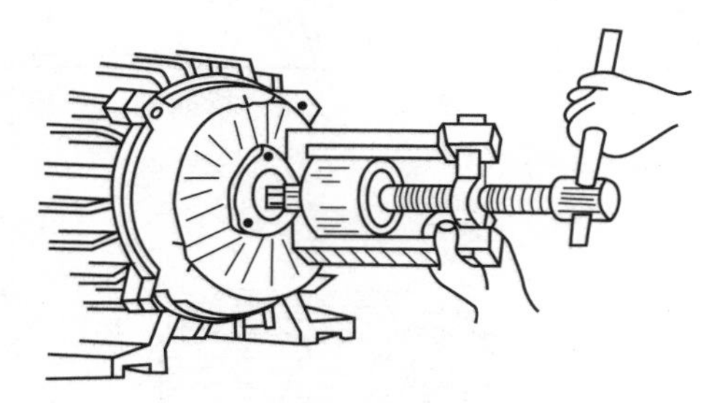

图 6-3　用拉具拆卸皮带轮

对于年久失修已锈蚀的皮带轮或联轴器，拉不下来，不可硬拉，可在定位螺孔或与轴的缝隙中，渗些煤油或用喷灯加热后再拉。加热时应用湿石棉绳将轴包好，避免轴伸随轴套一起膨胀，趁轴还未来得及膨胀时，迅速将其拉下来。但是，如果不需要清洗电动机的轴承或轴套，也可不必拆卸联轴器。

（2）安装

安装皮带轮或联轴器时应对准键槽位置，皮带轮或联轴器的加热温度一般不超过 250℃。加热时要求缓慢均匀，套装时应用专用夹具，或垫上硬木块逐步将其敲击进去。最后将键也垫上硬木块打入键槽内。键在键槽内松紧要适当，太近或太松都会损伤键和键槽。

例 3: 拆卸风罩和风叶

选择适当的起子，旋出风罩与机壳的固定螺钉，即可取下风罩。然后再将转轴尾部风叶上的定位螺钉或销子拧下，用小手锤在风叶四周轻轻地均匀敲打，风叶就可取下，如图 6-4 所示。若是小型电动机，则风叶通常不必拆下，可随转子一起抽出。

例 4: 轴承盖和端盖的拆装

对装有滚动轴承的电动机，应先拆卸轴承外盖（有些新型电动机没有轴承外盖）。只要拧下固定轴承盖的螺钉，就可把外盖取下。拆卸前后的两个外盖前，要标上记号，以免安装时前后装错。在拆卸时，先拆前端盖（有皮带轮一侧），再拆后端盖，如图 6-5 和图 6-6 所示。

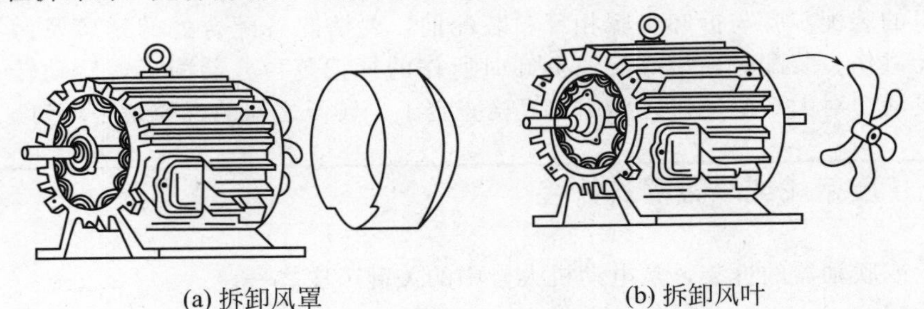

(a) 拆卸风罩　　(b) 拆卸风叶

图 6-4　拆卸风罩和风叶示意图

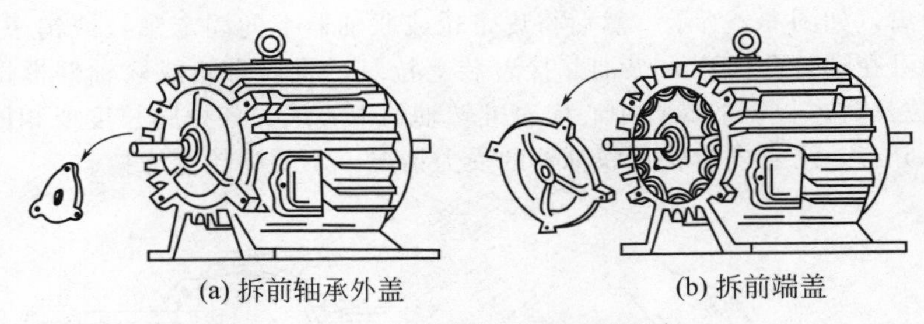

(a) 拆前轴承外盖　　(b) 拆前端盖

图 6-5　　拆前轴承外盖和前端盖

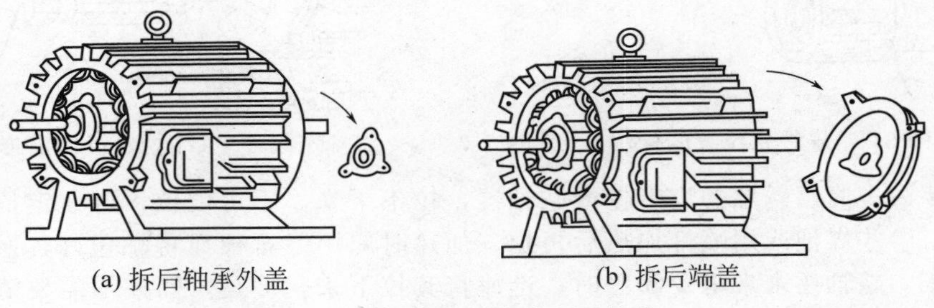

(a) 拆后轴承外盖　　(b) 拆后端盖

图 6-6　　拆后轴承外盖和后端盖

安装轴承外盖时，应先装上轴承外盖，插上一个螺钉，一手顶住这个螺钉，一手转动电动机轴，使轴承的内盖也跟着转动。当轴承内外盖的螺钉孔对正时，把螺钉顶入内盖的螺孔中，并且拧紧，然后把其余两个螺钉也装上。

拆卸端盖前，应在机壳与端盖接缝处做好标记。依次均匀地旋转和拧下固定端盖的六角螺钉。通常端盖上都有两个拆卸螺孔，用从端盖上拆下的六角螺钉旋进拆卸螺孔，就能将端盖逐步顶出来，最终将前端盖卸下来。若没有拆卸螺孔，可用小锤敲打端盖和机座的四周接缝处，将前端盖逐步与机座脱离，直至卸下。

例 5: 转子的抽装

（1）直接抽装转子

当电动机转子质量小于 35kg 时，均可直接用手将转子从定子内抽出和将转子装入定子内，如图 6-7 所示。

转子较大，而轴伸较长，可用起吊工具吊起转子进行抽装，吊装方法见图 6-8。

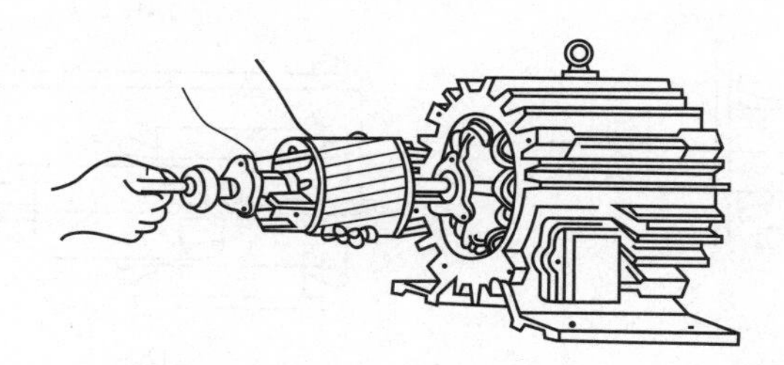

图 6-7　抽较小的电动机转子

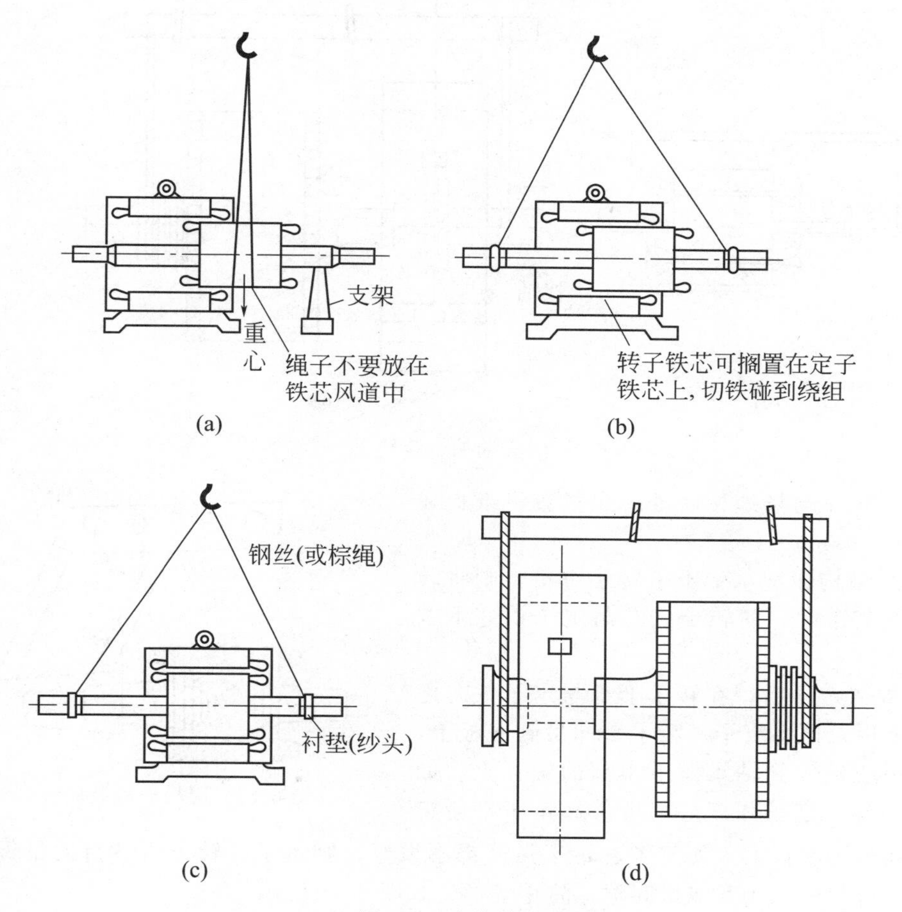

图 6-8　直接抽、装转子

（2）用假轴抽装转子

轴伸较短的转子，可按图 6-9 的方法抽装转子。

（3）用吊杆抽装转子

用吊杆抽装转子，如图 6-10 所示。其起吊重心，通过吊杆上的滑块调整。通常在起吊时，需多次调整滑块才能使转子保持水平。

（4）转子抽装注意事项

① 转子吊装时，钢丝绳与转子接触部分应用油毛毡、橡胶或纸板保护好，以免擦伤转子铁芯或轴，严禁在轴颈等重要配合面上起吊。

② 防止定子内孔与转子外表面擦伤。转子抽出或穿入时，防止将定子绕组擦伤，必要时可在定子内圆下半部垫纸板予以保护。转子在起吊时应保持水平。

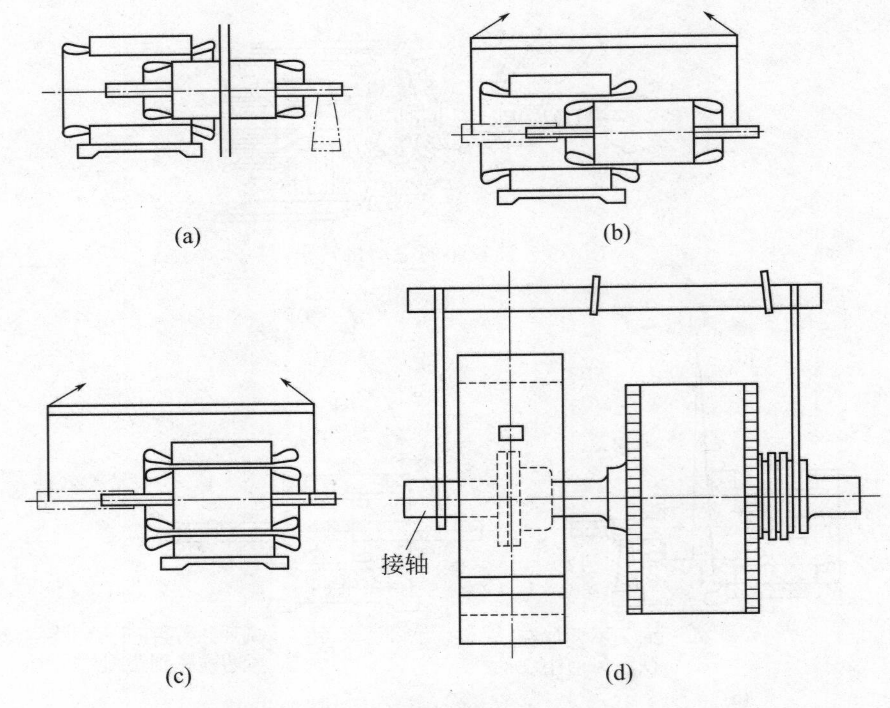

图 6-9　用假轴抽、装转子

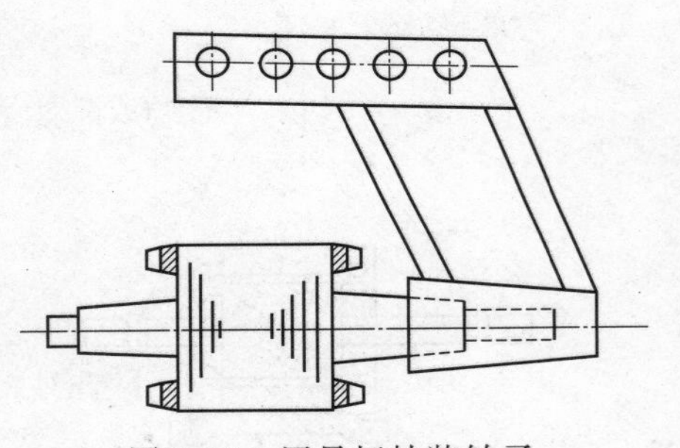

图 6-10　用吊杆抽装转子

③ 转子、定子与场地接触处应垫橡胶、纸板或木板。

④ 如定子结构强度承受不了转子重量，则将转子两端用木方支撑起，使转子铁芯与定子铁芯下方有间隙。

⑤ 转子穿入定子后，在转子上部与定子铁芯之间垫橡胶或纸板，再将定子、转子一同吊到底板上。将转子轴伸小心地放到轴承座下半部的轴瓦上。如果转子强度不够，定子强度好，可吊起定子，使定子、转子一同吊到底板上。如定子、转子强度都不太好，则定子、转子用各自的吊绳，独立起吊，起吊过程中，相互保持间隙，防止变形，如图 6-11 所示。

例 6: 定子绕组的构造

定子绕组是电动机的主要部件，也是能量转换的核心，对电动机整体性能有很大影响。电动机在运行中由于各种不利因素的影响，如高温、过载、受潮、化学气体的腐蚀、单相运转、低压运行以及机械力或电磁力的冲击，都可能使绕组因绝缘老化或损伤而出现故障。当电动机绕组损坏后，局部修理无法修复时，必须拆换全部绕组。所谓重绕，就是按照原样更换全部绕组。实践证明，在维修过程中拆除一组或几组线圈并不比拆除全部绕组省时省力，而且重绕绕组能较好地保证维修质量，因此，掌握电动机的重绕工艺及试验方法对于电动机维修人员有着十分重要的意义。

为了重绕定子绕组，有必要分析绕组的构造，必须对电动机绕组的要求，分布原则，

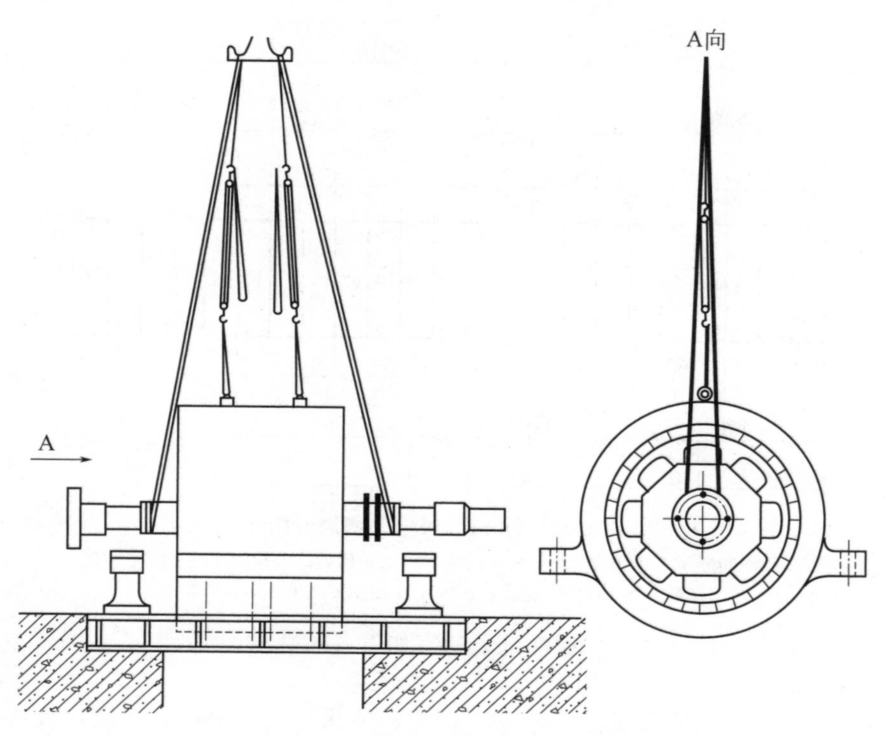

图 6-11 同钩起吊定子和转子

绕组形式，结构原理，有一定的认识。拆换前应详细分析故障情况，必要时对绕组数据作少量计算及调整，以提高电动机的运行可靠性。

(1) 三相绕组排列的基本原则和要求

三相异步电动机的定子绕组是按一定规律分布的，将三相对称交流电通入定子绕组，便可以产生沿定子圆周均匀分布的旋转磁场。如果定子绕组分布不对称，其合成磁场分布也不均匀，电气性能就很差，甚至不能形成旋转磁场。因此，对定子绕组有以下几点要求：

① 每相绕组线圈的形状、尺寸、个数以及嵌放和连接方法必须完全相同。

② 三相绕组排列顺序相同，相与相之间要间隔 120°电角度或者 120°/P 机械角（电角度就是相位角，它表示磁极在定子圆周的分布，机械角是指几何角度，电气角等于磁极对数乘以机械角）。

③ 绕组的绝缘和机械强度要可靠，散热条件要好。

④ 连接线要短，尽量减少绕组铜耗。

⑤ 线匝和线圈按每相导体电势相加的原则连接。

(2) 分布原则

为了提高绕组的利用率和绕组分布系数，三相绕组通常在槽内按 60°相带分布，也就是每极每相占据 60°电角度的位置。每极为 180°电角度，因此每极可分为三个相带，并根据三相相互间隔 120°的原则，可确定三相带在定子槽内的分布次序，按 A-C-B-A-C-B……分布。例如，36 槽 4 极电动机定子槽展开图，如图 6-12 所示。

例 7: 记录和测量原始数据

在维修拆除电动机之前，应尽可能详细记录下一切可以记录的数据，作为制作线模、

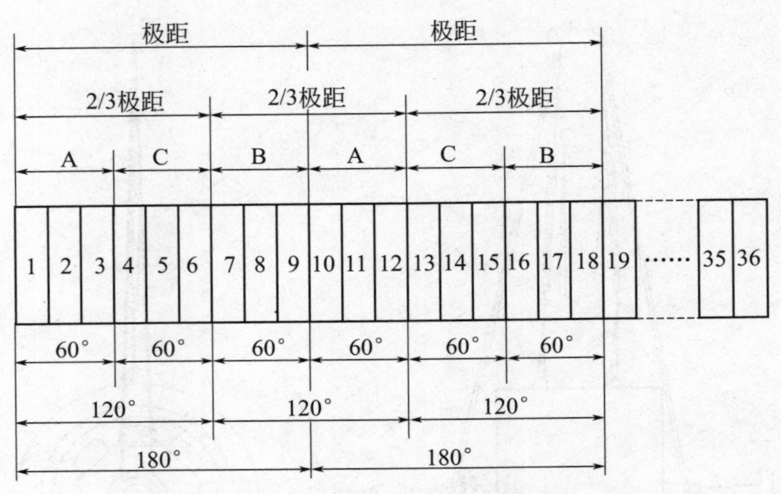

图 6-12　36 槽 4 极定子槽展开图

A-B 相间间隔 120°电角度，B-C 相间间隔 120°电角度，C-A 相间间隔 120°电角度，每极下 A 相占 60°相带，B 相占 60°相带，C 相占 60°相带

选用导线、绕制线圈和核算之用。通常记录的有如下各项数据。

（1）铭牌全部数据

要记录的铭牌数据主要有型号、功率、转速、绝缘等级、电压、电流、接法以及工作状态等，可根据电动机型号查找该电动机的绕组数据。

（2）定子铁芯数据的测量

定子铁芯数据的测量主要有定子铁芯外径、内径、铁芯长度、槽形尺寸（图 6-13）、铁芯槽数等。其中，铁芯长度又分铁芯总长和铁芯净长，铁芯总长是指包括通风沟在内的长度，铁芯净长则需除去通风沟的长度。对于槽形尺寸，可将一张较厚的白纸按在槽口上，取下槽形痕迹，再绘出槽形并标上各部分尺寸。

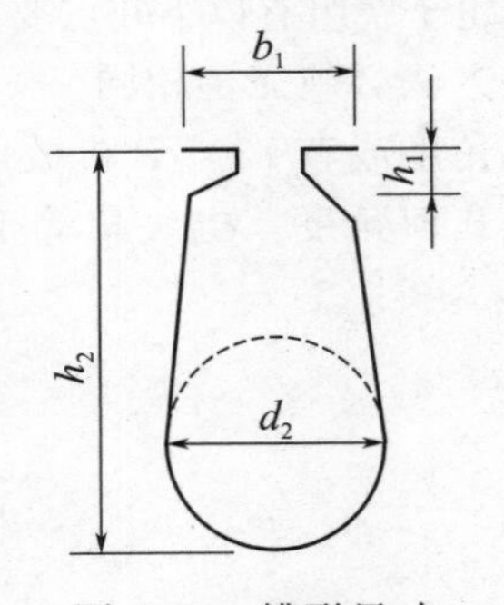

图 6-13　槽形尺寸

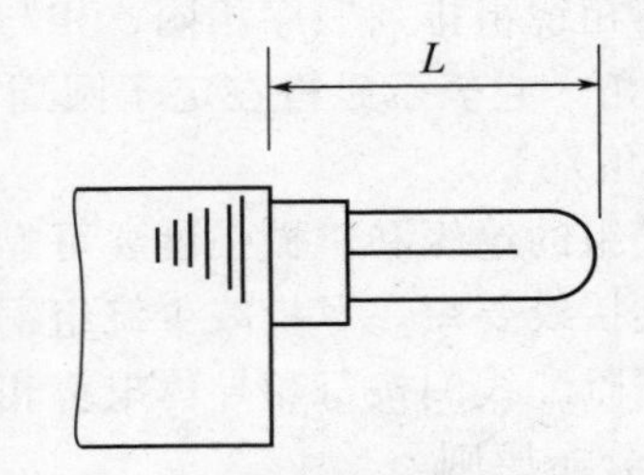

图 6-14　绕组端部伸长铁芯的长度

（3）绕组数据的测量

在拆去定子绕组之前应查明绕组形式、并联的导线根数、绕组的节距、并联支路数、导线直径、每槽中的导线数。以及绝缘等级，各部分绝缘材料，槽楔的材质及规格。极相组连接方式，引出线的型号及截面积等。

（4）绕组端部铁芯长度

在拆除绕组前，还应记下绕组端部伸出铁芯的长度，如图 6-14 所示。并保留一个较完整的线圈，以便测量其各部分尺寸，如图 6-15 所示。

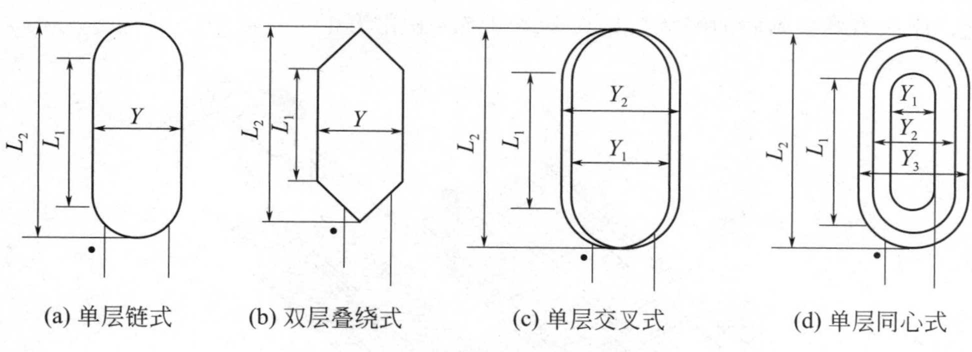

(a) 单层链式　(b) 双层叠绕式　(c) 单层交叉式　(d) 单层同心式

图 6-15　常用的绕组形式

最后，将绕组一端断，选取其中三个周长最短的线匝，测量长度并取其平均值，作为绕线模模心的周长尺寸。测量线径时，应取绕组的直线部分，烧去漆皮，并用棉纱擦净。一般应多测量几根导线，对于同一根导线也应在不同位置测量多次，再取其平均值。将以上测量结果填入表 6-1。

表 6-1　三相异步电动机维修记录

型号			功率/kW			转速/(r/min)			厂家		
电压/V			电流/A			绝缘等级			出厂日期		
接法									出厂编号		
定子铁芯	外径/mm		轭高			绕组数据	形式		线圈组数		
	内径/mm		齿厚				节距		线圈匝数		
	叠厚/mm		定转子槽数				每组线圈数		并绕根数		
绝缘电阻	对地/MΩ		耐压(1min)	对地/kV			线径/mm		并联路数		
	相间/MΩ			相间/kV		定子槽形尺寸					
空载试验	电压/V		每相电阻	A/Ω							
	电流/A			B/Ω							
				C/Ω							
线模尺寸	形式		端距								
	有效边长/mm		宽度/mm			日期		操作者		检查者	

例 8: 定子绕组拆除

绕组由于经过绝缘处理，在常温下较硬，拆除比较困难，必须采用适当的方法才能将其拆除，拆除旧绕组的方法有多种，现将常用的几种方法介绍如下。

（1）通电加热法

拆开绕组端部各连接线，用调压器或电焊机（可由电焊机二次侧获得）向绕组通入60～80V交流电压（大电流）加热，使绕组温度逐渐升高，待绕组绝缘软化到一定程度，绕组端部冒烟时，立即切断电源，打出槽楔（按图 6-16 所示方法进行），拆除绕组。另外也可将三相绕组串接起来，施加 220V 交流电压，使绕组温度升高，若绕组温度不足以使绝缘软化，应适当减少串联的线圈数，直至绕组绝缘软化为止。

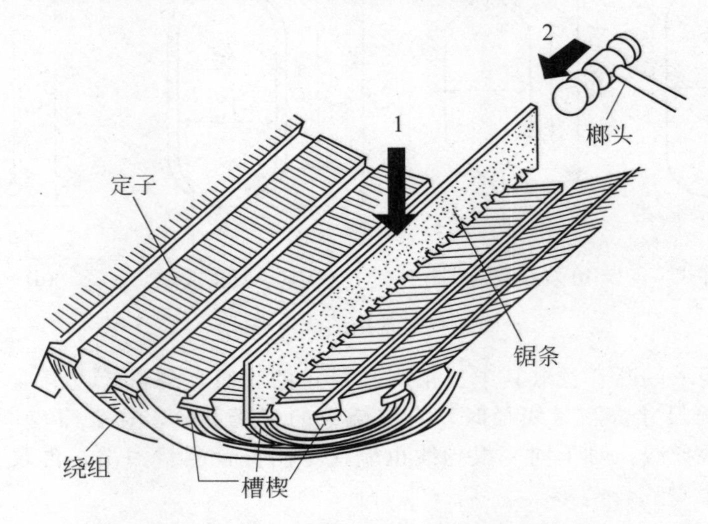

图 6-16　用锯条取槽楔示意图

（2）一般加热法

如果电动机绕组都已断线无法用通电加热法时，可用其他方法加热。

用烘箱、煤球炉加热拆除，温度可提高到 200℃左右，待绝缘软化烧焦后，乘热拆除。

利用煤气、天然气、乙炔、喷灯等加热时，加热不能过快，使热量慢慢传到内部，使内外部分的温度比较均匀，绝缘软化也比较均匀，拆除就容易些。但要特别注意在加热过程中防止烧坏铁芯，使硅钢片性能变坏。导致涡流损耗加大，电动机输出功率降低。

（3）溶解法

采用涂刷或浸泡溶剂的办法使绕组绝缘老化，然后再拆除绕组。

对小功率三相电动机可采用溶剂浸泡法。其溶剂用丙酮 25％、酒精 20％、苯 55％，将电动机定子浸泡其中，待绝缘软化后即可拆除。

对于较大的电动机，则采用涂刷法。溶剂用丙酮 50％、甲苯 45％、石蜡 5％配制而成，配制时先将石蜡熔化再加入甲苯，最后加入丙酮搅匀即成。然后将电动机定子立于铁盘上，用毛刷将溶剂刷于电动机两边端部和槽口，将电动机盖好，防止溶剂挥发太快，经过 1～2h 之后即可进行拆除。拆除绕组后，应清除槽内绝缘残物，修正槽形。使用溶剂时要注意防火和通风。

例 9: 制作绕线模与绕线

重绕电动机绕组时，首先应正确地选择线模的形状和尺寸。如果遇到空壳无铭牌的电动机，可用漆包线（或铁丝）在所需槽节距的两槽中绕制出一个线圈，以此作为制作绕线模的依据。若在拆除废旧绕组时，保留一只完整绕组，则取其中最小的一匝，参考它的形状及周长作为线模尺寸。

（1）确定线模尺寸

线模可以根据样品线圈的尺寸制作，也可以通过计算确定。

① 双层叠绕组的线模

双层叠绕组的线模尺寸如图 6-17 所示。

线模宽度

$$A=\frac{\pi(\text{定子内径}+\text{槽深})}{\text{槽数}}\times(\text{节距}+1-K)\quad(\text{mm})\tag{6-1}$$

式中　K——校正系数。对二极电动机，K 取 2～2.5；四极电动机，K 取 1.2～1.5；6、8 极电动机，$K\approx1$；功率大者取大值。

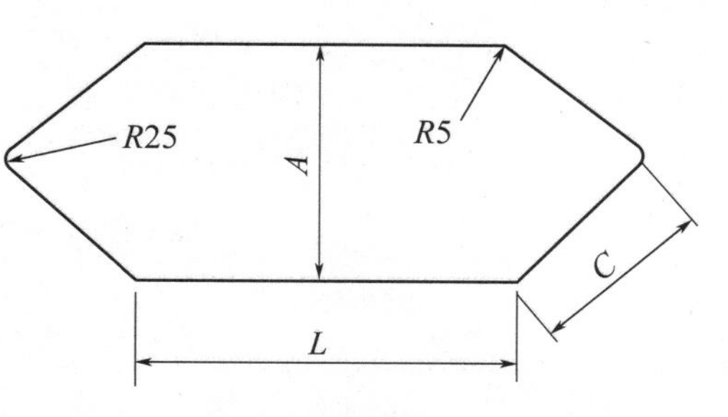

图 6-17　双层叠绕组线模尺寸

$$\text{线模长度 } L=\text{铁芯长度}+l\quad(\text{mm})\tag{6-2}$$

式中　l——放长系数，可由表 6-2 选取。

表 6-2　放长系数 l 与极数的关系

极　数		2	4	6	8	10
中型电动机	l/mm	40～50	35～40	30～40		
小型电动机	l/mm	25～35	20～30	20～25		

注：功率较大者取大值。

端部长度

$$C=\frac{A}{M}\quad(\text{mm})\tag{6-3}$$

式中　M——端部系数，可按表 6-3 中选取。

表 6-3　端部系数的选取

极　数	2	4	6	8	10
端部系数	1.3～1.58	1.56～1.66	1.60～1.70		

注：功率大的可取偏小值，如考虑嵌线方便，可以取偏小值，但以绕组端部不碰端盖为准。

② 单层同心式及链式绕组线模尺寸

单层绕组线模尺寸如图 6-18 所示，计算公式同双层叠绕组的计算公式。其校正系数 K 值可按表 6-4 选取。

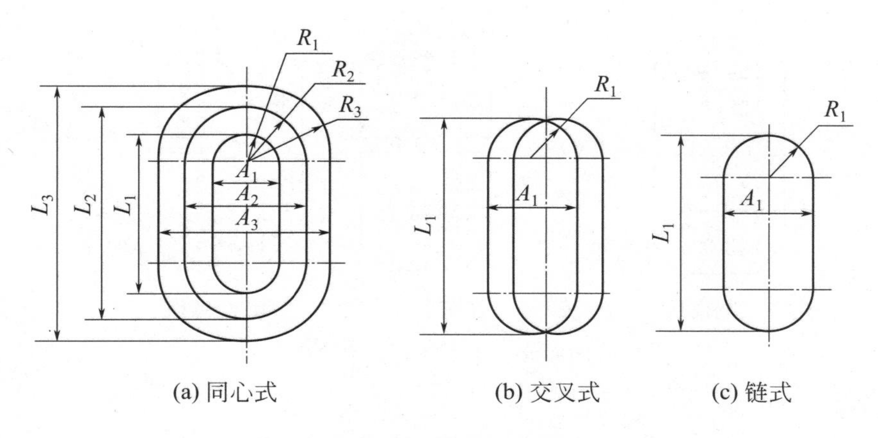

图 6-18　单层绕组线模尺寸

$$长度\ L_1=铁芯长度+A_1+l' \quad (mm) \tag{6-4}$$

式中　l'——放长尺寸。同心式绕组取 20～30mm；交叉式绕组两极取 10～40mm，四极取 0～15mm；链式绕组 $l'=0$，功率大者取小值。

$$端部 \quad R_1=\frac{A_1}{2} \quad (mm) \tag{6-5}$$

表 6-4　校正系数 K 与极数的关系

极　　数	2	4	6	8	10
校正系数	2～3	0.5～0.7	0.5	0	0

③ 活络式绕线模

活络式绕线模分菱形与腰圆形两种，适用于中小型 3 绕组。

a. 中型活络式绕线模，如图 6-19 所示。这种线模由模板组成，中间部分则用连杆和撑棒支撑。连杆的长度一般取 27cm，宽度取 35mm，厚度取 15mm。连杆两边开有孔槽，以调节线圈边长，并由螺栓加垫圈紧固定位。

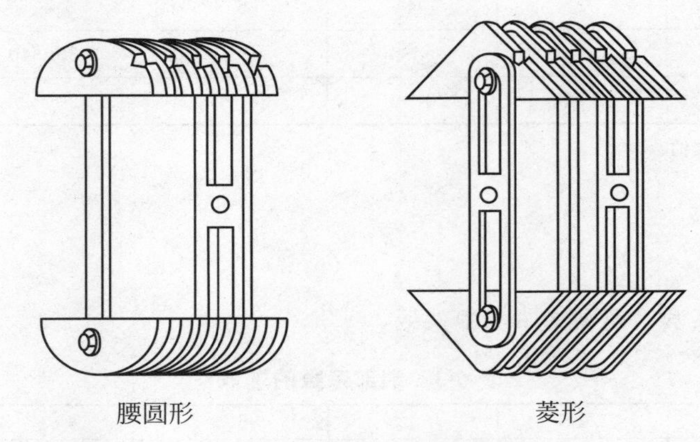

图 6-19　中型活络式绕线模

b. 小型活络式绕线模，如图 6-20 所示。其模板可用木板或塑料制作，隔板上根据需要钻有若干等距离的小孔，两块隔板中间不用模心而夹着一块垫板，垫板用胶水或平头（沉头）螺钉固定在隔板中心。使用时将几根竹签插入隔板上相应的小孔里，如采用 6 根竹签就成为菱形绕线模，采用 8 根竹签就成为腰圆形绕线模。

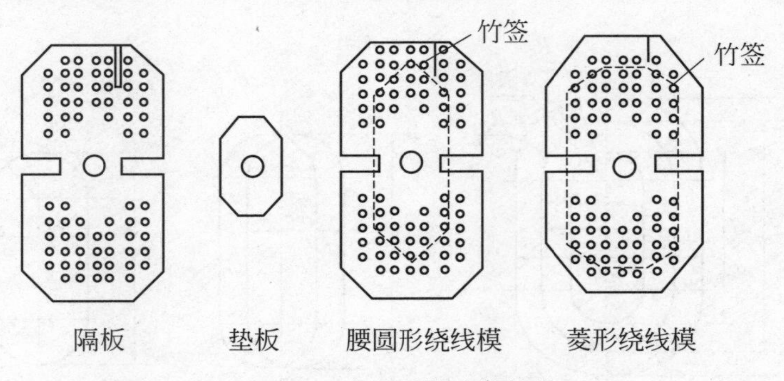

图 6-20　小型活络式绕线模

(2) 绕线

当准备好线模和导线之后，即可开始绕线。绕线前应用百分尺检查导线直径和绝缘厚度是否符合要求，目的是使绕组电阻不超过5%，否则，将会对电动机性能产生影响。检查的内容通常有以下几项。

① 漆包线的型号应符合电动机要求的耐热等级。

② 漆包线表面应光滑清洁，不应有气泡和杂质，漆膜无起皮、脱落现象。

③ 用明火烧去绝缘层，用千分尺测量线径是否符合要求。

绕制线圈一般在绕线机上进行，也可以用自制的简易绕线架。将绕线模装到绕线机的主轴上，用紧固螺栓把绕线模两侧隔板夹紧，再将导线筒搁在绕线机架上，使其转动灵活并与绕线模保持一定间距。导线通过隔板进入模槽时应有一定的张力，一般用毛毡浸石蜡后压紧导线，使导线平直。

绕线时，要求匝数准确，排列整齐，尺寸合适，绝缘良好。绕线的起点一般挂在左手边，自右向左绕制，如图6-21(a)所示。线圈的始端要留有足够的线头，一般约相当于线圈的1/3匝，以便于极相组间的连接。待绕到规定匝数后，线尾留出适当长度，剪断导线，脱膜取下，首末端套上不同颜色的黄蜡管。线圈的直线部分两端用白布扎紧，放在清洁干燥的地方，如图6-21(b)所示。

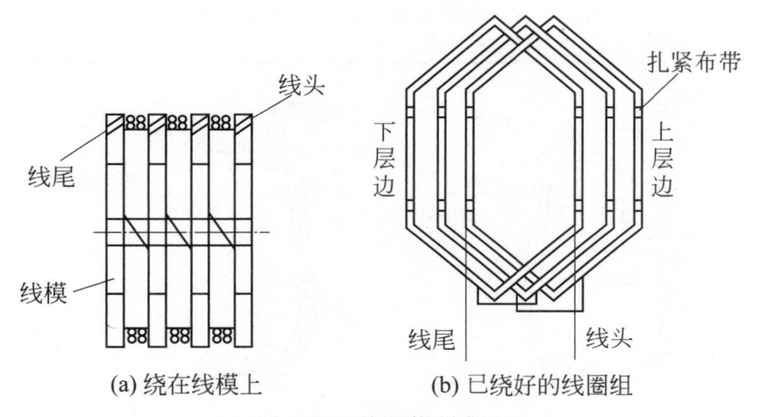

(a) 绕在线模上　(b) 已绕好的线圈组

图6-21 线圈绕制方法

必须注意，线圈的绕制匝数不能搞错，特别是大中型绕组，否则，会影响电动机的三相电流平衡。若导线需要加长或中途断线，应在线圈端部斜边位置接头，并用锡焊焊好包上绝缘，接头不能在直线部分，否则，导线可能不能嵌入定子铁芯槽，有时即使能够嵌入槽内，也容易造成断路，而且不便于坚持和修理。为慎重起见，第一个线圈绕好后，应核对尺寸并试嵌，确认无误后再继续绕制。

例10: 定子绕组嵌装

在整个嵌装绕组的过程中，必须保持绕组的位置和次序正确，绝缘良好。

(1) 槽内绝缘

为保证绝缘良好，放置槽绝缘前，应先对定子槽进行清理，锉光槽内毛刺，用压缩空气吹尽残物，选择槽绝缘的原则是根据这台电动机的温升等级来确定槽内绝缘，并且要有足够的耐压强度，其尺寸、厚度及折叠形状应与原结构相同。修理时可参照表6-5选择不同绝缘等级的槽绝缘材料。

在铁芯槽内垫放绝缘物如图6-22所示。图6-23为槽口绝缘的三种形式。图6-23(a)是不加强；图6-23(b)是反折加强但不伸入槽内；图6-23(c)是反折，且伸入槽口。中小型

表6-5 不同绝缘等级的槽绝缘材料

型号	机座号	绝缘等级	材料	总厚度/mm	伸出铁芯长度/mm
JO	3	A	0.1绝缘纸+0.17黄蜡布+0.1绝缘纸	0.37	7.5～10
JO	4～5	A	0.17绝缘纸+0.17黄蜡布+0.17绝缘纸	0.51	7.5～10
JO	6～9	A	0.2绝缘纸+0.2黄蜡布+0.2绝缘纸	0.6	10～15
JO2	1～3	E	0.27聚酯薄膜青壳纸云母箔，槽两端褶边，上盖槽盖绝缘	0.27	7.5～10
JO2	4～6	E	0.27聚酯薄膜青壳纸云母箔+0.06聚酯薄膜(0.15绝缘纸)	0.33(0.44)	10～15
JO2	7～9	E	0.27聚酯薄膜青壳纸云母箔+0.06聚酯薄膜(0.15绝缘纸)	0.33(0.44)	10～15
Y	80～112	B	0.30聚酯纤维聚酯薄膜复合箔(DMD，DMDM)	0.3	7.5～10
Y	132～180	B	0.35聚酯纤维聚酯薄膜复合箔(DMD，DMDM)	0.35	7.5～10
Y	200～280	B	0.45聚酯纤维聚酯薄膜复合箔(DMD，DMDM)	0.45	7.5～10

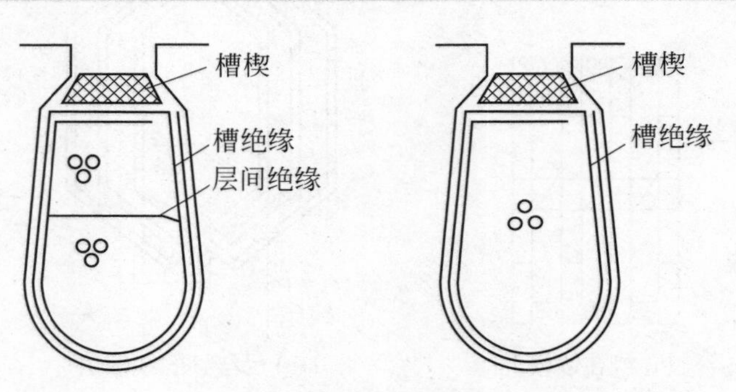

图6-22 单双层绕组槽内绝缘示意图

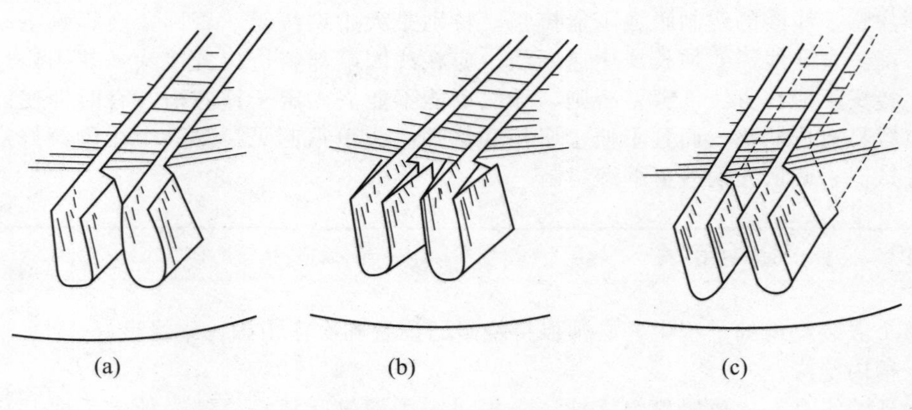

图6-23 槽口绝缘

电动机两端应伸出铁芯10mm左右；容量大于50kW的电动机，应伸出铁芯15～20mm左右。

槽楔是用来锁紧槽内导线，防止绝缘及导线松动的。原有槽楔破损或老化变质也需新制槽楔。中小型电动机一般用竹楔或胶木楔，后者的绝缘及机械强度比竹楔好，但成本亦

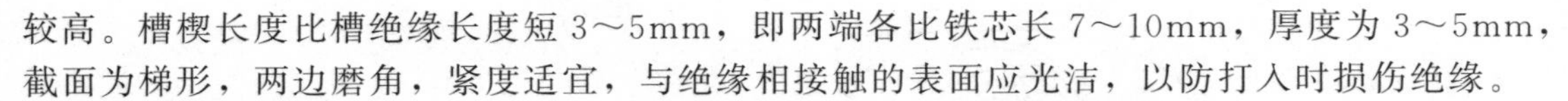

较高。槽楔长度比槽绝缘长度短 3～5mm，即两端各比铁芯长 7～10mm，厚度为 3～5mm，截面为梯形，两边磨角，紧度适宜，与绝缘相接触的表面应光洁，以防打入时损伤绝缘。

（2）嵌放绕组

① 嵌线工具。嵌放绕组之前先要了解绕组的嵌线工艺步骤，准备好嵌线使用的工具、各种绝缘材料及槽楔等。嵌线工具一般有压线板、划线板、弯头剪刀、尖嘴钳、木制或橡胶榔头、电烙铁等。压线板用优质钢制成，如图 6-24(a) 所示，是用来压线及折复绝缘的。其压脚宽度为槽上部宽度减去 0.6～0.7mm，脊部为槽口宽度的 1/3～1/2，长度为 40～45mm。压线板应光滑，无尖角，以免使用中刮伤绝缘。划线板用竹、塑料或胶木板制成，如图 6-24(b) 所示。是用来理清槽内导线，纠正匝间交叉的。

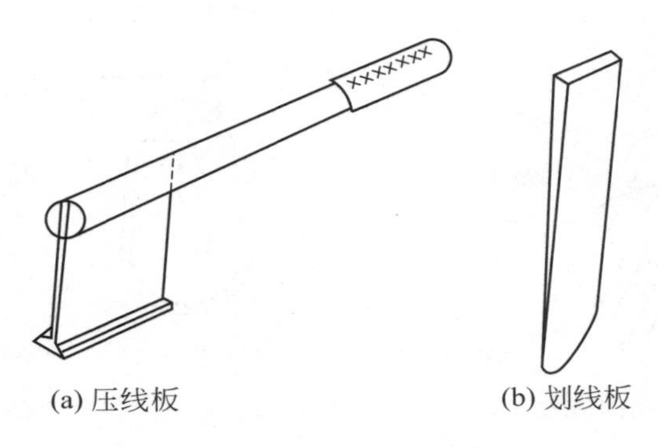

(a) 压线板　　(b) 划线板

图 6-24　嵌线工具

橡胶榔头可直接敲打线圈、压线板及槽楔。嵌线用的材料主要是绝缘套管、扎线、白布带、焊锡、松香等。

② 嵌线过程及方法。根据绕组形式和电动机引出线位置来确定相关的嵌线过程。

a. 引出线处理。先把线圈的引出线理直，套上黄蜡管，因通常是右手捏线，所以要求绕线时用右手挂线头。当线圈是由两个以上组成的线圈组时，则有线圈之间的连线称为过线，过线的长度不能过长，也不能过短，一般留有合适的长度。

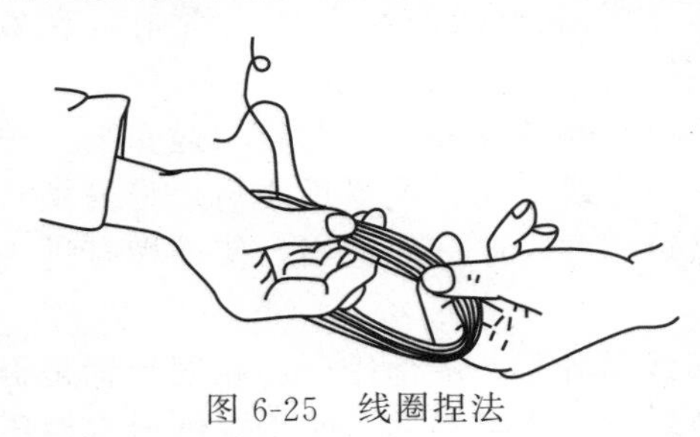

图 6-25　线圈捏法

b. 线圈捏法。将绕好的线圈捏紧，压成扁平状，然后用右手拇指和食指捏住下层边左手拇指和食指捏住上层边，并趁势将线圈扭一下，将上层边外侧导线扭在上面，下层边内侧导线扭在下面，如图 6-25 所示。通常线圈的宽度要比电动机的内孔稍微小一些，以便使线圈比较顺利嵌线和使绕组端部比较整齐。

c. 嵌放和划线。嵌线时应小心谨慎，用力适当，切勿损伤导线漆膜和绝缘材料，以免导致绝缘性能下降以致发生短路情况。把捏扁的线圈放到定子铁芯槽口的槽绝缘中间，将线圈朝里拉，使导线进入槽内，少数未入槽的导线可用划线板划入槽内，如图 6-26 所示。待导线全部进入槽内后，顺着槽来回轻轻拉动线圈，使线圈整齐平行，再用同样方法嵌好同一节距其余线圈的下层边。

在下完一个线圈节距之前的各个线圈的上层边还不能下到槽内，如图 6-27 所示。应将所有未下到槽内的上层边吊起来，为了不致使绝缘损坏，还需用布或纸将线圈捏扁，然后再不断地将导线送到槽内，同时用划线板在线圈的两侧将导线划到槽内。

③ 导线压实。在嵌线过程中，全部线圈边放入后，将槽绝缘剪齐折好盖住导线，再用压线板压实导线。当槽满率较高时，压实时不能用力太猛，可用小榔头轻敲压线板将导线

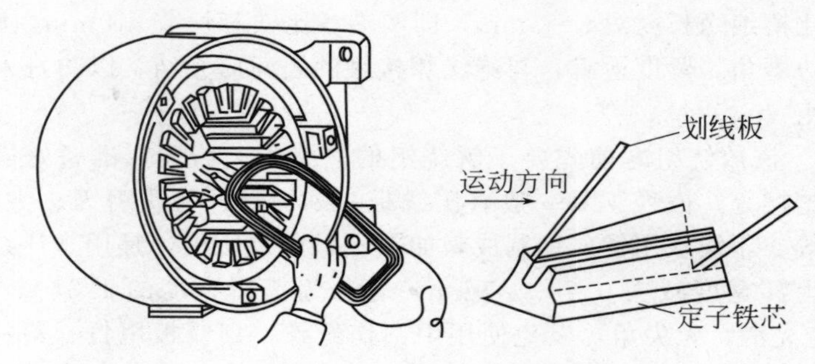

图 6-26 线圈的嵌放

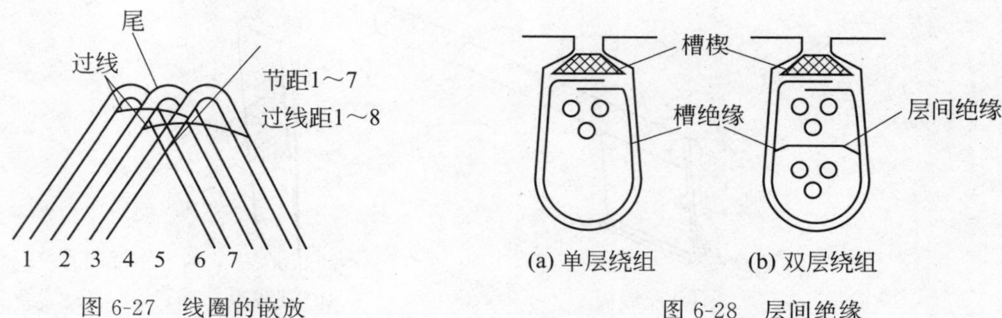

图 6-27 线圈的嵌放

图 6-28 层间绝缘

压实。若线圈端部槽口转角处凸起，可垫上竹片再轻敲将其压平，总之不要损坏绝缘。

④ 层间绝缘。一个线圈有效边嵌入后，如果是单层绕组，可将高出铁芯的绝缘纸用弯头剪刀沿铁芯剪齐折好，将导线覆盖住，两边重叠 2mm 以上，用压线板压实后，打入槽楔锁紧，如图 6-28(a) 所示，并在极相组之间插入隔板绝缘纸。若是双层绕组，则将层间绝缘纸弯曲成圆弧状插入槽内，盖住下层边，注意不能有导线露在绝缘纸上边，以免造成相间短路。用压脚将下层边及层间绝缘压实后，将上层边推至槽口边，理清导线，用左手捏扁线圈边，右手将导线送入槽内，如有交叉，可用理线板理直。最后打入槽楔锁紧，如图 6-28(b) 所示。注意不要有个别导线漏在上面，否则，容易造成相间短路。

⑤ 封槽口。嵌装导线之后，需将槽口封住。定子铁芯槽满率越高，封槽口越重要。先将导线压实，然后再用划线板折起槽绝缘包住导线，用压线板压实绝缘纸之后，将槽楔从另一端打入槽内，封住槽口。槽楔长度应略比槽绝缘短一些，厚度要适当，使槽楔打进去之后松紧适当。

⑥ 端部整形。嵌好全部线圈后，应仔细复查一遍线圈外形、端部排列和相间绝缘是否符号要求，否则应随时修整。然后用橡胶锤或木槌轻轻敲打绕组端部，或用圆锥形木模压入端部，使端部打成喇叭形，如图 6-29 所示。喇叭口直径大小要适当，过小会影响通风散热，甚至转子放不进去；过大使端部离机壳太近，降低对地绝缘效果。如果是转子绕组，则其端部不能超过转子外圆的尺寸。

⑦ 包扎端部。为了使端部有较高的机械强度，以及相间绝缘不会错位，需要将端部扎紧，使在浸漆处理后就成为一个整体，这样当电动机在启动或者堵转时都能承受较大的电磁力，不至于绕组变形，包扎时，应在线圈鼻端包以玻璃丝带，所包长度约为端部全长的三分之一，如图 6-30 所示。注意不要将引出线包在线圈鼻端内，应离开鼻端 10～15mm。

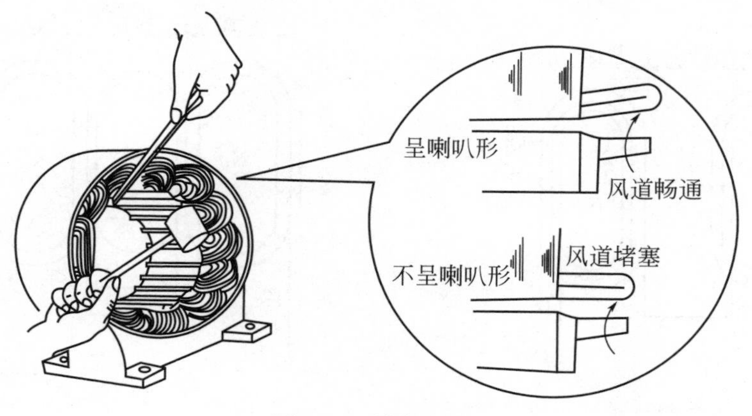

图 6-29　端部整形

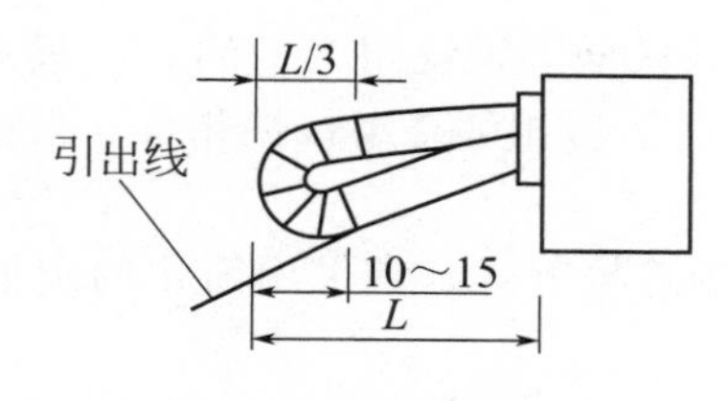

图 6-30　端部包扎

例 11: 定子绕组接线

将线圈全部嵌入电动机定子铁芯槽后，便可按照绕组的设计要求把线圈连接起来。在一个极下的属于同一相的所有线圈串联在一起，称为一个极相组。如何连接成一个完整的绕组，应按以下的方法进行。

正确接线是保证电动机正常工作的必要条件。线圈与极相组之间的连接，应符合该型绕组的连接原则。将每相的极相组（或单只绕组）串联成一条支路，或者并联成几条支路。然后把三相绕组的六个首尾端引线连接到电动机的接线板上。如接线板不正确，电动机就不能正常运转。

绕组端部的接线方式是根据磁极极性来确定的，绕组接线的方向，必须符合绕组内电流方向。

（1）串联支路的连接

正串接法：相同极性的极相组连接时采取正串接法，即头接尾、尾接头，正串接法的极相组回路内电流方向相同。

例如，36 槽 4 极单路单层三相同心式绕组，因 $q=3$，三相极相组数 $Z/2q=36/(2\times3)=6$，每相由两个极相组串联而成，如图 6-31 所示。因两极相组极性相同，所以电流方向相同，根据电流方向，采取“尾-头”的正串接法。

正串接法因端部接线长，重选多，双层绕组一般不采用此接法，仅在特殊情况下，例如，变极、变支路时才使用。

反串接法：异极性的极相组连接时，采用反串接法，即尾接尾或头接头反串连接的极相组回路内电流方向相反。

例如，36 槽 4 极单路单层叉式链形绕组，$q=3$，叉式链形绕组中，每极相组内的 3 只

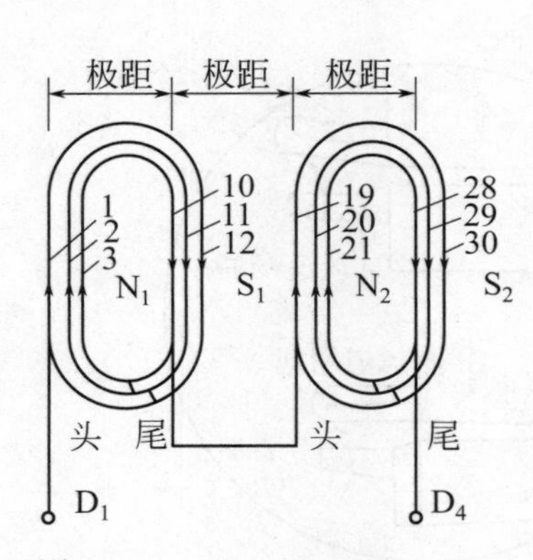

图 6-31　$Z=36$，$2p=4$，$a=1$
单层同心式绕组一相连接图

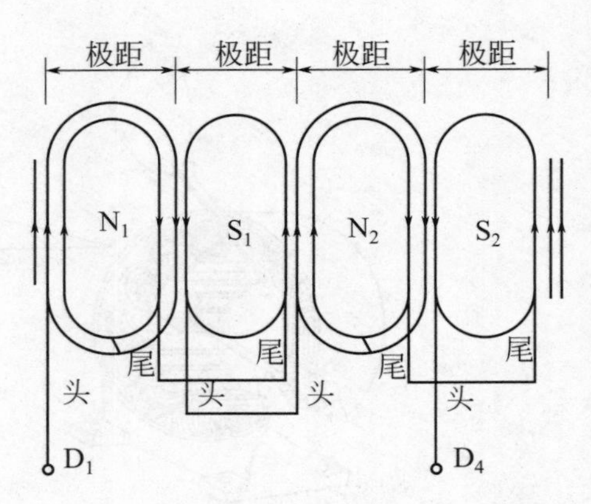

图 6-32　$Z=36$，$2p=4$，$a=1$
单层叉式链形绕组“反串”接线（一相为例）

绕组又分叉成二组绕组，其中二只全节距绕组为一组，一只短距绕组为一组，每相的两个极相共有四个绕组，如图 6-32 所示。相邻绕组极性相反，根据电流方向按“尾-尾”相接和“头-头”相接的原则串联。

通常为看清各极相组之间的连接方式，常采用简化的圆形接线图。如图 6-33 所示。其步骤如下。

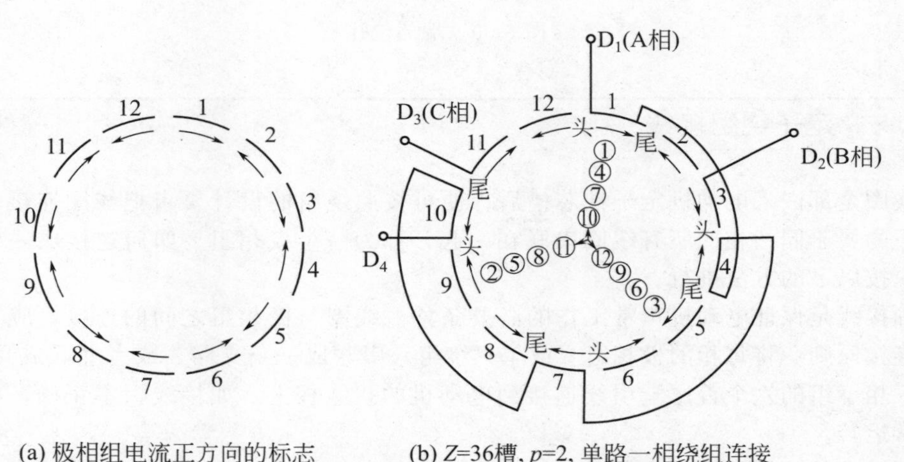

图 6-33　36 槽 4 极单路绕组的圆形接线图

① 将定子圆周分成 12 段圆弧代表总的极相组数。

② 顺序给每个极相组编号，如图 6-33(a) 所示。按相序 A、C、B、A……的次序分配，A 相的极相组为 1、4、7、10；B 相的为 3、6、9、12；C 相的为 2、5、8、11。

③ 标出各极相组中电流假定方向。根据三相电流瞬时值总和为零原则，三相电流中，二相为正向时，一相必为反向。因此图 6-33(a) 中各极相的电流方向规定为正、反向交替出现。

④ 连接同相中各极相组。由于 A 相①～④～⑦～⑩极相组极性相反（由电流方向确定），所以应按反向接法“尾-尾”或“头-头”相接，如图 6-33(b) 所示。根据同法可以连接相隔 120°电角的 B 相及 C 相绕组。三相绕组六个首尾接线端分别为 D_1D_4、D_2D_5、D_3D_6。根据需要在外面可接成三角形接法或星形接法。

（2）并联支路的连接

极相组间并联的条件是绕组感应电动势的大小及相位都要相同，各并联支路中绕组数相等。

例如，36 槽 4 极双路（$a=2$）的双层叠绕组，每相的四个极相组可组成二条支路，每路由两个极相组串联而成，并联接法常用的有二种。

短跳接法：由相邻的极相组串联成为同一支路，如图 6-34 所示。A 相中把①～④串成一路；⑦～⑩串成另一路，由于相邻极相组极性相反，所以按“尾-尾”相接原则串联，然后二路并联。

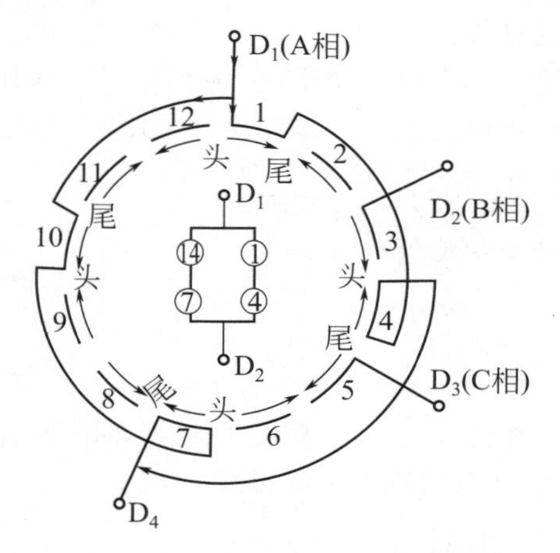

图 6-34 $Z=36$，$2p=4$，双路，短跳接法

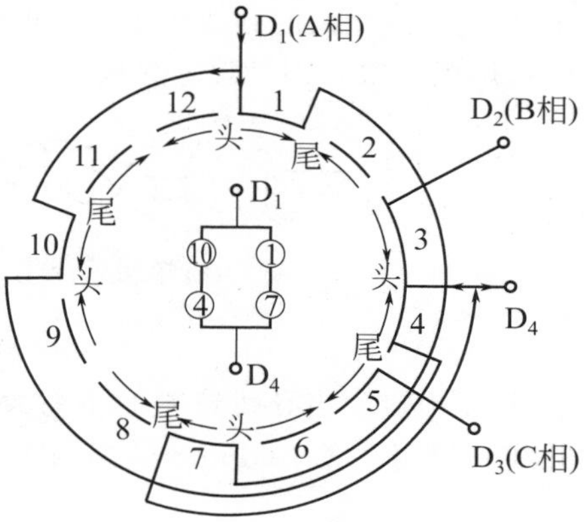

图 6-35 $Z=36$，$2p=4$，双路，长跳接法

长跳接法：由不相邻的极相组串联成为同一支路，如图 6-35 所示。A 相中把①～⑦串成一路；④～⑩串成另一路，由于同一支路的极相组极性相同，所以按“头-尾”相接原则串联，然后二路并联。

在一般情况下，通常采用短跳接法。但是若要改变极数或并联支路时，仍能保持每条支路的磁势均衡，避免引起支路内电动势不等，就需采用长跳接法。

例 12：定子绕组引线

当电动机定子绕组接好线后，应将引出线接到电动机接线盒中的接线板上。引出线要短，并尽量靠近接线盒，引出线一般采用塑料绝缘软线或蜡克线，特殊电动机可选丁基橡胶线等。不同容量的电动机，其引出线的规格也不一样，应接电动机的额定电流进行选择。如表 6-6 所示。

表 6-6 引出线选择表

额定电流/A	引出线截面积/mm²	额定电流/A	引出线截面积/mm²
6 以下	1.0	61～90	19
6～10	1.5	91～120	25
11～20	2.5	121～150	35
21～30	4.0	151～190	50
31～45	6.0	191～240	70
46～60	10	241～290	90

对于中小型电动机，其引出线常用两种不同的颜色来区分头与尾。三相绕组有 6 个出线端，用 U_1（A）、V_1（B）、W_1（C）标明绕组的首端，用 U_2（X）、V_2（Y）、W_2（Z）标明

绕组的末端。若电动机没有接线板，也应该在各出线端标上相应的记号，以便正确连接。

例 13: 定子绕组线头连接

绕组连接完成后，为保证电动机能安全运行，避免导线连接处氧化，接头、引出线都要焊接，并加以包扎绝缘。

线头的连接方式较多，常用的连接方式有以下几种。

① 绞接。当绕组的导线较细时，可将线头直接绞合在一起，如图 6-36 所示。可采用锡焊、电弧熔焊、银磷铜钎焊等焊接手段。大、中、小型电动机绕组接线均可采用。

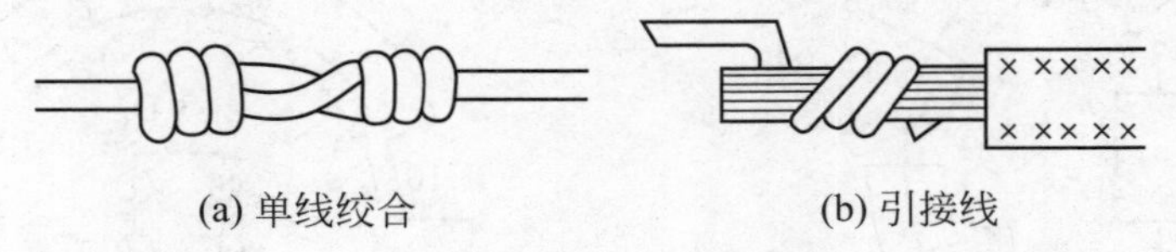

图 6-36　线头的绞接

② 扎线连接。当导线较粗而不易绞合时，可用扎线将接头连接在一起，如图 6-37 所示。扎线一般用 0.3～0.8mm 的细铜线。用于中、大型电动机绕组的接线。

图 6-37　扎线连接

图 6-38　并头套连接

③ 并头套连接。当绕组的导线为扁铜线或扁铜条时，采用并头套连接，如图 6-38 所示。并头套是用 0.5～0.8mm 厚的薄铜片制成的铜套管。无论是定子接线还是转子接线，都应排列整齐。可采用锡焊，也可采用银磷铜或磷铜钎焊。

不论采用哪一种连接方法，连接线排列一定要整齐。对于小型电动机，其连接线应分布在端部的外侧，如图 6-39(a) 所示，待焊接完毕后套上套管并与端部一起包扎绝缘。中型电动机的连接线较粗，可将连接线扎在绕组端部的顶部，如图 6-39(b) 所示。

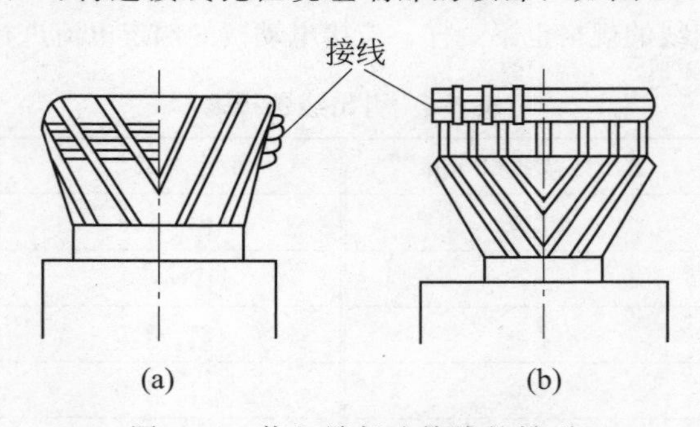

图 6-39　绕组端部连接线的排列

例 14: 定子绕组线头焊接

为了加强线圈间、极相组间和引线与绕组之间的接线头的机械强度，减少导线间的接触电阻，延长其使用寿命，在正确接线后必须对接线头进行焊接。一般电动机绕组及引线多采用铜线，因此接线头焊接常用以下几种方法。

（1）锡焊

将锡溶化后焊接绕组接头的方法较为普遍，因为它具有操作方便、焊接点牢固、工艺简单等特点。常用的锡焊料为铅锡合金，含锡量越高流动性越好，但温度却越低。常用的锡焊剂是松香酒精液，酒精为去氧剂，可将氧化铜还原为铜，而松香则在焊锡熔化后将焊接处覆盖，防止焊接处氧化。焊锡膏具有腐蚀性，因此焊接完毕后要用棉纱头浸酒精擦洗干净。

焊接时，先将被焊导线上的漆层和油污清除干净，然后将接头的两根或多根导线绞合在一起，最后利用焊剂（松香或松香酒精溶液）和电烙铁进行焊接。操作时将接头涂上焊剂，再将电烙铁放在接头下面，紧贴接头；当焊剂沸腾时，将焊锡条触在接头和电烙铁上；等接头挂满焊锡时，再将电烙铁移开焊点，并将多余的焊锡带走，这样就可通过焊锡将导线牢固地结合在一起。锡焊焊接时，应用布或纸板等其他物品遮盖在绕组上，以防止焊剂或焊锡掉落到绕组上，造成绕组绝缘的损伤；另外要防止焊接时间过长烧伤接头附近的绝缘。电烙铁功率的大小可根据导线的粗细来选择，一般小型电动机使用100～200W的电烙铁较为适宜。

当焊接线头数量较多时，可采用浇锡。此法不仅焊接方便，而且焊接质量也高。浇锡前，先将锡放入铁锅中加热熔化，然后用小勺将锡浇注在线头上。当线头较大时，可多浇注几次，但线头下面应备有接锡勺，否则，熔锡落在线圈上将会烫坏绝缘层，浇注的锡温度应在280℃左右。当用小勺拨开锡液表面氧化层后，锡液呈银白色，约10s左右变成金黄色，此时锡温最适宜。为了安全操作，浇锡的小勺应在锡锅内同时加热，以免带有水分发生爆裂。

浸锡，适用于引线头的搪锡，尤其适合转子铜条并头套的焊接。焊接转子铜条并头套时，需将转子吊起来，焊完一端，再翻过来焊另一端。

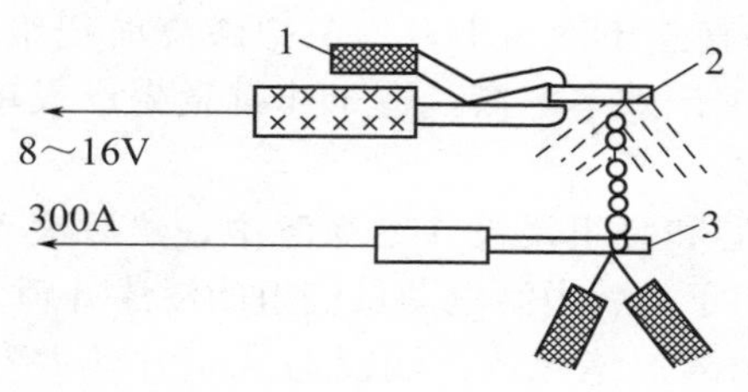

图6-40 电弧焊
1—300A电焊钳；2—炭精片；3—铜杆

（2）电弧焊

当绕组的导线较细时，可采用电弧焊进行焊接。这是一种较为理想的焊接方法，不但可以节省焊剂，而且操作方便，焊接牢固可靠。电弧焊只需一台1.5kV·A左右的变压器和一只炭精片即可进行焊接，如图6-40所示。

焊接时，将炭精片轻触线头便会产生连续的弧光，电弧迅速将线头熔化成一个圆球状，导线牢固地焊接在一起。炭精片可用电阻大一些的硬质电刷代替。焊接时，绕组端部应遮盖，以防止电弧损伤绕组绝缘。另外，为防止损伤眼睛，焊接时要戴防护面罩。注意在多路并联、线头较多时，若操作不熟练易漏焊或焊不牢。

（3）气焊

气焊是将导线接头处用乙炔气火焰加热至熔点（铜的熔点为1083℃）以上，使铜线局部熔化而熔接在一起。这种焊接方法的优点是不要焊剂，效率高，接头牢固。缺点是焊接温度太高，易烧伤绝缘，同时，溶接的线头以后检修也不方便。

线头焊好后，经检查无误，再用绝缘套管将线头套好，引接线和引出线的接头用厚0.15mm的醇酸玻璃漆布带或聚酯薄膜带半叠包一层后再套上绝缘套管。

例15：绕组的浸漆

为提高电动机绕组的绝缘性能，加强绕组的机械强度，对重新更换绕组或绕组绝缘电阻值低以及受潮的电动机，则必须进行绝缘漆浸漆和烘干处理。

(1) 绕组浸漆的目的

① 提高绕组的绝缘强度与防潮性能。浸漆烘干处理后，绝缘空隙中填充了绝缘漆，潮气被驱除，提高了绝缘的防潮性能及介电强度。

② 使松散的导线结为牢固的整体，提高绕组的耐热性及导热性，改善绕组散热性能。

③ 提高绕组的机械强度。绕组经浸漆处理后，使松散的导线黏结成牢固的整体，提高了绕组的机械强度，减少导线振动及电磁力破坏的可能性。从而提高了绕组的机械强度。

④ 改善电动机的电气绝缘性能。经过绝缘漆处理后，绕组内部及与铁芯之间的空气隙均被绝缘漆填满，形成电气性能较好的漆膜，从而提高了绕组的电气绝缘能力。

⑤ 保护绕组端部。经过浸漆后，绕组的端部比较光滑，使外界的杂物不易进入绕组端部内部。

⑥ 提高绕组的化学稳定性。漆膜能防止绝缘材料与腐蚀性化学物质接触，并能提高绕组防霉、防电晕、防油污等能力。

(2) 绕组浸漆的方法

常用的浸漆方法有沉浸、浇漆、滚浸、滴浸等几种方法。

① 沉浸。沉浸又称整浸。此法是将整个定子或转子全部浸入绝缘漆液内，并处在漆液面 20mm 以下，直到不冒气泡为止，使绝缘漆充分渗透到各间隙中。

② 浇漆。浇漆又称淋浸，是将电动机定子绕组垂直立于漆盘上，用勺把漆浇向绕组，经 20～30min 滴漆后再翻转电动机浇另一端。浇漆的生产效率不高，适于非批量生产或单台大型电动机绕组的浸漆处理。

③ 滚浸。滚浸是将铁芯和绕组水平放置，部分铁芯和绕组浸没在绝缘漆中，然后滚动铁芯使绝缘漆在绕组端部和槽内渗透、填充。滚浸适用于大、中型电动机绕组的浸漆处理。

④ 滴浸。滴浸是绕组浸漆的较新工艺，它采用无溶剂绝缘漆。滴浸时绕组加热并旋转，滴在绕组端部的漆在重力、毛细管和离心力的作用下，均匀渗入绕组内部及槽中。滴浸工艺适用于自动线生产，一般可用于中、小型电动机绕组的浸漆。

不同绝缘等级的电动机所用的绝缘漆是不同的，应根据电动机的使用环境以及绕组的温升来选择合适的绝缘漆。目前常用的绝缘漆参见表 6-7。

表 6-7 常用绝缘漆的种类、特性和用途

名 称	颜色	耐热等级	漆膜干燥条件温度/℃ 时间/h	特性和用途
沥青漆 1010 1011	黑色	A	105 5～6	耐潮;用于浸渍不耐油的电动机线圈
油改性醇酸漆 1030	黄褐色	B	105 1.5～2	耐油和弹性好;用于浸在油中线圈及油浸零部件
三聚氰胺醇酸漆 1032	黄褐色	B	105 1.5～2	耐油耐潮,内干性好,机械强度高,耐电弧;用于浸渍湿热带电动机绕组
环氧醇酸漆 8340	黄褐	B	105 <1.5	耐油,耐热,机械强度强,黏结力强;用于湿热带电动机浸渍
聚酯浸渍漆 155	黄褐	F	130 1～3	耐热,电气性能好,机械强度高,黏结力强,用于浸渍湿热带电动机线圈

续表

名　称	颜色	耐热等级	漆膜干燥条件温度/℃ 时间/h	特性和用途
环氧无溶剂漆 111	黄褐	B	120 8～12	黏度低，击穿强度高；用于浸小型低压电动机、电器线圈
环氧无溶剂漆 594	黄褐	B	200 510	黏度低，固化较快，体积电阻高；用于整浸小型高压电动机、电器线圈
环氧聚酯无溶剂漆 EIU	黄褐	F		黏度低，挥发物较少，击穿强度高；用于浸渍 F 级小型电动机、电器

例 16: 绕组的浸漆与烘干工艺

绕组的浸漆与烘干一般都经过预烘、浸漆和烘干几道工序。

（1）预烘

绕组浸漆之前，必须进行预热，以驱散潮气，提高浸漆能力。

绕组预烘时要逐渐增加温度，一般升温速度应控制在 20～30℃/h，或者先加热至 50～60℃保持 3～4h，待大部分潮气驱除后再加热至 100～110℃。一般预烘时间为 4～8h，待绕组的绝缘电阻稳定后才可浸漆。

（2）浸漆

浸漆前，需将定子温度降至 60～70℃才能浸漆。温度过高则会过早地在绕组表面形成漆膜，不易浸透；温度过低则绕组中又会吸入潮气，并且漆的黏度增大，流动性和渗透性变差，也不易浸透。

一般浸漆应进行两次，第一次漆的黏度要稀一些，第二次漆的黏度要高些。浸漆时要求漆面盖过被浸工件 100mm 以上。一次浸漆 15～20min，直到不再冒气泡为止。

在检修个别电动机时，为节约用漆，可采用浇灌的办法，把电动机垂直放置在漆盆上向绕组进行浇漆，约经半小时滴漆之后，再浇灌另一端绕组，直至浇透。滴干后再用松节油将铁芯和机壳边口上的余漆擦干净。

（3）烘干

烘干分低温烘干和高温烘干两个阶段。低温烘干的目的主要是使漆中的溶剂挥发，这时温度应控制在高于溶剂的挥发温度，但不得超过其沸点，以防止气泡。高温烘干的目的主要是使漆基固化形成坚硬的漆膜，并使绕组与漆膜形成牢固的整体。低温阶段温度控制在70～80℃，烘干时间为 2～4h；高温阶段温度控制在 110～130℃，烘干时间为 8～16h。在烘干时最好每隔 1h 测量 1 次绝缘电阻，在最后 3h 内绝缘电阻必须趋于稳定，通常绝缘电阻达 5MΩ 以上即可。

绕组烘干的方法很多，常用的有以下几种。

① 外部加热法。外部加热法是用白炽灯、远红外灯、电炉或蒸气散热管等外部热源来烘干电动机。

② 循环热风烘干法。循环热风烘干法是利用安装在干燥室内的电热器来产生热空气，经鼓风机以 3～5m/s 的流速吹向绕组进行烘干。

③ 煤炉烘干法。煤炉烘干法是利用煤炉产生的热量对绕组进行烘干的。

④ 涡流干燥法。涡流干燥法是利用交变磁通在定子铁芯中产生的磁滞与涡流损耗使电动机发热而达到干燥的目的，故又称铁耗干燥法。

⑤ 电流烘干法。电流烘干法是将电动机绕组接成一定方式后通入低压电流，利用绕组的铜耗进行加热。接线方法有很多种，但每相绕组分配的最大电流不宜超过额定电流的50%～60%。若采用直流电源，则每相绕组的最大电流可为额定电流的60%～80%。电流烘干法的一些接线方法如图6-41所示。

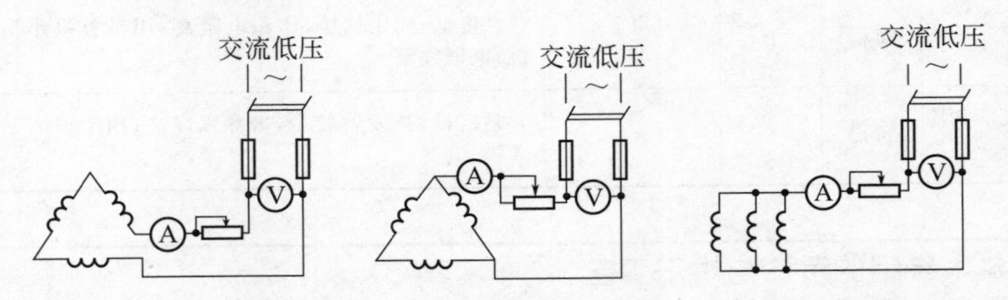

(a) 大中型电动机串联烘干法 (b) 小型电动机串联烘干法 (c) 小型电动机并联烘干法

图6-41 电流烘干法的接线方法

为控制烘干温度，要用温度计测量线圈与铁芯温度，以免绕组温度超过允许值，并且应每隔1h测量1次绝缘电阻。干燥后还要给绕组浇一层绝缘漆，以防绝缘回潮。

烘干电动机时还应注意以下几点

① 烘干电动机前必须将定子绕组清理干净，烘干环境也应保持洁净。

② 采用电流烘干法时，为防止触电，机壳要有良好的接地。

③ 为减小电动机的热散耗，应对干燥的电动机进行保温，且有一定的通风以排除水分。对于封闭式电动机，为使机内潮气容易散发出去，要将端盖打开一缝隙。

④ 要经常用温度计检测温度，以防电动机过热而损坏。电动机绝缘等级和极限工作温度见表6-8。

表6-8 电动机绝缘等级和极限工作温度 单位：℃

电动机绝缘等级		A	E	B	F	H
绝缘极限工作温度		105	120	130	155	180
温度计法	热点温差	15	15	20	30	35
	最高允许工作温度	90	105	110	125	145
	温升极限	50	65	70	85	105
电阻法	热点温差	5	5	10	15	15
	最高允许工作温度	100	115	120	140	165
	温升极限	60	75	80	100	125

注：1. 此表的数据是在环境温度40℃、海拔1000m的条件下测定的。对于标准环境温度（35℃）下的JO、JS型电动机，温升可增加5℃。

2. 短时工作电动机的温升极限可增加10℃。

⑤ 干燥过程中要定时测量绕组的温度及绝缘电阻，并做好记录。开始阶段每隔15min记录1次，以后则每隔1h记录1次。绝缘电阻在开始阶段会下降，而后又开始增大，这是正常现象。若绝缘电阻大于规定值，并能稳定4～5h不变，表明绕组已干燥，

可停止干燥。

例 17：三相异步电动机的检验

三相异步电动机绕组修复总装后，为保证质量，必须进行一定的检查和试验。以检验电动机的修理质量。

（1）一般检查

试验前应先检查电动机的装配质量，如引出线连接是否正确牢固；转子转动是否灵活；轴伸径向偏摆的情况等。对于绕线式电动机还应检查电刷装配情况、电刷与滑环接触情况是否良好。

（2）绝缘电阻的检测

绝缘电阻测定分热态测定和冷态测定。在修复试验中，一般只测冷态绝缘电阻。绕线式电动机还应测量转子绕组的绝缘电阻。

测量时，对于额定电压为500V以下的电动机用500V兆欧表；对于额定电压为500～3000V的电动机，应选用1000V的兆欧表；对于额定电压为3000V以上的电动机用2500V兆欧表。对于常用的额定电压为500V及以下的低压电动机，以及修复后或重新全部更换绕组的电动机，要求其绝缘电阻值在室温（冷态）下不得低于5MΩ。

对于额定电压为380V的电动机，其热态下绕组的绝缘电阻约为0.38MΩ，可据公式换算出各种室温下冷态绝缘电阻的合格值，如表6-9所示。

表 6-9　室温下冷态绝缘电阻合格值（U_N＝380V）

t/℃	0	5	10	15	20	25	30	35	40
R_t/MΩ	69	47	34	24	17	12	8.6	6	4.3

（3）直流电阻的检测

绕组直流电阻的测定在冷态下进行，测量方法有电桥法和电压电流表法。用电桥测量每相绕组的电阻，三相绕组电阻的不平衡度不得超过5%，即：

$$(R_{\max}-R_{\min})/R_{\mathrm{av}}\leqslant 5\% \tag{6-6}$$

其中
$$R_{\mathrm{av}}=(R_{\mathrm{U}}+R_{\mathrm{V}}+R_{\mathrm{W}})/3$$

式中　$R_{\max}$——三相绕组中最大电阻值；

$R_{\min}$——三相绕组中最小电阻值；

R_{av}——三相绕组电阻的平均值；

R_{U}、R_{V}、R_{W}——测得的三相绕组直流电阻。

如果电阻相差过大，表示绕组中有局部短路或焊接不良。尤其是多支路并联绕组，三相绕组电阻相差太大，可能是其中某条支路断路或焊接不良等故障。如果三相绕组的电阻都偏大，则可能是线径偏小或匝数偏多造成的，必须认真找出原因加以解决。

（4）耐压试验

为保证人身及设备安全，必须鉴定电动机绕组绝缘的可靠性，在绕组与铁芯之间及每相之间做交流耐压试验。在线圈包扎、嵌放、接线、总装等过程中，都有可能损伤绝缘。因此，在进行上述各工序后，均需进行耐压试验。耐压试验用50Hz交流电，对额定电压为380V、额定功率为1kW及以上的电动机，试验电压有效值为1760V；对额定电压为380V，额定功率为1kW及以下的电动机，试验电压有效值为1260V。试验时，绕组应能承受1min的耐压试验而不发生击穿。

如果大气湿度太高，绝缘材料受潮，未浸漆前的中间耐压试验可适当降低标准。额定电压为380V及以下的电动机，如果没有高压试验设备，装配后的耐压试验也可用2500V兆欧表摇测一分钟代替。

（5）空载试验。

空载试验是在电动机的定子绕组上施加三相平衡的额定电压，使电动机在不带负载的情况下运行，检查铁芯及轴承温度是否正常，有无异常响声及大的振动。一般空载运行不应少于1h。对于绕线式电动机转子还应检查电刷与滑环之间是否有火花及过热现象。

空载电流是在定子绕组上加三相平衡的额定电压，电动机轴上不带任何负载，分别用万用表及钳形电流表测量所得的线电流。绕线式电动机做空载试验时，转子绕组应直接短路。多速电动机，应分别在每种转速下进行试验。不同极数电动机的空载电流大致范围见表6-10或按式(6-7)进行估算。

表6-10　电动机空载电流占额定电流的百分数（三相平均值）

功率/kW		0.5以下	2以下	10以下	50以下	100以下
极数	2	45～70	40～50	30～40	23～30	15～25
	4	60～75	45～55	35～45	25～35	20～30
	6	65～80	50～60	40～60	30～40	22～33
	8	70～85	50～65	40～65	35～45	25～35

$$I_0=K_0\left[(1-\cos\varphi_N)\sqrt{1-(\cos\varphi_N)^2}\right]I_N(\mathrm{A}) \tag{6-7}$$

式中　I_N——电动机额定电流，A；

$\cos\varphi_N$——额定功率因数，可从样本中查得；

K_0——系数，由手册查取。

Chapter 07

第七章 三相异步电动机的维修

例1：三相异步电动机启动前的准备与检查

① 新的或长期搁置不用的电动机，使用前都应检查一下电动机绕组之间和绕组对地之间的绝缘电阻。对绕线式电动机，除检查定子绕组的绝缘情况外，还应检查转子绕组及集电环（滑环）对地和集电环之间的绝缘。绝缘电阻应不小于1MΩ/1kV。通常对500V以下电动机用500V兆欧表测量，对500～3000V电动机用1000V兆欧表测量，对3000V以上电动机用2500V兆欧表测量。常用的380V的电动机用500V兆欧表测量绝缘电阻一般应大于0.5MΩ。测量电动机绝缘电阻的方法如图7-1所示。

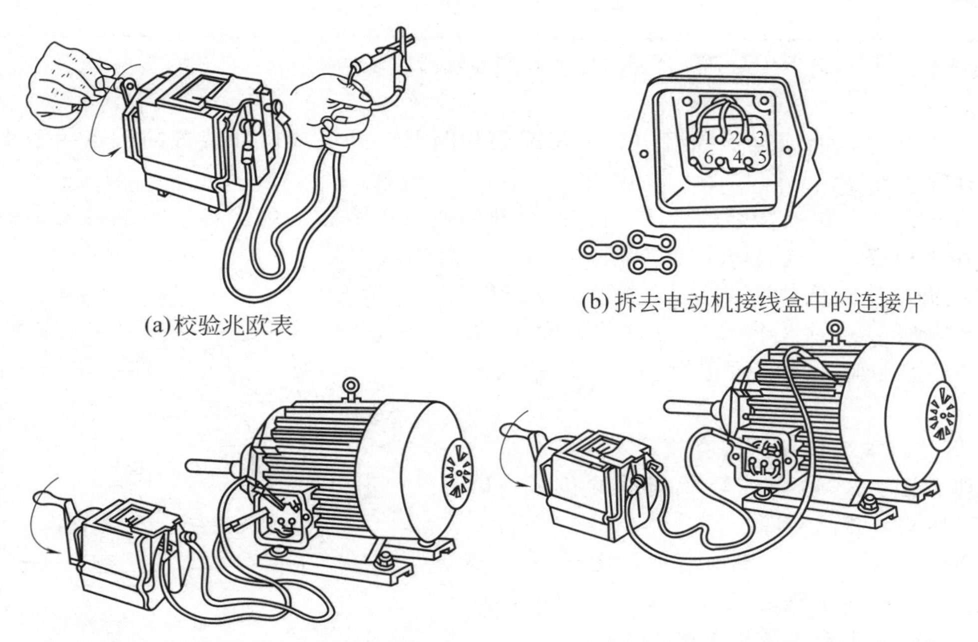

(a)校验兆欧表

(b)拆去电动机接线盒中的连接片

(c)测量电动机三相绕组之间的绝缘电阻

(d)测量电动机绕组对地(机壳)的绝缘电阻

图7-1 测量电动机的绝缘电阻

② 检查电动机及启动设备接地装置是否可靠和完整、接线是否正确、接触是否良好。

③ 检查电动机铭牌所示电压、频率与电源电压、频率是否相符，三相电源电压是否过高、过低或不对称。铭牌所示接法与实际连接是否一致。工作环境是否符合铭牌上所要求的条件。

④ 检查电动机内部有无杂物。用干燥的压缩空气（不大于 2 个大气压，约 0.2MPa）吹净内部，也可使用吹风机或手风箱（皮老虎）等来吹。注意不要损坏绕组。

⑤ 对绕线式转子电动机应检查集电环上的电刷及提刷装置是否正常，电刷压力是否合适。

⑥ 检查电动机的转轴是否能自由旋转，对于滑动轴承，转子的轴向游动量每边为 2～3mm。

⑦ 检查轴承是否有油。一般高速电动机应采用高速机油，低速电动机应采用机械油注入轴承内，并达到规定的油位。

⑧ 对不可逆转的电动机，需检查运转方向是否与运转指示箭头方向一致。

⑨ 检查电动机紧固螺钉是否拧紧，机械方向是否牢固。电动机能否自由转动，有无卡位、窜动和不正常的声音。

⑩ 检查电动机所用熔丝的额定电流是否符合要求。

当上述各项检查完毕后，方可启动电动机。

启动时的注意事项如下。

① 启动后电动机如果不转，应迅速、果断地拉下电闸，防止启动电流将绕组烧坏。

② 若能正常启动，应空转一段时间，并密切注意观察电动机、传动装置、控制设备、生产机械及各种仪表有无异常现象，电动机是否有不正常噪声、振动、局部发热等现象，如有不正常现象需立即停机，待故障消除后才能运行。

③ 按电动机的技术要求，限制电动机连续启动的次数。对于 Y 系列的电动机，一般空载连续启动不得超过 3～5 次。电动机长期运行至热态，停机后又启动，不得连续超过 2～3 次。否则，容易烧坏电动机。

例 2: 三相异步电动机不能启动

① 三相供电线路或定子绕组中有一相或两相断路，开关或启动装置的触点接触不良，导致没有旋转磁场。

处理方法：a. 更换烧断的熔体。b. 检查开关或启动装置的触点，如不能修复则更换。c. 用万用表检查，发现故障予以排除。

② 电源电压过低，造成启动转矩不足。

处理方法：a. 适当提高电源电压。b. 启动电流造成线路压降太大，可更换适当的较粗绝缘导线。

③ 负载过大或传动机构有故障。

处理方法：a. 适当减轻所拖动的负载。b. 检查传动机构，排除故障。

④ 轴承过度磨损，转轴弯曲，定子铁芯松动，甚至定子、转子铁芯相擦，使电动机的气隙不均匀，在转子上产生单边电磁力。

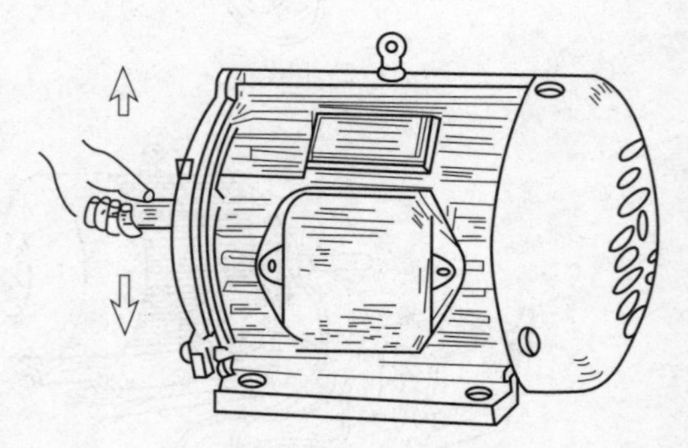

图 7-2 检查轴承是否松动

处理方法：a. 要检查轴承是否损坏，只需上下移动轴承，若转轴松动，则应更换新轴承，如图 7-2 所示。b. 校正轴承。c. 将定子铁芯复位并固定。

⑤ 定子绕组严重断路。处理方法：匝间、相间和对地短路，都会使三相电流失去平衡而导致电动机故障，有时会造成电动机过热而烧毁电动机。可以通过三相定子绕组电流平衡试验来确定短路处，如图 7-3 和图 7-4 所示。然后找出短路点，经绝缘处理或重新更换绕组。

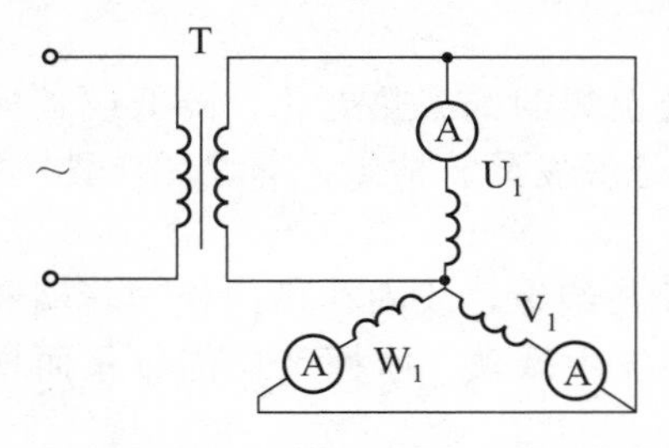

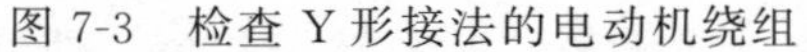
图 7-3　检查 Y 形接法的电动机绕组

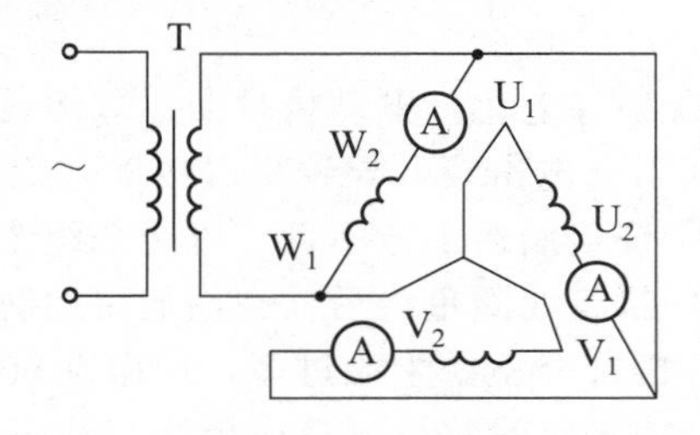

图 7-4　检查△形接法的电动机绕组

⑥ 定子绕组重绕后接线错误。处理方法：a. 在重绕或修理过程中，往往容易发生绕组内部连接的错误。要确定电动机绕组内部连接是否正确，可采用钢珠法检查。若连接正确，电源开关合上后钢珠会沿定子铁芯内壁滚动；反之，则钢珠静止不动，如图 7-5 所示。b. 检查三相绕组的首末段，然后按正确接线图进行接线。

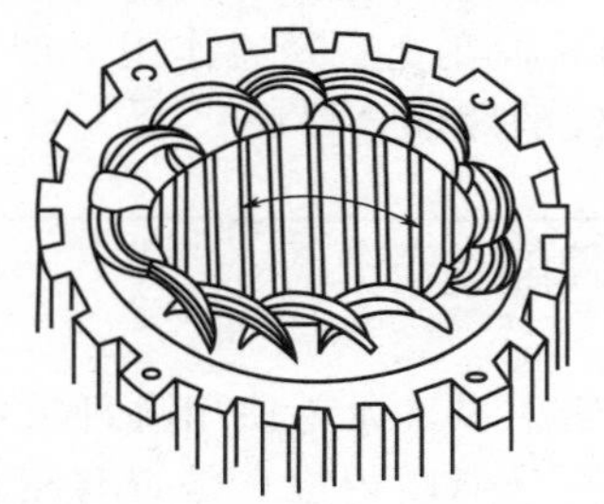
图 7-5　绕组极性的钢珠判别法

例 3:　绝缘电阻偏低故障的检修

三相异步电动机在存放或者工作环境中，若湿度很高，使电动机表面吸附了一层导电物质，造成绝缘电阻偏低。此外，使用时间较长的电动机，受电磁机械力及温度的影响，也会使绝缘出现龟裂、分层、酥脆等轻度老化现象。还有若选用的绝缘材料质量不好、厚度不够，在嵌线时被损伤等，或原来绝缘处理不良，经使用后绝缘状况变得更差，以致整机或某一相绝缘电阻偏低。

绝缘电阻偏低是指绕组对地或相间电阻大于零而低于合格值。如若不进行处理而投入运行，就有被击穿烧坏的可能。额定电压在 1000V 以下的电动机绝缘电阻不低于 0.5MΩ，1000V 以上的电动机绝缘电阻不低于 1MΩ/kV（热态）。绝缘电阻偏低的电动机，一般要进行干燥处理。对于绝缘轻度老化或存在薄弱环节的定子绕组，干燥后还要进行一次浸漆和烘干，以增加绝缘强度。

绕组绝缘电阻偏低多数是由绕组受潮造成的。绕组受潮一般要进行干燥处理。几种常用的干燥方法可见下节定子绕组的浸漆与烘干。

例 4:　定子绕组产生接地故障的原因

三相异步电动机的绝缘电阻较低，虽经加热烘干处理，绝缘电阻仍很低，经检测发现定子绕组已与定子铁芯短接，即绕组接地，绕组接地后会使电动机的机壳带电，绕组过热，从而导致短路，造成电动机不能正常工作。

① 绕组受潮。长期备用的电动机，经常由于受潮而使绝缘电阻值降低，甚至失去绝缘作用。

② 绝缘老化。电动机长期过载运行，导致绕组及引线的绝缘热老化，降低或丧失绝缘强度而引起电击穿，导致绕组接地。绝缘老化现象为绝缘发黑、枯焦、酥脆、开裂、剥落。

③ 绕组制造工艺不良，以至绕组绝缘性能下降。

④ 绕组线圈重绕后，在嵌放绕组时操作不当而损伤绝缘，线圈在槽内松动，端部绑扎不牢，冷却介质中尘粒过多，使电动机在运行中线圈发生振动、摩擦及局部位移而损坏主绝缘。或槽绝缘移位，造成导线与铁芯相碰。

⑤ 铁芯硅钢片凸出，或有尖刺等损坏了绕组绝缘。或定子铁芯与转子相擦，使铁芯过热，烧毁槽楔或槽绝缘。

⑥ 绕组端部过长，与端盖相碰。

⑦ 引线绝缘损坏，与机壳相碰。

⑧ 电动机受雷击或电力系统过电压而使绕组绝缘击穿损坏等。

⑨ 槽内或线圈上附有铁磁物质，在交变磁通作用下产生振动，将绝缘磨穿。若铁磁物质较大，则易产生涡流，引起绝缘的局部热损坏。

例 5: 定子绕组接地故障的检查

检查定子绕组接地故障的方法很多，无论使用哪种方法，在具体检查时首先应将各相绕组接线端的连接片拆开，然后再分别逐相检查是否有接地故障。找出有接地故障的绕组后，再拆开该相绕组的极相组连线的接头，确定接地的极相组。最后拆开该极相组中各线圈的连接头，最终确定存在接地故障的线圈。常用的检查绕组接地的方法有以下几种。

① 观察法。绕组接地故障经常发生在绕组端部或铁芯槽口部分，而且绝缘常有破裂和烧焦发黑的痕迹。因而当电动机拆开后，可先在这些地方寻找接地处。如果引出线和这些地方没有接地的迹象，则接地点可能在槽里。

② 兆欧表检查法。用兆欧表检查时，应根据被测电动机的额定电压来选择兆欧表的等级。500V 以下的低压电动机，选用 500V 的兆欧表；3kV 的电动机采用 1000V 的兆欧表；6kV 以上的电动机应选用 2500V 的兆欧表。

测量时，兆欧表的一端接电动机绕组，另一端接电动机机壳。按 120r/min 的速度摇动摇柄，若指针指向零，表示绕组接地；若指针摇摆不定，说明绝缘已被击穿；如果绝缘电阻在 0.5MΩ 以上，则说明电动机绝缘正常。

③ 万用表检查法。检测时，先将三相绕组之间的连接线拆开，使各相绕组互不接通。然后将万用表的量程旋到 R×10kΩ 挡位上，将一只表笔碰触在机壳上，另一只表笔分别碰触三相绕组的接线端。若测得的电阻较大，则表明没有接地故障；如测得的电阻很小或为零，则表明该相绕组有接地故障。

④ 校验灯检查法。将绕组的各相接头拆开，用一只 40～100W 的灯泡串接于 220V 火线与绕组之间，如图 7-6 所示。一端接机壳，另一端依次接三相绕组的接头。若校验灯亮，表示绕组接地；若校验灯微亮，说明绕组绝缘性能变差或漏电。

⑤ 冒烟法。在电动机的定子铁芯与线圈之间加一低电压，并用调压器来调节电压，逐渐升高电压后接地点会很快发热，使绝缘烧焦并冒烟，此时应立即切断电源，在接地处做

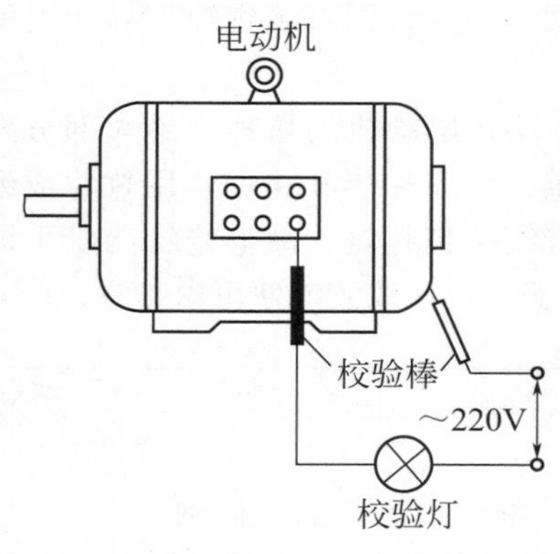

图 7-6　用校验灯检查绕组接地

好标记。采用此法时应掌握通入电流的大小。一般小型电动机不超过额定电流的两倍，时间不超过 0.5min；对于容量较大的电动机，则应通入额定电流的 20%～50%，或者逐渐增大电流至接地处冒烟为止。

⑥ 电流定向法。将故障一相绕组的两个头接起来，例如，将 U 相首末端并联加直流电压。电源可用 6～12V 蓄电池，串联电流表和可调电阻，如图 7-7 所示。调节可调电阻，使电路中电流为 0.2～0.4 倍额定电流，线圈内的电流方向如图中所示。则故障槽内的电流流向接地点。此时若用小磁针在被测绕组的槽口移动，观察小磁针的方向变化，可确定故障的槽号，再从找到的槽号上、下移动小磁针，观察磁针的变化，则可找到故障的位置。

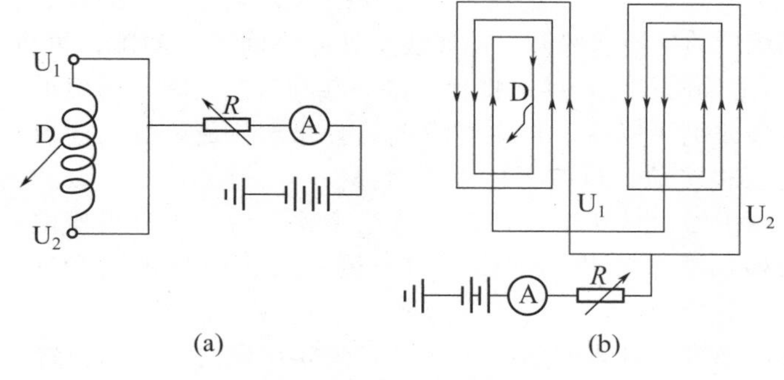

图 7-7　电流定向法

⑦ 分段淘汰法。如果接地点位置不易发现时，可采用此法进行检查。首先应确定有接地故障的相绕组，然后在极相组的连接线中间位置剪断或拆开，使该相绕组分成两半，然后用万用表、兆欧表或效验灯等进行检查。电阻为零或校验灯亮的一半有接地故障存在。接着再把接地故障这部分的绕组分成两部分，依次类推分段淘汰，逐步缩小检查范围，最后就可找到接地的线圈。

例如，如图 7-8 所示是一台三相 4 极 36 槽异步电动机双叠绕组的 V（B）相绕组。由图可知，每极有 9 槽，每一相在每一极中占有 3 槽，由于是双叠绕组，每一极相组中有 3 只线圈。采用分段淘汰法时，先拆开接头 1 与 2，将串有校验灯的电源接在 V_1（B）与地之间，校验灯不亮，表明这一部分线圈没有接地；再将电源接在 V_2（Y）与地之间，校验灯亮，表明接地点在 2 与 V_2（Y）之间。然后拆开接头 3 与 4，把电源接在 V_2（Y）与 4 之间，校

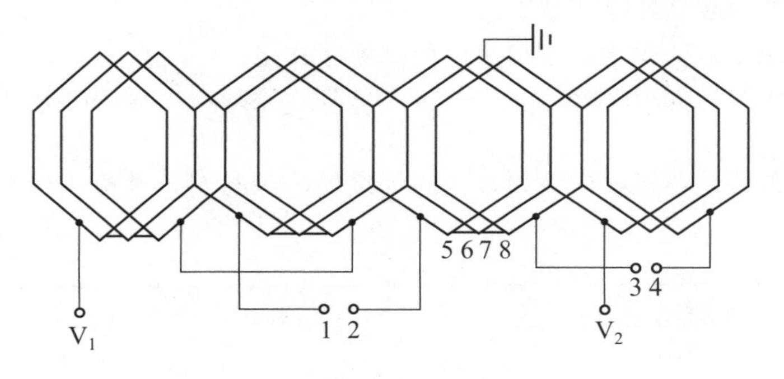

图 7-8　分段淘汰法检查接地绕组

验灯不亮，表明接地点在2与3之间；再检查接头5与6及7与8，即可确定第三极相组的第二只线圈接地。

此外，还有电压降法等方法，在此就不赘述了。实践证明，电动机的接地点绝大部分发生在线圈伸出铁芯端部槽口的位置上。如该处的接地不严重，可先加热软化后，用竹片或绝缘材料插入线圈与铁芯之间，然后再检查。如不接地，则将线圈包扎好，涂上绝缘漆烘干即可。如绕组接地发生在两头碰触端盖，则可用绝缘物衬在端盖上，接地故障便可以排除。

例6: 定子绕组接地故障的检修

只要绕组接地的故障程度较轻，又便于查找和修理时，都可以进行局部修理。

① 接地点在槽口。当接地点在端部槽口附近且又没有严重损伤时，则可按下述步骤进行修理。

a. 在接地的绕组中，通入低压电流加热，在绝缘软化后打出槽楔。

b. 用划线板把槽口的接地点撬开，使导线与铁芯之间产生间隙，再将与电动机绝缘等级相同的绝缘材料剪成适当的尺寸，插入接地点的导线与铁芯之间，再用小木锤将其轻轻打入。

c. 在接地位置垫放绝缘以后，再将绝缘纸对折起来，最后打入槽楔。

② 槽内线圈上层边接地。可按下述步骤检修。

a. 在接地的线圈中通入低压电流加热，待绝缘软化后，再打出槽楔。

b. 用划线板将槽机绝缘分开，在接地的一侧，按线圈排列的顺序，从槽内翻出一半线圈。

c. 使用与电动机绝缘等级相同的绝缘材料，垫放在槽内接地的位置。

d. 按线圈排列顺序，把翻出槽外的线圈再嵌入槽内。

e. 滴入绝缘漆，并通入低压电流加热、烘干。

f. 将槽绝缘对折起来，放上对折的绝缘纸，再打入槽楔。

③ 槽内线圈下层边接地。可按下述步骤检修。

a. 在线圈内通入低压电流加热。待绝缘软化后，即撬动接地点，使导线与铁芯之间产生间隙，然后清理接地点，并垫进绝缘。

b. 用校验灯或兆欧表等检查故障是否消除。如果接地故障已消除，则按线圈排列顺序将下层边的线圈整理好，再垫放层间绝缘，然后嵌进上层线圈。

c. 滴入绝缘漆，并通入低压电流加热、烘干。

d. 将槽绝缘对折起来，放上对折的绝缘纸，再打入槽楔。

④ 绕组端部接地。可按下述步骤检修。

a. 先把损坏的绝缘刮掉并清理干净。

b. 将电动机定子放入烘房进行加热，使其绝缘软化。

c. 用硬木做成的打板对绕组端部进行整形处理。整形时，用力要适当，以免损坏绕组的绝缘。

d. 对于损坏的绕组绝缘，应重新包扎同等级的绝缘材料，并涂刷绝缘漆，然后进行烘干处理。

例7: 定子绕组短路的原因

定子绕组短路是异步电动机中经常发生的故障。绕组短路可分为匝间短路和相间短路，

其中相间短路包括相邻线圈短路、级相组短路和两相绕组之间的短路。

匝间短路是指线圈中串联的两个线匝因绝缘层破裂而短路。

相间短路是由于相邻线圈之间绝缘层损坏而短路，一个极相组的两根引线被短接，以及三相绕组的两相之间因绝缘损坏而造成的短路。

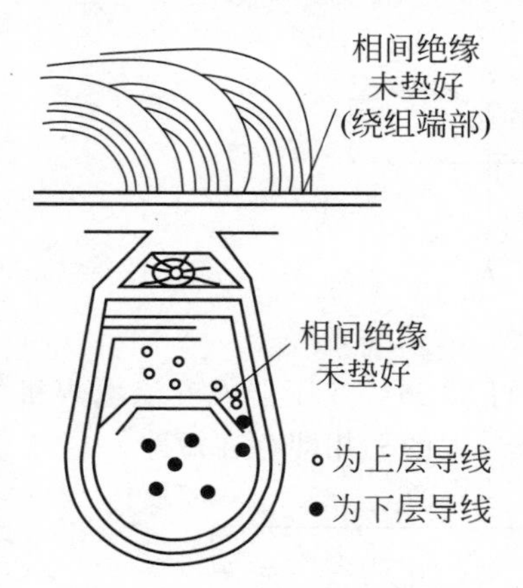

图 7-9　绕组端部及槽内相同绝缘未垫好

绕组短路严重时，负载情况下电动机根本不能启动。短路匝数少，电动机虽能启动，但电流较大且三相不平衡，导致电磁转矩不平衡，使电动机产生振动，发出“嗡嗡”响声，短路匝中流过很大电流，使绕组迅速发热、冒烟并发出焦臭味甚至烧坏。

① 修理时嵌线操作不熟练，造成绝缘损伤，或在焊接引线时烙铁温度过高、焊接时间过长而烫坏线圈的绝缘。

② 绕组因年久失修而使绝缘老化。或绕组受潮，未经烘干便直接运行，导致绝缘击穿。

③ 电动机长期过载，绕组中电流过大，使绝缘老化变脆，绝缘性能降低而失去绝缘作用。

④ 定子绕组线圈之间的连接线或引线绝缘不良。

⑤ 绕组重绕时，绕组端部或双层绕组槽内的相间绝缘没有垫好或击穿损坏。如图 7-9 所示。

⑥ 由于轴承磨损严重，使定子和转子铁芯相擦产生高热，而使定子绕组绝缘烧坏。

⑦ 雷击、连续启动次数过多或过电压击穿绝缘。

例 8: 定子绕组短路故障的检查

定子绕组短路故障的检查方法有以下几种。

① 观察法。观察定子绕组有无烧焦绝缘或有无浓厚的焦味，可判断绕组有无短路故障。也可让电动机运转几分钟后，切断电源停车之后，立即将电动机端盖打开，取出转子，用手触摸绕组的端部，感觉温度较高的部位即是短路线匝的位置。

② 万用表（兆欧表）法。将三相绕组的头尾全部拆开，用万用表或兆欧表测量两相绕组间的绝缘电阻，其阻值为零或很低，即表明两相绕组有短路。

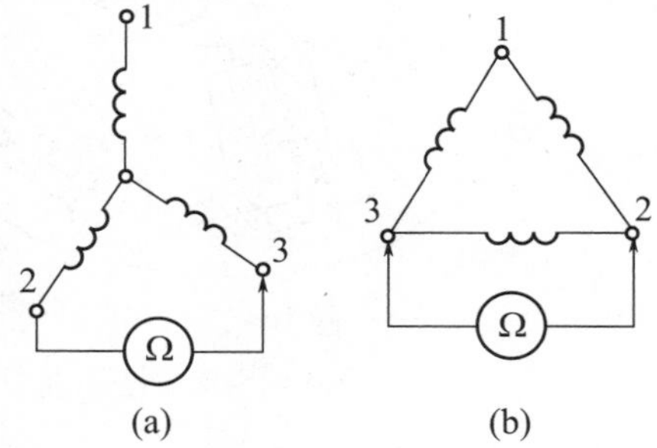

图 7-10　直流电阻法检查绕组短路

③ 直流电阻法。当绕组短路情况比较严重时，可用电桥测量各相绕组的直流电阻，电阻较小的绕组即为短路绕组（一般阻值偏差不超过 5%可视为正常）。为了测量方便与准确，通常是测量两相串联后的电阻，如图 7-10(a) 所示，再按式 (7-1) 计算各相电阻。

$$R_3=\frac{R_{13}+R_{23}-R_{12}}{2} \tag{7-1}$$

$$R_1=R_{13}-R_3$$

$$R_2=R_{12}-R_1$$

若电动机绕组为三角形接法，应拆开一个连接点再进行测量，如图 7-10(b) 所示。

④ 电压法。将一相绕组的各极相组连接线的绝缘套管剥开，在该相绕组的出线端通入50～100V 低压交流电或 12～36V 直流电，然后测量各极相组的电压降，读数较小的即为短路绕组，如图 7-11 所示。为进一步确定是哪一只线圈短路，可将低压电源改接在极相组的两端，再在电压表上连接两根套有绝缘的插针，分别刺入每只线圈的两端，其中测得的电压最低的线圈就是短路线圈。

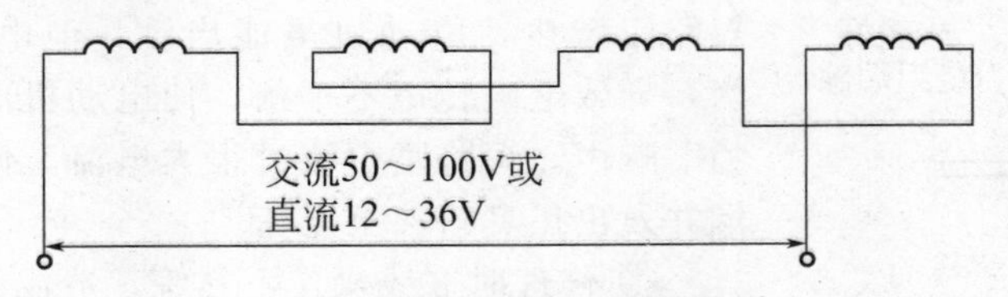

图 7-11　电压法检查短路绕组

⑤ 电流平衡法。测量电路如图 7-12 所示，电源变压器可用 36V 变压器或交流电焊机。每相绕组串接一只电流表，通电后记下电流表的读数，电流过大的一相即存在短路。

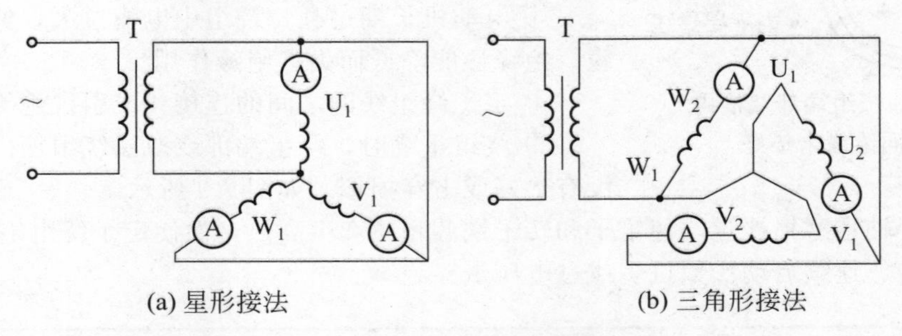

图 7-12　电流平衡法查找短路绕组

⑥ 短路侦察器法。短路侦察器是一个开口变压器，它与定子铁芯接触的部分做成与定子铁芯相同的弧形，宽度也做成与定子齿距相同，如图 7-13 所示。其检查方法如下。

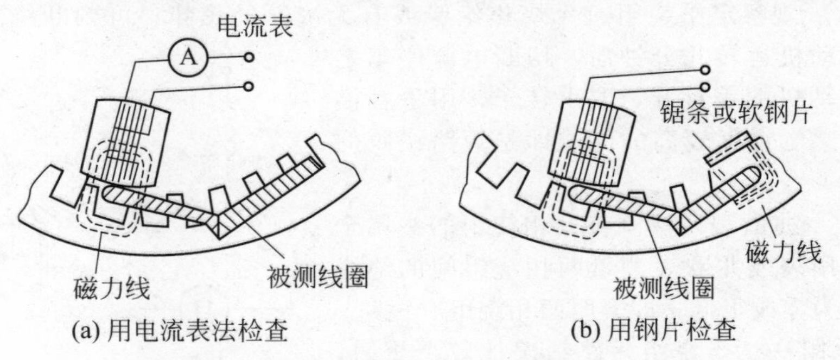

图 7-13　短路侦察器法检查短路绕组

取出电动机的转子，将短路侦察器的开口部分放在定子铁芯中所要检查的线圈边的槽口上，给短路侦查器通入交流电，这时短路侦查器的铁芯与被测定子铁芯构成磁回路，而组成一个变压器，短路侦察器的线圈相当于变压器的一次线圈，定子铁芯槽内的线圈相当于变压器的二次线圈。如果短路侦察器是处在短路绕组，则形成类似是一个短路的变压器，这时串接在短路侦察器线圈中的电流表将显示出较大的电流值。用这种方法沿着被测电动机的定子铁芯内圆逐槽检查，找出电流最大的那个线圈就是短路的线圈。

如果没有电流表，也可用约 0.6mm 厚的钢锯条片放在被测线圈的另一个槽口，若有短路，则这片钢锯条就会产生振动，说明这个线圈就是故障线圈。对于多路并联的绕组，必须将各个并联支路打开，才能采用短路侦察器进行测量。

⑦ 感应电压法。将 12～36V 单相交流电通入 U 相，测量 V、W 相的感应电压；然后通入 V 相，测量 W、U 相的感应电压；再通入 W 相，测量 U、V 相的感应电压。记下测量的数值进行比较，感应电压偏小的一相即有短路。例如，一台 7.5kW 2 极电动机的实测数据见表 7-1，其中 U 相感应电压最小，表明有匝间短路。

表 7-1　7.5kW 电动机感应电压实测数据　　单位：V

通电相别	电源电压	感应电压		
		U 相	V 相	W 相
U	24	—	10	10
V	24	7	—	9
W	24	7	9	—

例 9: 定子绕组短路故障的检修 

在查明定子绕组的短路故障后，可按具体情况进行相应的修理。根据维修经验，最容易发生短路故障的位置是同极同相、相邻的两只线圈，上、下两层线圈及线圈的槽外部分。

① 端部修理法。如果短路点在线圈端部，是因接线错误而导致的短路，可拆开接头，重新连接。当连接线绝缘管破裂时，可将绕组适当加热，撬开引线处，重新套好绝缘套管或用绝缘材料垫好。当端部短路时，可在两绕组端部交叠处插入绝缘物，将绝缘损坏的导线包上绝缘布。

② 拆修重嵌法。在故障线圈所在槽的槽楔上，刷涂适当溶剂（丙酮 40%，甲苯 35%，酒精 25%），约半小时后，抽出槽楔并逐匝取出导线，用聚酯胶带将绝缘损坏处包扎好，重新嵌回槽中。如果故障在底层导线中，则必须将妨碍修理操作的邻近上层线圈边的导线取出槽外，待有故障的线匝修理完毕后，再依次嵌回槽中。

③ 局部调换线圈法。如果同心绕组的上层线圈损坏，可将绕组适当加热软化，完整地取出损坏的线圈，仿制相同规格的新线圈，嵌到原来的线槽中。对于同心式绕组的底层线圈和双层叠绕组线圈短路故障，可采用“穿绕法”修理。穿绕法较为省工省料，还可以避免损坏其他好线圈。

穿绕修理时，先将绕组加热至 80℃左右使其绝缘软化，然后将短路线圈的槽楔打出，剪断短路线圈两端，将短路线圈的导线一根一根抽出。接着清理线槽，用一层聚酯薄膜复合青壳纸卷成圆筒，插入槽内形成一个绝缘套。穿线前，在绝缘套内插入钢丝或竹签（打蜡）后作为假导线，假导线的线径比导线略粗，根数等于线匝数。导线按短路线圈总长剪断，从中点开始穿线，如图 7-14 所示。导线的一端（左端）从下层边穿起，按下 1、上 2、下 3、上 4 的次序穿绕，另一端（右端）从上层边穿起，按上 5、下 6、上 7、下 8 的次序穿绕。穿绕时，抽出一根假导线，随即穿入一根新导线，以免导线或假导线在槽内发生移动。穿绕完

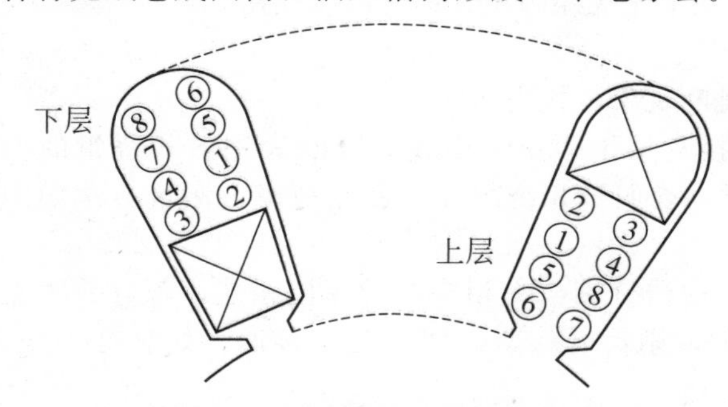

图 7-14　穿绕法修理短路绕组

毕，整理好端部，然后进行接线，并检查绝缘和进行必要的试验，经检测确定绝缘良好并经空载试车正常后，才能浸漆、烘干。

对于单层链式或交叉式绕组，在拆除故障线圈之后，把上面的线圈端部压下来填充空隙，另制一组导线直径和匝数相同的新线圈，从绕组表层嵌入原来的线槽内。

④ 截除故障点法。对于匝间短路的一些线圈，在绕组适当加热后，取下短路线圈的槽楔，并截断短路线圈的两边端部，小心地将导线抽出槽外，接好余下线圈的断头，而后再进行绝缘处理。

⑤ 去除线圈法或跳接法。在急需电动机使用，而一时又来不及修复时，可进行挑接处理，即把短路的线圈废弃，跳过不用，用绝缘材料将断头包好。但这种方法会造成电动机三相电磁不平衡，恶化了电动机性能，应慎用，事后应进行补救。

例 10: 定子绕组断路的原因

当电动机定子绕组中有一相发生断路，电动机星形联结时，通电后发出较强的“嗡嗡”声，启动困难，甚至不能启动，断路相电流为零。当电动机带一定负载运行时，若突然发生一相断路，电动机可能还会继续运转，但其他两相电流将增大许多，并发出较强的“嗡嗡”声。对三角形接法的电动机，虽能自行启动，但三相电流极不平衡，其中一相电流比另外两相约大 70%，且转速低于额定值。采用多根并绕或多支路并联绕组的电动机，其中一根导线断线或一条支路断路并不造成一相断路，这时用电桥可测得断股或断支路相的电阻值比另外两相大。

① 绕组端部伸在铁芯外面，导线易被碰断，或由于接线头焊接不良，长期运行后脱焊，以致造成绕组断路。

② 导线质量低劣，导线截面有局部缩小处，原设计或修理时导线截面积选择偏小，以及嵌线时刮削或弯折致伤导线，运行中通过电流时局部发热产生高温而烧断。

③ 接头脱焊或虚焊，多根并绕或多支路并联绕组断股未及时发现，经一段时间运行后发展为一相断路。或受机械力影响断裂及机械碰撞使线圈断路。

④ 绕组内部短路或接地故障，没有发现、长期过热而烧断导线。

例 11: 定子绕组断路故障的检查

实践证明，断路故障大多数发生在绕组端部、线圈的接头以及绕组与引线的接头处。因此，发生断路故障后，首先应检查绕组端部，找出断路点，重新进行连接、焊牢，包上相应等级的绝缘材料，再经局部绝缘处理，涂上绝缘漆晾干，即可继续使用。

定子绕组断路故障的检查方法有以下几种。

① 观察法。仔细观察绕组端部是否有碰断现象，找出碰断处。

② 万用表法。将电动机出线盒内的连接片取下，用万用表或兆欧表测各相绕组的电阻，当电阻大到几乎等于绕组的绝缘电阻时，表明该相绕组存在断路故障，测量方法如图 7-15 所示。

③ 检验灯法。小灯泡与电池串联，两根引线分别与一相绕组的头尾相连，若有并联支路，拆开并联支路端头的连接线；有并绕的，则拆开端头，使之互不接通。如果灯不亮，则表明绕组有断路故障。测量方法如图 7-16 所示。

④ 三相电流平衡法。对于 10kW 以上的电动机，由于其绕组都采用多股导线并绕或多

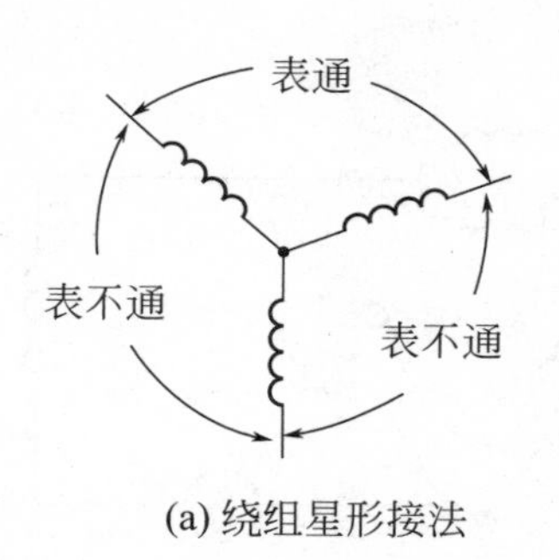

(a) 绕组星形接法

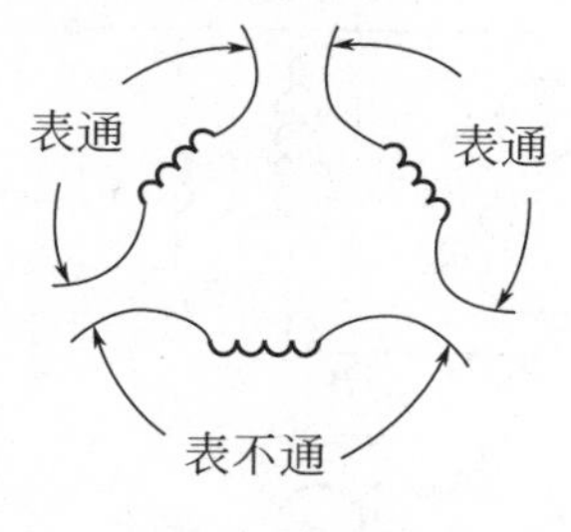

(b) 绕组三角形接法

图 7-15　万用表法检查绕组断路

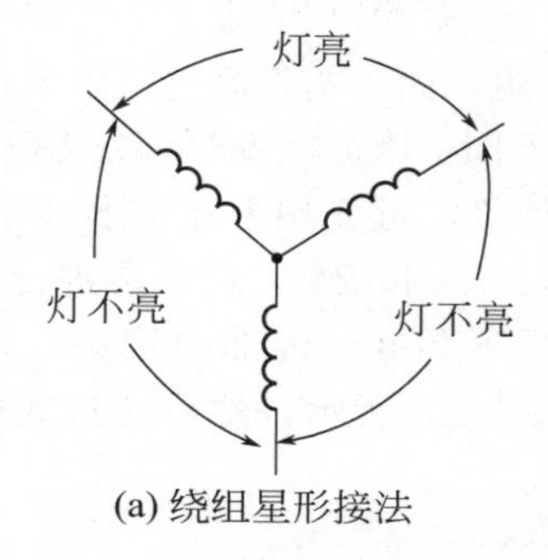

(a) 绕组星形接法

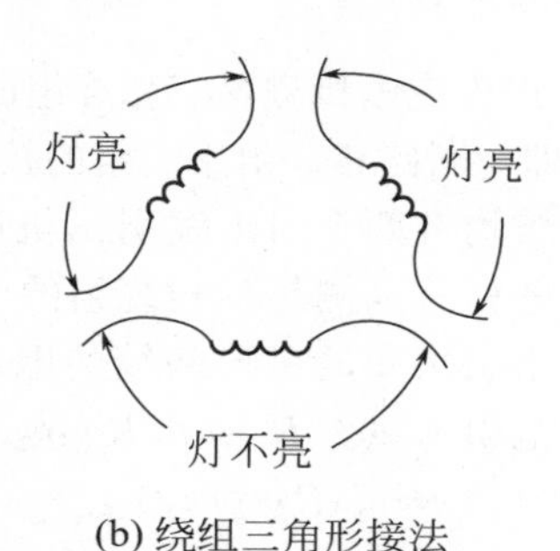

(b) 绕组三角形接法

图 7-16　检验灯法检查绕组断路

支路并联，往往不是一相绕组全部断路，而是一相绕组中的一根或几根导线或一条支路断开，所以检查起来较麻烦，这种情况下可采用三相电流平衡法来检测。

将异步电动机空载运行，用电流表测量三相电流。如果星形联结的定子绕组中有一相部分断路，则断路相的电流较小，如图 7-17(a) 所示。如果三角形联结的定子绕组中有一相部分断路，则三相线电流中有两相的线电流较小，如图 7-17(b) 所示。

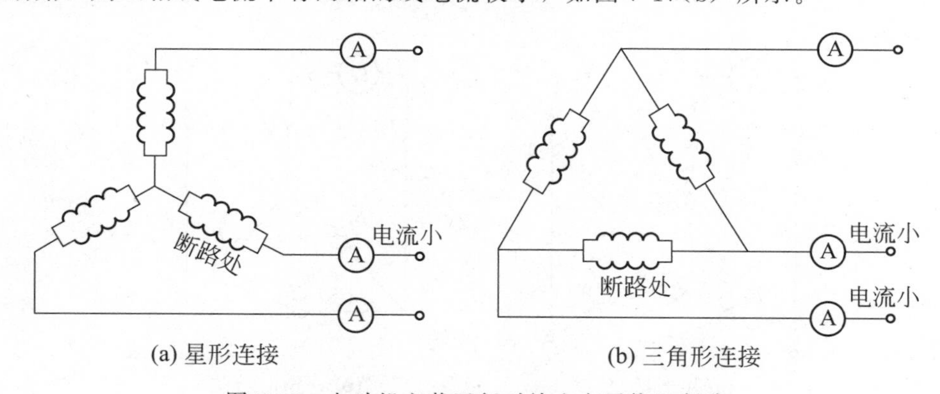

(a) 星形连接　　(b) 三角形连接

图 7-17　电动机空载运行时检查定子绕组断路

如果电动机已经拆开，不能空载运行，这时可用单相交流电焊机作为电源进行测试。当电动机的三相绕组采用星形接法时，需将三相绕组串入电流表后再并联，然后接通单相交流电源，测试三相绕组中的电流，若电流值相差 5%以上，电流较小的一相可能有部分断路。如图 7-18 所示。当电动机的三相绕组采用三角形接法时，应先将绕组的接头拆开，然后将电流表分别串接在每相绕组中，测量每相绕组的电流，如图 7-19 所示。比较各相绕组的电流，其中电流较小的一相即为断路相。

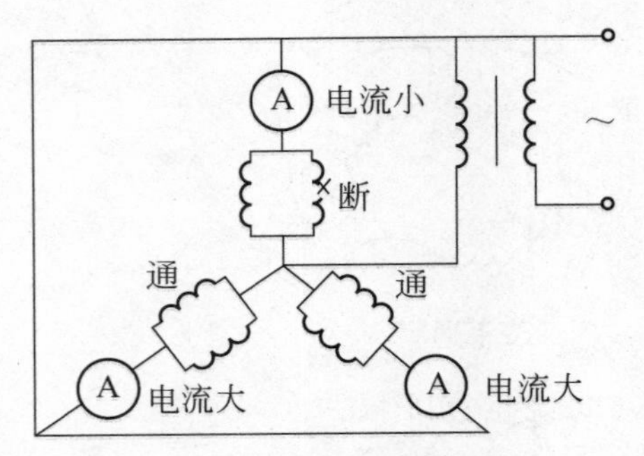

图 7-18　电流平衡法检查星形接法的电动机定子绕组

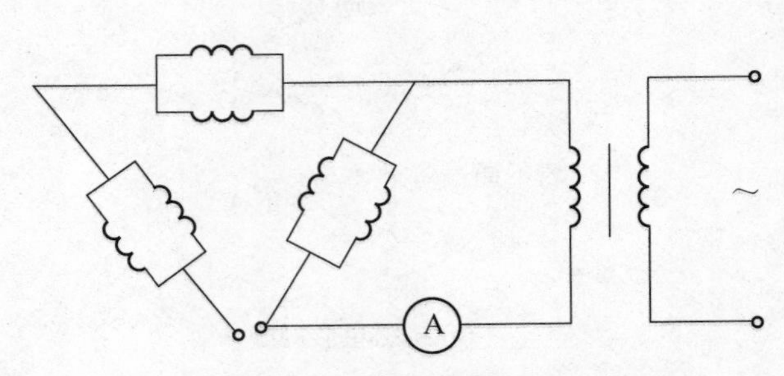

图 7-19　电流平衡法检查三角形接法的电动机定子绕组

⑤ 电阻法。用直流电桥测量三相绕组的直流电阻，如三相直流电阻阻值相差大于 2%时，电阻较大的一相即为断路相。由于绕组的接线方式不同，因此检查时可分为以下几种情况。

对于每相绕组均有两个引出线引出机座的电动机，可先用万用表找出各相绕组的首末端，然后用直流电桥分别测量各相绕组的电阻 R_U、R_V和 R_W，最后再进行比较。

对于只有三个引出线的星形联结的电动机，可不必拆开内部的接头，只需测量每两个线端之间的线间电阻 R_{UV}、R_{VW}和 R_{WU}，如图 7-20(a) 所示，然后通过式(7-2) 将线间电阻换算成绕组相电阻 R_U、R_V和 R_W。

$$\begin{aligned} R_U &= R_M - R_{VW} \\ R_V &= R_M - R_{WU} \\ R_W &= R_M - R_{UV} \end{aligned} \tag{7-2}$$

式中

$$R_M = \frac{R_{UV} + R_{VW} + R_{WU}}{2}$$

对于只有三个引出线的三角形联结的电动机，也同样可以通过测量线间电阻 R_{UV}、R_{VW}和 R_{WU}的方法来计算绕组相电阻 R_U、R_V和 R_W，如图 7-20(b) 所示，其换算公式如式(7-3) 所示。

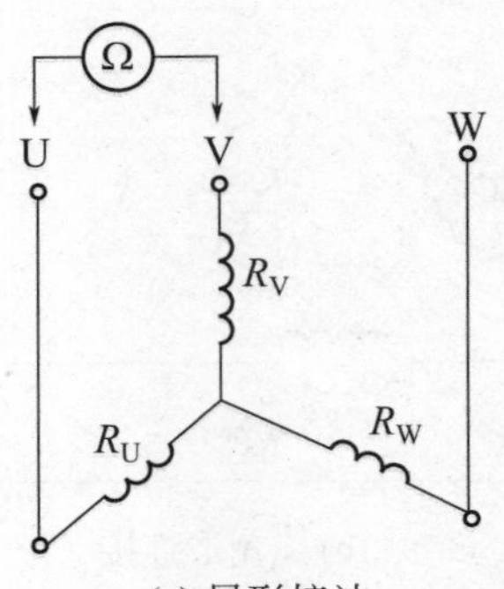

(a) 星形接法

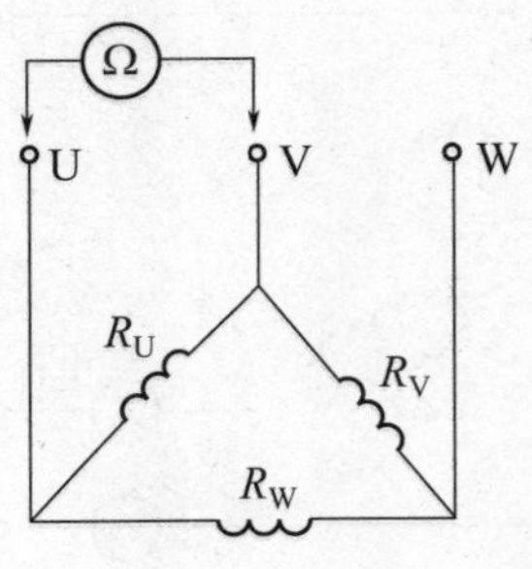

(b) 三角形接法

图 7-20　定子绕组线间电阻的测量方法

$$\begin{aligned} R_U &= \frac{R_{VW} R_{WU}}{R_M - R_{UV}} + R_{UV} - R_M \\ R_V &= \frac{R_{WU} R_{UV}}{R_M - R_{VW}} + R_{VW} - R_M \\ R_W &= \frac{R_{UV} R_{VW}}{R_M - R_{WU}} + R_{WU} - R_M \end{aligned} \tag{7-3}$$

例 12：定子绕组断路故障的检修

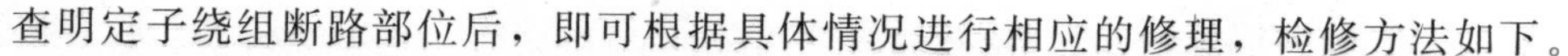

查明定子绕组断路部位后，即可根据具体情况进行相应的修理，检修方法如下。

① 当绕组导线接头焊接不良时，应先拆下导线接头处包扎的绝缘，断开接头，仔细清理，除去接头上的油污、焊渣及其他杂物。如果原来是锡焊焊接的，则先进行搪锡，再用烙铁重新焊接牢固并包扎绝缘，若采用电弧焊焊接不会损坏绝缘，接头也会比较牢靠。

② 引线断路时应更换同规格的引线。若引线长度较长，可缩短引线，重新焊接接头。

③ 槽内线圈断线的处理。出现该故障现象时，应先将绕组加热，翻起断路的线圈，然后用合适的导线接好焊牢，爆炸绝缘后再嵌回原线槽，封好槽口并刷上绝缘漆。但注意接头处不能在槽内，必须放在槽外两端。另外也可以调换新线圈。

有时遇到电动机急需使用，一时来不及修理，也可以采取跳接法，直接短接断路的线圈，但此时应降低负载运行。这对于小公里电动机以及轻载、低速电动机是比较适用的。这是一种应急修理办法，事后应采取适当的补救措施。如果绕组断路严重，则必须拆除绕组重绕。

④ 当绕组端部断路时，可采用电吹风机对断线处加热，软化后把断头端挑起来，刮掉断头端的绝缘层，随后将两个线端插入玻璃丝漆套管内，并顶接在套管的中间位置进行焊接。焊好后包扎相应等级的绝缘，然后再涂上绝缘漆晾干。修理时还应注意检查邻近的导线，如有损伤也要进行接线或绝缘处理。对于绕组有多根断线的，必须仔细查出哪两根线对应相接，否则，接错将造成自行断路。多根断线的每两个线端的连接方法与上述单根断线的连接方法相同。

例 13：定子绕组首末端接反的检查

在嵌线或接线过程中，有时因工作疏忽或业务不熟，造成绕组嵌反或接错，使电动机的磁动势和电抗发生不平衡，引起电动机剧烈振动，产生噪声，同时，使绕组过热，甚至会使电动机烧毁。

极相组接错，在分数槽电动机中最易发生。因此，在绕制线圈时，将首末端套上不同颜色的套管，可避免接错，或一旦接错亦易于查找。

有时在换接电源时，由于工作不慎，线头标记错误或不清，使其中一相首末端接反。引出线首末端接反的电动机将不能顺利启动，运行时声响较大且达不到额定转速，三相电流不平衡。

如果在三相定子绕组中，有一相绕组头尾互换，叫作一相反接。一相绕组反接的电路如图 7-21 所示。

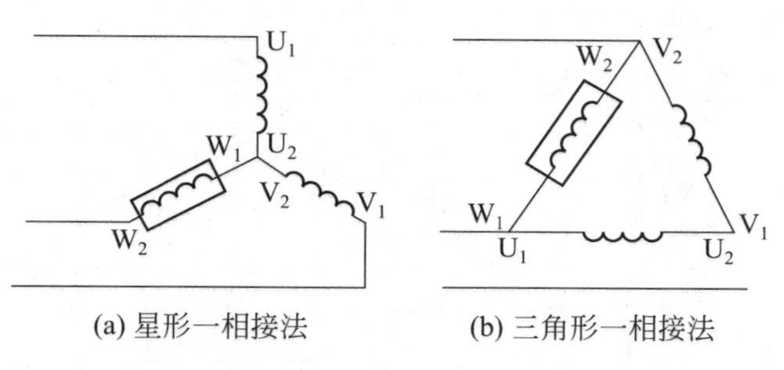

(a) 星形一相接法　(b) 三角形一相接法

图 7-21　一相绕组反接的电路

一相反接的主要表现有以下几种情况。电动机的启动转矩严重下降，只要稍带负载或电压偏低，电动机就不能启动至正常转速。三相空载电流明显不等，而且都比正常值大得多。机身严重振动并伴有明显的电磁噪声。即便空载运行，电动机也要严重发热，如不及时断电，电动机很容易烧毁。因此，一旦发现一相绕组反接，必须立即检查，及时改正，检查方法如下。

① 用万用表和转动转子检查。检查电路如图 7-22 所示。将三相定子绕组并联后接万用表，万用表的量程转换开关置于直流毫安挡。检查时用手转动电动机的转子，此时如果万用表的指针不动，说明该电动机定子绕组首末端连接是正确的。因为这时由转子铁芯中的剩磁在定子三相绕组中产生的感应电动势的矢量和等于 0，因此 $i=0$，指针不动。若万用表指针偏转，则表明一相绕组的首末端连接反了。此时，只需将某相绕组的两端对调后重试，最终就能确定三相绕组的首末端。

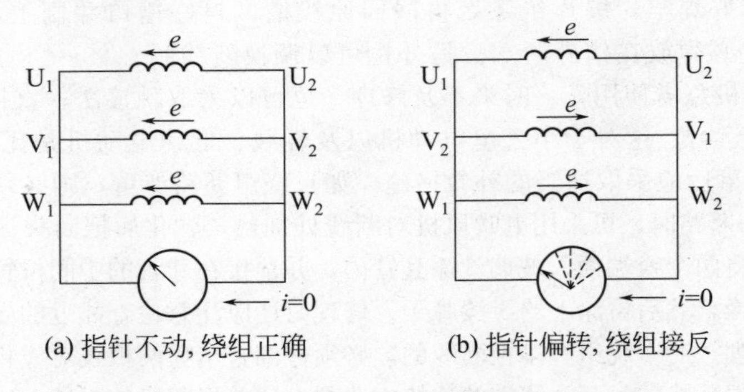

(a) 指针不动，绕组正确　　(b) 指针偏转，绕组接反

图 7-22　用万用表检查绕组的首末端

② 用万用表和干电池判定法，电路如图 7-23 所示。在电源开关接通的瞬间，若万用表的指针摆向大于零的一边，则电池正极所接的一端与万用表负端所接的一端为同名端；若万用表指针反向摆动，则电池正极所接的一端与万用表正端所接的一端为同名端。同理，再将万用表接到另一相绕组中，即可确定三相绕组的同名端，找出接反的一相定子绕组。

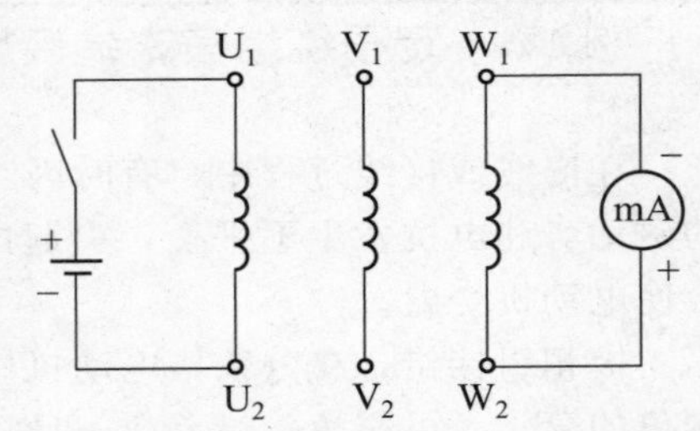

图 7-23　用万用表检查三相绕组的首末端

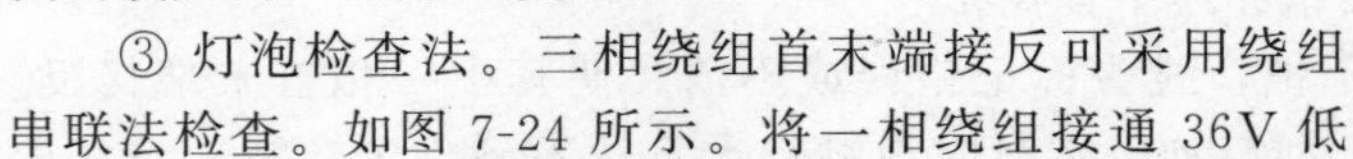

③ 灯泡检查法。三相绕组首末端接反可采用绕组串联法检查。如图 7-24 所示。将一相绕组接通 36V 低压交流电，另外两相串联起来接白炽灯泡或交流电压表。如灯泡亮或电压表有指示，说明两绕组感应电势方向相同，即第一相的末端与第二相的首端相连接，表明三相绕组首末端连接是正确的。如灯泡不亮或电压表无指示，说明两绕组感应电动势方向相反，相互抵消，即两相末端或首端连在一起。同理，可确定第三相的首末端。

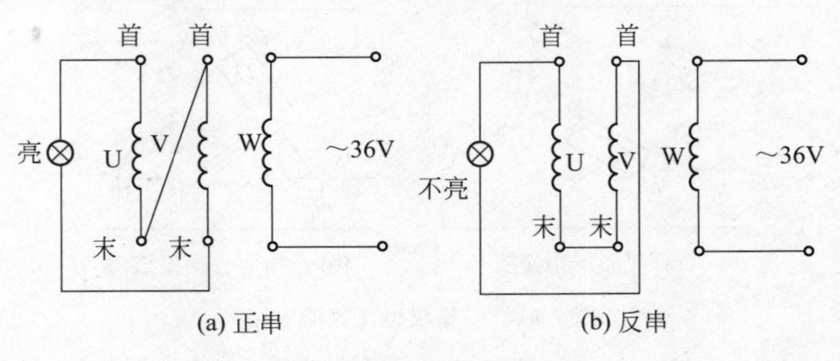

(a) 正串　　(b) 反串

图 7-24　用灯泡检查三相定子绕组的首末端

例 14: 星形与三角形接法错误的检查

在连接出线盒接线板上的 6 根出线端时，若将星形接法的三相绕组错接成三角形接法，则每相电压将增至额定值的$\sqrt{3}$倍，会导致铁芯严重过热，定子电流过大而烧毁电动机。相反，如果将三角形接法的电动机错接成星形接法，则每相绕组所加的电压只有额定电压的$1/\sqrt{3}$，将使启动转矩严重下降，当满载或重载运行时，定子与转子电流剧增，导致三相绕组过热而烧毁。

因此，一旦发生绕组接线错误，轻者会使电动机工作不正常，严重时则可烧毁电动机。所以在使用与维修时，必须确保接线正确。

例 15: 定子绕组内部接线错误的检查 

三相电动机定子绕组内部接线错误，分绕组内部个别线圈接反、或个别极相组接错、一相绕组接反或多路并联支路接错以及星形、三角形接法错误等。

① 线圈反接。对于线圈的嵌反或反接，可用指南针和低压直流电源（如蓄电池或低压整流器等）来检查。调节电压，使送入绕组内的电流约为额定电流的 1/4～1/6，此时的直流电源应加在一相绕组首末端。如果是星形连接的三相定子绕组，电源应加在一相绕组的始端和中性点之间；如果是三角形连接的三相定子绕组，必须把各相绕组的接头拆开，分别检查各相绕组。

在定子内圆放一枚自由转动的指南针，慢慢地在定子铁芯内圆移动，如果绕组的接法是正确的，指南针从一极相组移向次一极相组时，将依次调换一次方向。若有一只线圈接反，则反接的线圈将生成与其余线圈相反的磁场。这一极相组内发生抵消的作用，指南针的指针对于这个极相组就不会肯定的指出方向。假如一极相组里只有两只线圈，如有一线圈嵌反或反接，由于这一极相组的磁性完全被抵消，指南针不会有指示。

② 极相组反接。当一组极相组全部反接时，这一组内电流的方向都是反的。检查这种故障的方法应和检查线圈反接的方法相同。用直流电通入绕组，当指南针经过各线圈时，各极相组会交替地指出 N、S、N、S 等极性。若有一组反接，便有三个连续的极相组指示相同的极性。如图 7-25 所示。改正反接线圈或反接极相组的方法，就是先校核绕组的连接处，找出其错误并更正过来。

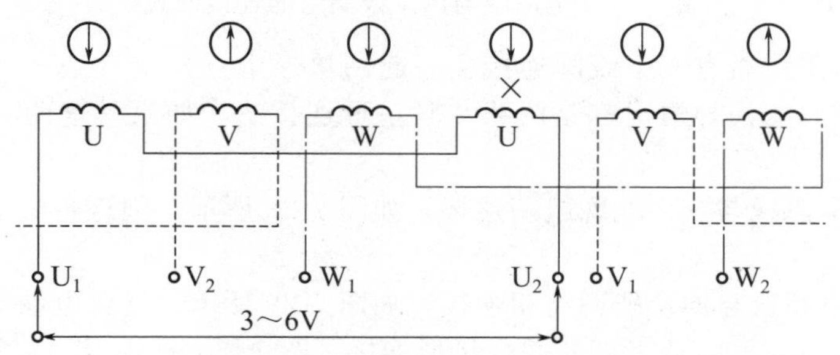

图 7-25　用指南针检查定子绕组接线

③ 分组错误。由于工作不仔细，在嵌线或接线过程中，有时会发生计数错误。例如，一台三相 4 极 48 槽的电动机，每一极相组的线圈数应是 48÷(3×4)＝4 只，若有一组误接成 3 或 5 只，就会发生分组错误。对于有并联支路的电动机，也会出现每一支路串联的极相组不等的错误，检查此类错误的方法就是仔细地数。

例 16: 定子绕组实际接线方法和极数的识别

对于决定定子绕组重绕，进行大修的电动机，在拆线前首先必须判断出三相绕组的接线方法和极数。

（1）确定接线方法

确定接线方法必须先数一下电源线连接的线圈数。

① 如果每根电源线只与一根线圈连接，则是一路星形连接，如图 7-26 所示。

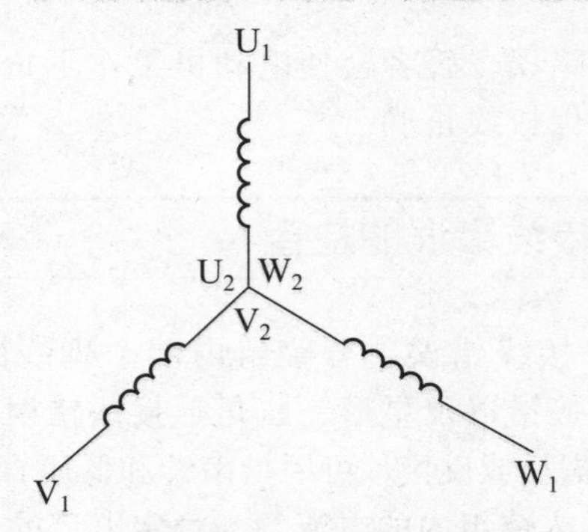

图 7-26 一路星形连接图

② 如果每根电源线与两个线圈连接，则可能是一路三角形连接，或两路并联星形连接，如图 7-27 所示。

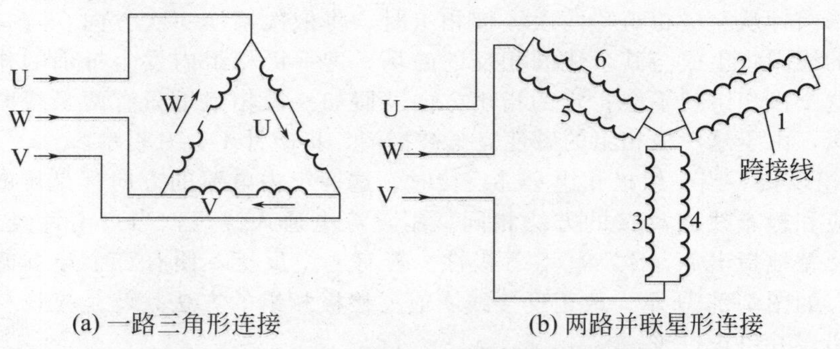

(a) 一路三角形连接　　(b) 两路并联星形连接

图 7-27 电源线与两个线圈组的连接形式

此时需再找一下是否有 6 个线圈连接在一起的星形中点，或者是 3 个线圈组连接在一起的两个星形中点，这两种情况都是两路并联星形连接法。如果是这两种情况，则肯定是一路三角形连接。

③ 如果每根电源线与三个线圈组相连接，如图 7-28 所示。则这台电动机肯定是三路并联星形连接。

④ 如果每根电源线与四个线圈组相连接，如图 7-29 所示。这台电动机可能是两路并联三角形连接［图 7-29(a)］，或者四路并联星形连接［图 7-29(b)］，若 12 个线圈组连接在一起的星形中点，则是四路并联星形连接。

（2）确定电动机极数

确定电动机极数有以下几种方法。

① 如果电动机的转速已经知道，则该电动机的极数（2 个）就容易确定。即对 $f=$ 50Hz 的工频电源

$$2P=\frac{6000}{\text{每分钟同步转速}} \tag{7-4}$$

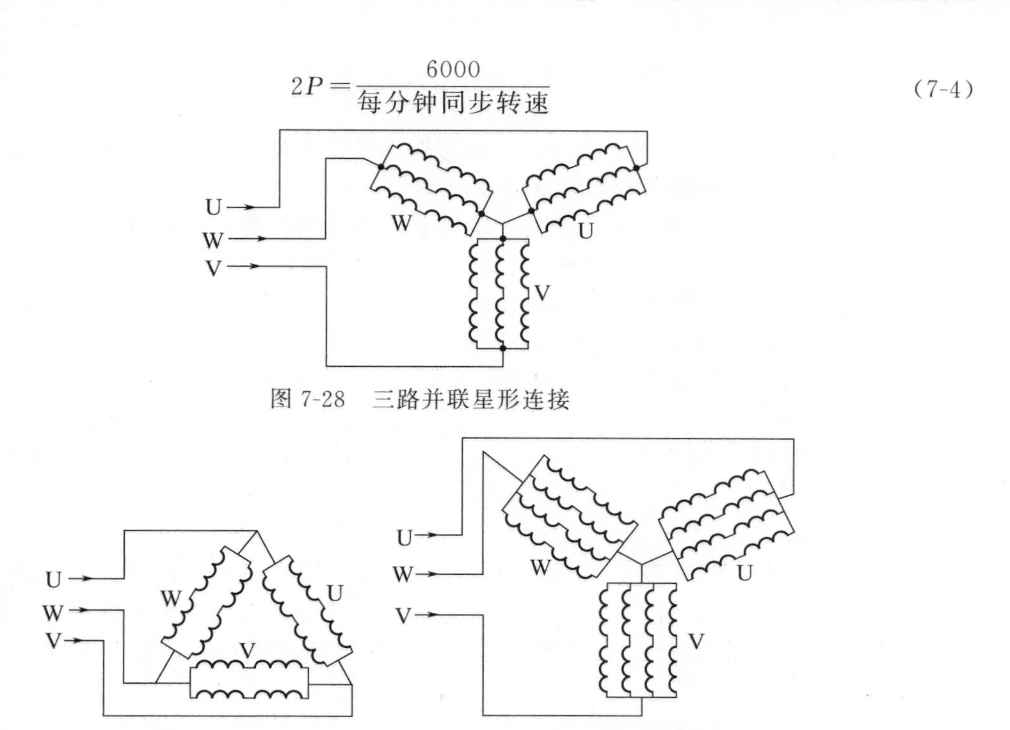

图 7-28　三路并联星形连接

(a) 两路并联三角形连接　　(b) 四路并联星形连接

图 7-29　电源线与四个线圈的连接形式

② 先计算一下极相组数，然后将极相组数除以相数就是电动机极数。而极相组是容易识别的，因为每个极相组都有两根跨接引线，并且每个极相组之间垫有相间绝缘纸。

③ 计算跨接线的数目，如一台电动机绕组的连接是两路并联星形连接，并有 6 根跨接线。则是一台 4 极电动机，如图 7-29(b) 所示。

例 17: 笼型转子断笼的原因及故障现象

转子可分为笼型和绕线型两种。

笼型转子的铁芯上均匀地分布着许多槽，每个槽内都有一根裸导条，在伸出两端的槽口处，用两个环形的端环分别把伸出两端槽口的所有导条（铜条或铸铝）全部焊接起来。若去掉铁芯，转子绕组外形就像一个鼠笼，故称笼式转子。目前中小型笼式电动机一般采用铸铝绕组，这种转子是将熔化的铝液直接浇铸在转子槽内，并将两端的短路环和风扇浇铸在一起。

三相异步电动机的笼型转子比较坚固，不易损坏，但由于材料或制造质量不良，结构设计不佳，或运转启动频繁，以及操作不当，急速的正反转造成剧烈冲击等原因都可能造成笼型转子损坏，笼型转子的常见故障是断笼，它包括断条和断环。断条是指笼条中一根或数根断裂，断环是指端环中一处或几处断开。其中断条是比较常见的故障。

（1）转子断笼的原因

铜条断裂的原因除个别是铜条存在先天性缺陷外，主要是由于嵌装时铜条在槽内松动，在运行中受电磁力和离心力的交变作用导致铜条断裂。或是铜条与端环的焊接不良而开焊。

铸铝转子断条的主要原因是浇铸不良，导条有气孔、夹渣、收缩等内在缺陷，当通过电流时，引起局部高温而烧断。其次为电动机使用条件恶劣，频繁的正反转及超载运行，使铝条受到机械力的冲击及大电流引起的高温作用而造成断条。

（2）转子断笼的故障现象

笼型转子断条或断环后，将造成以下异常现象。

① 负载运行时，转速比正常时低，机身振动且伴有噪声，随着负载的增大，情况更加严重，同时启动转矩和额定转矩降低，输出功率减小。

② 用三相电流表检测定子电流时，表针有周期性的摆动；若使转子慢慢转动，则三相电流表交替变化，变化的最大值和最小值基本相同；短路试验时，定子三相电流也明显不等，此类现象随着转子断路的增加而加剧。

③ 重新启动时有困难，有时通风道内可看到火花。

如果断条较少可局部补焊，若断条较多则需换笼或更换新的转子。

例 18: 断笼故障的检查

（1）直观检查法

若笼型转子的端环开裂，一般情况下可用肉眼或放大镜观测出来；通常铝笼开裂点多在槽轴向长的中心附近，铜笼开裂点多在笼条与端环焊接处。铝笼烧断时，在断条槽口处会发现小黑洞或焦黑的痕迹。铜笼断裂处的铁芯常出现蓝色氧化痕迹。

（2）铁粉显示法

铁粉显示法是利用通电导体在其周围产生磁场的原理进行检查的。在转子端环两端通入低电压大电流（150～300A）。如图 7-30 所示。调节调压器电压逐渐升高，这时通过导条的电流也逐渐增大，导条周围的磁场也逐渐增强，此时将铁粉撒在转子上，铁粉便会很快整齐地均匀的按槽的方向排列，电流大小通常升到铁粉的排列清楚为止。如果某一导条周围吸引铁粉很少，甚至不吸引，则表明该导条已断，断垄故障就很容易找着了。

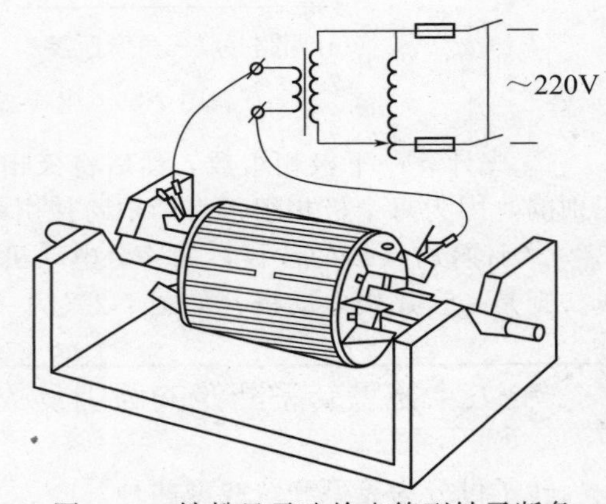

图 7-30 铁粉显示法检查笼型转子断条

（3）电流检测法

往定子绕组内通入三相电流，三相低压电源约为额定电压的 10%左右。在某一相绕组中串入一电流表，用手慢慢转动转子。如果转子绕组有故障，则电流表指针发生较大的周期性变化。如果转子绕组没有故障，则电流表只是均匀地微弱摆动，表明转子笼条完好。

（4）锯条振动法

将电动机端盖拆卸下来，抽出转子 1/3 左右，用 0.25mm 厚的 3240 玻璃布板将转子与定子铁芯隔开。在定子绕组内通入三相低压电源，约为额定电压的 10%左右，将旧锯条或其他薄铁皮片放在露出定子铁芯的转子槽口上，然后转动转子，逐槽检查，观察锯条的振动情况，若有断笼故障，则锯条的振动力要小得多。

（5）大电流感应法

用高磁导率的钢片或硅钢片做一个 Π 型铁芯（截面积 6～8cm^2），其上用直径为 0.17mm 的高强度漆包线绕 800～1000 匝，并接至万用表低电压挡，如图 7-31 所示。用交流电焊机或调压器向转子端环输入 200～400A 交流电，对于小型电动机电流适当减小。当笼条完好时，电流产生的磁通经 Π 型铁芯构成回路，在线圈中感应出电势，万用表便有指示。移动铁芯逐槽检测，当有断笼时，万用表的读数减小或为零。

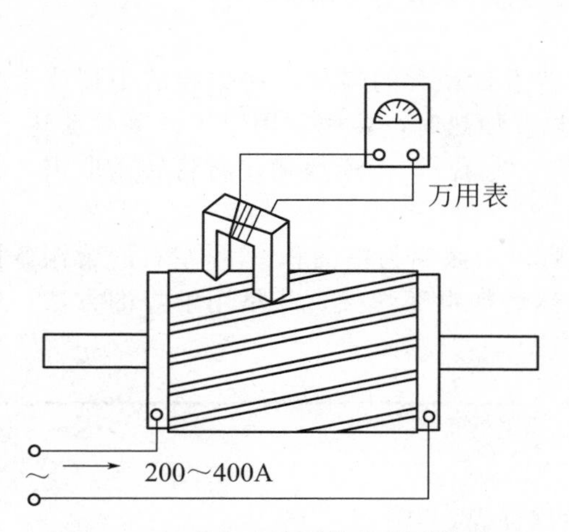

图 7-31　感应法检测笼条断裂故障

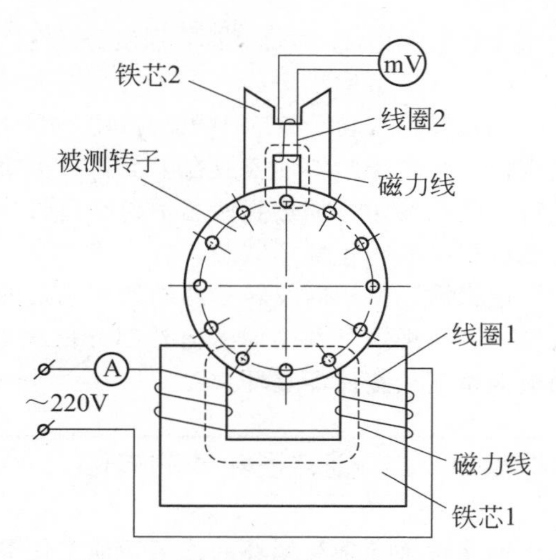

图 7-32　断条侦查器检查笼型转子示意图

(6) 断条侦查器检查法

断条侦查器又称断条检查器，它具有一大一小两只开口铁芯，铁芯上绕有线圈。它是利用变压器的原理进行检测的。如图 7-32 所示。使用时，先将被测的转子放在开口铁芯 1 上，线圈 1 通入 220V 的交流电源。这时开口铁芯 1 与转子铁芯构成闭合回路，组成一只变压器，线圈 1 相当于一次绕组，而被测转子的笼条相当于变压器的二次绕组。若笼条完好，则笼条中产生的电流较大，电流表读数大；将被测转子在铁芯 1 上慢慢转动，如果电流表读数减小，读数变化超过 5%，则认为转子有断条，仔细断定断条位置。

此外，也可将开口小的断条侦查器放在被测转子的外圆，与被测转子构成另一支变压器。此时被测转子的笼条相当于变压器的一次侧绕组，而断条侦查器的线圈 2 相当于变压器的二次侧绕组。然后逐槽检查，若被测笼条正常，笼条内就有电流流过，在线圈 2 内产生感应电动势，毫伏表就会有较大的读数；反之则小。这样就能准确地检查出断条的确切位置。

例 19: 铸铝转子断笼的检修

检查时如果发现铸铝转子断条，可以到产品制造厂去买一个同样的新转子换上，或是将铝熔化后改装紫铜条。在熔铝前，应车去两面铝端环，再用夹具将铁芯夹紧。然后开始熔铝，铸铝转子修理的方法主要有以下几种。

(1) 焊接法

在笼条或端环的裂口处用尖凿凿出坡口或钻孔，然后用氩弧焊来补焊。或将笼条或端环的裂口处开出坡口，然后把转子加热到 450℃左右，再以锡（63%）、锌（33%）和铝（4%）组成的焊条用气焊进行补焊。

(2) 冷接法

冷接法是在裂口处用一只槽宽相近的钻头钻孔，并攻丝，然后拧上一个铝螺钉，利用铝螺钉起连接作用。再利用车床或铲刀，除掉螺钉的多余部分。

(3) 烧碱熔铝法

将转子连轴一起垂直浸入 30%浓度的工业用烧碱溶液中，然后将烧碱加热到 80～100℃，直到铝熔化为止。一般转子需要加热 7～8h，小的转子为 3～4h，大的甚至要 1～2d。用水冲洗后立即投入到 0.25%浓度的工业用冰醋酸溶液内煮沸，中和残余烧碱，再放入开水中煮沸 1～2h 后取出冲洗干净并烘干。因烧碱具有强烈腐蚀性，在操作过程中应注意劳动保护。

（4）煤炉熔铝法

先将转轴从转子铁芯中压出，用一只炉膛比转子直径大的煤炉，在炉膛的半腰放上一块铁板，将转子倾斜地安放在上面，罩上罩子加热。加热时，要用专用钳子时刻翻动转子，使转子受热均匀，加热到铁芯呈粉红色时（约 700℃左右），铝渐渐融化时将转子取出。在熔铝过程中要防止烧坏铁芯。

熔铝后，将槽内及转子两端的残铝及油清除后，用截面为槽面积 55％左右的紫铜条插入槽内，再把铜条两端伸出槽外部分依次敲弯，然后加铜环焊接，或是用堆焊的方法，使两端铜条连成整体即端环。

例 20: 铜笼转子断笼的检修

铜笼转子导条与端环的连接，通常用氧-乙炔焰钎焊。

（1）笼条与端环开焊的修理

清除故障处旧焊瘤及氧化皮，然后用 30％硫酸溶液清洗，在焊缝周围用尖凿剔出坡口。焊料最好选用 45％银钎焊料。用气焊加热施焊处，当焊缝温度达 800℃左右时，可将银钎焊料放在施焊处，让焊料填满焊缝。移开焊炬，揩去外部多余的焊料溶液。

（2）少量笼条断裂的修理

加热已断笼条的较长部分的端环焊接处，待焊剂溶化后，用铁锤打出此笼条段，然后用加热法去除短段，若直线部分有凸起圆形笼条料，应先铣去端环焊接部位的铜料，如图 7-33 所示。再用加热法去除笼条，打开笼条后，必须清除槽内杂物，并选用与旧笼条材质与几何尺寸相同的新笼条，插入槽内进行焊接。

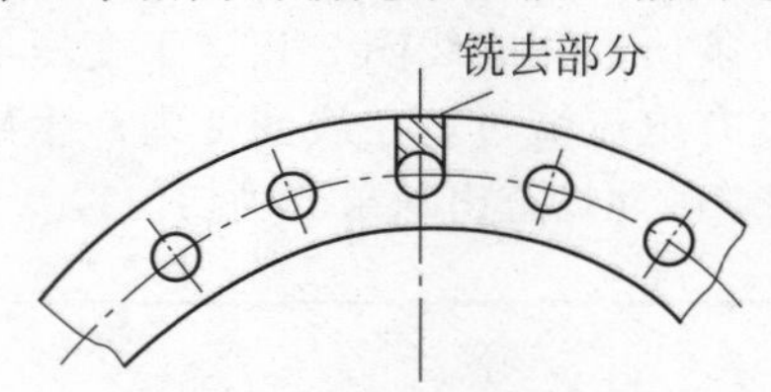

图 7-33　铣去铜料示意图

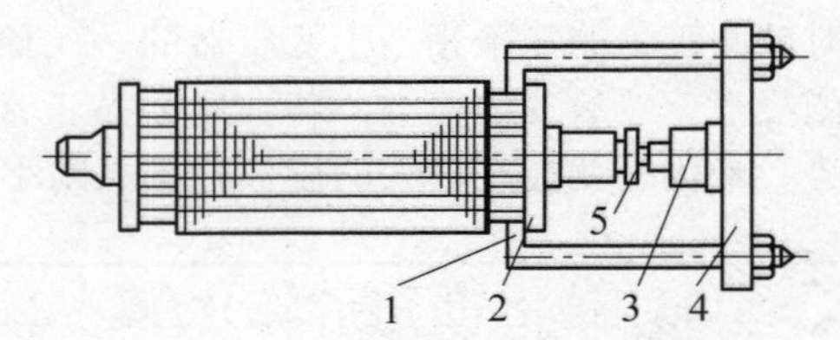

图 7-34　拆端环专用工具图

1—铜爪；2—端环；3—千斤顶；4—铁板；5—垫板

（3）大量笼条断裂的修理

拆除端环断裂笼条，如图 7-34 所示。先用数把焊炬（一般 4～6 把）同时加热某一端环，待全部焊缝熔化后，用专用工具将端环卸下，同时用比笼条直径小 2～4mm 的圆钢将断裂的笼条打出，并将笼条清理干净。

插入新制笼条和套端环。按原笼条的材质和几何尺寸配置笼条。用锤子将新配制的笼条端头垫上软金属后打入槽内，检查松紧程度，并使伸出铁芯端长度相等；全部笼条插入后，按原始记录套入端环。

套装后进行焊接，并应清理焊瘤，检查焊接质量。

例 21: 绕线型转子绕组的故障及检修

绕线式电动机的转子绕组和定子绕组一样，是采用绝缘导体绕制而成，在转子铁芯槽内嵌放对称的三相绕组，三相转子均连接成星形，在转轴上装有三个滑环，滑环与滑环之间、滑环与转轴之间都互相绝缘，三相绕组分别接到三个滑环上，靠滑环与电刷的滑动接触，再与外电路的三相可变电阻器相接，以便改善电动机的启动和调速性能。为改善电动机的冷却效果，在转轴的一端装有风扇。

绕线型三相异步电动机转子绕组的结构、嵌线方法与前面所述的定子绕组相同，故可参照绕组的故障检修方法进行。

绕线型电动机转子常见故障经常发生绝缘电阻偏低、接地、短路等故障，其故障原因及局部检修方法与定子绕组相似。但转子绕组是在旋转状态下工作，有的还要正反转运行，所以对它的绝缘要求较高。为了保证绕组的绝缘质量，局部修理时需按表 7-2 的标准进行各工序的耐压试验。

表 7-2　绕线转子局部更换线圈时的耐压标准　　单位：V

试验阶段	试验电压	
	不可逆的	可逆的
修理后的线圈下槽前	$0.85(2U_2+3000)$	$0.85(4U_2+3000)$
修理后的线圈下槽后	$0.85(2U_2+2000)$	$0.85(4U_2+2000)$
与旧线圈连接后	U_2+750	$2U_2+750$
修理好以后的整个绕组	$1.5U_2$ 但不小于 1000	$3U_2$ 但不小于 2000

注：U_2 为转子额定开路电压。

端部并头套开焊是一种由焊接质量不良引起的故障。并头套开焊若肉眼观察不能确定时，可用电桥测量绕组相间电阻，找出阻值偏大的一相或两相，并使电桥准确指零，然后用较软的木板或层压布板，逐个的撬一相或两相的并头套，同时观察电桥指针，若撬动某一个并头套时指针偏离零位，则表示该并头套接触不良。

找出脱焊的并头套后，可采用锡焊料进行补焊。具体做法是用松香木、酒精溶液作焊药，将 300～500W 电烙铁的烙铁头磨成扁平状，使它能插入相邻两并头套之间，如图 7-35所示。仔细检查清理并头套与线圈端头，分别重新搪锡。重新套好并头套，打入铜楔，用烙铁加热、焊接，使线圈与并头套连接可靠。焊好后将绕组进行烘干。

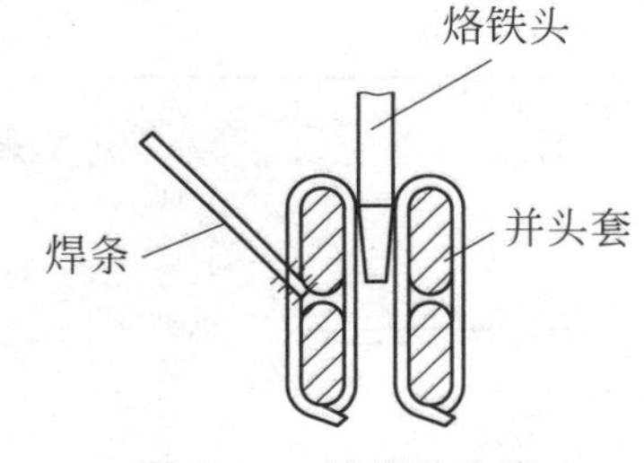

图 7-35　补焊并头套

绕组接线头松动的原因，大多是绕组的引线头与集电环连接处的螺栓松动或接头脱焊，只要仔细观察，就可发现。仅需拧紧松动处的螺母或重新焊接即可。

例 22:　绑扎钢线的故障及检修

（1）故障类型及原因

绑扎钢线故障常见的有导体与钢线短路和钢线开焊松脱两种。导体与钢线之间的绝缘层，由于老化、脆裂、脱落、刮伤等原因，使导体与钢线接触造成短路。由于焊接不良、绝缘层收缩、绑扎时拉力过小或过大以及钢线受机械损伤等原因，使钢线发生位移、松动、脱出或断裂，从而造成事故，有时会刮伤定子绕组端部。

绑扎钢线故障的检修方法有两种：一种是重新绑扎钢线，另一种是绑扎无纬玻璃丝带。

（2）重新绑扎钢线

当绕组局部修理或更换，钢线开始松焊时，需重新绑扎钢线。绑扎前应先在线圈端部表面卷绕绝缘，绝缘材质及厚度与原来相同，或用两层青壳纸夹 0.17mm 厚的云母板 1～2 层，用玻璃丝带扎紧，然后绑扎钢线，绑扎钢线可以在车床上进行。如无车床，也可用木制的简易机械来进行，如图 7-36 所示。

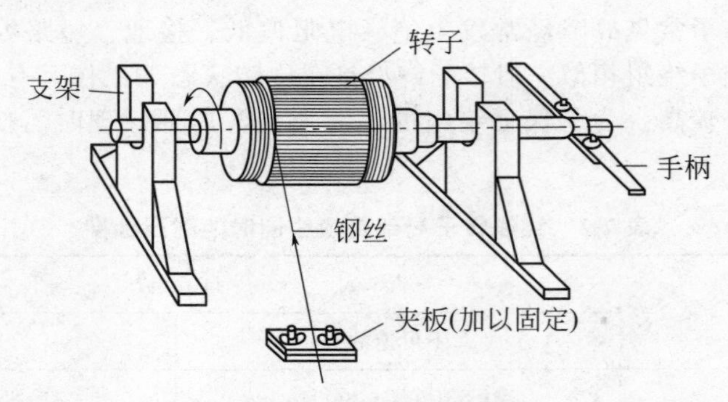

图 7-36　绑扎钢线示意图

钢线的弹性极限应不低于 1.57×10^9 Pa。钢线的拉力可按表 7-3 选择。

表 7-3　钢线的拉力

钢丝直径/mm	拉力/N	钢丝直径/mm	拉力/N
0.5	120～150	1.0	500～600
0.6	170～200	1.2	650～800
0.7	250～300	1.6	1000～1200
0.8	300～350	1.8	1400～1600
0.9	400～450	2.0	1800～2000

钢线的直径、匝数、宽度和排列布置方法应尽量和原来的一样。

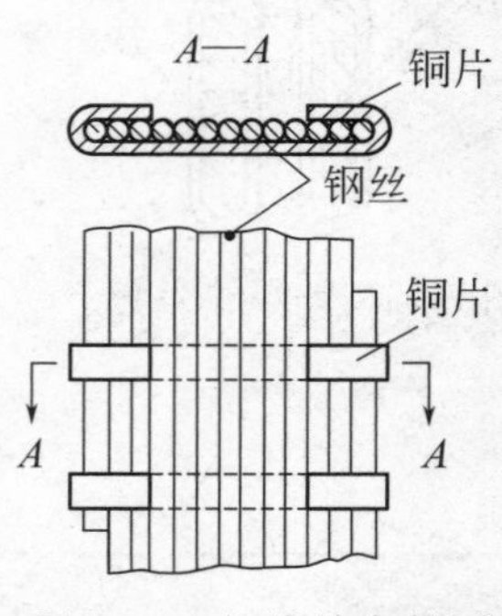

图 7-37　钢线的绑扎图

在绑扎前，先在绑扎位置上包 2～3 层白纱带，使绑扎的位置平服，然后卷上绝缘材料。绑扎时，在圆周每隔一定宽度钢线底下垫上一块铜片，当该段钢线绕好后，将铜片两头弯到钢线上，用锡焊牢，如图 7-37 所示。钢线在绑扎时的首端和尾端应放在铜片的位置上，以便卡紧焊牢。

扎好钢线的部分直径必须比转子铁芯部分直径小 2～3mm。否则，可能与定子绕组相擦。绑扎完毕，用焊锡将钢线焊成整体。对高速电动机，因绑线层较宽，为减小涡流损耗，一般每 10 匝间用石棉纸隔开，并分别焊成一体。最后对绑线做 1000V 交流耐压试验，应无放电、击穿等现象。无条件做耐压试验时也可用 2500V 兆欧表摇测代替。

例 23：绕线式转子无纬带的绑扎

由于无纬玻璃丝带的绑扎与钢线的绑扎相比，具有减小绕组端部漏磁、改善电气性能、提高绝缘强度、绑扎工艺简单、节约材料成本等优点。因而现在电动机转子修理时，都采用无纬玻璃丝带绑扎。常用无纬玻璃丝带的性能及工艺参数见表7-4。常用无纬玻璃丝带厚度为0.17mm，宽度为15mm或25mm。

表7-4　常用无纬玻璃丝带性能参数

名称		聚酯型	环氧型	聚芳烷基醚酚型	聚胺-酰亚胺型
环抗拉强度/(MN/m^2)	常态	800～1100	900～1240	—	＞600
	热态	130℃保留 60%～65%	130℃保留 60%～65%	180° ＞600	180° ＞500
耐热等级		B	F	H	H
工作预热温度		80～100℃	80～100℃	—	80～100℃

无纬玻璃丝带匝数可由原钢线的匝数换算得出，当无纬玻璃丝带的规格为0.17×0.25时，其匝数计算公式如下：

$$W_2=KW_1 \tag{7-5}$$

式中　W_2——需要无纬玻璃丝带匝数；

K——换算系数，见表7-5；

W_1——原钢线匝数。

表7-5　换算系数 *K*

钢线直径/mm	1.0	1.5	2.0
换算系数 K	0.3	0.46	0.55

若无纬玻璃丝带规格变化时，K 值的变化与截面积成反比。

如果没有原扎钢线的数据，无纬玻璃丝带绑扎匝数可按式(7-6)计算：

$$W_2=0.89\frac{GD(n_{max}/1000)^2}{1000\sigma_1 bd} \tag{7-6}$$

式中　G——绑扎部位转子绕组质量，kg；

D——转子绕组端部平均直径，m；

n_{max}——转子最高转速，r/min；

σ_1——无纬玻璃丝带的许用拉应力，一般取200MPa；

b——无纬玻璃丝带宽度，m；

d——无纬玻璃丝带厚度，m。

对于修理单位，可在车床上绑扎无纬玻璃丝带，如图7-38所示。无纬玻璃丝带固定在圆盘上，阻尼锤的作用是增加无纬玻璃丝带的拉力，使无纬玻璃丝带扎紧，转子的转动力来自车床。

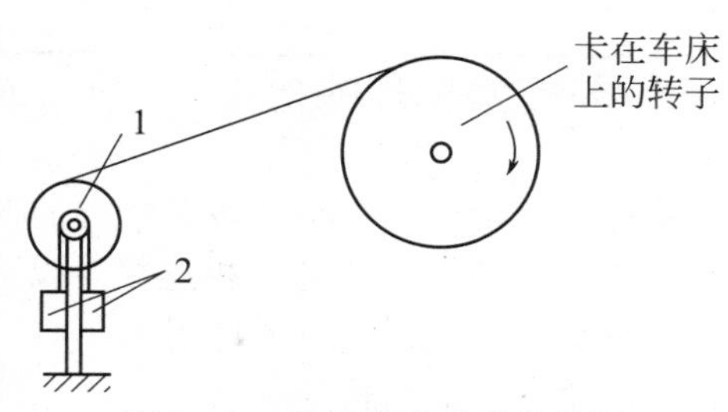

图7-38　无纬玻璃丝带绑扎图

1—无纬带盘；2—阻尼锤

绑扎工艺分为整形、预热、绑扎、固化等几道工序。首先对转子绕组进行端部整形。线圈之间的间隙用适形材料塞紧，无纬玻璃丝带加热到80～100℃。或者在绑扎设备上附加一加热无纬带玻璃丝带用的红外线灯，边加热边绑扎。绑扎时，将电枢放在专用绑扎设备上，如图7-38所示。无纬玻璃丝带的绑扎应不少于7层。绑扎表面要光滑平整，不得高出电枢铁芯的外圆。因此，绑扎后在其外圆包一层0.25mm厚的3240玻璃布板，此布板在包之前刷一层硅酯，以便烘干后便于剥离玻璃布板。布板包好后在外面扎两层无纬玻璃丝带，将绑扎后的转子放入烘房预烘，烘 6～8h 后，烘房温度达 130℃时，取出电枢，剥去 3240 布板，此时无纬玻璃丝带绑扎表面光滑平整。待电枢冷却至 50～60℃时进行浸漆，滴干后，进烘房进行烘干处理，形成强度高、绝缘好的玻璃钢箍。

对于转子直径小，导线较粗及端部较短的绕组，可以不绑扎钢线或无纬玻璃丝带，而用一个等于绕组端部口径的钢圈（包以绝缘）置于端头，用纱带扎牢，再浸漆，烘干。

例 24: 转子的校平衡

修复后的转子要做平衡试验，以免在运转中发生振动。平衡的方法有动平衡和静平衡两种。校平衡就是在转子适当部位固定一重物，它在转子上产生的作用力与不平衡力的大小相等、方向相反，使转子旋转时平衡而不振动。一般修理现场只校静平衡，校动平衡通常在专用的动平衡机上进行。

校正电动机转子静平衡的常用设备是平行导轨支架，如图 7-39 所示。

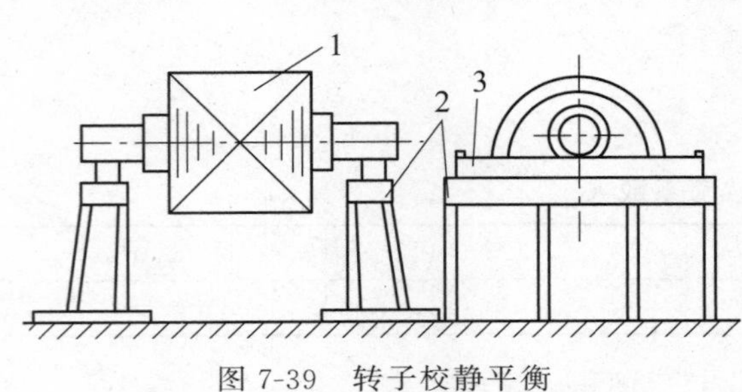

图 7-39　转子校静平衡

1—电动机转子；2—支架；3—导轨

将全部装配好的转子放在两平行的水平支架上，支架与转轴的接触面要平滑，而且尽可能狭窄，只要不使轴颈损伤就可以。先在转子任意点做上标记，转动转子让其能自由滚动，反复试验几次，如果静平衡良好，则该记录点应停于任意位置；如果静平衡不好，则该标记只能停在某点附近。存在不平衡时，当转子停止，必然是重边在下，此时在最低点作上标记，再将转子转动几次，若每次都是相同，则表示该部位偏重。为了校正不平衡的转子，在偏重点对边的端环粘上配重用的白胶泥。重复上述试验，直到转子可在任意位置停住。称下白胶泥的重量，该重量即为合适配重。用同重量的金属制成平衡块，用燕尾槽或螺钉固定在端环上或专用的平衡盘上。当配重很小，端环截面裕度较大时，也可在偏重处钻几个浅孔，使钻下来的金属屑重量与白泥胶的重量相等，这样也可以使转子达到平衡。

装配平衡块应注意三点：一是重量及位置要准确；二是固定要牢固；三是平衡块任一点不得超出转子外圆表面，以防擦坏定子绕组。

对于要求振动小的、转速高的或转子直径较大的电动机，必须作动平衡试验。

例 25: 集电环的检修

集电环（滑环）是绕线转子特有的部件，是与电刷相接触的导电金属环，其主要作用是通过电刷将绕组与外电路相连接，以完成启动、运行、制动、调速等功能。因此，集电环发生故障，电动机便不能使用。

（1）集电环的结构

集电环多是铸件，由青铜、黄铜、低碳钢及合金钢等组成。常用的集电环有塑料式、装配式、螺杆式、热套式等几种，其结构如图 7-40～图 7-43 所示。通常小型绕线型电动机使用的是塑料式集电环。以上几种形式的集电环，其主要区别是环的固定方法不同，但集电环都与套筒固定在一起，且环与环之间、各环与套筒之间绝缘。集电环应有良好的导电性、耐磨性和硬度，金属环的表面应光滑。

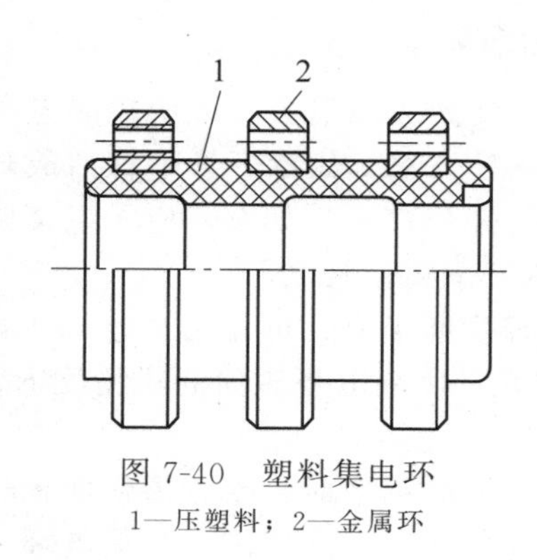

图 7-40　塑料集电环

1—压塑料；2—金属环

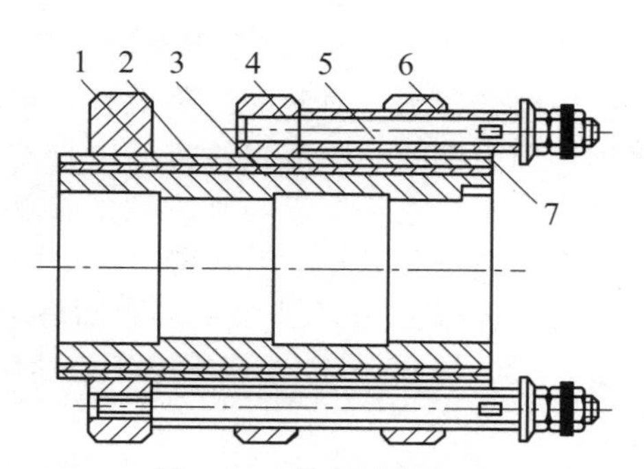

图 7-41　装配式集电环

1—绝缘衬垫；2—衬套；3—套筒；4—金属环；5—导电杆；6—绝缘筒；7—玻璃丝绳

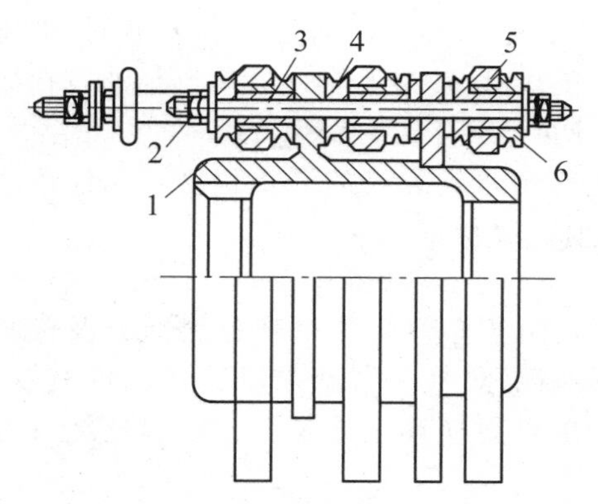

图 7-42　螺杆式集电环

1—支架；2—螺母；3—螺杆；4—绝缘垫圈；5—金属环；6—绝缘套管

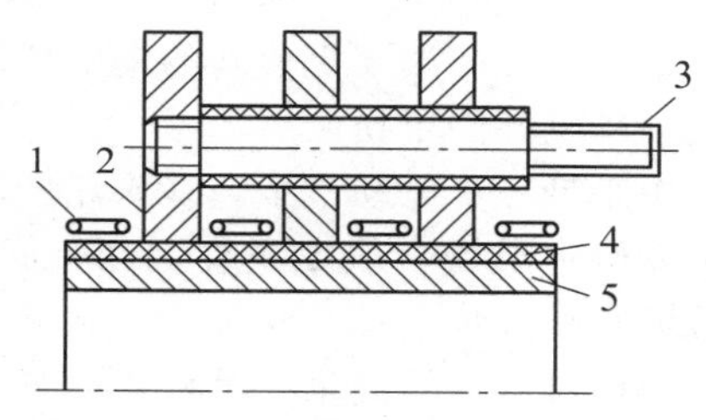

图 7-43　热套式集电环

1—玻璃丝绳；2—金属环；3—引出线；4—绝缘层；5—套筒

(2) 集电环的故障原因

① 电刷冒火。该故障原因有以下几方面。

一是电刷所用材质不良，内部含有硬质颗粒。刷块与铜辫接触不良，制造质量差。

二是集电环局部磨损严重，直径失圆。环面粗糙、剥离、有斑痕及凹凸不平。

三是电刷选择不当，压力调整不均匀，长期不清扫，刷架调整不好等。

以上原因均可导致接触电阻增大，电刷跳动、电刷间电流分配不均而引起拉弧产生火花。

② 短路环接触不良。故障主要原因为短路环插入深度不够，刀片夹压力偏小，引出线与集电环焊接不良，导电杆螺母松动等。短路环接触不良，使接触电阻增大，电流通过时会产生高温灼伤集电环及刀片，同时使转子三相阻抗不平衡，严重时无法启动及运行。

③ 集电环接地短路。该故障的主要原因一是绝缘套筒老化、集电环松动、引出线接触不良、导电杆绝缘套损坏、刷握移位等，使绝缘受到机械力及高温破坏，引起集电环局部击穿而接地或短路。二是因电动机长期运行，电刷磨损后掉下来的炭粉积储在集电环之间，导致集电环直接短路。

以上故障可通过兆欧表或万用表检测而发现。

(3) 集电环的检修

集电环的常见故障有出现斑点、黑带、刷痕等轻微损伤。烧蚀、凹凸不平、磨损等严重损伤。以及表面剥离、出现裂纹等，对不同故障应采取不同的修理方法。

① 当出现集电环接地或短路时，应首先清除环间的炭末及积灰，短路故障一般可排除。若短路仍存在，对装配式集电环，可将导线杆拆下。如故障消失，说明短路是导电杆绝缘损坏而引起的，应逐根检查导电杆绝缘，并将损坏处修复。如拆下导电杆后故障仍存在，可进一步检查绝缘套与环内圆的接触面有无破裂、烧焦痕迹。如有，应予以清除，并适当将破裂或烧焦处挖大，遥测绝缘电阻合格后，注入环氧树脂胶填平。

② 表面轻微损伤。当集电环表面有斑点、刷痕或轻度磨损时，可先用细锉、油石等进行研磨，然后用 00 号砂布在集电环高速旋转时将其抛光，使集电环表面的粗糙度 Ra 达到 3.2～1.6μm。

③ 表面严重损伤。若集电环表面烧蚀、出现槽纹、凹凸不平时，或者损伤面积达滑环面积的 20%～30%且又位于电刷摩擦面时，应将集电环放在车床上修理。车集电环表面前应确定其表面损伤的最小厚度。车削时车刀应锋利，进刀量要小，每次进刀量控制在 0.1mm 左右，转动也要平稳，表面线速度控制在 1～1.5m/s，加工后偏心度不能超过 0.03～0.05mm。车好后先用 00 号砂布抛光，然后在 00 号砂布上涂一层凡士林油，在集电环高速旋转时再抛光一次，使集电环表面的粗糙度 Ra 达到 1.6～0.8μm。

④ 集电环有裂纹。当集电环出现裂纹时，应先仔细检查裂纹的严重程度。为保证集电环能正常工作，一般要更换新的集电环，既简单省时，又保证维修质量。

(4) 集电环的更换

在中小型异步电动机中，多采用塑料式集电环，由于塑料式集电环材料配方及模具比较复杂，修理现场一般无条件制作，修理时可购买新品更换。若新品难购，也没有备件，可改装成装配式集电环。对装配式集电环的更换，主要更换环、绝缘筒、玻璃丝绳及导电杆。更换前做好原始记录，其更换工艺如下。

① 拆卸。拆卸有两种方法：一是整体拆卸，即用拉钩将集电环从轴上拉下来，注意不要将轴拉坏。然后解掉绑线，将环压出，铲去绝缘层，衬圈与套筒便可分开。二是分件拆卸，先解掉绑线，用拉钩由外到里将环一个一个拉出来，铲去绝缘层，取下衬圈，再将套筒拿下来。

绝缘材料更新时，其余零部件如有损坏，应清理干净后，进行重新装配或改装修理。

② 加工零件。需要加工的零部件有环的铸造，绝缘套制作及导电杆加工。新环的材料最好与旧环相同。衬垫绝缘用 0.2 ㎜厚的 3240 环氧酚醛玻璃布板或 5230～5236 型塑性云母片制成。裁剪成长度等于衬圈高度，宽度为衬圈周长的 1/3～1/2 的矩形，按塑性云母片的厚度确定需要的层数，叠厚可按式(7-7) 计算：

$$d=(D-d_1)/2-d_2+l \tag{7-7}$$

式中 d——云母片叠出的总厚度，mm；

D——金属环内孔直径，mm；

d_1——套筒外径，mm；

d_2——衬圈厚度，mm。

l——金属环内圆与衬垫塑性云母外圆的过盈量一般取 0.3～0.6mm。

计算出 b 后，再考虑云母片收缩量，一般取 b 的 15%左右。

$$\text{云母片的层数 } n=b\times(1+15\%)/\text{云母片厚度} \tag{7-8}$$

裁剪好的云母片，按 n 层数叠压后测量 b 的实际值。

若原导电杆完好，可以利用，若已损坏，应按原样车制。

③ 组装。零部件检查合格后，便可组装。首先做几种模具。一种是半圆垫铁，如图 7-44 所示。直径 r 及 r_1 分别比环的粗车外径及内径大 0.6～1mm，厚度 d 等于相邻两环间的

轴向距离，孔的直径略大于导电杆直径。

另一种是胀膜及定位棒，如图 7-45 所示。胀块做成四瓣，用硬木或生铁做成，组合后中间为一锥形孔，与锥形杆相吻合，胀开后的最大外径应大于套筒外径。定位棒的直径与导电杆相同。

其次以套筒或衬圈作模具，将加热软化的矩形云母片塑压成瓦片形，同时将衬圈直径稍微缩小，使它的对缝叠起来，如图 7-46 所示。

第三步将环及半圆垫铁依次放入底座内，对准内圆，插入定位棒，将瓦形云母一片一片叠放在环的内壁上，每层交错排列，然后放入衬圈，对好上下位置，再将胀块放入衬圈内，在锥形杆与胀块的接触面上涂些润滑油，将锥形杆插入，如图 7-47 所示。随着锥形杆的压入，胀块向四面扩张，直到衬圈叠缝胀开口对齐为止。此时，将胀膜取出，把暂时固定在衬圈上的环送入烘炉中加热，钢环加热到 200℃左右，铜环加热到 170℃左右，保温 30min 以上。取出放在底座上，将套筒垂直压入衬套内，拆下半圆垫铁。待集电环自然冷却后，绑扎外露的云母片，并按图样要求刷胶涂封或浸漆并烘干。将组装好的集电环套装到轴上，精车及抛光。

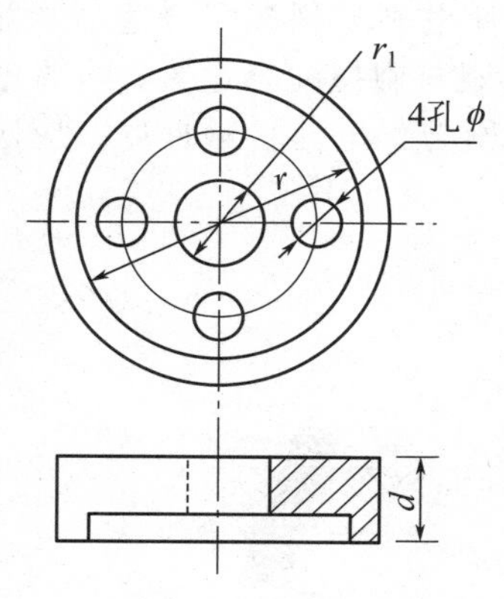

图 7-44　半圆垫铁

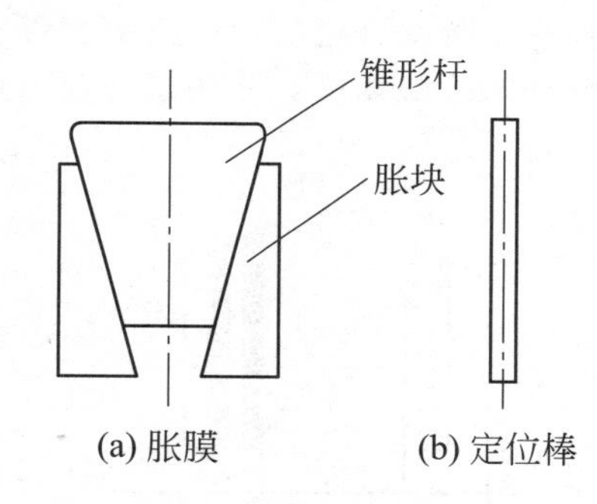

图 7-45　胀膜与定位棒

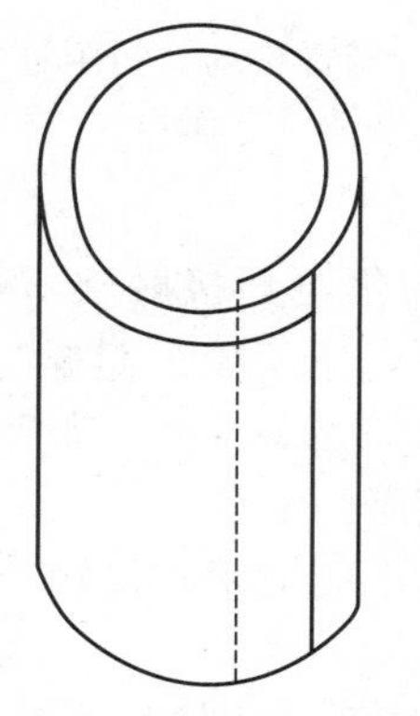
图 7-46　缩小衬圈直径

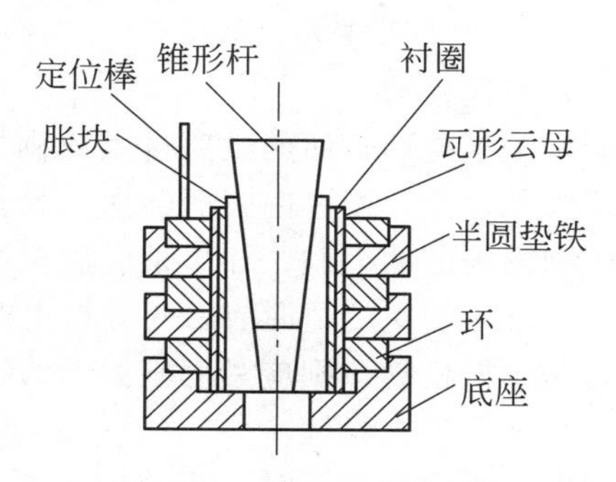

图 7-47　集电环的组装

最后还要检查以下内容。

一是外形应完整，绝缘无损伤，尺寸应符合原实物尺寸要求。

二是测量绝缘电阻，测得的绝缘电阻值应大于 0.5MΩ。

三是进行耐压试验，时间 1min，试验电压如表 7-6 所示。

表 7-6　异步电动机集电环耐压标准/50Hz

名称	试验电压 U/V
不逆转电动机	$2U_K+3000$
可逆转电动机	$4U_K+3000$

注：U_K 为转子开路和转子静止状态下金属环间的电压。

例 26: 电刷与刷握的检修

电刷是靠相当大的弹簧压力压在换向器或集电环上进行工作的。电刷既可以安装在以电刷杆为转动中心的杠杆上，又可安装在一个固定的刷握中。刷握可与换向器或集电环表面垂直，也可倾斜一个角度。电刷在刷握中要能上下自由移动，但不应出现摇晃。

电刷及刷握的常见故障及检修方法如下。

(1) 电刷与刷握配合不当

该故障将引起集电环火花过大，此时应进行修整，使电刷与刷握配合适当，并保证热态下的电刷能在刷握内自由伸缩，如图 7-48 所示。若电刷与刷握配合过紧，可将电刷适当研磨掉一些。若配合过松，则应更换新电刷。为使新电刷与集电环接触良好，应研磨好电刷与集电环的接触弧度，并使二者在半负载的状态下运行 0.5～1h。

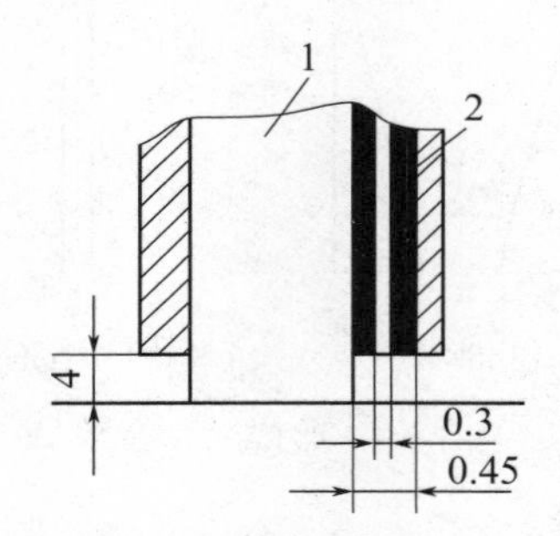

图 7-48　刷握间隙示意图
1—电刷；2—间隙

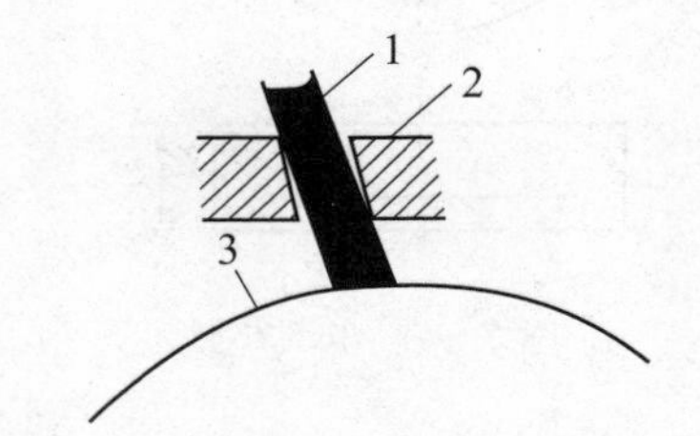

图 7-49　刷握松动及间距过大示意图
1—电刷；2—刷握；3—集电环

(2) 刷握松动

刷握至集电环表面的距离过大或刷握松动，促使电刷与集电环接触倾斜和不稳，导致集电环火花过大，刷握内表面磨损。此时，除检查集电环外，还应校正刷握与电刷的间隙，并锉光刷握表面的毛刺。如果是刷握至集电环表面距离过大，如图 7-49 所示。应将距离调整到 2～4mm，并使刷握前后两端与集电环都保持相等的距离。

若是刷握松动，则应紧固刷握上的螺钉，并使集电环与电刷成垂直接触。

(3) 弹簧失去弹性

当电动机绝缘不良时，流过弹簧的电流过大，会使弹簧退火而失去弹性，使电刷与集电环的接触压力太小，造成集电环火花过大。此时应调整电刷弹簧压力，在实际工作中，只要将电刷的压力调整到电刷不冒火花、不跳动、摩擦声很小就可以了。要求各电刷的弹簧压力保持均匀，相互差异不超过 10%，否则，应更换已失去弹性的弹簧。此外，当电刷磨损超过本身长度的 60%时，应更换新电刷。使用时应注意经常检查，刷握的结构分别如图 7-50～图 7-53 所示。

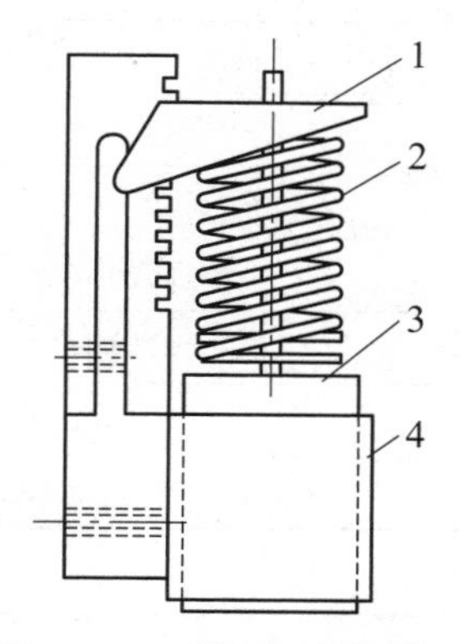

图 7-50 可调式压簧刷握

1—压板；2—弹簧；3—电刷；4—刷盒

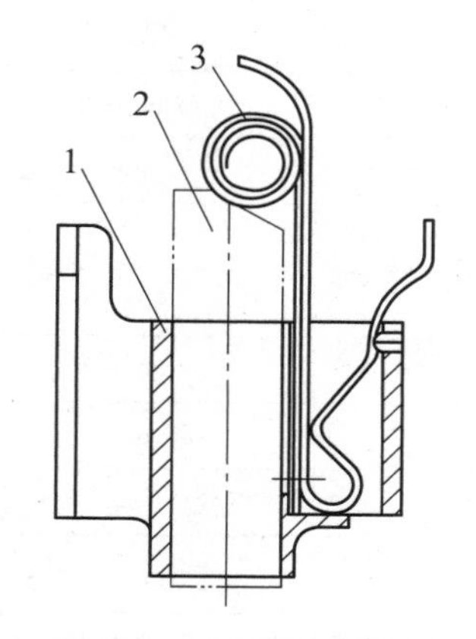

图 7-51 恒压弹簧刷握

1—刷盒；2—电刷；3—恒压弹簧

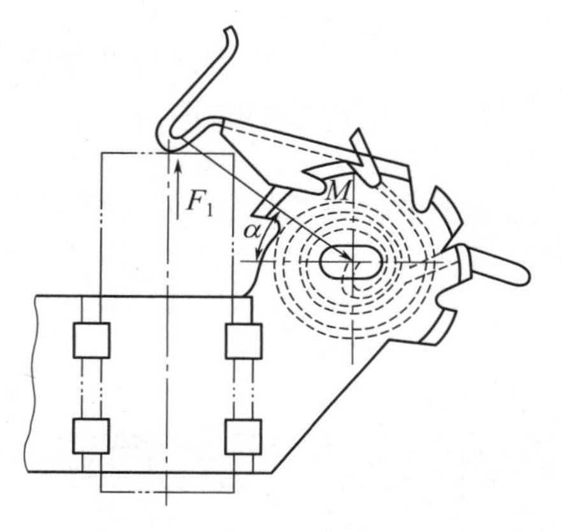

图 7-52 涡形弹簧刷握

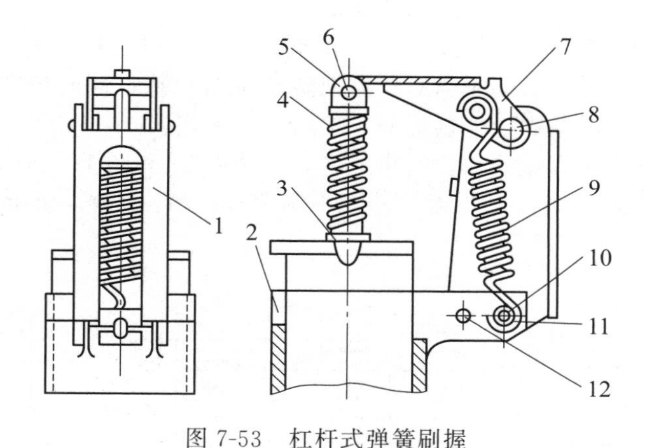

图 7-53 杠杆式弹簧刷握

1—盒；2—刷盒；3—绝缘子；4—压缩弹簧；5—铰链；6，8，10—小轴；7—卡板；9—拉力弹簧；11—管；12—铆钉

（4）电刷的修理

电刷的修理包括清扫、研磨、调整压力、更换新刷或铜辫等。更换电刷时，应确定电刷的规格，原则上应更换相同规格的电刷。若尺寸稍大，可作适当的加工，但如果相差过大则不能选用。

在修理时还要检查电刷的引线是否完整，与电刷的连接是否牢固。当引线中折断的股数超过总股数的 1/3 时，应更换引线。更换的引线规格应与旧线相同，若没有规格相同的引线，可参照表 7-7 所列。

引线与电刷的连接方法有填塞法、铆管法、焊接法、夹头法、压入法及螺钉紧固法等，其中最常见的是填塞法、铆管法和焊接法。

表 7-7 电刷引线的规格

电流/A	引线截面积/mm^2	线径/mm	引出线结构股×(根/股)×(ϕ/根)
6	0.3	1	7×22×ϕ0.05
8	0.5	1.4	12×22×ϕ0.05
10	0.75	1.5	7×20×ϕ0.08

续表

电流/A	引线截面积/mm²	线径/mm	引出线结构股×(根/股)×(ϕ/根)
13	1	1.7	7×30×ϕ0.08
17	1.5	2.3	7×42×ϕ0.08
24	2.5	2.6	12×26×ϕ0.1
30	4	4	7×42×ϕ0.13
38	6	5.4	7×62×ϕ0.13
50	10	6.7	12×62×ϕ0.13

例 27: 短路和举刷装置的检修

（1）短路和举刷装置结构

大中型绕线型异步电动机，为了减少电刷与集电环的机械磨损，提高运行的可靠性。当电动机启动完毕后，需把转子绕组短接；同时把电刷提起，使其脱离集电环，这两个动作可由举刷（电刷提升）短路装置来完成。

带有短接装置的集电环，如图 7-54 和图 7-55 所示。短接环座（又称短路环）的结构，如图 7-56 所示。有短路和举刷装置的结构形式，如图 7-57 所示。

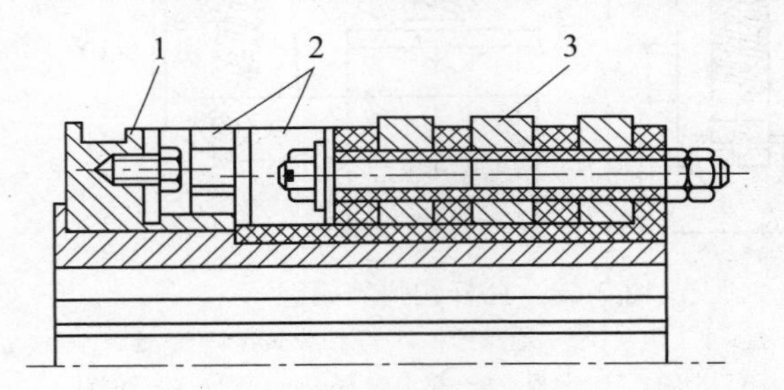

图 7-54　带有刀形触头的集电环

1—短路环；2—刀形触头；3—集电环

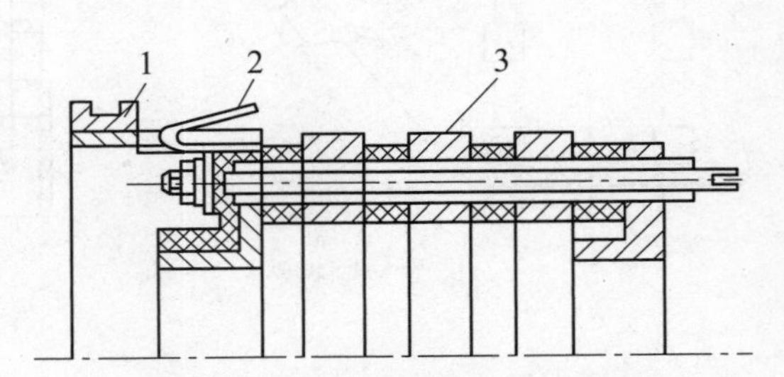

图 7-55　带有弹簧触头的集电环

1—短路环；2—弹簧触头；3—集电环

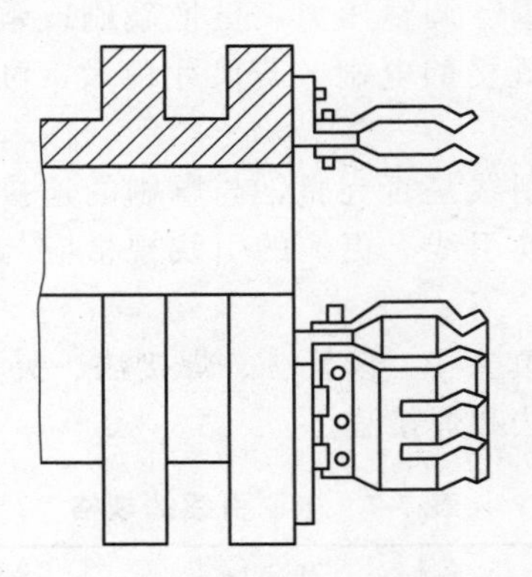

图 7-56　短接环座

短路装置的集电环每个金属环上有两个引出线头。引出线头的一端接转子绕组，而另一端铆上铜触片，作为短路片用。短路环座在一端面上固定三个触头。短路环座装在电动机的转轴上，可以沿滑键作轴向滑动。

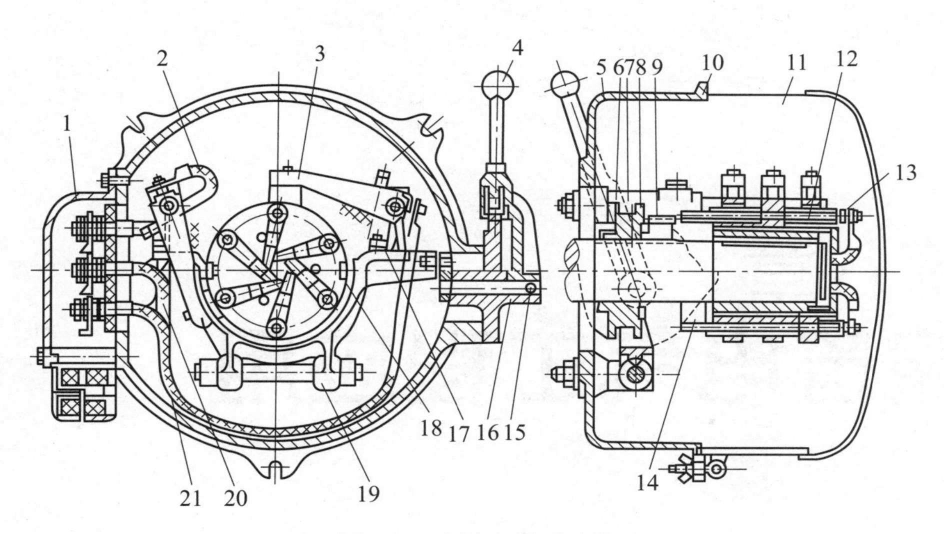

图 7-57　短路和举刷装置

1—出线盒；2—电缆；3—电刷握；4—手柄；5—集电环座；6—导键；7—刷杆；8—短路环座；9—触头；10—细毛毡；11—罩；12—集电环；13—键；14—触片；15—固定销；16—轴；17，18—滚子；19—夹叉；20，21—电缆

刷杆、夹叉、手柄、轴与滚子组成举刷装置，见图 7-57。刷杆和手柄装在集电环座上，推动手柄时，偏心轮便通过夹叉 19，滚子 18 推动短路环座，使触头与触片接触。同时夹叉上的滚子 17 也推动了装有刷握的刷杆，使刷握举起来，同时必须使短路在先，举刷在后。当手柄反方向推动时，便通过夹叉，滚珠将短路环座向相反的方向移动，电刷便又和集电环接触，当电刷与集电环工作面接触后，触头与触片再脱离开来。

（2）举刷和短路装置的装配

为了保证集电环在短路时接触可靠，在装配之前，每套集电环与短路环座都需经过试装。试装前，应在专用设备与工装上校正集电环的触片与短路环座上的触头之间的吻合面积，其值应为触头接触部分面积的 70%左右。必须注意，将试装配套合格后，短路环座与集电环均应对号入座，不能调换。为了防止总装配时拿错，同一套的短路环座与集电环应做上相同的标记。

（3）短路与举刷装置故障检修

短路和举刷装置的主要故障是触头的磨损和烧坏。通常处理故障的方法是更换新的。对于刀形触头也可在磨损的表面上堆焊一层黄铜，堆焊后经冷镦增加硬度，然后进行机加工，以达到所需要的尺寸和精度。

当短路环座上的触头与集电环上的触片尚未接触时，电刷已被举起，或者它们已脱离时，电刷尚未落到集电环上。由于接触头与接触片之间有电位差，往往会产生较大的火花，使短接片与触头烧焦。当发现短接与举刷动作不协调这种故障时，应调整有斜面脊状边的固定凸轮，使短接与举刷动作协调。

当发生接触头与短接触片烧伤时，除查明原因予以排除外，还应使用细砂纸或细锉刀将烧焦部位清理干净，以保证二者正常接触。

接触头与短接片接触不良的故障主要是接触头受热失去弹性所致。从外表看，接触头与接触片已经接触，但不紧密，接触电阻大，因而引起接触头发热。此时应更换接触头。

电刷提升装置动作不灵活的故障原因是平时维护保养不够。应仔细检查夹叉和轴转动是否灵活，滚珠与短接环座是否卡死，偏心轮的运动位置是否正常。

Chapter 08

第八章 建筑电气工程应用

例 1: 识读建筑电气工程图的步骤

识读建筑电气工程图必须熟悉电气图的表达形式、通用画法、图形符号、文字符号和建筑电气工程图的特点，掌握一定的识读方法和步骤，才能比较迅速全面地读懂图纸，以实现读图的目的。阅读建筑电气工程图的方法、步骤通常可按以下几个方面去做，即了解情况、重点细看、查找大样、细查规范。例如，查看一套图纸时，可按以下步骤识读。

（1）先看标题栏及图纸目录

了解工程的名称、项目内容、设计日期及图纸数量和大致内容等。

（2）查看总说明

了解工程总体概况及设计依据，了解图纸中尚未表达清楚的有关事项，如供电电源的来源、电压等级、线路敷设方法、设备安装高度及安装方式、补充使用的非国标图形符号、施工时应注意的事项等。有些分项的局部问题是在分项工程图纸上说明的，所以看图纸时先看设计说明。

（3）识读系统图

各分项工程的图纸中都包含有系统图，如变配电工程的供电系统图、电力工程的电力系统图、照明工程的照明系统图以及电缆电视系统图等。识读系统图的目的是了解系统的组成，主要电气设备、元件等连接关系及其规格、型号、参数等，以便掌握该系统的组成概况。

（4）阅读平面布置图

平面布置图是建筑电气工程图纸中的重要图纸之一，如变配电所的电气设备安装平面图、电力平面图、照明平面图、防雷和接地平面图等，都是用来表示设备安装位置、线路敷设及所用导线型号、规格、数量、电线管的管径大小等。通过阅读系统图，就可依据平面图编制工程预算和施工方案。阅读平面图时，一般可按此步骤：进线→总配电箱→干线→分配电箱→支线→用电设备，如图 8-1 所示。

（5）详解电路图

通过电路图清楚各系统中用电设备的电气控制原理，以便指导设备的安装和控制系统的调试工作。由于电路图多是采用功能布局法绘制的，所以看图时应依据功能关系从上至下或从左至右仔细地阅读。对于电路中各电器的性能和特点要提前熟悉，以便读懂图纸。

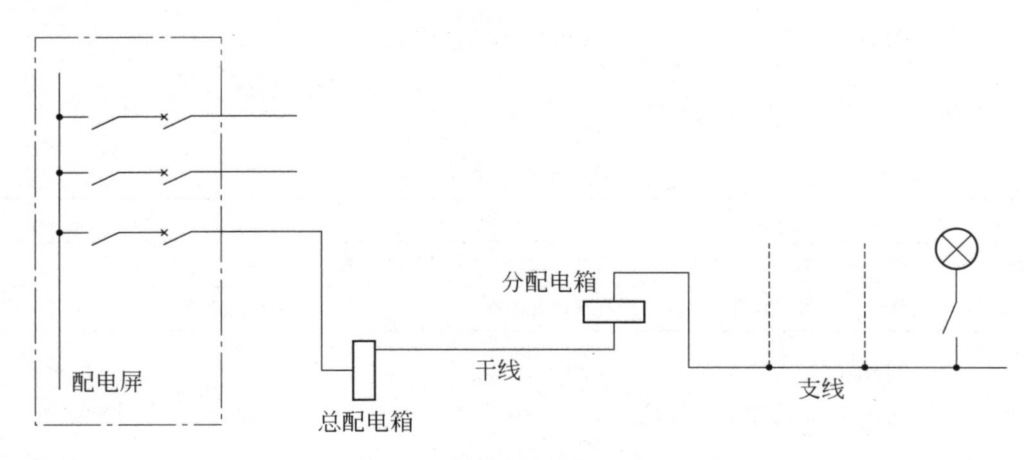

图 8-1 照明平面图的组成形式

(6) 细查安装接线图

从了解设备或电器的布置与接线入手，与电路图对应阅读，进行控制系统的配线和调校工作。

(7) 观看安装大样图

安装大样图是用来详细表示设备安装方法的图纸，是进行安装施工和编制工程材料计划时的重要参考图纸。对于初学安装者更显重要，安装大样图多采用全国通用电气装置标准。

(8) 了解设备材料表

设备材料表提供了工程所使用的设备、材料的型号、规格和数量，是编制购置设备、材料计划的重要依据之一。

为更好地利用图纸指导施工，使安装施工质量符合要求，还应阅读有关施工及验收规范、质量检验评定标准，以详细了解安装技术要求，保证施工质量。

例 2: 识读建筑电气工程图的规则

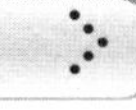

电气制图在选用图形符号时，应遵守以下使用规则。

① 图形符号的大小和方位可根据图面布置确定，但不应改变其含义，而且符号中的文字和指示方向应符合读图要求。

② 在绝大多数情况下，符号的含义由其形式决定，而符号的大小和图线的宽度一般不影响符号的含义。有时为了强调某些方面，或者为了便于补充信息，允许采用不同大小的符号，改变彼此有关符号的尺寸，但符号间及符号本身的比例应保持不变。

③ 在满足需要的前提下，尽量采用最简单的形式；对于电路图，必须使用完整形式的图形符号来详细表示。

④ 在同一张电气图样中只能选用一种图形形式，图形符号的大小和线条的粗细亦应基本一致。

例 3: 电气照明的分类

(1) 按接线方式分类

接线方式可分为单相制（220V）与三相四线制（220V/380V）两种电路。少数也有因接地线与接零线分开而成单相三线和三相五线的。

(2) 按照明方式分类

按照明方式分类如表8-1所示。

表8-1 按照明方式分类

分类	说　明
一般照明	一般照明是指不考虑特殊局部的需要,为照亮整个场地而设置的均匀照明
局部照明	局部照明是指为满足某些局部的特殊需要而设置的照明,如工作台上的照明就是局部照明

(3) 按照明用途分类

按照明用途分类方式如表8-2所示。

表8-2 按照明用途分类

<table>
<tr><th>分类</th><th colspan="3">说　明</th></tr>
<tr><td>正常照明</td><td colspan="3">正常照明是指在正常情况下使用的室内、外照明</td></tr>
<tr><td rowspan="3">应急照明</td><td rowspan="3">应急照明是指由于正常照明的电源发生故障而启用的照明</td><td>备用照明</td><td>在正常照明由于故障熄灭后,将会造成爆炸、火灾和人身伤亡等严重事故的场所所设的供继续工作用的照明,或在火灾时为了保证救火能正常进行而设置的照明</td></tr>
<tr><td>安全照明</td><td>用于正常照明发生故障而使人们处于危险状态下,为能继续工作而设置的照明</td></tr>
<tr><td>疏散照明</td><td>在正常照明由于故障熄灭后,为了避免引起工伤事故或通行时发生危险而设置的照明</td></tr>
<tr><td>值班照明</td><td colspan="3">值班照明是指在非工作时间,为需要值班的场所提供的照明</td></tr>
<tr><td>警卫照明</td><td colspan="3">警卫照明是指为保护人身安全,或对某些有特殊要求的厂区、仓库区、设备等的保卫,与警戒而设置的照明</td></tr>
<tr><td>障碍照明</td><td colspan="3">障碍照明是指为了保障航空飞行安全而装设于飞机场附近的高层建筑上或为了保障船舶航行安全而在河流两岸建筑物上装设的障碍标志照明</td></tr>
</table>

(4) 按安装地点分类

有室内照明和室外照明。其中室外照明又有道路交通路灯、安全保卫、仓库料场、厂区、港口以及室外运动场地等的证明。

例4: 照明电压等级的选择

① 在正常工作环境中，照明电压多采用交流220V，少数情况采用交流380V。

② 容易触及而又无防止触电措施的固定式或移动式照明装置，其安装高度距地面在2.4m以下时，在下列场所的使用电压不应超过安全电压36V：

a. 特别潮湿场所，相对湿度经常在90%以上；

b. 高温场所，环境温度经常在40℃以上；

c. 具有导电尘埃的场所；

d. 金属或特别潮湿的土、砖、混凝土地面等。

③ 手提行灯的电压一般为36V，但在不便于工作的狭窄地点，且工作人员接触有良好接地的大块金属面工作时，手提行灯的供电电压不应超过12V。

④ 热力管道隧道和电缆隧道内的照明电压宜采用36V。

例 5: 正常照明常用的供电方式

照明通常采用 380V/220V 三相四线中性点直接接地的供电方式。

①由电力与照明共用 380V/220V 电力变压器供电，如图 8-2(a) 所示。

②工厂车间的电力采用“变压器-干线”式供电，而对外无联络开关时，照明电源应接在变压器二次侧总开关之前，如图 8-2(b) 所示。

③工厂车间的电力采用放射式供电系统时，照明电源一般应接在单独回路上，如图 8-2(c) 所示。

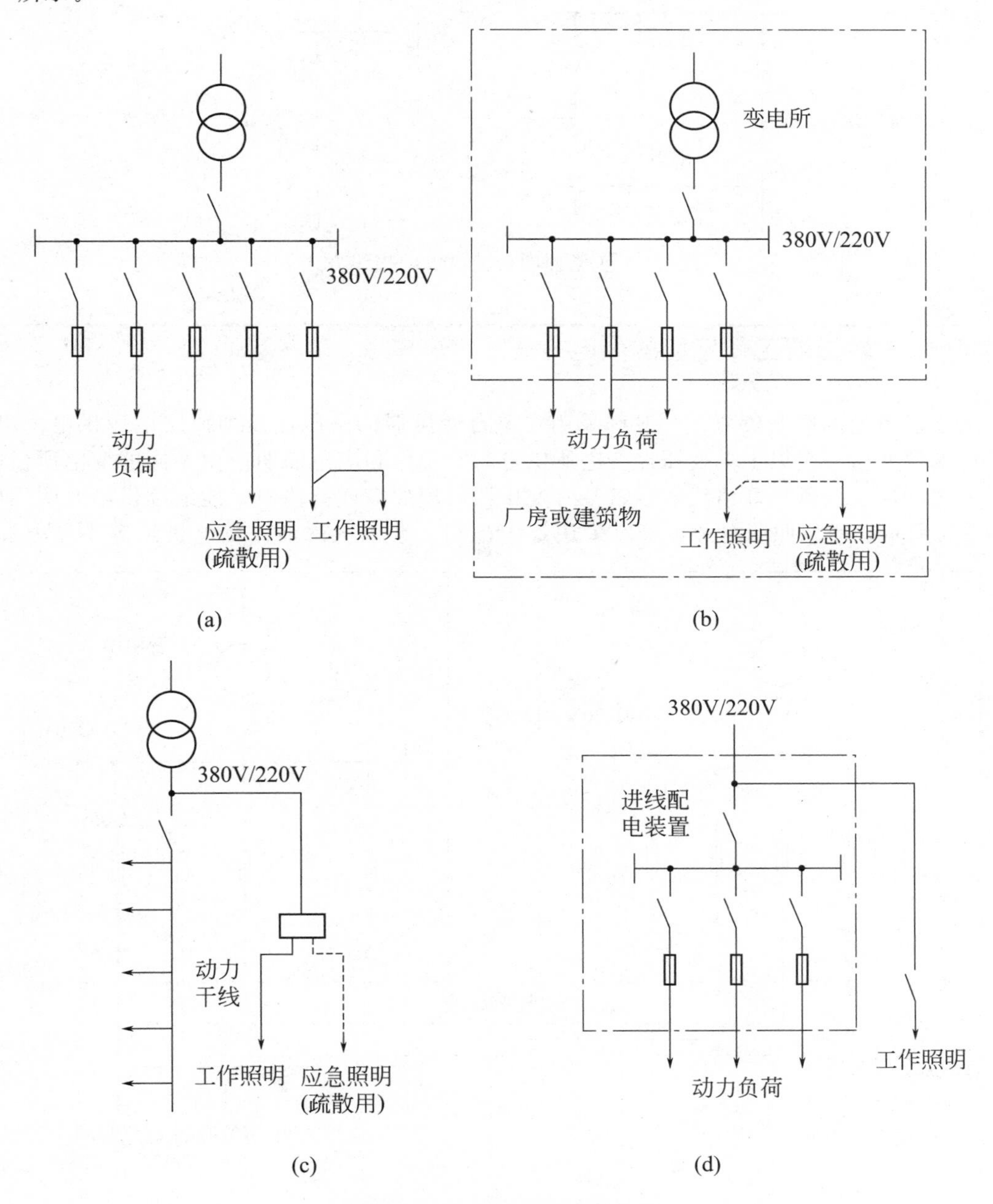

图 8-2　常用照明供电系统图

④ 辅助建筑物或远离变电所的建筑可采用电力与照明合用回路供电，但应在电源进户处将电力与照明线路分开，如图 8-2(d) 所示。

⑤ 在个别特殊情况下，蓄电池可作为特别重要的照明设备和特殊装置的备用电源，如图 8-3 所示。

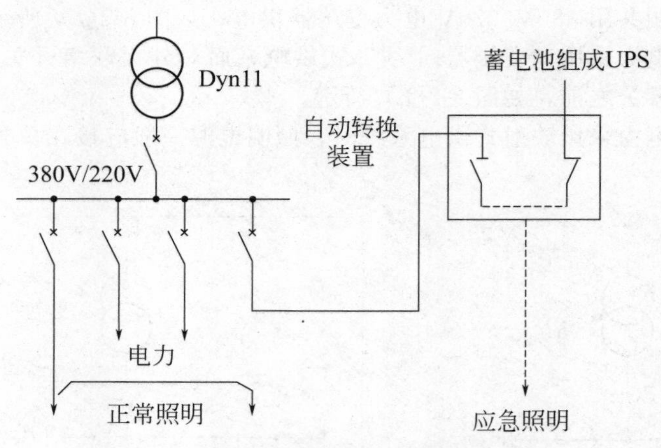

图 8-3　正常照明负荷供电的接线方式

例 6: 较重要工作场所的供电方式

对于较重要的照明负荷，一般都采用在单台变压器的高压侧设两回路电源供电。当工作场所的照明由一个以上单变压器变电所供电时，工作和应急照明应由不同的变电所供电。变电所之间应装设低压联络线，以备某一变压器出现故障或检修时，能继续供给照明用电，如图 8-4 所示。应急照明电源也可以采用蓄电池组、柴油（汽油）发电机组等小型电源或

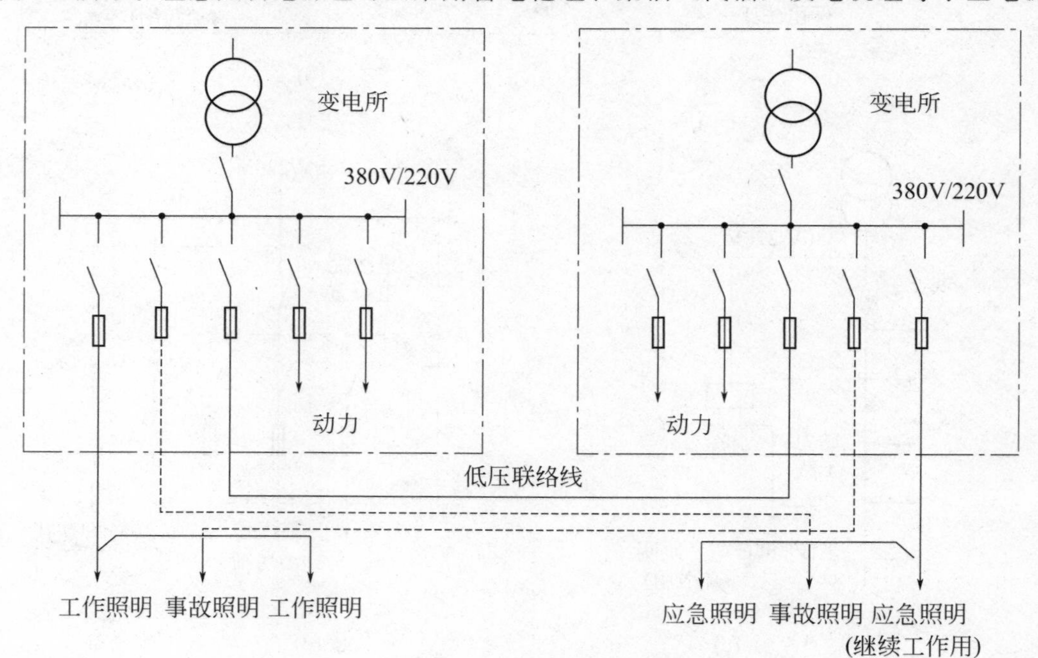

图 8-4　较重要场所照明负荷供电的接线方式

由附近引来的另一电源线路供电。当工作场所的变电所内有两台变压器时，工作和事故电源应分别接在不同变压器的低压配电屏上。

例 7: 重要工作场所的供电方式

照明负荷的电源可引自一个以上单变压器的变电所，也可引自两台变压器的变电所，但每台变压器的电源均为独立的，如图 8-5 所示。

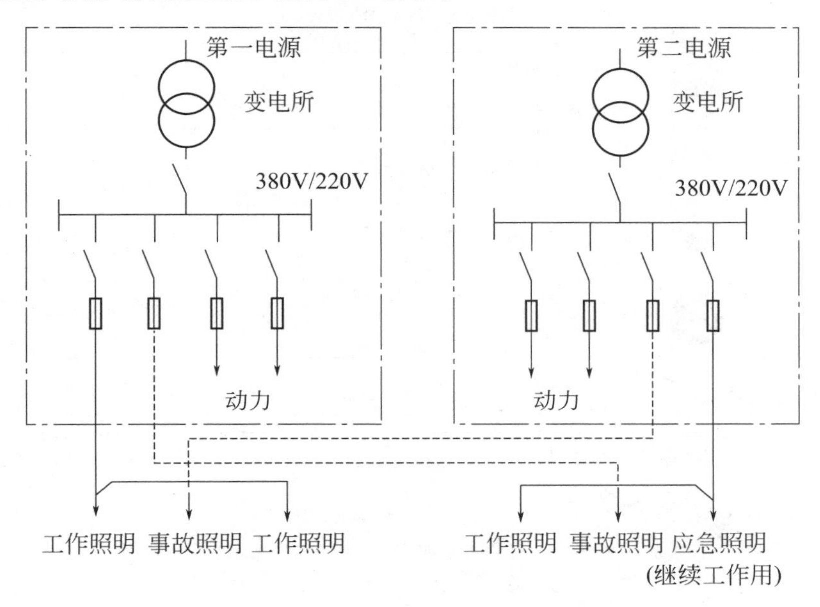

图 8-5 重要照明负荷供电的接线方式

特殊照明场所是指特别重要的任何时间都不允许停电的照明场所。当由一个以上单一变压器变电所供电时，低压母线分段开关应设有备用电源自动投入装置，各变压器由单独的电源供电，工作照明与应急照明分别接在不同的低压母线上，应急照明最好另设第三独立电源，第二独立电源可采用蓄电池组，也可由附近引来独立的电源回路，应急照明电源也应能自动投入。

例 8: 常用动力及照明设备图形符号

常用的动力及照明设备，如电动机、动力及照明配电箱、灯具、开关、插座等在动力及照明平面图上采用图形符号和文字标注相结合的方式来表示。常用动力及照明设备的图形符号如表 8-3 所示。

表 8-3 常用动力及照明设备图形符号

序号	图形符号	说明
1		台、箱、屏、柜等一般符号
2		多种电源配电箱

续表

序号	图形符号	说明
3		事故照明配电箱
4		动力照明配电箱
5		灯或信号灯的一般符号
6		安全灯
7		投光灯一般符号
8		防水防尘灯
9		隔爆灯
10		开关一般符号
11		分别表示明装、暗装、密闭（防水）、防爆单极开关
12		分别表示明装、暗装、密闭（防水）、防爆双极开关
13	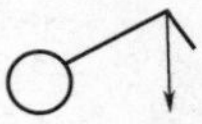	单极拉线开关
14		多拉开关，可用于不同照度控制
15	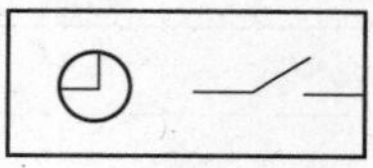	定时开关，如用于节能开关
16		插座或插孔的一般符号，表示一个极

续表

序号	图形符号	说明
17		单相插座,分别表示明装、暗装、密闭(防水)、防爆
18	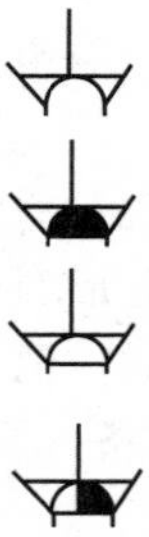	三相四孔插座,分别表示明装、暗装、密闭(防水)、防爆

例 9: 常用动力及照明设备的文字标注

文字标注一般遵循一定格式，来表示设备的型号、个数、安装方式及额定值等信息。常用动力及照明设备的文字标注，如表 8-4 所示。

表 8-4　常用动力及照明设备的文字标注

项目	文字标注	说明
用电设备的文字标注	$\frac{a}{b}$或$\frac{a}{b}+\frac{c}{d}$ $a\frac{b-c}{d(e\times f)-g}$(标注引入线)	a——设备编号; b——设备型号; c——设备的额定容量,kW; d——导线型号; e——导线根数; f——导线截面,mm^2; g——导线敷设方式
配电设备的文字标注	$a\frac{b}{c}$或$a-b-c$ $a\frac{b-c}{d(e\times f)-g}$(标注引入线)	式中的a、b、c、d、e、f、g的含义同用电设备的文字标注
配电线路的文字标注	$d(e\times f)-g$或$d(e\times f)G-g$	式中d、e、f、g的含义同用电设备的文字标注,而G为穿线管的代号及管径
照明灯具的标注形式	$a-b\frac{c\times d\times l}{e}f$	a——同类型照明器的个数; b——灯具类型代号; c——照明器内安装灯具数量; d——灯具的功率,W; e——安装标高,m; l——电源种类; f——安装方式代号。

例 10: 动力及照明系统

又叫配电系统图，是描述建筑物内的配电系统和容量分配情况、配电装置、导线型号、截面、敷设方式及穿管管径，开关与熔断器的规格型号等。主要根据干线连接方式绘制。

配电系统图的主要特点如下。

① 电气系统图所描述的对象是系统或分系统。电气系统图可用来表示大型区域电力网，也可用来描述一个较小的供电系统。

② 电气系统图所描述的是系统的基本组成和主要特征，而不是全部。

③ 电气系统图对内容的描述是概略的，而不是详细的，但其概略程度则依描述对象的不同而不同。描述一个大型电气系统，只要画出发电厂、变电所、输电线路即可。描述某一设备的供电系统，则应将熔断器、开关等主要元器件表示出来。

④ 在电气系统图中，表示多线系统，通常采用单线表示法，表示系统的构成，一般采用图形符号。对于某一具体的电气装置的电气系统图，也可采用框形符号。这种框形符号绘制的图又称为框图。这种形式的框图与系统图没有原则性的区别，两者都是用符号绘制的系统图，但在实际应用中，框图多用于表示一个分系统或具体设备、装置的概况。

图 8-6 为某住宅楼某户的电气照明配电系统。

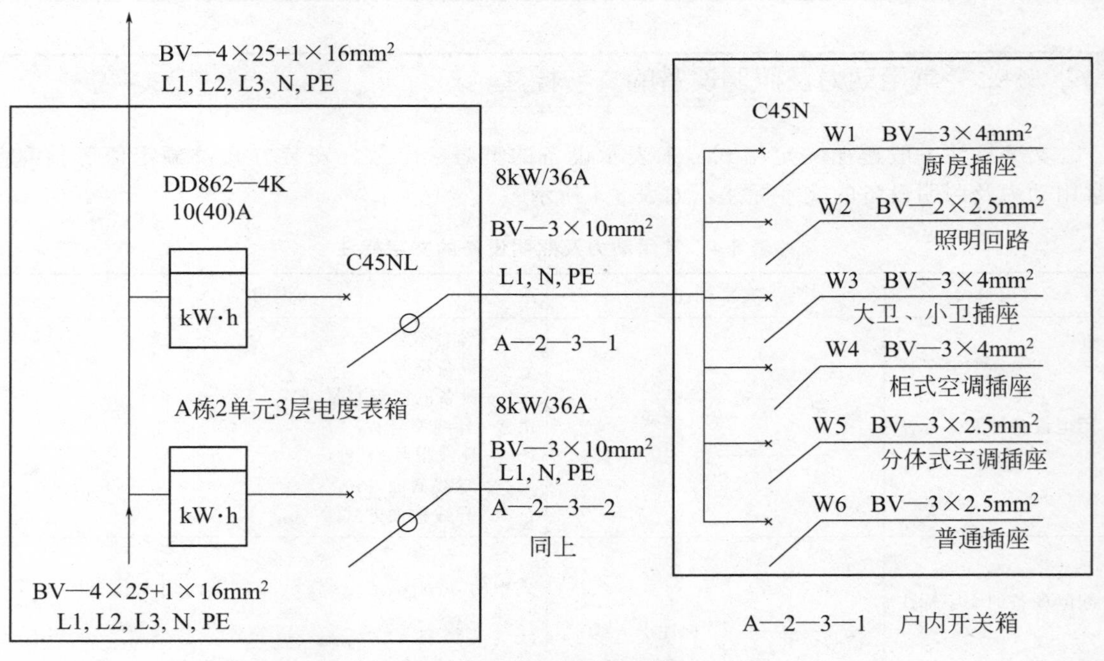

图 8-6 照明配电系统

例 11: 动力及照明平面图

图 8-7 为某住宅楼某户的电气照明平面布置图。从图 8-6 照明配电系统图和图 8-7 照明平面图中得到的信息如下。

（1）回路分配

由图 8-6 可知，住户从户内配电箱分出 6 个回路，其中 W_1 为厨房插座回路；W_2 为照明回路；W_3 为大卫、小卫插座回路；W_4 为柜式空调插座回路；W_5 为主卧室、书房分体式空调插座回路；W_6 为普通插座回路。照明回路也可以再分出一个 W_7 回路，供过厅、卧室等照明用电。

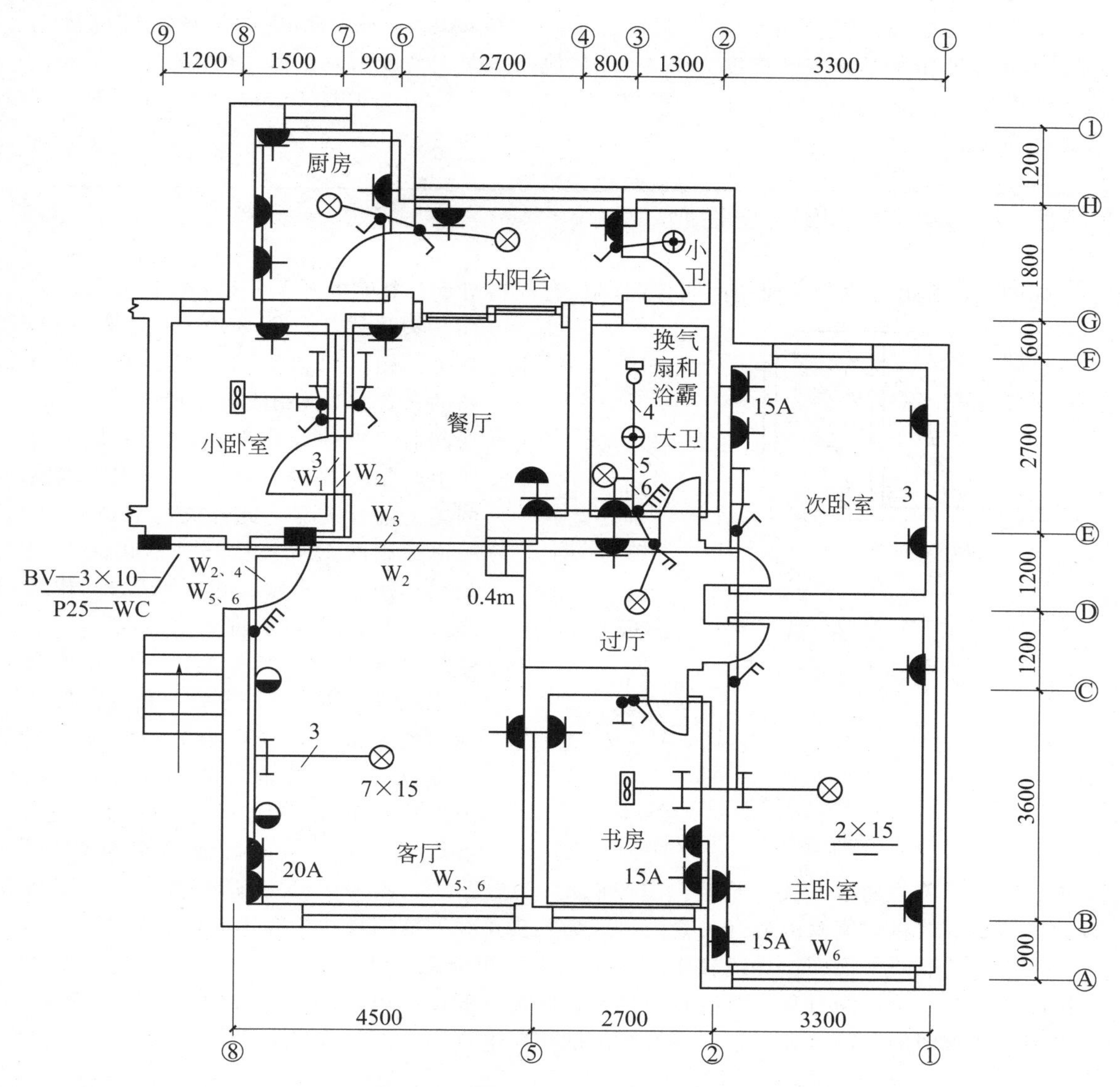

图 8-7 某住宅楼某户的电气照明平面布置图（尺寸单位：mm）

由于该建筑为砖混结构，楼板为预制板，错层式，配电箱安装高度为 1.8m，因配电箱下面有一个嵌入式鞋柜，因此，配管配线不能直接走下面，只能从上面进出。

（2）配电箱的安装

为了分析方便，我们从配电箱开始，安装在⑨轴线的层配电箱为两户型配电箱，内装有 2 块电度表和 2 个总开关。箱体规格为 400mm×500mm×200mm（宽×高×深），安装高度为 1.5m。

户内配电箱内有 6 个回路，因距离总配电箱较近，所以没有设置户内总开关，配电箱的尺寸为 300mm×300mm×150mm。配电箱中心距⑧轴线为 800mm，安装高度可以考虑底边距地为 1.7m，其上边与户外配电箱的上边平齐，考虑到进户门一般高度为 1.9m，门上一般有过梁，梁高一般为 200mm，总高为 2.1m，配管配线在 2.1m 以上进行。PVC 管 DN20 管长为 1.2m＋0.8m＋2×0.15m＝2.3m，$10mm^2$ 单根线长为 2.3m＋0.9m（箱预留）＋0.6m(箱预留)＝3.8m。

户内 15A 的插座是为分体式空调设计的，安装高度为 2m，厨房的插座安装高度为 1m，大卫、小卫的插座安装高度为 1.3m，其他插座安装高度为 0.3m，20A 的插座是为柜式空调设计的，安装高度为 0.3m。日光灯安装高度为 2.5m，壁灯安装高度为 2m，开关安装高度为 1.3m。

例 12: 两个房间的照明控制

如图 8-8 所示为两个房间的照明控制图，有 3 盏灯、1 个单极开关、1 个双极开关，采用共头接线法。图 8-8(a) 为平面图，在平面图上可以看出灯具、开关和电路的布置。1 根相线和 1 根中性线进入房间后，中性线全部接于 3 盏灯的灯座上，相线经过灯座盒 2 进入左面房间墙上的开关盒，此开关为双极开关，可以控制两盏灯，从开关盒出来两根相线，接于灯座盒 2 和灯座盒 1。相线经过灯座盒 2 同时进入右面房间，通过灯座盒 3 进入开关盒，再由开关盒出来进入灯座盒 3。因此，在两盏灯之间出现 3 根线，在灯座 2 与开关之间也是 3 根线，其余是两根线。由灯的图形符号和文字代号可以知道，这 3 盏灯为一般灯具，灯泡功率为 60W，吸顶安装，开关为翘板开关，暗装。图 8-8(b) 为电路图，图 8-8(c) 为透视图。从图中可以看出接线头放在灯座盒内或开关盒内，因为共头接线，所以导线中间不允许有接头。

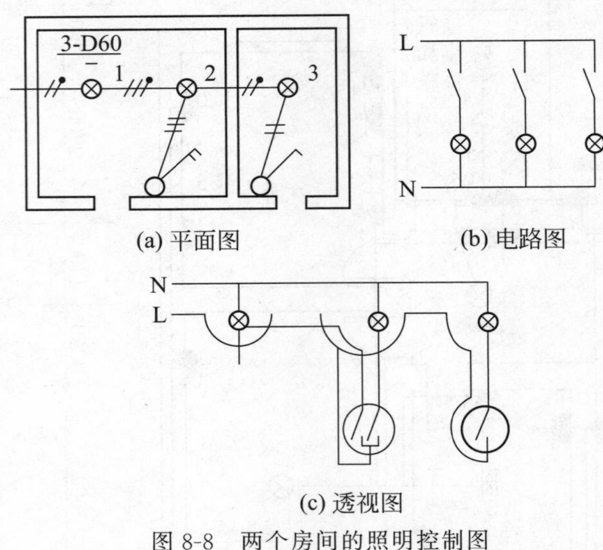

图 8-8　两个房间的照明控制图

由于电气照明平面图上导线较多，在图面上不可能逐一表示清楚。为了读懂电气照明控制图，作为一个读图过程，可以画出灯具、开关、插座的电路图或透视图。弄懂平面图、电路图、透视图的共同点和区别，再看复杂的照明电气平面图就容易多了。

例 13: 面板开关两地和三地控制

对于楼道和楼梯照明，多采用双控方式（有的长楼道采用三地控制），在楼道和楼梯入口安装双控跷板开关，其特点是在任意入口处都可以开闭照明装置，其接线原理如图 8-9 所示。

例 14: 声光控或延时控制

住宅楼、公寓楼楼梯间多采用定时开关或声光控开关控制，其接线原理如图 8-10 所示。消防电源 Le 由消防值班室控制或与消防泵联动。住宅、公寓楼梯的公共照明开关采用红外移动探测加光控较为理想。

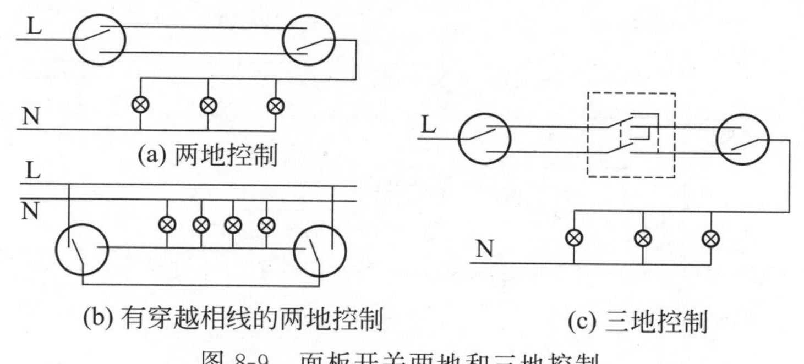

(a) 两地控制

(b) 有穿越相线的两地控制

(c) 三地控制

图 8-9　面板开关两地和三地控制

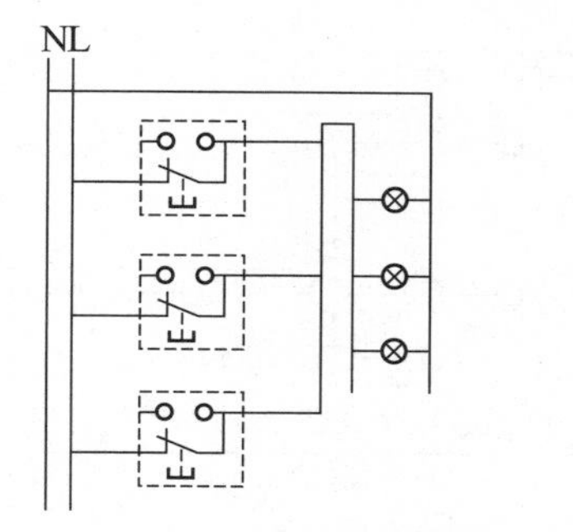

(a) 多地控制不接消防电源接线

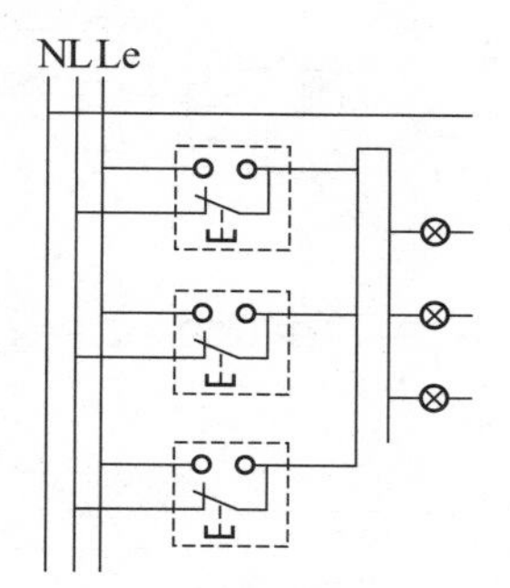

(b) 多地控制接消防电源接线

图 8-10　声光控或延时控制

例 15: 火灾报警控制系统

大型宾馆、商业中心、金融中心、大型办公楼、商住高层建筑等都装有火灾检测报警系统、自动灭火系统和防盗安装装置等保安系统，把这些系统称为安全系统。安全系统的控制部分大多采用电子设备和微机控制系统，其执行部分大多为电动操作，如消防泵启动、消防喷淋器开启等，它与其他自动控制系统一样，既有弱电部分，又有强电部分。下面通过介绍消防安全系统的基本组成和功能关系，来分析具体的电路图及设备的工作原理。

如图 8-11 所示是某一建筑物的火灾报警系统图。由图可见，该建筑物的火灾报警系统采用一台 H4815 型集中报警控制器作为全楼的报警监控设备，共送出 7 个回路，除地下室电控柜外，各层探测器回路可分为两个支路，一个是探测器支路，一个是地址编号控制模块连锁支路。线路均采用 SVR 软塑铜导线。

① 通往地下室（b1）共有两个回路，一个是探测器回路，一个是机房连锁回路，其中探测器回路包括总线隔离器 1 只，感烟探测器 2 只，感温探测器 16 只，控制模块 2 只，报警按钮 4 只。其中控制模块与空调机组和消防水泵连锁，可以根据火情启动空调机组和消防水泵。

② 通往首层（1f）只有一个回路，包括总线隔离器 1 只，感烟探测器 19 只，控制模块 1 只，与新风机组连锁，中继器 3 只，分别与压力开关、水流指示器、防火阀连锁，报警按钮 4 只。

③ 通往 2～5 层（2～5f）只有探测器回路，与首层相同，只是元件个数不同，但没有压力开关的设置。

④ 通往 6 层（6f）只有探测器回路，这个回路是由 6f 分出去的，包括总线隔离器 1 只，感烟探测器 4 只，报警按钮 1 只，控制模块 1 只并与电梯连锁。

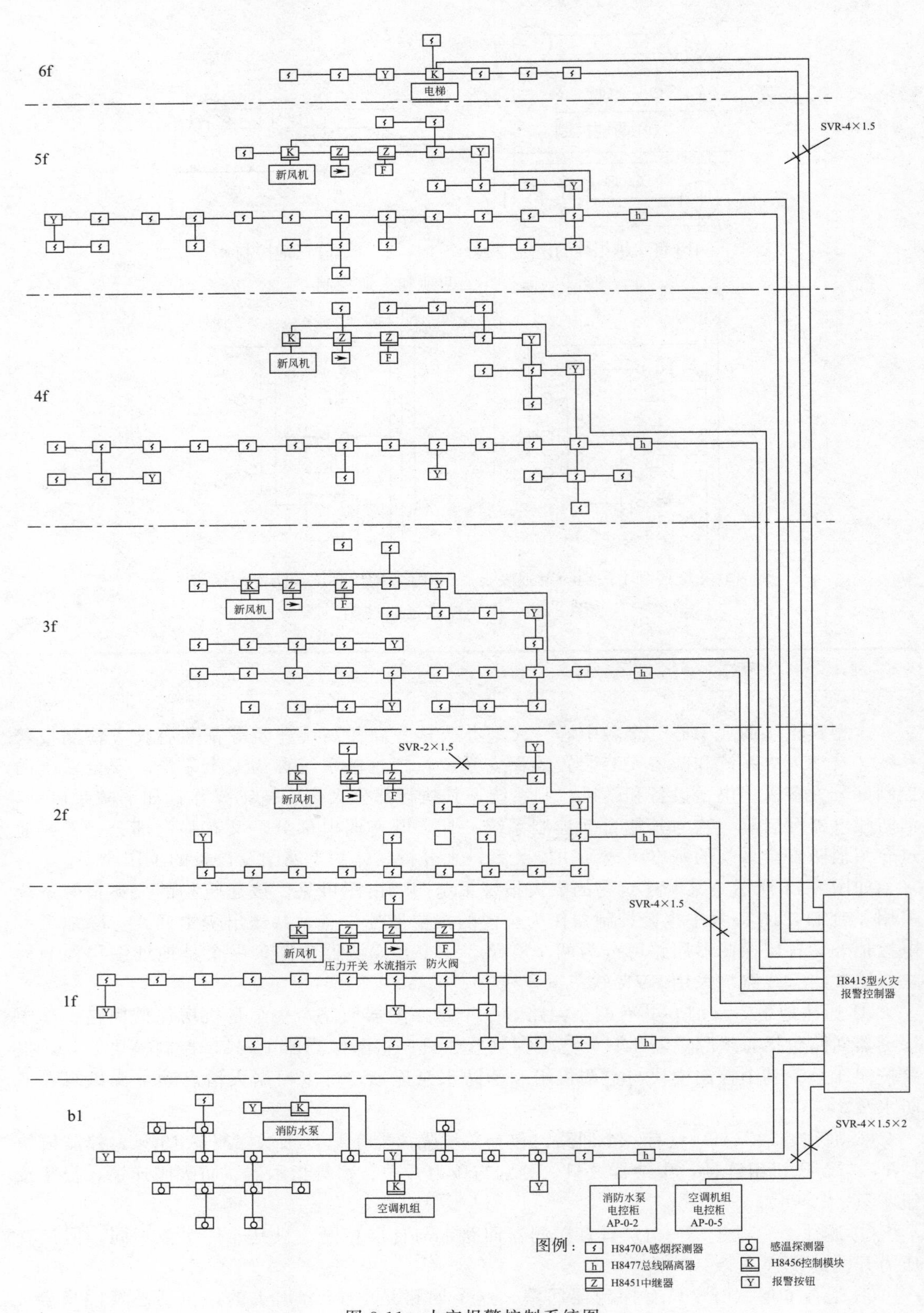

图 8-11　火灾报警控制系统图

Chapter 09

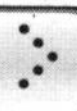

第九章 常用低压电器及实用电路

低压电器的种类繁多，按照其动作的性质，可分为手动和自动两类。手动电器是通过人工操作而动作的电器，例如，刀开关、组合开关、按钮等。自动电器是按照信号或某个物理量的变化而自动动作的电器，例如，接触器、继电器、行程开关等。

按照其职能，可分为控制电器和保护电器。例如，刀开关、按钮、接触器等，用来控制电动机的接通、断开或改变电动机的运行状态称之为控制电器。熔断器、热继电器则是用来防止电源短路和电动机过载而起保护作用的保护电器。还有一些电器，既能起控制作用，又能起终端保护作用，如行程开关等。

例 1: 组合开关（QC）的选用与维修

（1）组合开关（转换开关）的结构

组合开关（转换开关）的种类很多，常用的有 HZ10 系列，其额定电压有直流 220V、交流 380V，额定电流有 10A、25A、60A 和 100A 等。其结构图及表示符号如图 9-1 所示。

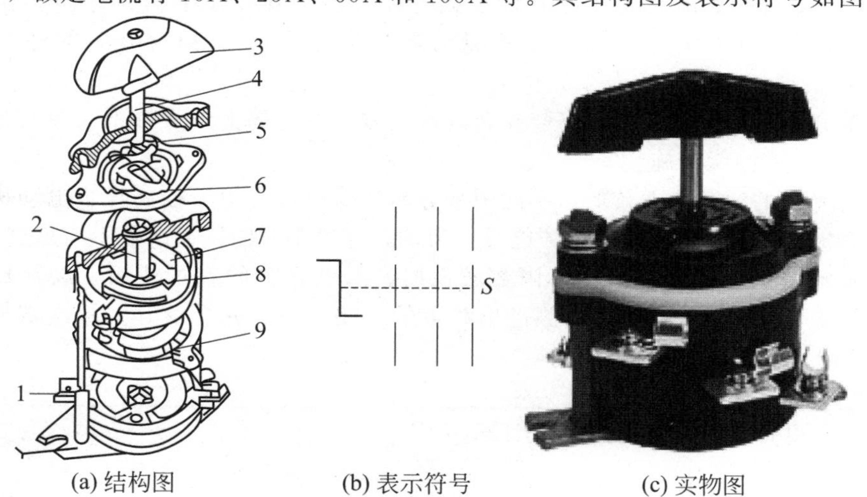

(a) 结构图　(b) 表示符号　(c) 实物图

图 9-1　组合开关结构图及表示符号

1—接线图；2—绝缘杆；3—手柄；4—转轴；5—弹簧；6—凸轮；7—绝缘垫片；8—动触片；9—静触片

它有三对静触片，每个触片的一端固定在绝缘垫板上，另一端伸出盒外连在接线柱上，以便与电源或负载相连接。三个动触片套在装有手柄的绝缘转动轴上，彼此相差一定角度。转动手柄就可以将三组触点同时接通或断开。

用组合开关可以直接接通电源电路，也可以用它来直接启动和停止小容量的电动机，还可用它接通和断开一些照明电路等。

（2）组合开关的选用

① 组合开关应根据用电设备的电压等级、容量和所需触点数进行选用。

② 用于照明或电热负载，转换开关的额定电流大于或等于被控制电路中各负载额定电流之和。

③ 用于电动机负载，组合开关的额定电流一般为电动机额定电流的1.5～2.5倍。

（3）组合开关的常见故障及检修方法

组合开关的常见故障及检修方法见表9-1。

表9-1 组合开关的常见故障及检修方法

故障现象	故障分析	处理措施
手柄转动后，内部触片未动作	① 手柄的转动连接部件磨损	①调换新的手柄
	②操作机构损坏	②打开开关，修理操作机构
	③绝缘杆变形	③更换绝缘杆
	④轴与绝缘杆装配不紧	④紧固轴与绝缘杆
手柄转动后，三副触片不能同时接通或断开	①开关型号不对	①更换符合操作要求的开关
	②修理开关时触片装配不正确	②打开开关，重新装配
	③更换触片或清除污垢	③触片失去弹性或有尘污
开关接线桩相间短路	因导电物或油污附在接线桩间形成导电，将胶木烧焦或绝缘破坏形成短路	清扫开关或调换开关

（4）安装使用中应注意事项

① HZ10组合开关应安装在控制箱（或壳体）内，其操作手柄最好伸出在控制箱的前面或侧面，应使手柄在水平旋转位置时为断开状态。HZ10组合开关的外壳必须可靠接地。

② 若需在箱内操作，开关最好装在箱内右上方，在它的上方最好不安装其他电器，否则，应采取隔离或绝缘措施。

③ 组合开关的通断能力较低，不能用来分断故障电流。用于控制异步电动机的正反转时，必须在电动机完全停止转动后才能反向启动，且每小时的接通次数不能超过15次。

④ 当操作频率过高或负载功率因数较低时，降低开关的容量使用，以延长其使用寿命。倒顺开关接线时，应将开关两侧进出线重的一相互换，并看清开关接线端标记，切忌接错，以免产生电源两相短路故障。

例2: 刀开关（QS）的选用与维修

除组合开关外，在小容量的电动机控制线路中，也常常使用刀开关来实现电动机的启动、停止等操作。刀开关有单极、双极和三极等几种。刀开关实际上是刀开关和熔丝的组合，因此还可起短路保护作用。

(1) 刀开关的结构

刀开关的结构及表示符号如图 9-2 所示。刀开关的结构简单，主要部分由刀片（动触头）和刀座（静触头）组成，它是用瓷质材料做底板，刀片和刀座用胶盖罩住，胶盖可熄灭切断电源时在刀片和刀座间产生的电弧，以防止电弧烧伤操作人员。电源进线应接在刀座一端，用电设备应接在刀片下面熔丝的另一端（下端接线柱）。这样，当刀开关断开时，刀片与熔丝上不带电，以保证更换熔丝的安全。

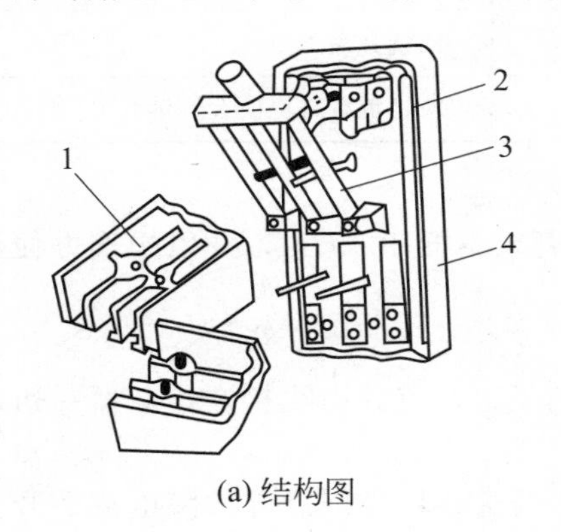

(a) 结构图

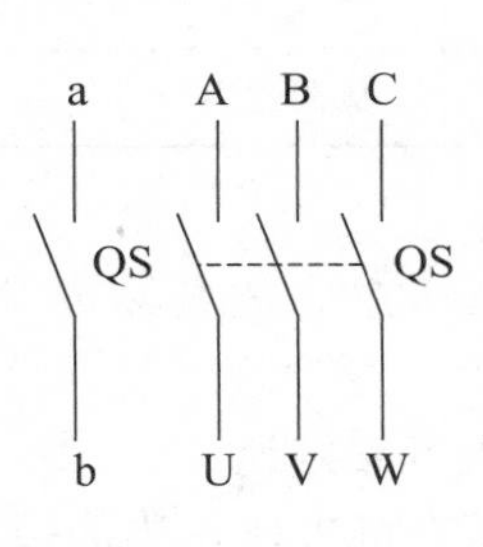

(b) 表示符号

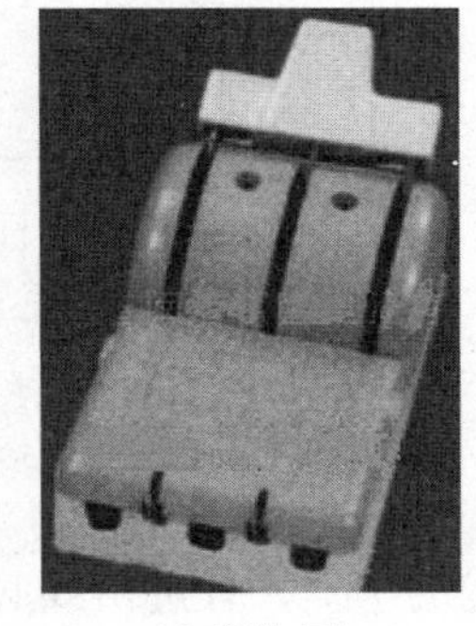

(c) 实物图

图 9-2　刀开关结构

1—胶盖；2—刀座；3—刀片；4—瓷底

(2) 刀开关的选用

刀开关选用时，一般只考虑其额定电压、额定电流 2 个参数，其他参数只有在特殊要求时才考虑。

① 刀开关的额定电压应不小于电路实际工作的最高电压。

② 根据刀开关的用途不同，其额定电流的选择也不尽相同，在作隔离开关或控制一般照明、电热等阻性负载时，其额定电流应等于或略高于负载的额定电流。用于直接控制时，瓷底胶盖刀开关只能控制容量小于 5.5kW 的电动机，其额定电流应大于电动机的额定电流；铁壳开关的额定电流应不小于电动机额定电流的 2 倍；组合开关的额定电流应不小于电动机额定电流的 2～3 倍。

(3) 刀开关的常见故障及处理方法

刀开关的常见故障及处理方法如表 9-2 所示。

表 9-2　刀开关的常见故障及处理方法

种类	故障现象	故障分析	处理措施
开启式负荷开关	合闸后，开关一相或两相开路	静触头弹性消失，开口过大，造成动、静触头接触不良	整理或更换静触头
		熔丝熔断或虚连	更换熔丝或紧固
		动、静触头氧化或有尘污	清洗触头
		开关进线或出线线头接触不良	重新连接
	合闸后，熔丝熔断	外接负载短路	排除负载短路故障
		熔体规格偏小	按要求更换熔体
	触头烧坏	开关容量太小	更换开关
		拉、合闸动作过慢，造成电弧过大，烧毁触头	修整或更换触头，并改善操作方法

续表

种类	故障现象	故障分析	处理措施
封闭式负荷开关	操作手柄带电	外壳未接地或接地线松脱	检查后，加固接地导线
		电源进出线绝缘损坏碰壳	更换导线或恢复绝缘
	夹座(静触头)过热或烧坏	夹座表面烧毛	用细锉修整夹座
		闸刀与夹座压力不足	调整夹座压力
		负载过大	减轻负载或更换大容量开关

(4) 安装使用中应注意事项

① 封闭式负荷开关必须垂直安装，安装高度一般离地不低于 1.3m，并以操作方便和安全为原则。

② 开关外壳的接地螺钉必须可靠接地。

③ 接线时，应将电源进线接在静夹座一边的接线端子上，负载引线接在熔断器一边的接线端子上，且进出线必须穿过开关的进出线孔。

④ 分合闸操作时，要站在开关的手柄侧，不准面对开关，以免因意外故障电流使开关爆炸，铁壳飞出伤人。

⑤ 一般不用额定电流 100A 及以上的封闭式负荷开关控制较大容量的电动机，以免发生飞弧灼伤手事故。

例 3: 按钮（SB）的选用与维修

按钮也是一种简单的手动开关，它与交流接触器的吸引线圈相配合，即可实现接通、断开电动机或其他电器设备的操作。

(1) 按钮的结构

按钮的结构剖面图及表示符号如图 9-3 所示。按钮开关内有两对静触头和一对动触头，动触头和按钮帽通过连杆固定在一起，静触头则固定在胶木外壳上，引出接线端。其中一对静触头在常态时（指按钮未受外力作用或电器未通电时触头所处的状态）处于闭合状态，叫动断（常闭）触头；另一对在常态时是断开的，叫动合（常开）触头。

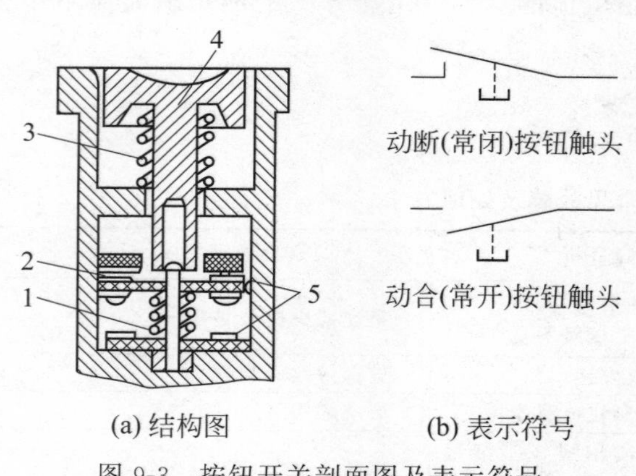

图 9-3 按钮开关剖面图及表示符号

1，3—复位弹簧；2—动触头；4—按钮帽；5—静触头

在电动机的控制线路中，常用按钮的动合（常开）触头来启动电动机，这种按钮称为“启动按钮”；也常用按钮的动断（常闭）触头将电动机停止，这种按钮称为“停止按钮”。

在图 9-3 中，当按下按钮帽时，动触头先断开动断（常闭）触头，后接通动合（常开）触头；而手指放开后，触头自动复位的先后次序相反，即动合（常开）触头先断开，动断（常闭）触头后闭合，这种按钮称为“联动按钮”。它的两对触头不能同时作为“启动按钮”和“停止按钮”使用。

如果将两个按钮装在一起，就组成了一种常见的“双联按钮”，如图 9-4 所示。图中一个按钮用于电动机的启动，另一个用于电动机的停止。也可把三个按钮装在一起，组成控制电动机的“正转”、“反转”和“停止”的三联按钮。

还有一种按钮，在按钮帽中装有信号灯，按钮帽兼作信号灯的灯罩，这种按钮称为信号灯按钮。如图 9-5 所示。

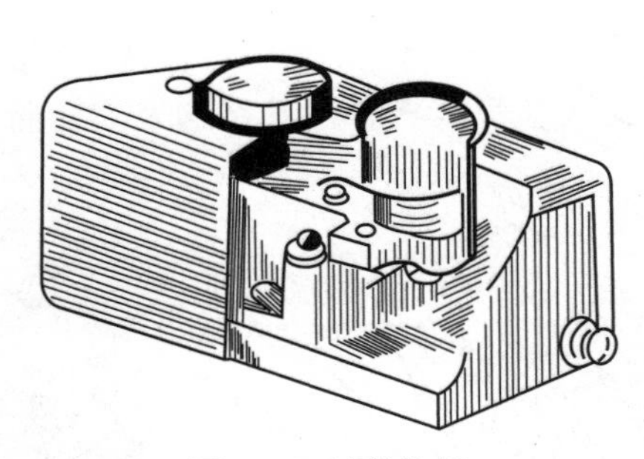

图 9-4　双联按钮

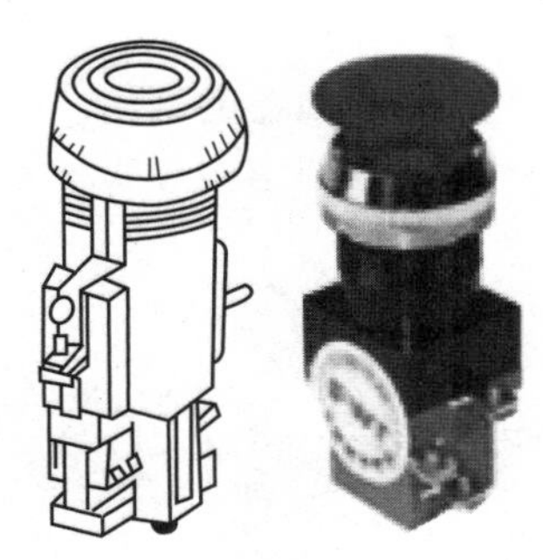

图 9-5　信号灯按钮

（2）按钮的选用

选用按钮时，主要考虑以下几点。

① 根据使用场合选择控制按钮的种类。

② 根据用途选择合适的形式。

③ 根据控制回路的需要确定按钮数。

④ 按工作状态指示和工作情况要求选择按钮和指示灯的颜色。

（3）按钮的常见故障及处理方法

按钮的常见故障及处理方法，如表 9-3 所示。

表 9-3　按钮常见故障及处理方法

故障现象	故障分析	处理措施
触头接触不良	触头烧损	修正触头或更换产品
	触头表面有尘垢	清洁触头表面
	触头弹簧失效	重绕弹簧或更换产品
触头间短路	塑料受热变形，导线接线螺钉相碰短路	更换产品，并查明发热原因，如灯泡发热所致，可降低电压
	杂物和油污在触头间形成通路	清洁按钮内部

（4）安装使用中应注意事项

按钮安装在面板上时，应布置整齐，排列合理，如根据电动机启动的先后顺序，从上到下或从左到右排列。

同一机床运动部件有几种不同的工作状态时（如上、下、前、后，松、紧等），应使每一对相反状态的按钮安装在一组。

按钮的安装应牢固，安装按钮的金属板或金属按钮盒必须可靠接地。

由于按钮的触点间距较小，如有油污等极易发生短路故障，因此应注意保持触点间的清洁。

例4: 熔断器（FU）的选用与维修

熔断器是一种短路保护电器，它串联在被保护的电路中，当电路发生短路故障时，便有很大的短路电流通过熔断器，熔断器中的熔体发热后自动熔断，从而达到保护线路及电器设备的作用。

（1）熔断器的结构

熔断器的结构形式很多，常用的有插入式、螺旋式和管式三种。其结构及表示符号如图9-6所示。

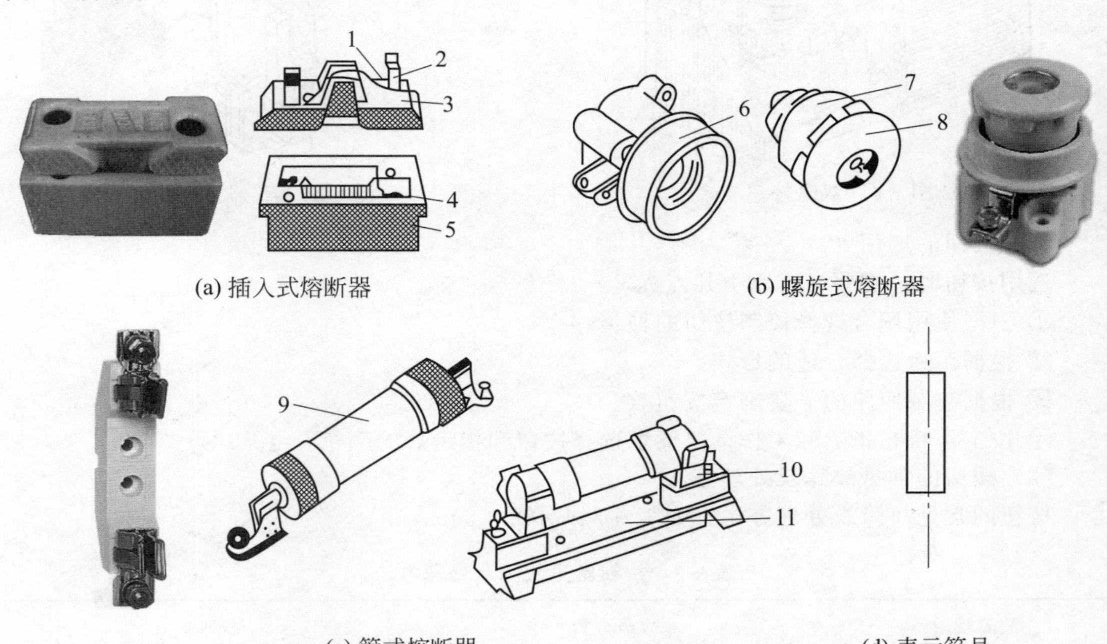

图9-6　几种熔断器的结构及表示符号

1—熔体；2—动触头；3—瓷插件；4—静触头；5—瓷底座；
6，11—底座；7，9—熔断管；8—瓷帽；10—夹座

熔断器的主要部分是熔体，一般用电阻率较高的易熔合金制成，例如，铅锡合金等。负载正常运行时熔断器不应熔断，而当电路发生短路和负载严重过载时，熔体立即熔断。

（2）熔断器的选用

选择熔断器时，主要是确定熔体的额定电流。

选择熔体的方法如下。

① 对于照明线路等没有冲击电流的负载，熔体的额定电流大于或等于实际等效负载最大工作电流。

② 一台电动机的熔体

异步电动机的启动电流为其额定电流的5～7倍，通常启动时间为1～10s，为保证电动机在正常运行和启动时熔体都不会熔断，熔体不能按电动机的额定电流来选择，应按下述的经验公式计算：

$$\text{熔体额定电流} \geqslant \frac{\text{电动机的启动电流}}{2.5} \tag{9-1}$$

如果电动机启动频繁，或启动时间较长，则式(9-1) 可改为

$$熔体额定电流 \geq \frac{电动机的启动电流}{1.6 \sim 2} \quad (9\text{-}2)$$

③ 几台电动机合用的总熔体可粗略地按公式(9-3) 计算：

$$熔体额定电流=(1.5 \sim 2.5)\times 容量最大的电动机的额定电流+其余电动机的额定电流之和 \quad (9\text{-}3)$$

(3) 熔断器的常见故障及处理方法

对低压熔断器检修主要是使用万用表电阻挡检测熔体的电阻值是否为零来判别熔体是否熔断，若不为零则需要更换熔体；低压熔断器的常见故障及处理方法，如表 9-4 所示。

表 9-4　熔断器的常见故障及处理方法

故障现象	故障分析	处理措施
电路接通瞬间，熔体熔断	熔体电流等级选择过小	更换熔体
	负载短路或接地	排除负载故障
	熔体安装时受机械损伤	更换熔体
熔体未见熔断，但电路不通	熔体或接线座接触不良	重新连接

(4) 安装使用中应注意事项

① 安装低压熔断器时应保证熔体和夹头以及夹头和夹座接触良好，并具有额定电压、额定电流值标志。

② 插入式熔断器应垂直安装，螺旋式熔断器的电源线应接在瓷底座的下接线座上，负载线应接在螺纹壳的上接线座上。这样在更换熔断管时，旋出螺帽后螺纹壳上不带电，保证操作者的安全。

③ 熔断器内要安装合格的熔体，不能用多根小规格熔体并联代替一根大规格熔体。

④ 安装熔断器时，各级熔体应相互配合，并做到下一级熔体规格比上一级规格小。

⑤ 安装熔丝时，熔丝应在螺栓上沿顺时针方向缠绕，压在垫圈下，拧紧螺钉的力应适当，以保证接触良好，同时注意不能损伤熔丝，以免减小熔体的截面积，产生局部发热而产生误动作。

⑥ 更换熔体或熔管时，必须切断电源，尤其不允许带负荷操作；以免发生电弧灼伤。

⑦ 熔断器兼作隔离器件使用时应安装在控制开关的电源进线端；若仅做短路保护用，应装在控制开关的出线端。

例 5:　交流接触器（KM）的选用与维修

闸刀之类的手动操作电器虽然比较简单经济，但当电动机的功率过大，启动频繁以及要求远距离操作和自动控制时，就需要用自动开关来代替手动开关。交流接触器就是一种自动开关，它是利用电磁吸力来工作的，常用于直接控制异步电动机主电路的接通或断开，是继电接触器控制系统中的主要器件之一。

(1) 交流接触器的结构

如图 9-7 所示为交流接触器的结构图及表示符号。交流接触器主要有电磁铁和触头两部分组成。电磁铁的铁芯由硅钢片叠成，分上铁芯和下铁芯两部分，下铁芯为固定不动的

静铁芯，上铁芯为上下可移动的动铁芯。触头包括静触头和动触头两部分，动触头固定在动铁芯上，静触头则固定在壳体上。电磁铁的吸引线圈套在静铁芯上。交流接触器常态时互相分开的触头称为动合（常开）触头；而互相闭合的触头称为动断（常闭）触头。交流接触器一般有三对常开的主触头和两对动合（常开）、两对动断（常闭）的辅助触头。主触头的额定电流较大，用来接通和断开较大电流的主电路。辅助触头的额定电流较小，用来接通和断开小电流的控制线路。

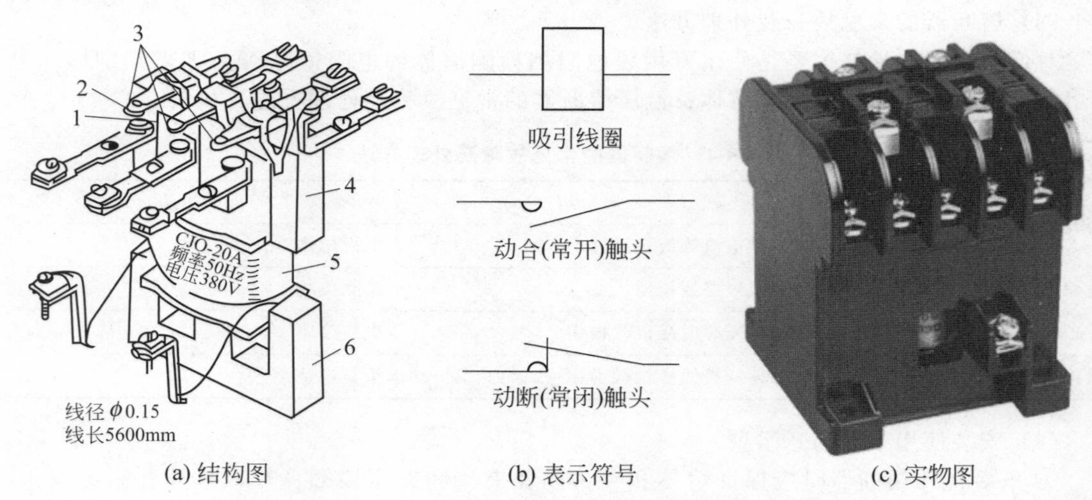

(a) 结构图　(b) 表示符号　(c) 实物图

图 9-7　交流接触器结构图及表示符号

1—静触头；2—动触头；3—主触头；4—上铁芯；5—吸引线圈；6—下铁芯

当电磁铁的吸引线圈通电后，产生磁场，上下铁芯间产生电磁吸力，上铁芯（动铁芯）与下铁芯（静铁芯）吸合，使各对动合（常开）触头都闭合，动断（常闭）触头都断开。当吸引线圈断电后，电磁吸力消失，动铁芯在恢复弹簧的作用下，回到原来位置，所有的触头也都恢复到原来的状态。

当动触头与静触头断开时，会在两触头间产生电弧，容易烧坏触头，并使断开时间增长。为了保障电路负载能可靠地断开和保护主触头不被烧坏，接触器必须采用灭弧装置（通常 10A 以上的接触器上都装有灭弧罩），使三对主触头被耐火材料互相隔开，以免当触头断开时产生的电弧相互连接造成电源短路故障。

为了消除铁芯的颤动和噪声，在铁芯端面的一部分套有短路环。

（2）交流接触器的选用

接触器选用时，一般需考虑接触器主触头的额定电压、接触器主触头的额定电流、接触器吸引线圈的电压 3 个参数。各参数选择时主要考虑有以下几个因素。

① 根据所控制的电动机或负载电流类型来选择接触器类型，交流负载选用交流接触器，直流负载选用直流接触器。

② 接触器主触点的额定电压应不小于负载电路的工作电压，主触点的额定电流应不小于负载电路的额定电流，主触头额定电流有 5A、10A、20A、40A、75A、120A 等数种。

③ 选用交流接触器时，应注意选择主触头的额定电流，吸引线圈的额定电压和所需触头的数量。常见国产交流接触器吸引线圈的额定电压有 36V、110V、127V、220V 和 380V 等五种。直流线圈电压有 24V、48V、110V、220V、440V 等。从人身和安全的角度考虑，线圈电压可选择低一些，但当控制线路简单，线圈功率较小时，为了节省变压器，可选 220V 或 380V。

④ 接触器的触点数量应满足控制支路数的要求，触点类型应满足控制线路的功能要求。

（3）交流接触器的常见故障及处理

交流接触器的常见故障及处理方法，如表 9-5 所示。

表 9-5　交流接触器的常见故障及处理方法

故障现象	故障分析	处理措施
触头过热	通过动、静触头间的电流过大	重新选择大容量触头
	动、静触头间接触电阻过大	用刮刀或细锉刀修整或更换触头
触头磨损	触头间电弧或电火花造成电磨损	更换触头
	触头闭合撞击造成机械磨损	更换触头
触头熔焊	触头压力弹簧损坏使触头压力过小	更换弹簧和触头
	线路过载使触头通过的电流过大	选用较大容量的接触器
铁芯噪声大	衔铁与铁芯的接触面接触不良或衔铁歪斜	拆下清洗、修整端面
	短路环损坏	焊接短路环或更换
	触头压力过大或活动部分受到卡阻	调整弹簧、消除卡阻因素
衔铁吸不上	线圈引出线的连接处脱落，线圈断线或烧毁	检查线路及时更换线圈
	电源电压过低或活动部分卡阻	检查电源、消除卡阻因素
衔铁不释放	触头熔焊	更换触头
	机械部分卡阻	消除卡阻因素
	反作用弹簧损坏	更换弹簧

（4）安装使用中应注意事项

① 安装前检查接触器铭牌与线圈的技术参数（额定电压、电流、操作频率等）是否符合实际使用要求；检查接触器外观，应无机械损伤；用手推动接触器可动部分时，接触器应动作灵活，灭弧罩应完整无损，固定牢固；测量接触器的线圈电阻和绝缘电阻正常。

② 接触器一般应安装在垂直面上，倾斜度不得超过 5°；安装和接线时，注意不要将零件失落或掉入接触器内部，安装孔的螺钉应装有弹簧垫圈和平垫圈，并拧紧螺钉以防振动松脱；安装完毕，检查接线正确无误后，在主触点不带电的情况下操作几次，然后测量产品的动作值和释放值，所测得的数值应符合产品的规定要求。

③ 使用时应对接触器作定期检查，观察螺钉应无松动，可动部分应灵活等；接触器的触点应定期清扫，保持清洁，但不允许涂油，当触点表面因电灼作用形成金属小颗粒时，应及时清除。拆装时注意不要损坏灭弧罩，带灭弧罩的交流接触器绝不允许不带灭弧罩或带破损的灭弧罩运行。

例 6: 中间继电器（KA）的选用与维修

中间继电器与交流接触器没有本质上的差别，只是用途有所不同。中间继电器的电磁系统和触头所允许通过的电流都比较小，触头的数量比较多。中间继电器的实物如图 9-8 所示。

图 9-8　中间继电器的实物图

中间继电器常用来传递信号和同时控制多个电路。例如，当控制电流较小而不能使容量较大的交流接触器动作时，则可先把电流传给中间继电器，进而控制接触器。又如，有时要用一个物理量去同时控制多个电器，此时可使用中间继电器来完成。

在选用中间继电器时，主要是考虑电压等级和触头的数量。

例 7: 热继电器（FR）的选用与维修

热继电器是一种过载保护电器，它是利用电流的热效应而动作的，以免电动机因过载而损坏。

（1）热继电器的结构

图 9-9 是热继电器的结构原理图及表示符号。图中 1 是热元件，它是一段电阻丝，接在电动机的主电路中。2 是双金属片，系由两种具有不同线膨胀系数的金属辗压而成。下层金属的膨胀系数大，上层的小。当主电路中电流超过容许值而使双金属片受热时，它便向上弯曲，因而脱扣，扣板 3 在弹簧 4 的拉力下将动断（常闭）触头 5 断开。触头 5 是接在电动机控制线路中的。控制线路断开而使接触器的线圈断电，从而断开电动机的主电路。

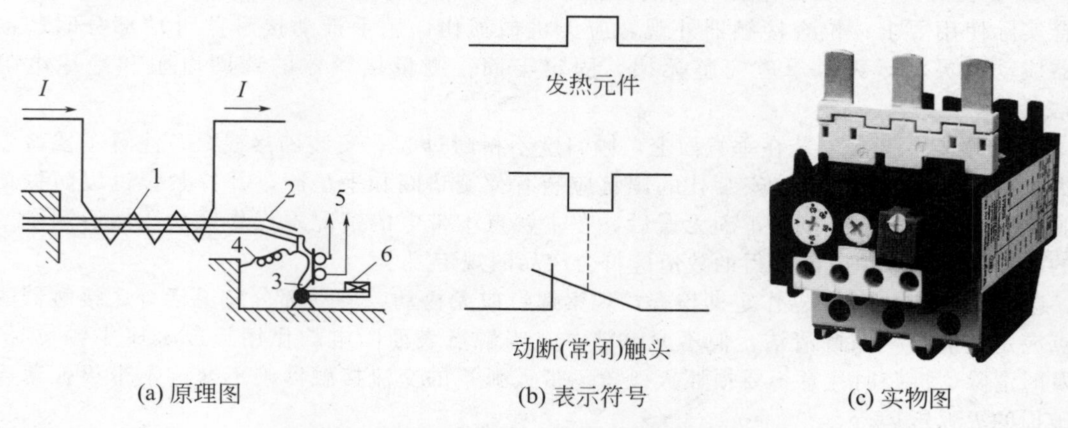

(a) 原理图　(b) 表示符号　(c) 实物图

图 9-9　热继电器的结构原理图及表示符号

1—热元件；2—双金属片；3—扣板；4—弹簧；5—动断（常闭）触头；6—复位按钮

当发生短路故障时，由于热惯性，热继电器不能作短路保护。这个热惯性也是合乎我们要求的，在电动机启动或短时过载时，热继电器不会动作，这可避免电动机不必要的停车。如果要热继电器复位，则按下复位按钮 6 即可。

热继电器的主要技术数据是整定电流。所谓整定电流就是热元件中通过的电流超过此值的20%时，热继电器应当在20min内动作。调节“过载电流调节螺钉”即可改变整定电流值。

（2）热继电器的选用

热继电器的技术参数主要有额定电压、额定电流、整定电流和热元件规格，选用时，主要考虑其额定电流和整定电流2个参数。

① 额定电压是指热继电器触点长期正常工作所能承受的最大电压。

② 额定电流是指热继电器允许装入热元件的最大额定电流。根据电动机的额定电流选择热继电器的规格，一般应使用热继电器的额定电流略大于电动机的额定电流。

③ 常用的热继电器有JR0、JR10和JR16等系列，要根据整定电流选用热继电器。整定电流是指长期通过热元件而热继电器不动作的最大电流。一般情况下，热元件的整定电流为电动机额定电流的0.95～1.05倍；若电动机拖动的是冲击性负载或启动时间较长及拖动设备不允许停电的场合，热继电器的整定电流值可取电动机额定电流的1.1～1.5倍；若电动机的过载能力较差，热继电器的整定电流可取电动机额定电流的0.6～0.8倍。

④ 当热继电器所保护的电动机绕组是Y形接法时，可选用两相结构或三相结构的热继电器；当电动机绕组是△形接法时，必须采用三相结构带端相保护的热继电器。

（3）热继电器的常见故障及处理

热继电器的常见故障及处理方法，如表9-6所示。

表9-6　热继电器的常见故障及处理方法

故障现象	故障分析	处理措施
热元件烧断	负载侧短路，电流过大	排除故障、更换热继电器
	操作频率过高	更换上合适参数的热继电器
热继电器不动作	热继电器的额定电流值选用不合适	按保护容量合理选用
	整定值偏大	合理调整整定值
	动作触点接触不良	消除触点接触不良因素
	热元件烧断或脱焊	更换热继电器
	动作机构卡阻	消除卡阻因素
热继电器动作不稳定，时快时慢	热继电器内部机构某些部件松动	将这些部件加以紧固
	在检查中弯折了双金属片	用两倍电流预试几次或将双金属片拆下来热处理以除去内应力
	通电电流波动太大，或接线螺钉松动	检查电源电压或拧紧接线螺钉
热继电器动作太快	整定值偏小	合理调整整定值
	电动机启动时间过长	按启动时间要求，选择具有合适的可返回时间的热继电器
	连接导线太细	选用标准导线
	操作频率过高	更换合适的型号
	使用场合有强烈冲击和振动	采取防振动措施
	可逆转频繁	改用其他保护方式
	安装热继电器与电动机环境温差太大	按两低温差情况配置适当的热继电器

续表

故障现象	故障分析	处理措施
主电路不通	热元件烧断	更换热元件或热继电器
	接线螺钉松动或脱落	紧固接线螺钉
控制电路不通	触点烧坏或动触点片弹性消失	更换触点或弹簧
	可调整式旋钮在不合适的位置	调整旋钮或螺钉
	热继电器动作后未复位	按动复位按钮

（4）安装使用中应注意事项

① 必须按照产品说明书中规定的方式安装，安装处的环境温度应与所处环境温度基本相同。当与其他电器安装在一起，应注意各热继电器安装在其他电器的下方，以免其动作特性受到其他电器发热的影响。

② 热继电器安装时，应清除触点表面尘污，以免因接触电阻过大或电路不通而影响热继电器的动作性能。

③ 热继电器出线端的连接导线应按照标准。导线过细，轴向导热性差，热继电器可能提前动作；反之，导线过粗，轴向导热快，继电器可能滞后动作。

④ 使用中的热继电器应定期通电校验。

⑤ 热继电器在使用中应定期用布擦净尘埃和污垢，若发现双金属片上有锈斑，应用清洁棉布蘸汽油轻轻擦除，切忌用砂纸打磨。

⑥ 热继电器在出厂时均调整为手动复位方式，如果需要自动复位，只要将复位螺钉顺时针方向旋转 3～4 圈，并稍微拧紧即可。

例 8: 自动空气断路器（QF）的选用与维修

自动空气断路器又称自动开关，是常用的一种低压保护电器，具有短路、过载和失压保护的功能。

（1）自动空气断路器的结构

图 9-10 为自动空气断路器的结构原理示意图及表示符号（图中只画出一相）。

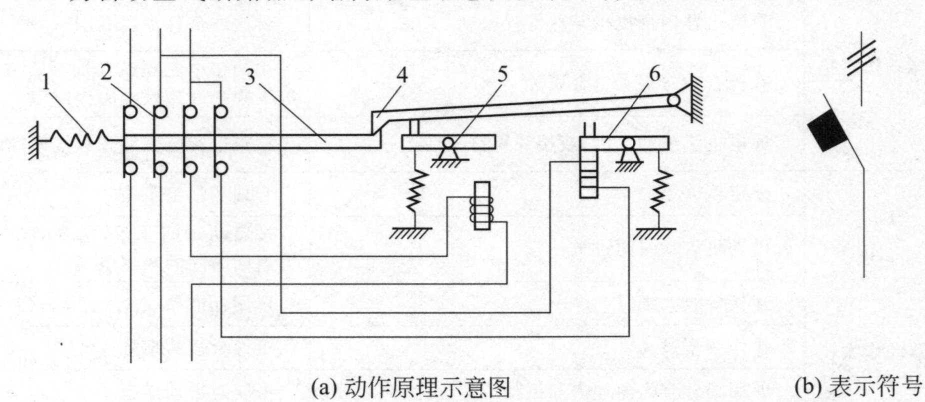

(a) 动作原理示意图　　(b) 表示符号

图 9-10　自动空气断路器结构原理示意图及表示符号

1—弹簧；2—主触头；3—连杆；4—锁钩；5，6—电磁铁

当开关合上，主触头 2 闭合时，脱扣机构的连杆 3 被锁钩 4 锁住，触头保持在接通状

态。电磁铁 5 是过流脱扣器，正常情况下衔铁是释放的，当电路发生短路或过载时（开关内还装有双金属片热脱扣器，图中未画出），电磁铁 5 的铁芯把衔铁吸下，顶开脱扣机构，在弹簧 1 拉力作用下使触头迅速分开，切断电路。

电磁铁 6 是欠压脱扣器，在电压正常时，吸住衔铁，使电磁铁上的顶头与连接锁钩 4 的连杆 3 脱离。锁钩 4 与连杆 3 钩住，触头闭合，当电压严重下降或断电时，衔铁释放，电磁铁上的顶头上移，将与锁钩 4 连接的连杆向上顶，使锁钩 4 与连杆 3 脱离，在弹簧 1 的作用下触头断开。当电源电压恢复正常时，必须重新合上开关后才能工作，实现了失压的保护。

常用的自动空气断路器有 DZ、DW 等系列。

（2）自动空气断路器的选用

自动空气断路器选用时，通常主要依据额定电压、额定电流和壳架等级额定电流 3 个参数，其他参数只有在特殊要求时才考虑。

① 自动空气断路器的额定电压应不小于被保护电路的额定电压，即自动空气断路器欠电压脱扣器额定电压等于被保护电路的额定电压，自动空气断路器分励脱扣额定电压等于控制电源的额定电压。

② 自动空气断路器的壳架等级额定电流应不小于被保护电路的计算负载电流。

③ 自动空气断路器的额定电流应不小于被保护电路的计算负载电流，即用于保护电动机时，自动空气断路器的长延时电流整定值等于电动机额定电流；用于保护三相笼型异步电动机时，其瞬时整定电流等于电动机额定电流的 8～15 倍，倍数与电动机的型号、容量和启动方法有关；用于保护三相绕线式异步电动机时，其瞬间整定电流等于电动机额定电流的 3～6 倍。

④ 用于保护和控制不频繁启动电动机时，还应考虑断路器的操作条件和使用寿命。

（3）自动空气断路器的常见故障及处理

自动空气断路器的常见故障及处理方法如表 9-7 所示。

表 9-7　自动空气断路器的常见故障及处理方法

故障现象	故障分析	处理措施
不能合闸	欠压脱扣器无电压和线圈损坏	检查施加电压和更换线圈
	储能弹簧变形	更换储能弹簧
	反作用弹簧力过大	重新调整
	机构不能复位再扣	调整再扣接触面至规定值
电流达到整定值，断路器不动作	热脱扣器双金属片损坏	更换双金属片
	电磁脱扣器的衔铁与铁芯距离太大或电磁线圈损坏	调整衔铁与铁芯的距离或更换断路器
	主触头熔焊	检查原因并更换主触头
启动电动机时断路器立即分断	电磁脱扣器瞬动整定值过小	调高整定值至规定值
	电磁脱扣器某些零件损坏	更换脱扣器
断路器闭合后经一定时间自行分断	热脱扣器整定值过小	调高整定值至规定值
断路器温升过高	触头压力过小	调整触头压力或更换弹簧
	触头表面过分磨损或接触不良	更换触头或整修接触面
	两个导电零件连接螺钉松动	重新拧紧

（4）安装使用中应注意事项

① 自动空气断路器应垂直于配电板安装，电源引线应接到上端，负载引线接到下端。

② 自动空气断路器用作电源总开关或电动机的控制开关时，在电源进线侧必须加装刀开关或熔断器等，以形成明显的断开点。

③ 自动空气断路器在使用前应将脱扣器工作面的防锈油脂擦干净；各脱扣器动作值一经调整好，不允许随意变动，以免影响其动作值。

④ 使用过程中若遇分断短路电流，应及时检查触点系统，若发现电灼烧痕，应及时修理或更换。

⑤ 断路器上的积尘应定期清除；并定期检查各脱扣器动作值，给操作机构添加润滑剂。

例 9: 行程开关（SQ）的选用与维修

行程开关是根据生产机械的行程信号进行动作的一种自动开关。

行程开关的种类很多，如图 9-11 所示为 LX19 系列行程开关的外形图。单滚轮为自动复位式，双滚轮不能自动复位。

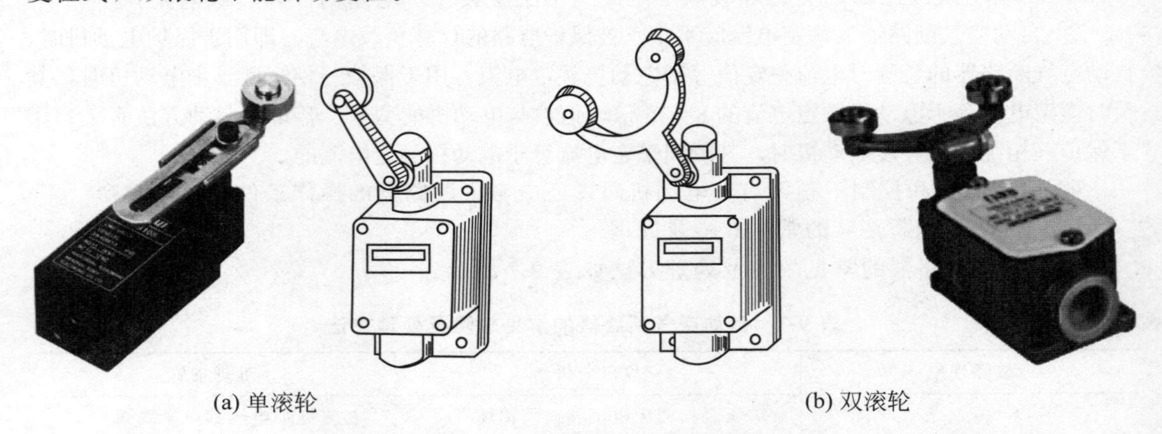

(a) 单滚轮　　(b) 双滚轮

图 9-11　LXl9 型行程开关外形图

（1）行程开关的结构

如图 9-12 所示为行程开关的结构示意图及表示符号。行程开关有一对动合（常开）触头和一对动断（常闭）触头。静触头 3 安装在绝缘的基座上，动触头 2 与推杆 1 相连接，当推杆 1 受运动部件上的撞块挤压时，推杆向下移动，弹簧 4 被压缩，此时触头切换，动合（常开）触头闭合，动断（常闭）触头断开。当运动部件上的撞块脱离推杆 1 时，在恢复弹簧 4 的作用下，开关恢复原状。

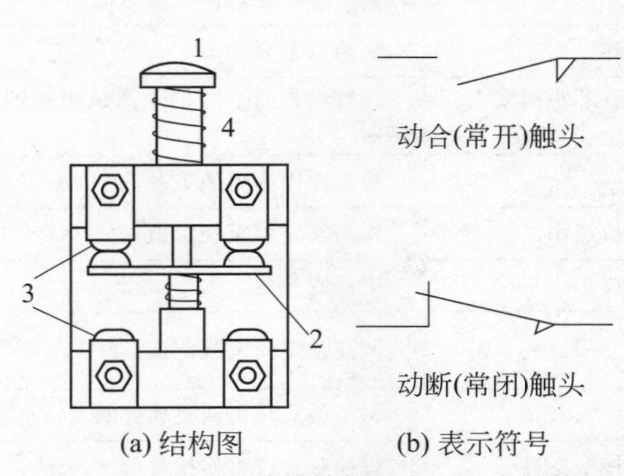

(a) 结构图　　(b) 表示符号

图 9-12　行程开关的结构示意图及表示符号

1—推杆；2—动触头；3—静触头；4—弹簧

（2）行程开关的选用

行程开关选用时，主要考虑动作要求、安装位置及触头数量，具体如下。

① 根据使用场合及控制对象选择种类。

② 根据安装环境选择防护形式。

③ 根据控制回路的额定电压和额定电流选择系列。

④ 根据行程开关的传力与位移关系选择合理的操作头形式。

（3）行程开关的常见故障及处理

行程开关的常见故障及处理方法如表 9-8 所示。

表 9-8　行程开关的常见故障及处理方法

故障现象	故障分析	处理措施
挡铁碰撞位置开关后，触头不动作	安装位置不准确	调整安装位置
	触头接触不良或线松脱	清刷触头或紧固接线
	触头弹簧失效	更换弹簧
杠杆已经偏转，或无外界机械力作用，但触头不复位	复位弹簧失效	更换弹簧
	内部撞块卡阻	清扫内部杂物
	调节螺钉太长，顶住开关按钮	检查调节螺钉

例 10：三相异步电动机直接启动控制线路

异步电动机的控制线路，一般可以分为主电路和控制电路（也称辅助电路）两部分，有些控制电路还有信号电路及照明电路。而在高压异步电动机的控制线路中，主电路通常称为一次回路，控制电路则称为二次回路。

凡是流过电气设备负荷电流的电路，电流一般都比较大，称主电路；凡是控制主电路通断或监视和保护主电路正常工作的电路，流过的电流则都比较小，称控制电路。

现以三相异步电动机电气原理图为例，讲解什么是主电路，什么是控制电路。图 9-13

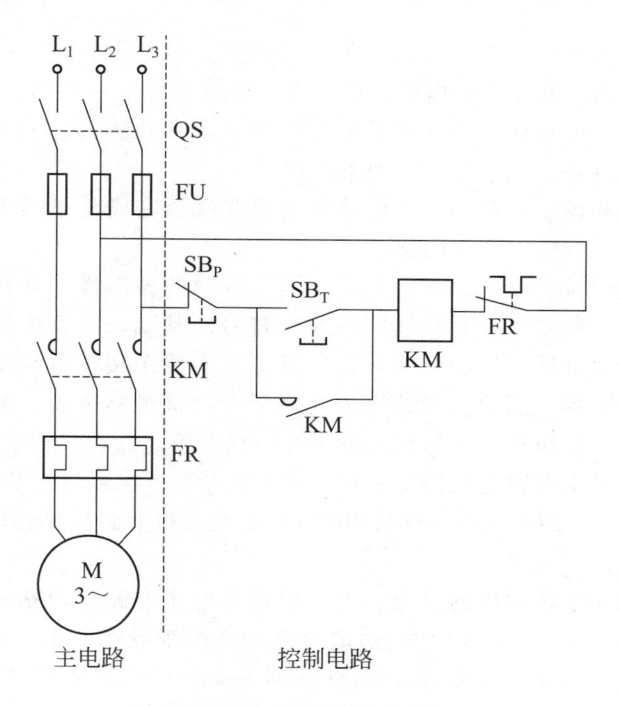

图 9-13　控制线路原理图

所示的控制线路原理图可分为主电路和控制电路（又称辅助电路）两部分。主电路习惯画在图纸的左边或上部。图 9-14 是图 9-13 小容量笼式三相异步电动机的直接启动控制线路连线图，图中使用的器件有刀开关 QS、交流接触器 KM、按钮 SB、热继电器 FR 及熔断器 FU 等。

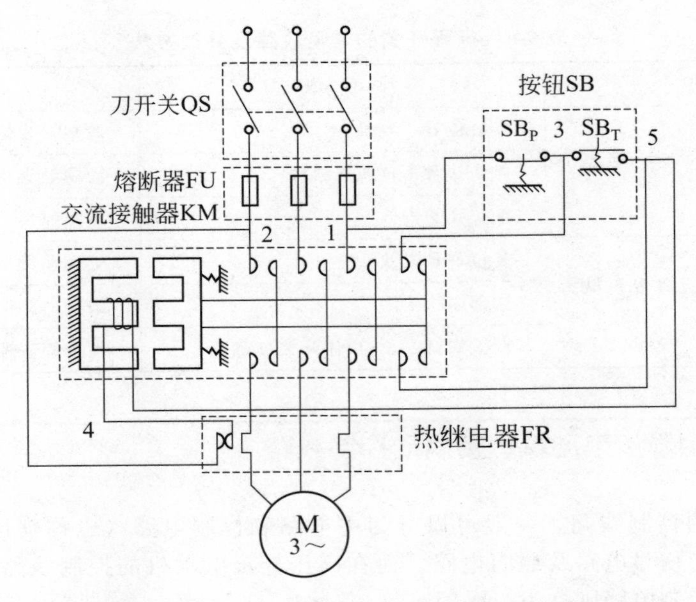

图 9-14　笼式三相异步电动机的直接启动控制线路

（1）控制线路的主电路

主电路的电压等级，通常都采用 380V、220V，高压异步电动机的主电路则常采用 6kV、3kV 等电压。

主电路一般由负荷开关、空气自动开关、刀开关、熔断器、磁力启动器或接触器的主触点、自耦变压启动器、减压启动电阻、电抗器、电流互感器一次侧、热继电器发热部件、电流表、频敏变阻器、电磁铁、电动机等电气元件、设备和连接它们的导线组成。主电路是受控制电路控制的电路。主电路又称为主回路。

无论是在主电路和控制电路中，人们往往将那些联合完成某单项工作任务的若干电气元件，称为一个环节，有时也称为回路。

画控制线路原理图时，原则如下：其一，同一电器的各部件［如热继电器的热元件和动断（常闭）触头］分散画时，且标注同一文字符号；其二，所有电器的触头所处状态均按未受外力作用或未通电情况下的状态画出；其三，为便于阅读电路图，主电路画在图的左侧或上方，控制电路画在图的右侧或下方。对于交流接触器来说，触头是处在动铁芯未被吸合时的状态；对于按钮来说，是在未按下时的状态等。

主电路控制过程是主电路电流是从三相交流电源开始依次经过三相电源开关 QS→三相熔断器 FU→接触器 KM 的主触点→热继电器 FR 的热元件，最后到达电动机 M 绕组。

（2）控制线路的控制电路

控制电路是控制主电路动作的电路，也可以说是给主电路发出指令信号的电路。控制电路习惯画在图纸的右边。图 9-13 中右边的电路就是控制电路。图中右侧是控制电路，由接触器 KM 的线圈、KM 的辅助触点、热继电器 FR 的动断（常闭）触点以及按钮 SB_T、SB_P 组成，电源接在 L_2、L_3 两相上。

控制电路工作过程是：

三相交流电源中的一相 → 停止按钮 → SB_P → 启动按钮 SB_T → 交流接触器KM的吸引线圈 →（SB_P → 交流接触器KM的辅助触头 → 交流接触器KM的吸引线圈）

→ 热继电器FR的动断(常闭)触头 → 三相交流电源中的另一相。

如果将图 9-13 中的自锁触头 KM 去掉，就可实现对电动机的点动控制。按下启动按钮 SB_T，电动机就转动，松开按钮电动机就停止。这在生产中也是常用的。货场中经常使用的电动葫芦就是一例。

控制电路一般由转换开关、熔断器、按钮、磁力启动器或接触器线圈及其辅助触点、各种继电器线圈及其触点、信号灯、电铃、电笛、电流互感器二次侧线圈以及串联在电流互感器二次侧线圈电路中的热继电器发热部件、电流表等电气元件和导线组成。如果控制电路的电压等级除了采用上述所说的 380V、220V 以外，也有采用 127V、110V、100V、48V、36V、24V、12V、6.3V 等电压等级的，在采用这些电压等级的时候，必须设置单独的降压变压器。控制电路的电源通常选用主电路引来的交流电源，但是也有选用直流电源的，直流电源往往通过硅整流或晶闸管整流来获得。

在实际电气原理图中主电路一般比较简单，用电器数量较少；而控制电路比主电路要复杂，控制元件也较多，有的控制电路是很复杂的；例如，用单板机或者以计算机为控制核心的控制电路就是很复杂的。如用单板机组成的控制电路是由输入信号电路、信号处理中心（单板机）、输出信号电路、信号放大电路、驱动电路等多个单元电路组成的。在每个单元电路中又有若干小的回路，每个小的回路中有一个或几个控制元件。这样复杂的控制电路分析起来是比较困难的，要求有坚实的理论基础和丰富的实践经验。

（3）元器件作用

从元器件明细表（表 9-9）可以看出，该电路主要由刀开关 QS、熔断器 FU、交流接触器 KM、热继电器 FR、三相异步电动机 M 以及按钮开关 SB_T、SB_P 等组成。

表 9-9　控制线路元器件明细表

代号	元器件名称	型号	规　格	件数	用　途
M	三相异步电动机	J_{52-4}	7kW,1440r/min	1	驱动生产机械
KM	交流接触器	CJO-20	380V,20A	1	控制电动机
FR	热继电器	JR_{16}-20/3	热元件电流:14.5A	1	电动机过载保护
SB_T	按钮开关	LA_4-22K	5A	1	电动机启动按钮
SB_P	按钮开关	LA_4-22K	5A	1	电动机停止按钮
QS	刀开关	HZ_{10}-25/3	500V,25A	1	电源总开关
FU	熔断器	RL_1-15	500V 配 4A 熔芯	3	主电路保险

接下来要搞清各元器件间的作用和关联。

① 三相异步电动机 M 要得电启动，需要刀开关 QS 和接触器 KM 闭合，而接触器 KM 的启动又受动合（常开）按钮开关 SB_T 控制，所以启动时应按下 SB_T。

② 由于接触器 KM 吸合后，其辅助触点已闭合，所以松开 SB_T 后，接触器 KM 的线圈通过其辅助触点（自锁触点）保持吸合。

③ 按下动断（常闭）按钮 SB_P，接触器 KM 的控制回路被切断，接触器释放，其触点恢复初始状态，电动机停机。

④ 热继电器 FR 在电路中起过载保护的作用，电动机长时间过载时，热继电器动作，其动断（常闭）触点断开，电动机保护停机。

⑤ 熔断器 FU 是主电路的短路保护元件，可以防止主电路的连接导线、元器件和电动机因短路而烧坏。

例 11：三相异步电动机控制线路中的保护

三相异步电动机控制线路中最常用的保护环节有短路保护和过载保护环节。有的电路除具有以上两种保护环节外，还有缺相保护、欠压保护、过流保护等环节。

（1）短路保护

短路保护是指电路发生短路故障时能使故障电路与电源电压断开的保护环节。短路保护常用熔断器实现。在图 9-13 中，FU 熔断器是短路保护环节。在实际电路中有的熔断器与刀开关合为一体，在画电路图时将熔断器画在刀开关上。带熔断器的刀开关电气图形符号如图 9-15 所示。

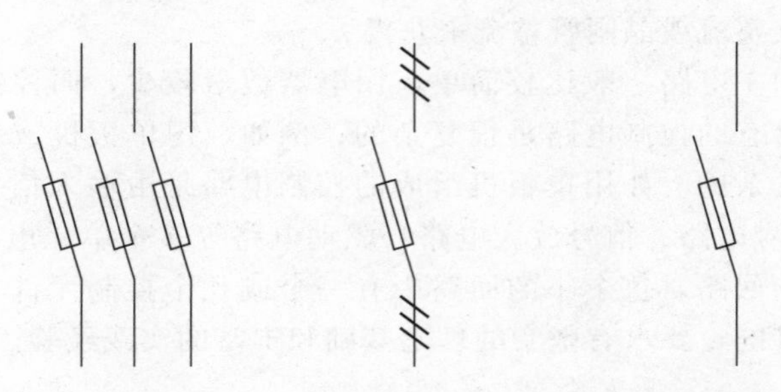

(a) 三相刀开关　(b) 简化的三相刀开关　(c) 单相刀开关

图 9-15　带熔断器的刀开关电气图形符号

短路保护熔断器都设置在靠近电源部位，也就是被保护电路的电源引入位置。

（2）过载保护

过载保护环节是电力拖动电路中重要的保护环节。过载保护是指对电动机过载时，能使电动机自动断电的保护。过载保护常用热继电器实现。

如在图 9-13 中当闭合刀开关 QS 后→按下启动按钮开关 SB_T→交流接触器 KM 线圈得电动作→KM 主触点闭合→电动机 M 启动运行。若电动机运行中过载，导致电动机定子绕组电流过大，通过热继电器 FR 的热元件电流过大，从而使热继电器动作，将热继电器的动断（常闭）触点断开，使控制电路中交流接触器 KM 线圈断电，KM 的主触点断开，使电动机断电，从而保护电动机。

（3）电路的过流保护和欠压保护

电路过流保护用电流继电器；电路欠压保护用电压继电器。这两种继电器可以实现对电路的过电流和欠电压保护作用。

电流继电器线圈通过电流等于或超过整定电流时，它才能动作，其线圈通过电流小于整定电流时，它不动作。

电压继电器只有其线圈所加电压为整定值时，它才能动作，一旦线圈电压值低于整定电压值一定量值后，则电压继电器会立即返回原始状态［使动合（常开）触点断开、动断（常闭）触点闭合］。

用电流继电器和电压继电器作为电路过流和欠压保护的电路如图 9-16 所示。由图 9-16

可见，图中有两个电压继电器 KV_1 和 KV_2，三个电流继电器 KA_1、KA_2、KA_3；这五个继电器都在主电路中。

电压继电器 KV_1 和 KV_2 跨接于主电路的三根相线上；当刀开关 QS 闭合时，两个电压继电器所承受的是线电压，若电源电压正常，则 KV_1 和 KV_2 都会动作，使其动合（常开）触点（控制电路中的 KV_1 和 KV_2）闭合；为交流接触器 KM 线圈得电提供通路。当电源电压低于规定范围值时（欠压），KV_1 或 KV_2 会因线路欠压而复归原始状态，使控制电路中的 KV_1、KV_2 触点至少有一个断开，致使交流接触器 KM 线圈断电，使得主电路的用电器（电动机 M）断电停止工作。

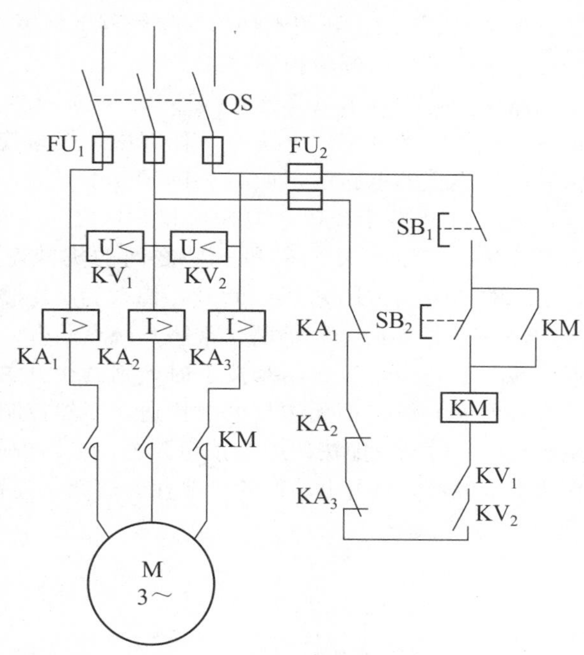

图 9-16 具有过流保护和欠压保护的电路

电流继电器 KA_1～KA_3 都是串接于主电路的三根相线中。当电动机 M 通电工作时，三个电流继电器线圈都有电流通过，因为三个电流继电器的整定电流是电动机额定电流的1.5～2 倍，三个电流继电器通过的电流都没有达到电流继电器动作电流值，所以三个电流继电器都不动作，它们的动断（常闭）触点（控制电路中的 KA_1～KA_3）都处于闭合状态，接触器 KM 得电正常工作。

电动机 M 在运行过程中，如果电流突然很大（电动机过载严重），通过 KA_1、KA_2、KA_3 线圈的电流达到动作电流值时，则三个电流继电器会立即动作，使其动断（常闭）触点断开，则控制电路交流接触器 KM 线圈通电回路断开，KM 失电，则其动合（常开）触点都会断开，从而使电动机 M 断电，停转。

如图 9-16 所示的电路中电压继电器 KV_1 和 KV_2 还能起到缺相保护的作用。当闭合刀开关后，若电源缺相（有一根相线对地无电压或两根相线对地无电压），则两个电压继电器 KV_1 和 KV_2 至少有一个继电器不动作，所以交流接触器 KM 线圈回路是断开状态。如果电路处于正常通电工作状态时，突然电源缺相，则 KV_1 或 KV_2 至少会有一个断电立即返回原始状态，导致控制电路断电，接触器 KM 失电，动合（常开）触点断开，使主电路用电器（电动机 M）断电。由此可见图 9-16 电路中的 KV_1 和 KV_2 两个电压继电器不但能起到欠压保护作用，还能起到缺相保护作用。

例 12: 三相异步电动机控制线路中的自锁和连锁环节

（1）电路中的自锁

自锁环节是指继电器得电动作后能通过自身的动合（常开）触点闭合，能够给其线圈供电的环节。在图 9-16 所示电路图中就有自锁环节。在图 9-16 的控制电路中并联于启动按钮开关 SB_2 旁边的 KM 动合（常开）触点就是自锁环节（此触点称为自锁触点）。

其自锁过程为当 QS 闭合后，按动 SB_2 开关，则使 KM 线圈立即通电动作，SB_2 开关旁边并联的动合（常开）触点立即闭合，此动断（闭合）触点能给其线圈供电（与 SB_2 开关状态无关），即 SB_2 开关断开后，接触器 KM 靠自身触点继续供电。

（2）电路中的连锁与控制方式

电路中的连锁环节（又称互锁环节）实质是控制电路中控制元件之间的相互制约环节。实现电路连锁有两种基本方法：一种方法是机械连锁，另一种方法是电气连锁。具有机械连锁和电气连锁的电路图，如图 9-17 所示。

在图 9-17 中两个按钮开关 SB_1 和 SB_2 之间是机械连锁环，而接触器 KM_1 与 KM_2 之间是电气连锁。按钮开关 SB_1 和 SB_2 之间的机械连锁由图 9-17（b）中可看出，当先按 SB_1 时，SB_1 的动断（常闭）触点断开，而使得 SB_2 按钮动合（常开）触点不可能接通电源；而当按动 SB_2 按钮时，其动断（常闭）触点断开，因而使 SB_1 的动合（常开）触点不可能接通电源。当将两个按钮同时按下时，则两个开关的动断（常闭）触点都断开，两个开关的动合（常开）触点都无法与电源接通，当然控制电路中的 KM_1 和 KM_2 都不会得电动作。这说明在同一时刻只能按动一个按钮开关，电路中的 KM_1 或 KM_2 只能有一个得电动作，不存在两个接触器同时得电动作的可能性。这就是连锁环节所起的作用，也就是设置连锁环节的目的。

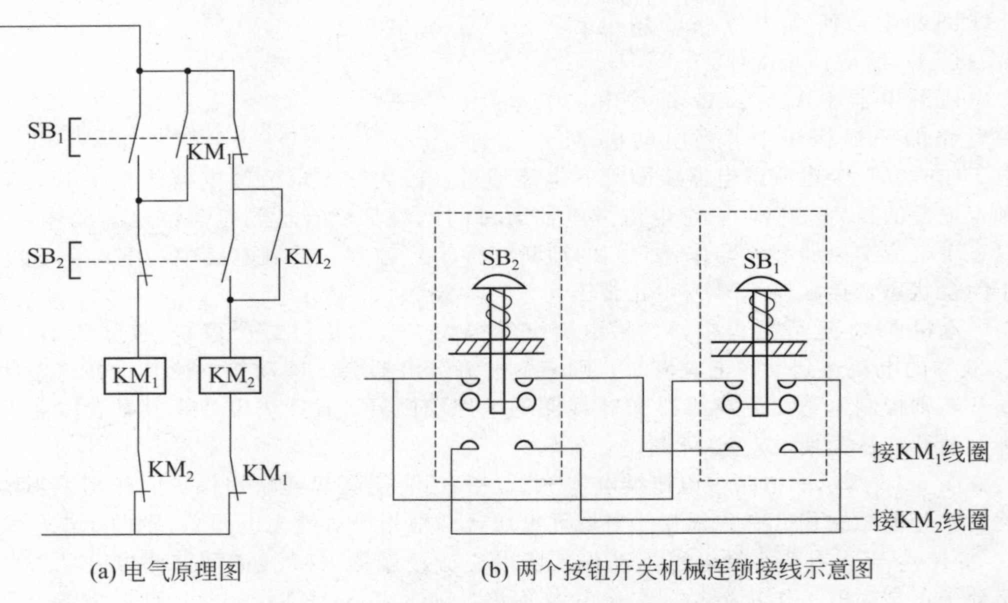

(a) 电气原理图　　(b) 两个按钮开关机械连锁接线示意图

图 9-17　具有机械连锁和电气连锁的电路图

电路图 9-17 中的电气连锁环节是通过 KM_1 线圈下面串的 KM_2 动断（常闭）触点与 KM_2 线圈下面串的 KM_1 动断（常闭）触点实现的。当 KM_1 得电动作时，则 KM_1 的动断（常闭）触点断开，使 KM_2 不能得电；同理 KM_2 得电动作时，则 KM_2 的动断（常闭）触点断开，也使 KM_1 不能得电，也就是说两个接触器不可能同时得电动作。这就是电气连锁的作用，也是设置电气连锁的目的。

例 13: 三相异步电动机的正反转控制线路

在生产中常常需要生产机械向正反两个方向运动，如机床工作台的前进与后退，主轴的正转与反转，货物的升降等。这就要求带动生产机械运动的电动机能够正反两个方向转动。

如图 9-18 所示为电动机的正反转控制线路，它和直接启动控制线路相比较，多使用了一个交流接触器和一个启动按钮。

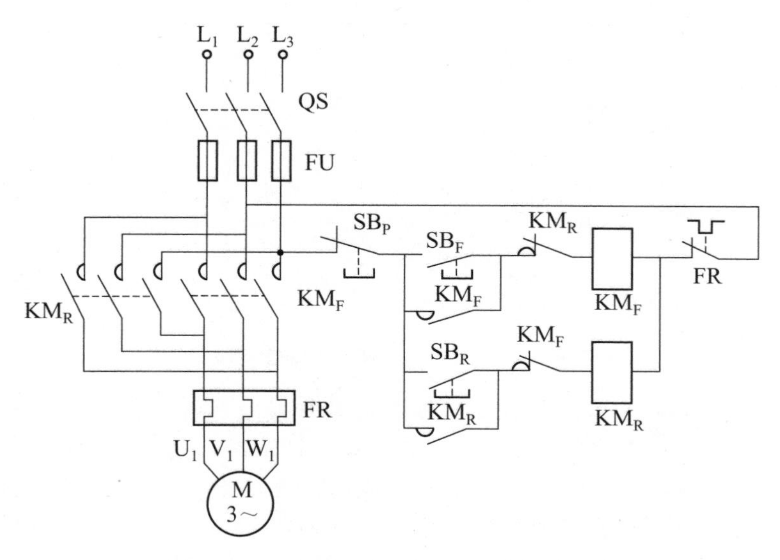

图 9-18　三相异步电动机正反转控制线路

为了实现正反转，我们在学习三相异步电动机的工作原理时已经知道，只要接到电源的任意两根联线对调一头即可。因此，在主电路中两个交流接触器的主触头与电动机的连接是不同的。由主电路中可看出，正反转交流接触器 KM_F、KM_R 的主触头不能同时闭合。若同时闭合，必将电源短路。这就要求控制电路的连接必须保证两个接触器不能同时工作。这种两个交流接触器不能同时工作的控制作用称为互锁保护或连锁保护。

闭合开关 QS，按下正转的启动按钮 SB_F 时，由于反转交流接触器 KM_R 的动断（常闭）辅助触头闭合，正转交流接触器 KM_F 的吸引线圈通电，其主触头接通，电动机正转。同时，与反转交流接触器 KM_R 的吸引线圈相串联的正转交流接触器 KM_F 的动断（常闭）辅助触头断开，这就保证了正转交流接触器 KM_F 工作时，反转交流接触器 KM_R 不工作。同理，当反转交流接触器 KM_R 的吸引线圈通电工作时，与正转交流接触器 KM_F 的吸引线圈相串联的反转交流接触器 KM_R 的动断（常闭）辅助触头断开。正转交流接触器 KM_F 不能工作，这就达到了互锁保护的目的。两交流接触器 KM_F、KM_R 的动断（常闭）辅助触头称为连锁触头。

例 14：三相异步电动机双重互锁的控制线路

如图 9-18 所示为电动机的正反转控制线路有个缺点，即当电动机在正转过程中要求反转，必须先按停止按钮 SB_P，让连锁触头 KM_F 闭合后，才能按反转按钮 SB_R 使电动机反转。为了实现电动机正转与反转的直接转换，电动机的正反转控制线路除了利用交流接触器 KM_F、KM_R 的动断（常闭）辅助触头互锁外，生产上常采用联动按钮进行互锁，这就组成了如图 9-19 所示的双重互锁的控制线路（图中只画出了控制电路部分）。

每一联动按钮 SB_F、SB_R 都有一对动合（常开）触头和一对动断（常闭）触头，这两对触头分别交错串联在正反转交流接触器 KM_F、KM_R 的吸引线圈中，如图 9-19 所示。当按下正转启动按钮 SB_F 时，只有正转交流接触器 KM_F 的吸引线圈通电，而按下反转启动

按钮 SB_R 时，只有反转交流接触器 KM_R 的吸引线圈通电。如果同时按下正反转启动按钮 SB_F 和 SB_R，则两交流接触器 KM_F、KM_R 的吸引线圈均不通电，从而防止了电源被短路。

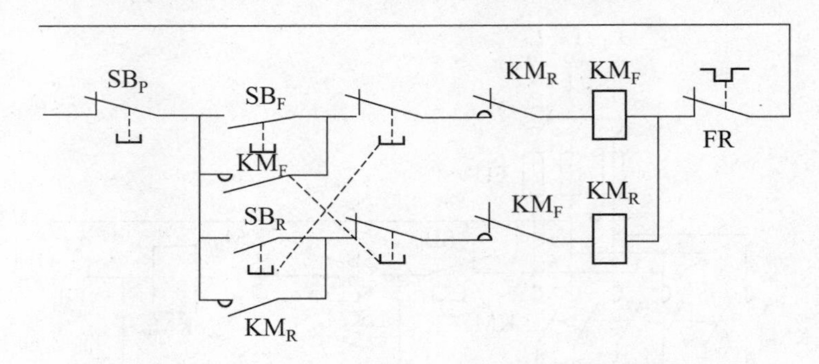

图 9-19 双重互锁的控制线路

由于采用了联动按钮，电动机在由正转向反转转换时，就不必先按停止按钮 SB_P，只要直接按下反转按钮 SB_R 即可。因为反转按钮 SB_R 按下时，其动断（常闭）触头先断开，使 KM_F 的吸引线圈断电，然后 SB_R 的动合（常开）触头闭合，使反转交流接触器 KM_R 的吸引线圈通电，电动机反转启动，反之亦然。

例 15: 用行程开关控制工作台自动往复循环运动的线路

行程控制，就是当运动部件到达一定行程位置时采用行程开关来进行控制。在自动控制电路中，为了工艺和安全的需要，经常采用行程控制。图 9-20 就是用行程开关控制工作台自动往复循环运动的线路图。

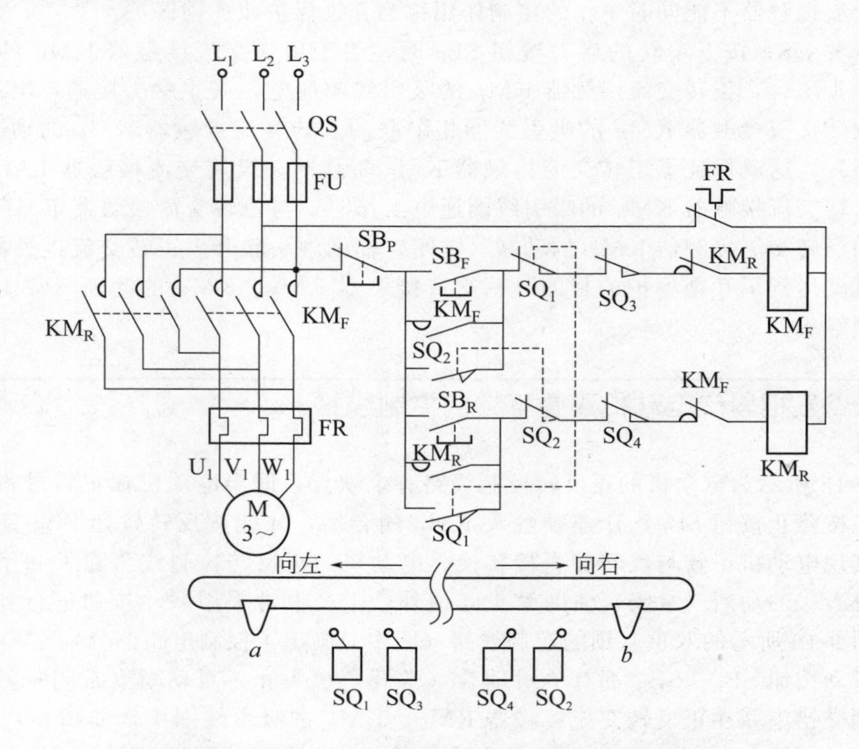

图 9-20 用行程开关控制工作台往复循环运动控制线路

行程开关SQ_1～SQ_4均固定在工作台的基座上，可左右移动的工作台由电动机M来带动。挡块a和b分别固定在工作台的左右端，它们随工作台左右移动。挡块a只和SQ_1、SQ_3碰撞，而挡块b只和SQ_2、SQ_4碰撞。

当按下正转启动按钮SB_F时，电动机正转，使工作台向右移动。当工作台移动到预定位置时，挡块a压下行程开关SQ_1，使SQ_1的动断（常闭）触头断开，正转交流接触器KM_F的吸引线圈断电，动合（常开）触头断开，动断（常闭）触头接通，电动机M先停转。同时SQ_1的动合（常开）触头闭合，使反转交流接触器KM_R的吸引线圈通电，电动机M便反转，使工作台向左移动，挡块a离开行程开关SQ_1，开关SQ_1复位，为下次电动机正转做好准备。

当工作台向左移动到另一预定位置时，挡块b压下行程开关SQ_2，使SQ_2的动断（常闭）触头断开。于是反转交流接触器KM_R的吸引线圈断电，动合（常开）触头断开，动断（常闭）触头接通，电动机M停转。同时行程开关SQ_2的动合（常开）触头闭合，使正转交流接触器KM_F的吸引线圈通电，电动机M又开始正转，使工作台向右移动。当挡块b离开行程开关SQ_2时，开关SQ_2复位，为下次电动机的反转做好准备。如此周期性地自动进行变换，直到按下停止按钮SB_P为止。

这种控制线路，只要按下正转（或反转）按钮，电动机就能带动工作台周期性地左右循环移动。在图9-20的控制线路中，除利用交流接触器KM_F、KM_R的动断（常闭）触头实现互锁保护外，还利用行程开关SQ_1、SQ_2来实现互锁保护，类似于联动按钮的作用。

图9-20中，行程开关SQ_3和SQ_4是起极限位置保护的。它们安装在基座上对应于工作台左右移动的极限位置上。电动机M正转，使工作台右移，当由于某种原因，使得行程开关SQ_1没有动作时，则工作台继续右移，这时行程开关SQ_3将起作用，挡块a碰上它时，将电动机M正转电路切断，电动机停转，避免了工作台越出极限位置造成事故。行程开关SQ_4的作用与SQ_3相同。所以行程开关SQ_3和SQ_4起到了极限位置的保护作用。

例16：两台电动机先后启动同时运转的混合控制线路 

（1）电路结构

如图9-21所示是一例使两台电动机先后启动，然后同时运转的手动、自动混合控制线路。

控制线路的保护元件由熔断器FU_1与熔断器FU_2组成，分别做主电路和控制电路的短路保护，热继电器FR为电动机的过载保护。

主电路由开关QS、熔断器FU_1、接触器KM_1与KM_2主触点、热继电器FR_1、FR_2热敏元件和电动机M_1、M_2组成。

控制电路由熔断器FU_2、启动按钮SB_1、SB_2、停止按钮SB_3；交流接触器KM_1、KM_2；时间继电器KT、选择开关SA和热继电器FR_1、FR_2动断（常闭）触头组成。

（2）工作范围

本线路的工作原理与两台电动机先后启动同时运转的控制线路相同，只是增加了自动控制部分。自动控制时，将选择开关SA扳至自动位置，然后按下启动按钮SB_1。此时，时间继电器KT得电，接触器KM_1吸合，电动机M_1先启动运转。延长一定时间后，时间继电器动合（常开）触头KT闭合，接触器KM_2吸合，辅助触头KM_2闭合自锁，电动机M_2启动运转。

该线路适用于两台电动机需先后启动同时运行，既可手动，又可自动控制的生产机械。

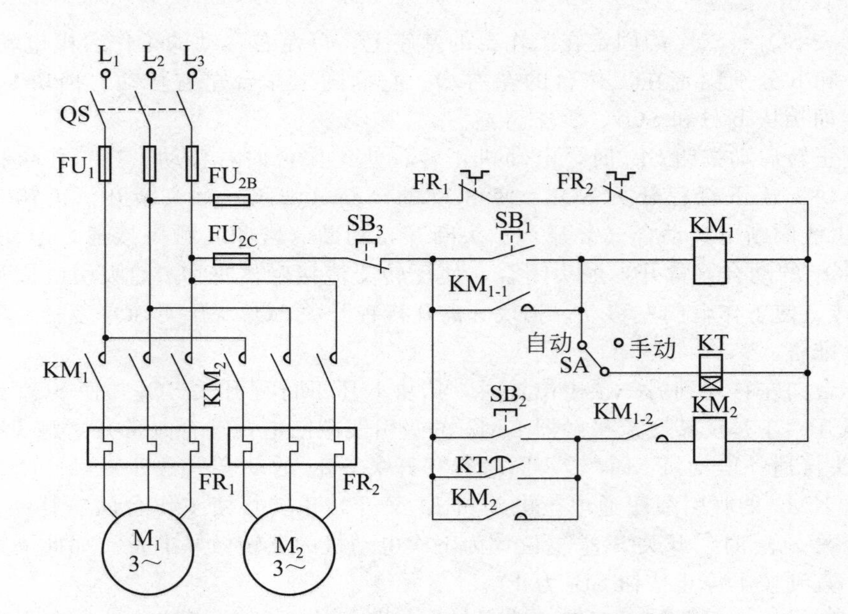

图 9-21　两台电动机先后启动同时运转的混合控制线路

Chapter 10

第十章 电工电子元器件的识别与检测

例 1: 识别电阻器

电阻器是电路元件中应用最广泛的一种，在电子设备中约占元件总数的 30%以上，其质量的好坏对电路工作的稳定性有极大影响。电阻器的主要用途是稳定和调节电路中的电流和电压，其次，还可作为分流器、分压器和消耗电能的负载等。

（1）电阻器的分类

电阻器按结构可分为固定式、可变式和敏感式三大类。电阻器的分类详见表 10-1。

表 10-1 电阻器按结构分类

电阻器结构	电阻器类别	
固定式	膜式电阻	碳膜电阻 RT、金属膜电阻 RJ、合成膜电阻 RH 和氧化膜电阻 RY 等
	实芯电阻	有机实芯电阻 RS 和无机实芯电阻 RN
	金属线绕电阻(RX)	通用线绕电阻器、精密线绕电阻器、功率型线绕电阻器、高频线绕电阻器
	特殊电阻	MG 型光敏电阻、MF 型热敏电阻、压敏电阻器、湿敏电阻器、气敏电阻器、力敏电阻器、磁敏电阻器
可变式	滑线式变阻器	可调电阻器
	电位器	电位器应用最广泛
敏感式	（同特殊电阻）	MG 型光敏电阻、MF 型热敏电阻、压敏电阻器、湿敏电阻器、气敏电阻器、力敏电阻器、磁敏电阻器

如图 10-1 所示为常用的几种电阻器实物图。

除了上述电阻器外，还有一类特殊类型的电阻器。例如，棒状电阻器、管状电阻器、片状电阻器、纽扣状电阻器以及具有双重功能的熔断电阻器等。

（2）电阻器的标称阻值

标称阻值是指电阻体表面上标志的电阻值。其单位为欧（Ω），对热敏电阻器则指 25℃ 时的阻值、或标以千欧（kΩ）、兆欧（MΩ）。标称阻值系列如表 10-2 所示。

任何固定电阻器的阻值都应符合表 10-2 所列数值乘以 $10^n\Omega$，其中 n 为整数。

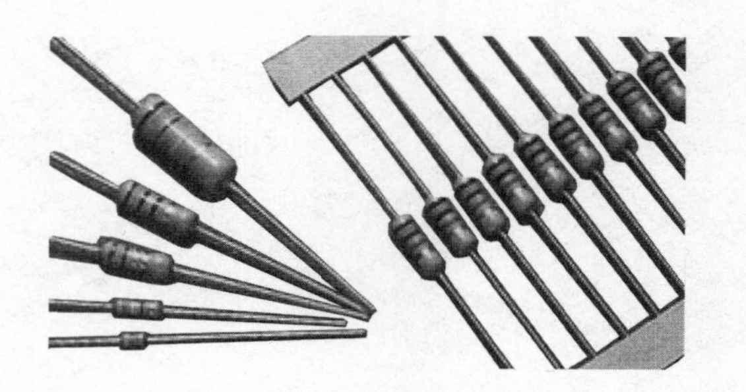

(a) 碳膜电阻

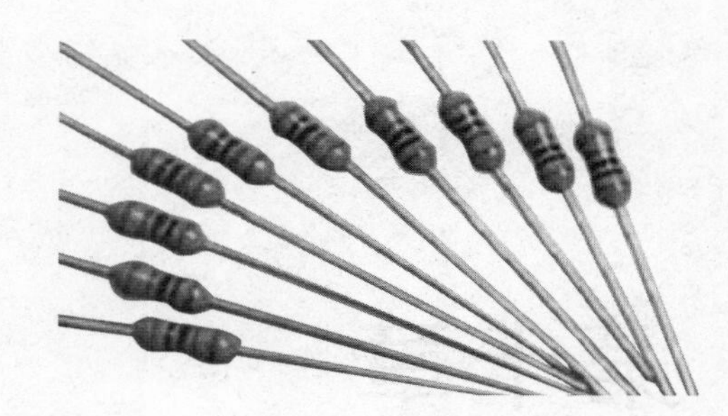

(b) 金属膜电阻

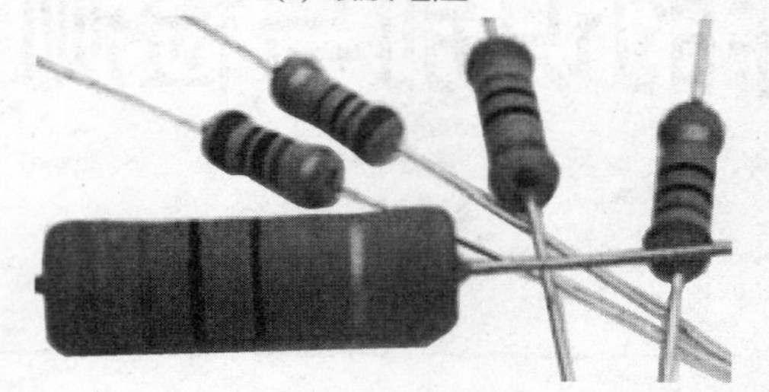

(c) 金属氧化膜电阻

(d) 大功率涂漆线绕电阻器

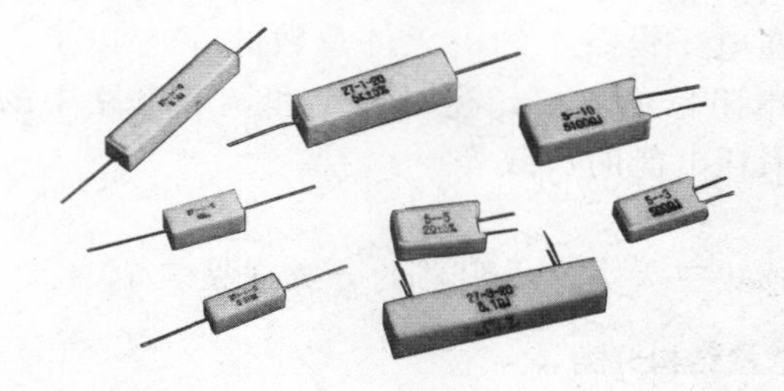

(e) 水泥电阻

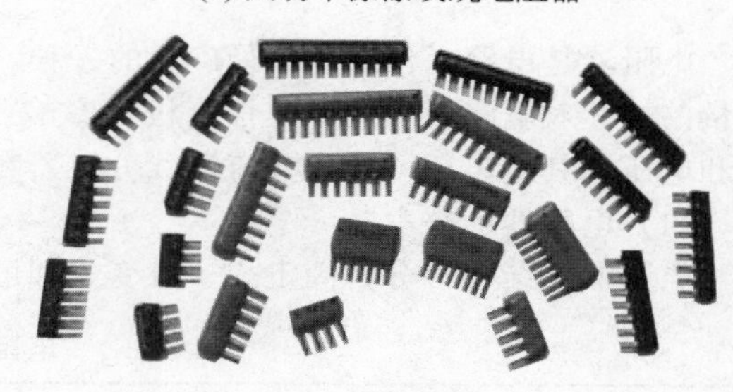

(f) 直插排阻

(g) 贴片电阻

(h) 贴片排阻

图 10-1　常用的几种电阻器实物

表 10-2　标称阻值

允许误差	系列代号	标称阻值系列
±5%	E24	1.0　1.1　1.2　1.3　1.5　1.6　1.8　2.0　2.2　2.4　2.7　3.0 3.3　3.6　3.9　4.3　4.7　5.1　5.6　6.2　6.8　7.5　8.2　9.1
±10%	E12	1.0　1.2　1.5　1.8　2.2　2.7　3.3　3.9　4.7　5.6　6.8　8.2
±20%	E6	1.0　1.5　2.2　3.3　4.7　6.8

（3）电阻器的允许误差

允许误差等级如表 10-3 所示。线绕电位器允许误差一般小于±10%，非线绕电位器的允许误差一般小于±20%。

表 10-3 允许误差等级

级 别	005	01	02	Ⅰ	Ⅱ	Ⅲ
允许误差	±0.5%	±1%	±2%	±5%	±10%	±20%

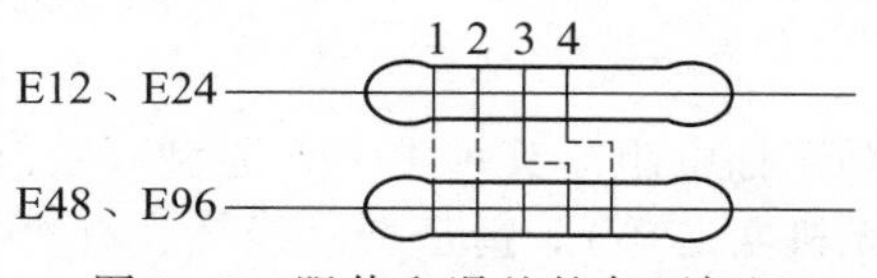

图 10-2 阻值和误差的色环标记

电阻器的阻值和误差，一般都用数字标印在电阻器上，但体积很小的一些合成电阻器，其阻值和误差常用色环来表示，如图 10-2 所示。它是在靠近电阻器的一端画有四道或五道（精密电阻）色环。其中，第一道色环、第二道色环以及精密电阻的第三道色环都表示其相应位数的数字。其后的一道色环则表示前面数字再乘以 10 的 n 次幂，最后一道色环表示阻值的容许误差。各种颜色所代表的意义如表 10-4 所示。

表 10-4 色环颜色的意义

颜色 数值	黑	棕	红	橙	黄	绿	蓝	紫	灰	白	金	银	本色
代表数值	0	1	2	3	4	5	6	7	8	9			
容许误差	F （±1%）	G （±2%）				D （±0.5%）	C （±0.25%）	B （±0.1%）			J （±5%）	K （±10%）	±20%

例如，四色环电阻器的第一、二、三、四道色环分别为棕、绿、红、金色，则该电阻的阻值和误差分别为：

$$R=(1\times10+5)\times10^{2}\Omega=1500\Omega \quad \text{误差为}\pm5\%$$

即表示该电阻的阻值和误差是 1.5kΩ±5%。

（4）电阻器的额定功率

电阻器的额定功率是在规定的环境温度和湿度下，假定周围空气不流通，在长期连续负载而不损坏或基本不改变性能的情况下，电阻器上允许消耗的最大功率。当超过额定功率时，电阻器的阻值将发生变化，甚至发热烧毁。不同材料的电阻器额定功率与电阻器外形尺寸及应用的环境温度有关。在选用时，根据电阻器的额定功率和环境温度的不同，应当留有不同的裕量，为保证安全作用，一般选其额定功率比它在电路中消耗的功率高 1～2 倍。

额定功率分 19 个等级，常用的有 1/20W、1/8W、1/4W、1/2W、1W、2W、4W、5W……。在电路图中，非线绕电阻器额定功率的符号表示法如图 10-3 所示。

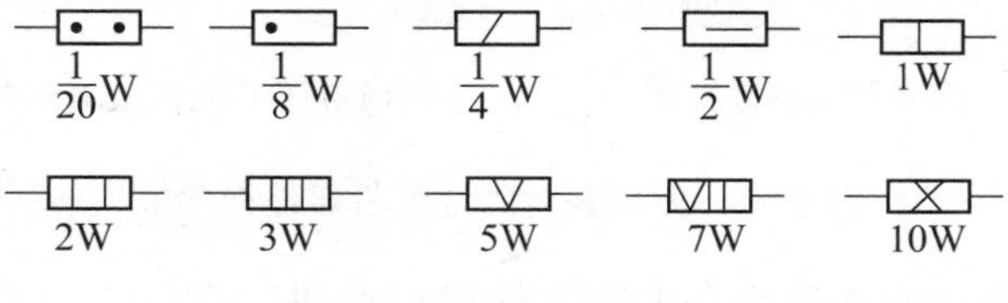

$\frac{1}{20}$W　$\frac{1}{8}$W　$\frac{1}{4}$W　$\frac{1}{2}$W　1W

2W　3W　5W　7W　10W

图 10-3 非线绕电阻器额定功率的符号表示法

实际中应用较多的有 1/4W、1/2W、1W、2W。线绕电位器应用较多的有 2W、3W、5W、10W 等。电阻器的额定功率系列见表 10-5。

表 10-5 电阻器的额定功率系列

类别	额定功率系列
线绕电阻	0.05 0.125 0.25 0.5 1 2 4 8 10 16 25 40 50 75 100 150 250 500
非线绕电阻	0.05 0.125 0.25 0.5 1 2 5 10 25 50 100
线绕电位器	0.25 0.5 1 1.6 2 3 5 10 16 25 40 63 100
非线绕电位器	0.025 0.05 0.1 0.25 0.5 1 2 3

例 2: 用指针万用表对固定电阻器进行测试

阻值不变的电阻器，称为固定电阻器，固定电阻器简称电阻。其种类有普通型（线绕、碳膜、金属膜、金属氧化膜、玻璃釉膜、有机实芯、无机实芯等）、精密型（线绕、有机实芯、无机实芯）、功率型、高压型、高阻型和高频型等 6 类。用万用表测试固定电阻器，即是对独立的电阻元件进行测试，方法如图 10-4 所示。

这种测试方法又叫开路测试法。测试前应先将万用表调零，即把万用表的红表笔与黑表笔相碰，调整调零旋钮，使万用表指针准确地指零，如图 10-4(a) 所示。

万用表的电阻量程分为几挡，其指针所指数值与量程数相乘即为被测电阻器的实测阻值。例如，把万用表的量程开关拨至 R×100Ω 挡时，把红、黑表笔短接，调整调零旋钮使指针指零，然后如图 10-4(b) 所示将表笔并联在被测电阻器的两个引脚上，此时若万用表指针指示在“50”上，则该电阻器的阻值为 50×100Ω＝5kΩ。

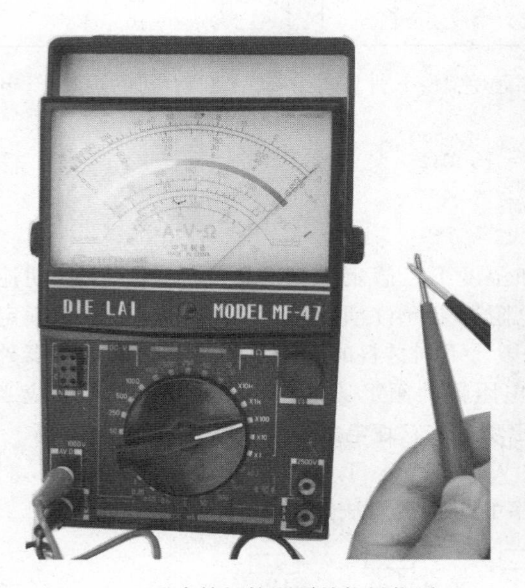

(a) 红、黑表笔短接调零使指针指零

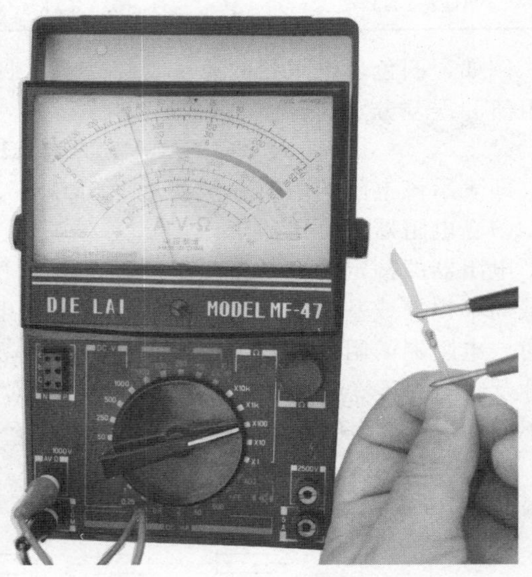

(b) 表笔并联在电阻器两个引脚上测量

图 10-4 万用表对固定电阻器进行测试

在测试中，如果万用表指针停在无穷大处静止不动，则有可能是所选量程太小，此时应把万用表的量程开关拨到更大的量程上，并重新调零后再进行测试。

如果测试时万用表指针摆动幅度太小，则可继续转换量程，直到指针指示在表盘刻度的中间位置，即在全刻度起始的 20％～80％弧度范围内时测试结果较为准确，此时读出阻值，测试即告结束。

如果在测试过程中发现在最高量程时万用表指针仍停留在无穷大处不摆动，这就表明被测电阻器内部开路，不可再用。反之，在万用表的最低量程时，指针指在零处，则说明被测电阻器内部短路，也是不能使用的。

例 3: 用数字万用表对电阻器进行测试

用数字万用表测试电阻器，所得阻值更为精确。将数字万用表的红表笔插入“V·Ω”插孔，黑表笔插入“COM”插孔，之后将量程开关置于电阻挡，再将红表笔与黑表笔分别与被测电阻器的两个引脚相接，显示屏上便能显示出被测电阻器的阻值，如图 10-5 所示，所测阻值为 5.056kΩ。显然，阻值比指针式万用表更为精确。

如果测得的结果为阻值无穷大，数字万用表显示屏左端显示“1”或者“－1”，这时应选择稍大量程进行测试。

必须指出用数字万用表测试电阻器时无需调零。

例 4: 用万用表在路测试电阻器 

在路测试电阻器的方法如图 10-6 所示。采用此方法测印制电路板上电阻时，电路板不得带电，而且还应对电容器等储能元件进行放电。例如，怀疑印制电路板上的某一只阻值为 10kΩ 的电阻器烧坏时，将数字万用表的量程开关拨至电阻挡，在排除该电阻器没有并联大容量的电容器或电感器等元件的情况下，把万用表的红、黑表笔并联在 10kΩ 电阻器的两个焊点上，若指针指示值接近（通常是略低一点）10kΩ 时，如图 10-6 所示测量值为 9.85kΩ。则可排除该电阻器出现故障的可能性；若指示的阻值与 10kΩ 相差较大时，则该电阻器有可能已经损坏。为了证实，可将这只电阻器的一个引脚从焊点上焊脱，再进行开路测试。

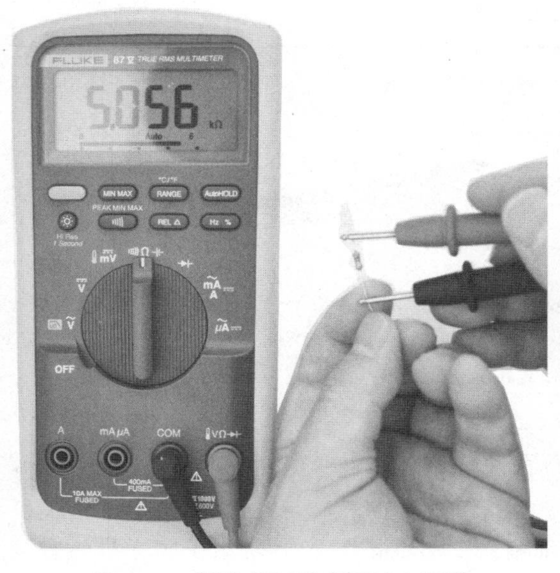

图 10-5　用数字万用表测试电阻器

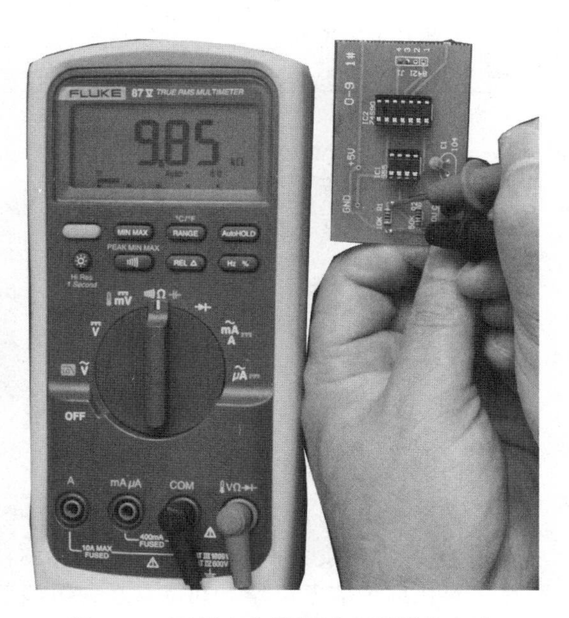

图 10-6　万用表在路测试电阻器的方法

例5：电位器的识别

电位器是一种具有三个接头的可变电阻器。其阻值可在一定范围内连续可调。

（1）电位器的分类

电位器的分类有以下几种，见表10-6。

表10-6 电位器的分类

分类	简介
按电阻体材料分	薄膜电位器，薄膜又可分为WTX型小型碳膜电位器，WTH型合成碳膜电位器，WS型有机实芯电位器，WHJ型精密合成膜电位器和WHD型多圈合成膜电位器等
	线绕电位器，代号为WX型。一般线绕电位器的误差不大于±10%，非线绕电位器的误差不大于±2%。其阻值、误差和型号均标在电位器上
按调节机构的运动方式分（图10-7）	旋转式电位器，如图10-7(a)所示
	直滑式电位器，如图10-7(b)所示
按结构分	单联电位器
	多联电位器
	带开关电位器，开关形式又有旋转式、推拉式、按键式等
	不带开关电位器
按用途分	普通电位器
	精密电位器
	功率电位器
	微调电位器
	专用电位器
按阻值随转角变化关系分	线性电位器
	非线性电位器

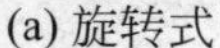

(a) 旋转式

(b) 直滑式

图10-7 旋转式和直滑式电位器

它们的特点分别为：

X式（直线式）：常用于示波器的聚焦电位器和万用表的调零电位器（如MF-20型万用表），其线性精度为±2%、±1%、±0.3%、±0.05%。D式（对数式）：常用于电视机的黑白对比度调节电位器，其特点是先粗调后细调。Z式（指数式）：常用于收音机的音量调节电位器，其特点是先细调后粗调。所有X、D、Z字母符号一般印在电位器上，使用时应注意。常用电位器的实物如图 10-8 所示。

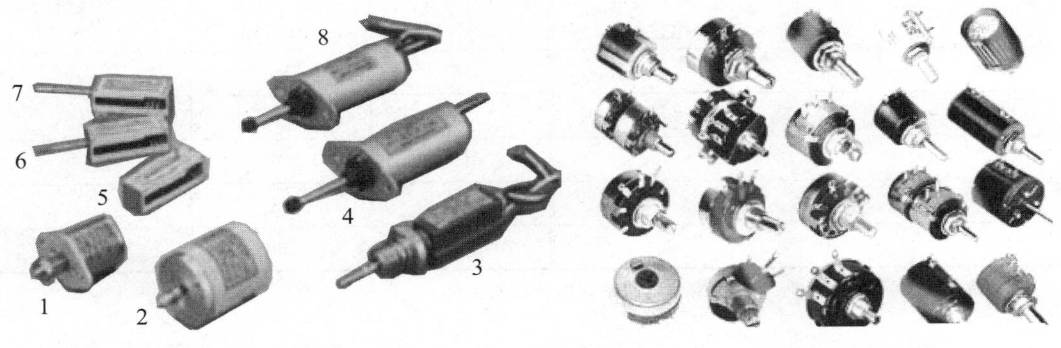

(a) 直线性电位器

(b) 几种旋转式电位器

图 10-8 常用电位器的实物图

电位器阻值的单位与电阻器相同，基本单位也是欧姆，用符号“Ω”表示。由基本单位导出的单位有 kΩ、MΩ 等。

（2）电位器的标称阻值

电位器上标注的阻值叫标称阻值。电位器的标称阻值系列如表 10-7 所示。

表 10-7 电位器的标称阻值系列

允许偏差				
±20%	±10%	±5%	±2%	±1%

标称阻值 E_{12} 系列(±10%)		标称阻值 E_6 系列(±20%)	
1.0	3.3	1.0	3.3
1.2	3.9		
1.5	4.7	1.5	4.7
1.8	5.6		
2.2	6.8	2.2	6.8
2.7	8.2		

注：允许偏差为±1%和±2%在线绕电位器中和±5%在非线绕电位器中必要时才选用；下面画“__”的数值表示在非线绕电位器中可优先采用。

（3）电位器的额定功率

电位器的额定功率是指它在直流或交流电路中，当大气压为 87～107kPa，在规定的额定温度下，长期连续负荷所允许消耗的最大功率。线绕和非线绕电位器的额定功率系列如表 10-8 所示。

表 10-8 线绕和非线绕电位器的额定功率系列

额定功率系列/W	线绕电位器/W	非线绕电位器/W	额定功率系列/W	线绕电位器/W	非线绕电位器/W
0.025		0.025	0.25	0.25	0.25
0.05		0.05	0.5	0.5	0.5
0.1		0.1	1	1	1

续表

额定功率系列/W	线绕电位器/W	非线绕电位器/W	额定功率系列/W	线绕电位器/W	非线绕电位器/W
1.6	1.6		16	16	
2	2	2	25	25	
3	3	3	40	40	
5	5		63	63	
10	10		100	100	

注：当系列数值不能满足时，允许按表内的系列值向两头延伸。

例 6: 用指针万用表对电位器进行测试

电位器是一种机电元件，其文字符号用 R_P 表示，电路图形符号如图 10-9(a) 所示，作分压器时的电路如图 10-9(b) 所示，作变阻器时的电路如图 10-9(c) 所示。

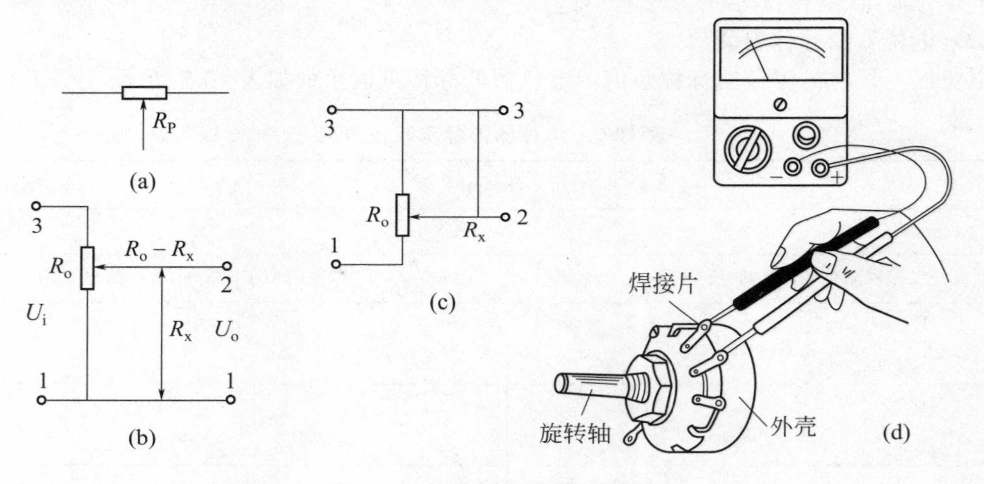

图 10-9 电位器及其测试方法

电位器的接线原理是这样的：当外加电压 U_i 加在电阻体 R_o 的 1 端与 3 端时，动触点 2 端即把电阻体分成 R_x 和 R_o-R_x 两部分，而输出电压 U_o 则是动触点 2 端到 1 端的电压。因此，作电位器时它是一个 3 端元件，如图 10-9(b) 所示。

电位器也可作为变阻器使用，这时 R_P 的 2 端与 3 端接成一个引出端，动触点电刷在电阻体 R_o 上滑动时，可以平滑地改变其电阻值，如图 10-9(c) 所示。

用万用表测试电位器的方法如图 10-9(d) 所示。图中的焊接片，即为电阻体引出的 1～3 端，黑表笔接触的是 1 端，又叫上抽头；红表笔接触的是 2 端，又叫中抽头；红表笔以下是 3 端，又叫下抽头。

测试电位器时，应首先测试其阻值是否正常，即用红、黑表笔与电位器的上、下抽头相接触，观察万用表指示的阻值是否与电位器外壳上的标称值一致。然后，再检查电位器的中抽头与电阻体的接触情况，即如图 10-9(d) 所示，一支表笔接中抽头，另一支表笔接上抽头（或下抽头），慢慢地将转轴从一个极端位置旋转至另一个极端位置，被测电位器的阻值则应从零（或标称值）连续变化到标称值（或零）。

在旋转转轴的过程中，若万用表指针平稳移动，则说明被测电位器是正常的；若指针抖动（左右跳动），则说明被测电位器有接触不良现象。

如图 10-9(d) 所示为一只线绕电位器。电位器的种类很多，明白了测试方法，测试其他种类的电位器时也就得心应手了。

例 7：用数字万用表对电位器进行测试

用数字万用表测试电位器时，首先测量电位器的两端，即 1～3 端，如图 10-10(a) 所示，测量的电位器数据是 97.6Ω（标称值是 100Ω）。再用表笔测量 1 端和中心抽头 2 端，阻值为 53.1Ω，如图 10-10(b) 所示。然后测量 2 端和 3 端，阻值为 46.8Ω，如图 10-10(c) 所示。

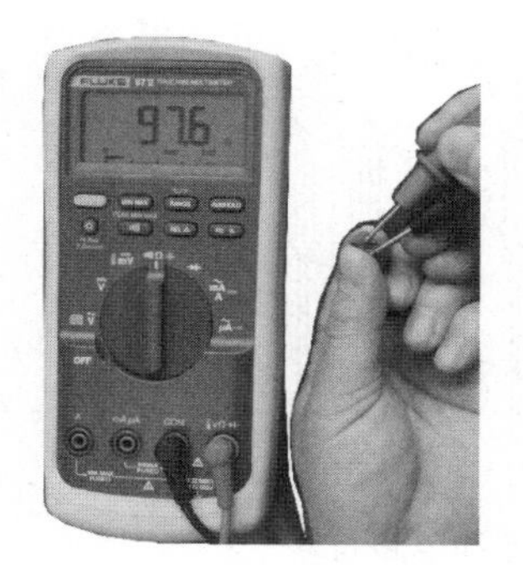

(a) 测量电位器的两端

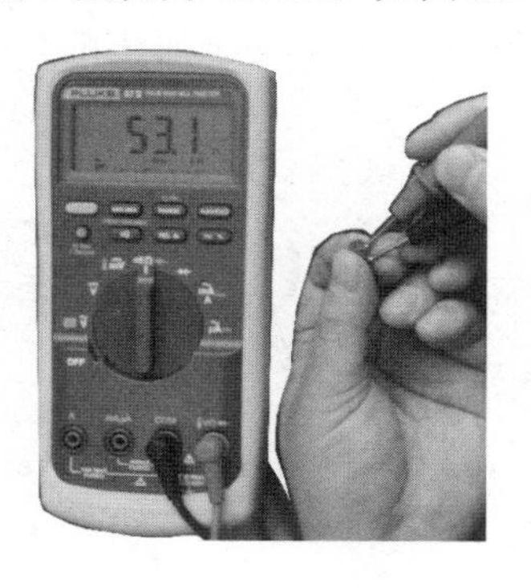

(b) 测量1～2端，阻值为53.1Ω

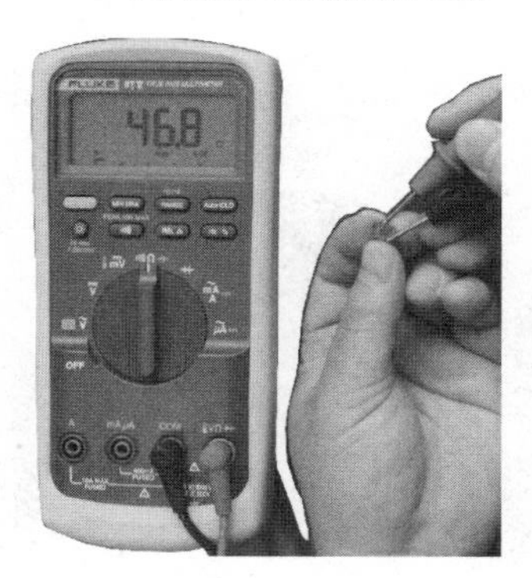

(c) 测量2～3端，阻值为46.8Ω

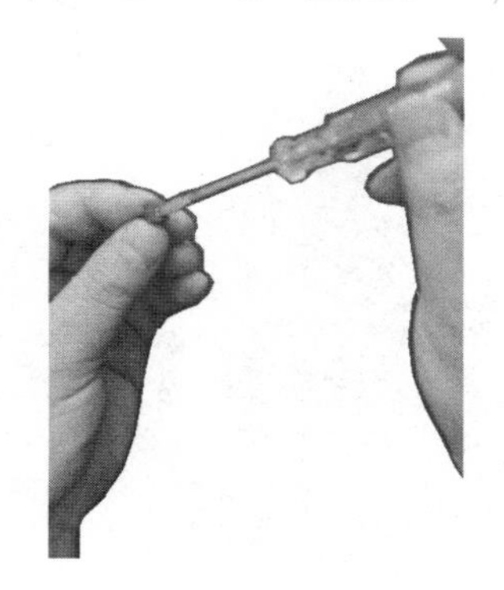

(d) 电位器凹槽旋转90°

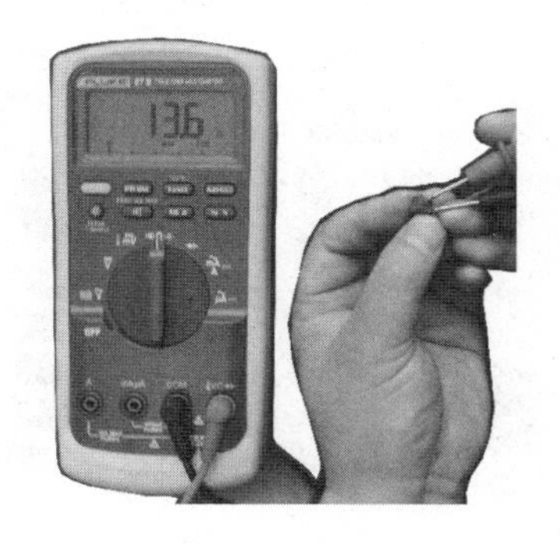

(e) 调整后1～2端阻值为13.6Ω

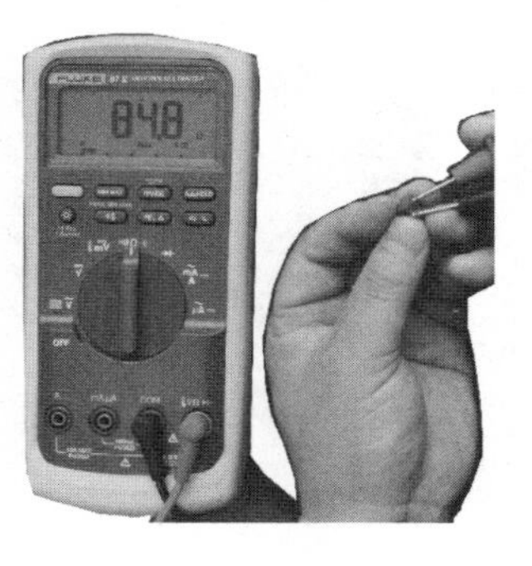

(f) 调整后2～3端阻值为84.8Ω

图 10-10　电位器及其测试方法

用小起子旋转电位器凹槽 90°，如图 10-10(d) 所示。此时再分别测量 1～2 端阻值为 13.6Ω［图 10-10(e)］、2～3 端阻值为 84.8Ω［图 10-10(f)］，说明电位器是好的。

例 8: 电容器识别

(1) 电容器的分类

根据电容器的电容量是否可以调整，可将电容器分为三大类。

① 固定电容器（包括电解电容器）。其电容量不能改变、固定不可调的。如图 10-11 所示为几种固定电容器的外形和电路符号。其中图 10-11(a) 为电容器符号（带“+”号的为电解电容器）；图 10-11(b) 为瓷介电容器；图 10-11(c) 为云母电容器；图 10-11(d) 为涤纶薄膜电容器；图 10-11(e) 为金属化纸介电容器；图 10-11(f) 为电解电容器。

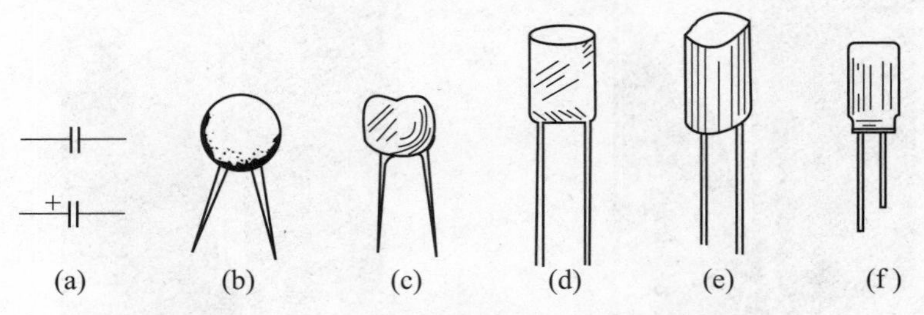

图 10-11 几种固定电容器的外形和电路符号

几种常用固定电容器的实物图，如图 10-12 所示。

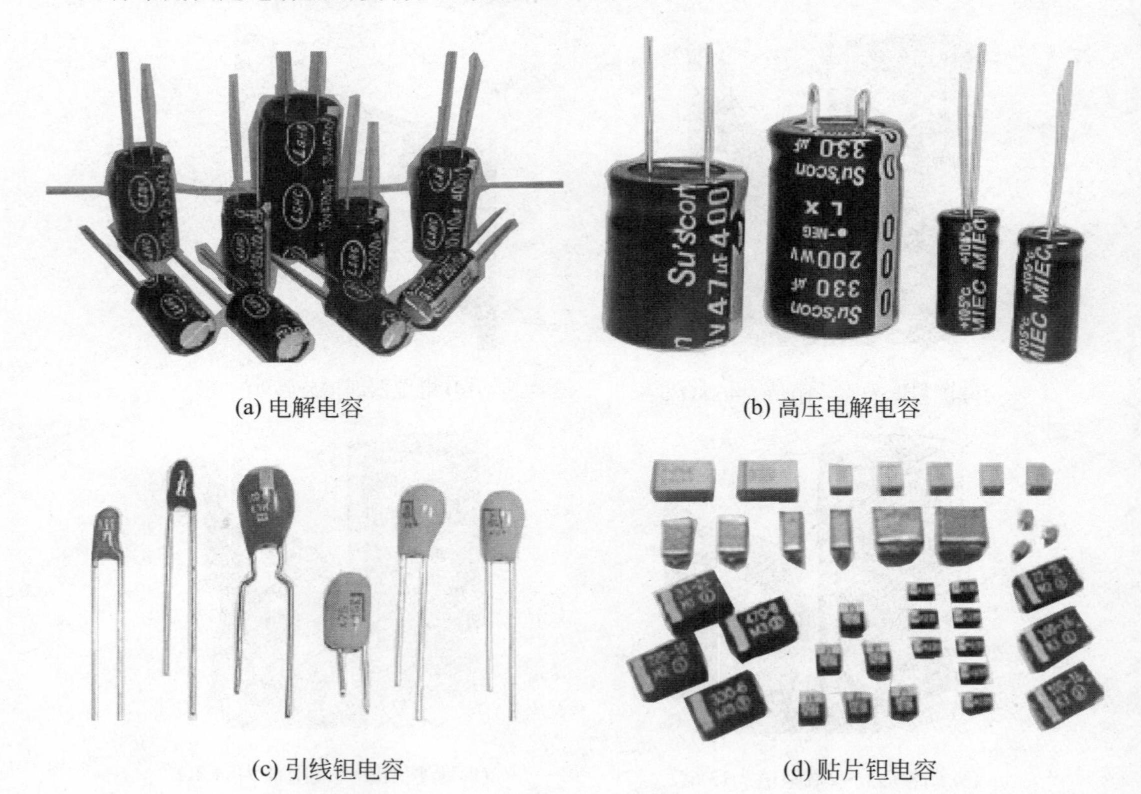

(a) 电解电容　(b) 高压电解电容

(c) 引线钽电容　(d) 贴片钽电容

图 10-12

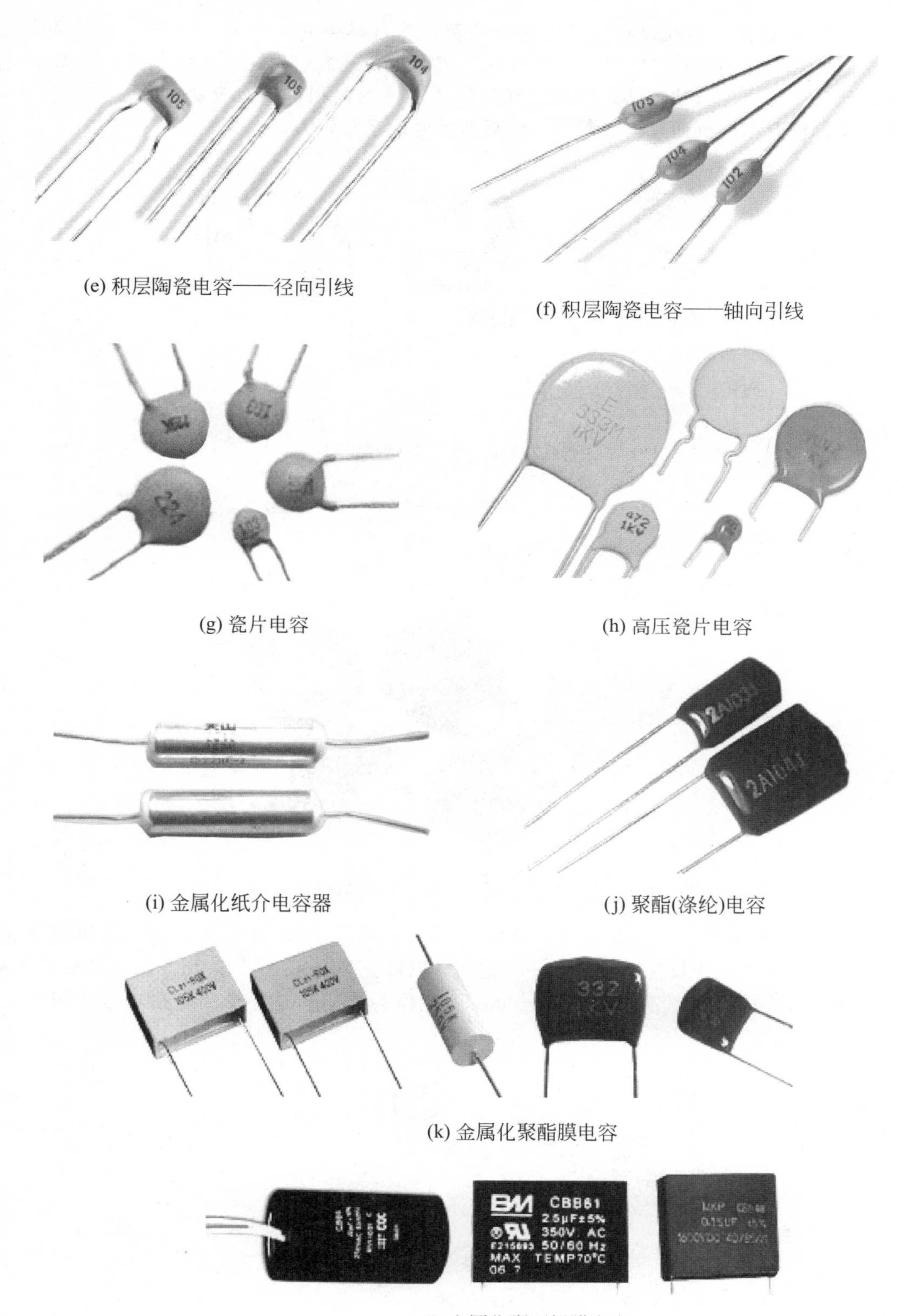

(e) 积层陶瓷电容——径向引线

(f) 积层陶瓷电容——轴向引线

(g) 瓷片电容

(h) 高压瓷片电容

(i) 金属化纸介电容器

(j) 聚酯(涤纶)电容

(k) 金属化聚酯膜电容

(l) 金属化聚丙烯膜电容

图 10-12 几种常用固定电容器的实物图

② 可变电容器，其电容器容量可在一定范围内连续变化。常有“单联”、“双联”之分，它们由若干片形状相同的金属片并接成一组定片和一组动片，其外形及符号如图 10-13 所示。动片可以通过转轴转动，以改变动片插入定片的面积，从而改变电容量。一般以空气作介质，也有用有机薄膜作介质的，但后者的温度系数较大。

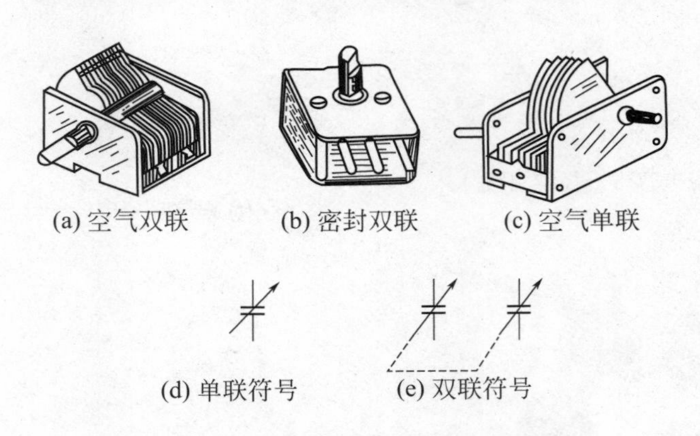

(a) 空气双联　(b) 密封双联　(c) 空气单联

(d) 单联符号　(e) 双联符号

图 10-13　单、双联可变电容器外形及符号

密封双联、多联可变电容器实物图如图 10-14 所示。

图 10-14　密封双联、多联可变电容器实物图

③ 半可变电容器（又称微调电容器或补偿电容器）。电容器容量可在小范围内变化，其可变容量为几至几十皮法，最高达一百皮法（以陶瓷为介质时），适用于整机调整后电容量不需经常改变的场合。常以空气、云母或陶瓷作为介质。其外形和电路符号如图 10-15 所示。

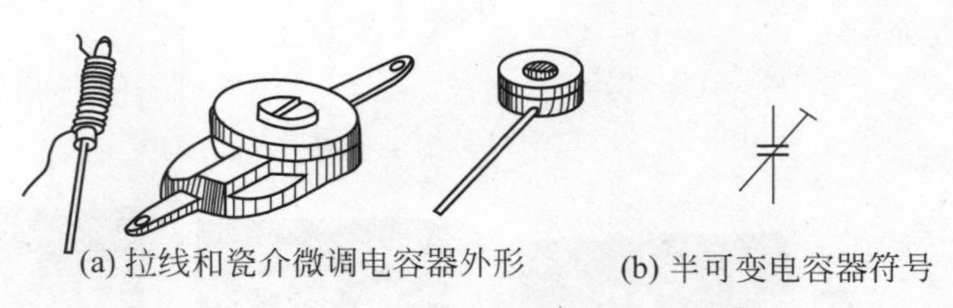

(a) 拉线和瓷介微调电容器外形　(b) 半可变电容器符号

图 10-15　半可变电容器外形和电路符号

几种常用的半可变电容器实物如图 10-16 所示。

鉴定一个电容器的性能，可以用标称电容量，电容量允许误差、耐压（或叫额定直流工作电压），绝缘电阻等主要参数来衡量。

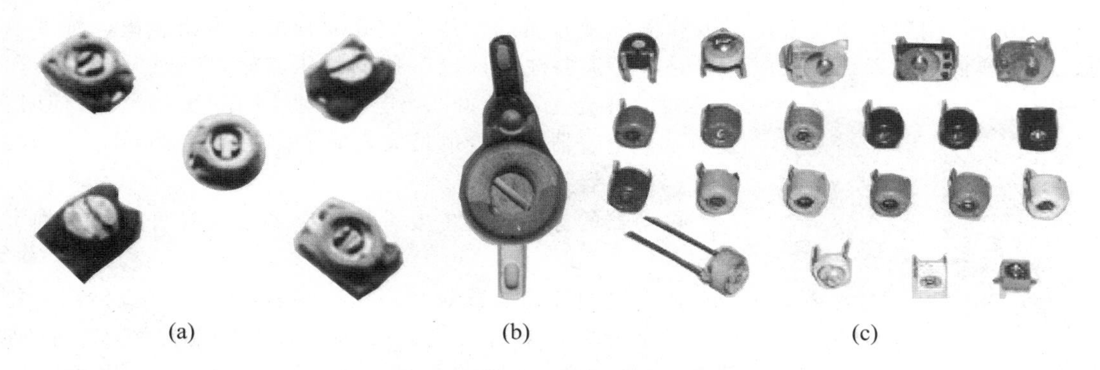

(a)　　(b)　　(c)

图 10-16　几种常用的半可变电容器实物图

电容器的电性能、结构和用途在很大程度上取决于所用的电介质，因此电容器常常又按电介质来分类，大致分为以下几类。

电容器按照电介质分类见表 10-9。

表 10-9　电容器按照电介质分类

按电介质来分类	简　　介
固定无机介质电容器	纸介电容器及有机薄膜介质电容器等
固体无机介质电容器	玻璃釉电容器、云母电容器、陶瓷电容器等
电解电容器	铝电解电容器、钽电解电容器等
气体介质电容器	空气电容器等
液体介质电容器	介质采用矿物油或合成液体，这种电容器应用较少

（2）标称电容量

像不可能做到有无数个阻值的电阻器一样，也不可能生产出无数个电容量的电容器。为了生产和选用的方便，国家规定了各种电容器电容量的系列标准值，电容器大都是按 E24、E12、E6、E3 优选系列进行生产的。实际选择时通常应按系列标准要求，否则，可能难以购到。标称容量通常标于电容器的外壳上。

E24～E3 系列固定电容器标称容量及允许偏差值参见表 10-10。实际应用的标称容量，可按表列数值再乘以 10^n，其中幂指数 n 为正整数或负整数。

表 10-10　电容器的标称容量值

系列	允许偏差	标　称　容　量　值												
E24	±5%	1.0	1.1 1.2	1.3 1.5	1.6 1.8	2.0 2.2	2.4 2.7	3.0 3.3	3.6 3.9	4.3 4.7	5.1 5.6	6.2 6.8	7.5 8.2	9.1
E12	±10%	1.0	1.2	1.5	1.8	2.2	2.7	3.3	3.9	4.7	5.6	6.8	8.2	
E6	±20%	1.0		1.5		2.2		3.3		4.7		6.8		
E3	大于±20%	1.0				2.2				4.7				

（3）耐压

指电容器所能承受的最大直流工作电压，在此电压下电容器能够长期可靠地工作而不被击穿，所以耐压也称额定直流工作电压，其单位是伏特，用符号 V 表示，简称伏。

电容器的耐压程度和电容器中介质的种类及其厚度有关。还和使用的环境温度、湿度有关。例如，用云母介质就比用纸和陶瓷做介质的耐压高；介质愈厚，耐压愈高；湿度愈大，耐压愈低。所以在选用电容器时，必须要注意该电容器的耐压指标，它也常被标注在电容器的外壳上。例如，当电容器上写有DC400V字样时，就表示该电容器能承受的最大直流工作电压为400V。

图10-17 采用直标法的电容器示意图

(4) 电容量的标识

电容器的标注参数主要有标称电容量及允许偏差、额定电压等。

固定电容器的参数表示方法有多种，主要有直标法、色标法、字母数字混标法、3位数表示法和4位数表示法等多种。

① 直标法。直标法在电容器中应用最广泛，在电容器上用数字直接标注出标称电容量、耐压（额定电压）等，直标法电容器容易识别各项参数。

如图10-17所示是采用直标法的电容器示意图。

② 三位数表示法。在电容器的三位数表示法中，用三位整数来表示电容器的标称电容量，再用一个字母来表示允许偏差。

在三位数字中，前两位数表示有效数，第三位数表示倍乘数，即表示是10的n次方。三位数表示法中的标称电容量单位是pF。

如三位数分别是332，如图10-18所示。它的具体含义为33×10^2pF，即标称容量为3300pF的电容器。在一些体积较小的电容器中普遍采用三位数表示方法，因为电容器体积小。采用直标法标出的数字太小，容易磨掉。

图10-18 三位数表示法

例9: 用指针万用表对电容器进行测试

一般我们利用万用表的欧姆挡就可以简单地测量出电解电容器的优劣情况，粗略地辨别其漏电、容量衰减或失效的情况。具体方法是选用“R×1k”或“R×100”挡，将黑表笔接电容器的正极，红表笔接电容器的负极，若表针摆动大，且返回慢，返回位置接近∞，说明该电容器正常，且电容量大；若表针摆动大，但返回时，表针显示的欧姆值较小，说明该电容漏电流较大；若表针摆动很大，接近于0Ω，且不返回，说明该电容器已击穿；若表针不摆动，则说明该电容器已开路，失效。

该方法也适用于辨别其他类型的电容器。但如果电容器容量较小时，应选择万用表的“R×10k”挡测量。另外，如果需要对电容器再一次测量时，必须将其放电后方能进行。

测试时，应根据被测电容器的容量来选择万用表的电阻挡，详见表10-11。

表10-11 测量电容器时对万用表电阻挡的选择

名　称	电容器的容量范围	所选万用表欧姆挡
小容量电容器	5000pF以下、0.02μF、0.033μF、0.1μF、0.33μF、0.47μF等	R×10kΩ挡
中等容量电容器	4.7μF、3.3μF、10μF、33μF、22μF、47μF、100μF	R×1kΩ挡或R×100Ω挡
大容量电容器	470μF、1000μF、2200μF、3300μF等	R×10Ω挡

如果要求更精确的测量，我们可以用交流电桥和Q表（谐振法）来测量，这里不作介绍。

小容量电容器的电容量一般为1μF以下，因为容量太小，充电现象不太明显，测量时表针向右偏转角度不大。所以用万用表一般无法估测出其电容量，而只能检查其是否漏电或击穿损坏。正常时，用万用表R×10k挡测量其两端的电阻值应为无穷大。若测出一定的电阻值说明该电容器存在漏电故障，若阻值接近0，则说明该电容器已击穿损坏。

例10: 用数字万用表对电容器进行测试

注意：为避免仪表损坏，在测电容前，切断被测电路的电源并将高压电容器放电。

电容是元件储存电荷的能力。电容的单位是法拉，用符号F表示，简称法。大部分电容器的值是在纳法（nF）到微法（μF）之间。MS8215数字万用表是通过对电容器的充电（用已知的电流和时间），然后测量电压，再计算电容值。每一个量程的测量大约需要1s的时间。电容器的充电可达1.2V。MS8215数字万用表测量电容时，请按以下步骤进行。

① 将旋转开关转至“⊣⊢”挡位。

② 分别把黑色测试笔和红色测试笔连接到“COM”输入插座和“⊣⊢”输入插座（也可使用多功能测试座测量电容）。

③ 用测试笔另两端测量待测电容的电容值并从液晶显示器读取测量值。

图10-19为MS8215数字万用表实际测量标称值为47nF无极性电容示意图。

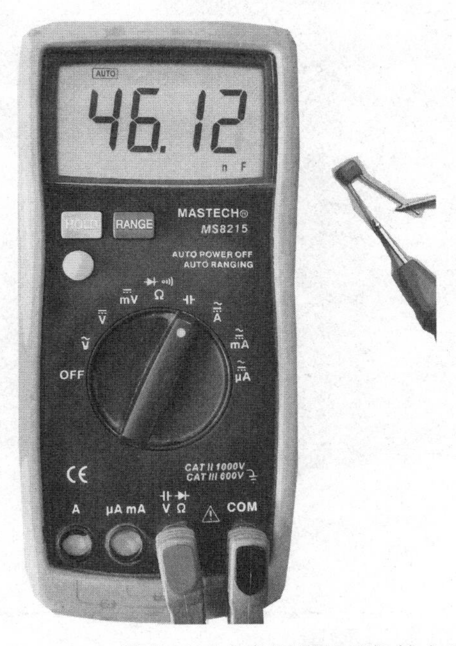

图10-19 MS8215数字万用表实际测量无极性电容示意图

另外，FLUKE87V数字万用表测量电阻和电容在一个挡位，测量电容时，需按下黄色按键，如图10-20所示，挡位转换后在电容挡就可以测量电容器了。

用数字万用表检测电解电容器的方法与普通固定电容器一样，如图10-21所示。具体操作方法是将数字万用表调至测量电容挡，将待测电容器直接连接到红、黑两个表笔进行测量，注意被测电容器的正极接红表笔、负极接黑表笔。从液晶显示屏上直接读出所测电容器的读数，即为所测电容器的容值，图中测量的电容值为 21.4μF。一般数字万用表只能检测 0.02～100μF 的电解电容器。

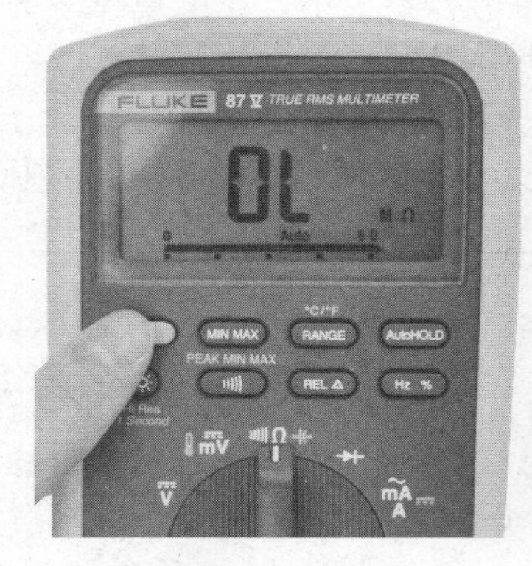

(a) 转换前在电阻挡

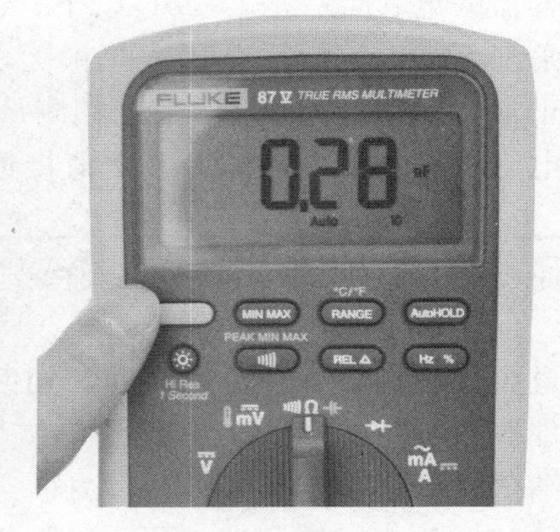

(b) 按下黄色键后在电容挡

图 10-20　FLUKE87V 数字万用表电阻和电容转换按键

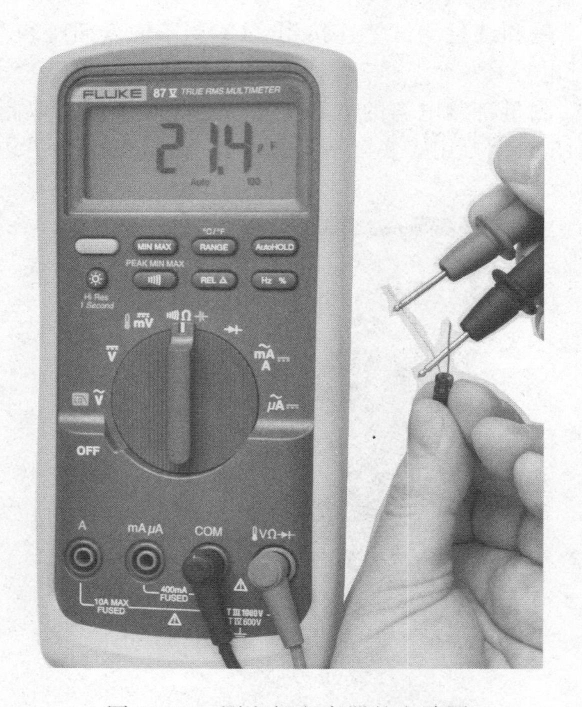

图 10-21　测电解电容器的电路图

例 11：电感器及自感和电感量

(1) 电感器的分类

凡能产生电感作用的元件统称电感器。一般的电感器是用漆包线，纱包线或镀银铜线等在绝缘管上绕一定的圈数而构成的，所以又称电感线圈。它和电阻器、电容器一样，也是一种重要的电子元件，在电路图中常用字母“L”来表示。

通常在电感器的线圈中加入软磁性材料的磁芯或铁芯，这种插入了磁芯或铁芯的电感器叫作磁芯线圈或铁芯线圈，把没有加磁芯或铁芯的电感器叫作空心线圈。电感器的种类很多，可分别用作调谐、耦合、滤波、阻流等，它们的实物图如图 10-22 所示。

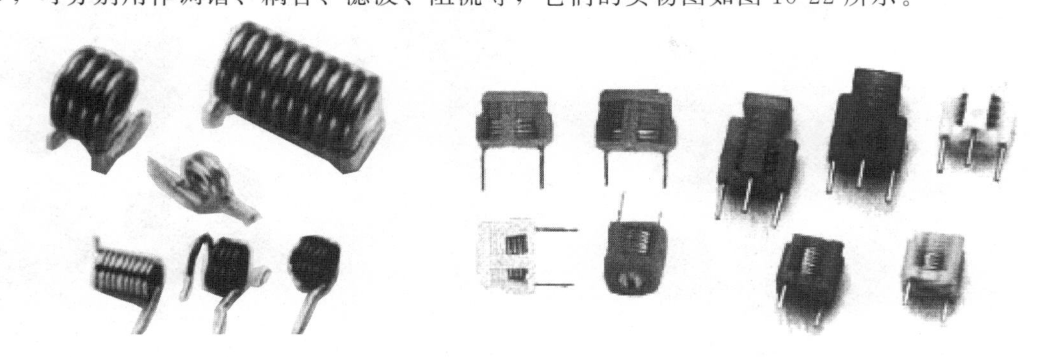

(a) 空心电感线圈　　(b) 模压可调磁芯电感

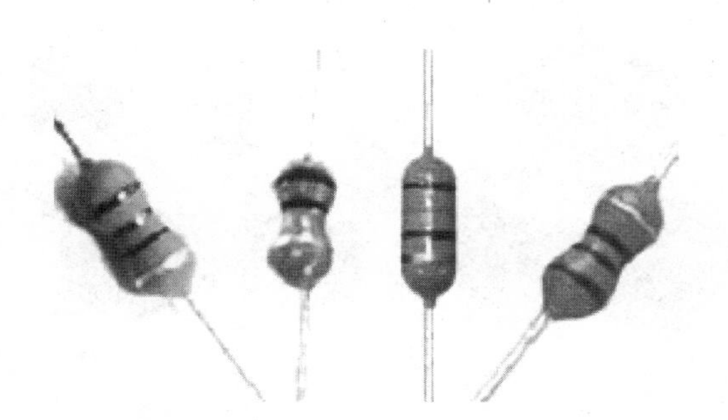

(c) 色环电感

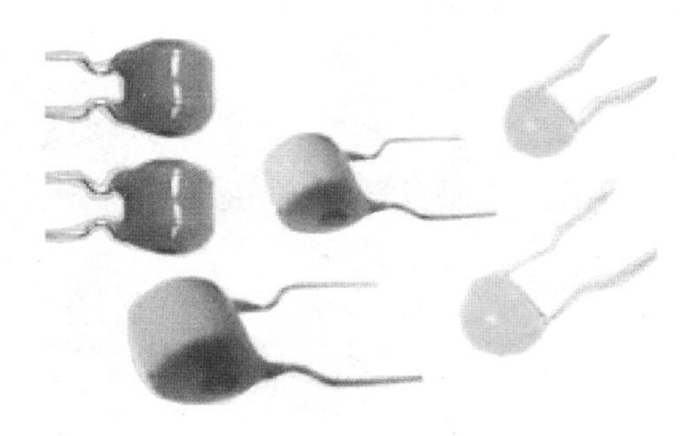

(d) 色码电感

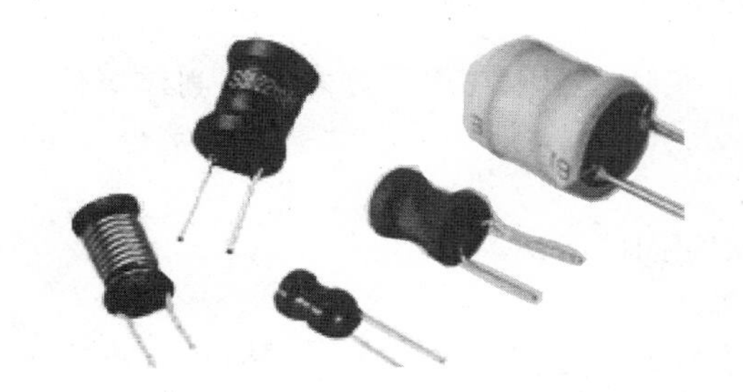

(e) 工字电感

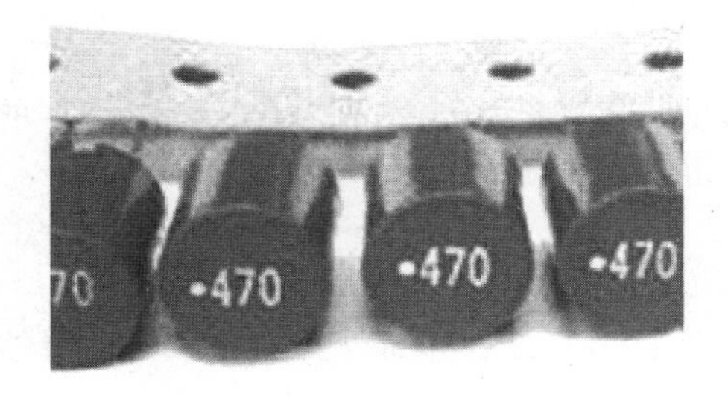

(f) 塑封工字电感

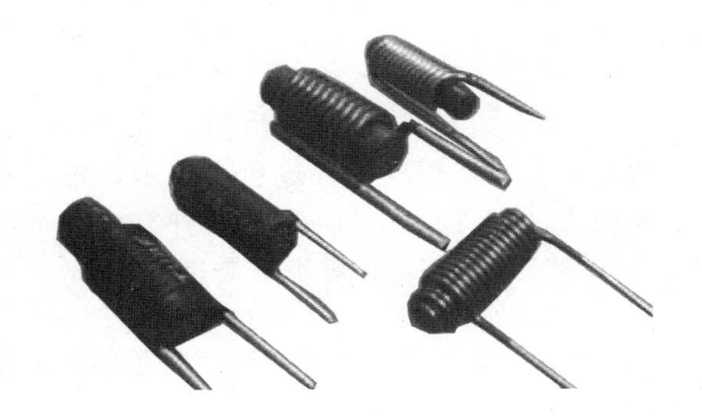

(g) 磁棒绕线电感器的实物图

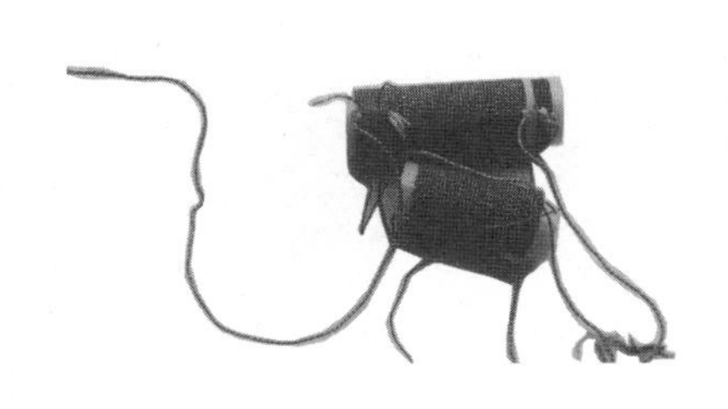

(h) 磁性天线线圈的实物图

(i) 贴片绕线电感器

(j) 贴片绕线层叠电感器

(k) 磁环电感器

(l)) 扼流电感器

图 10-22　几种电感器的实物图

电感量的单位是亨利，用字母 H 表示。在实际应用中常用千分之一亨利作单位，叫作毫亨，用字母 mH 表示，有时还用毫亨的千分之一做单位，叫作微亨，用字母 μH 表示。其进位关系是：

$$1\mathrm{H}=10^3\mathrm{mH}=10^6\mu\mathrm{H} \tag{10-1}$$

(2) 电感器的标识

① 直标法。直标法是直接在电感器外壳上标出电感量的标称值，同时用字母表示额定工作电流，再用Ⅰ、Ⅱ、Ⅲ表示允许偏差参数。

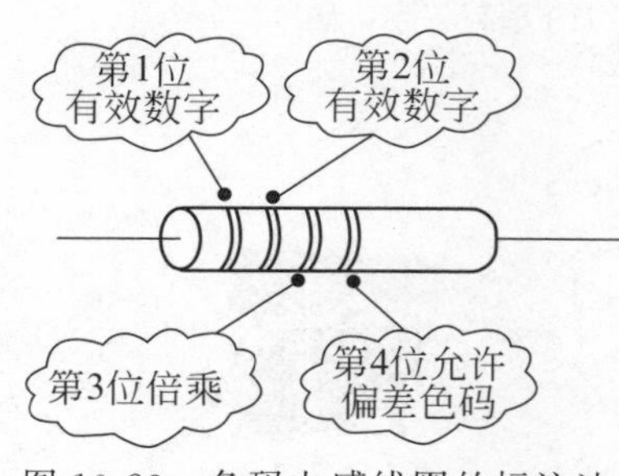

图 10-23　色码电感线圈的标注法

如电感线圈外壳上标有 C、Ⅱ、10μH，表明电感线圈的电感量为 10μH、最大工作电流为 300mA、允许误差为±10%。

② 色标法。色码电感线圈的标注法如图 10-23 所示。在电感线圈的外壳上，使用颜色环或色点表示标称电感量和允许误差的方法就称色标法。采用这种方法表示电感线圈的主要参数的小型固定高频电感线圈就称色码电感。

在图 10-23 中，各颜色环所表示的数字与色环电阻器的标志方法相同，不再赘述，可参阅电阻色环标注法。

如某一电感线圈的色环依次为蓝、灰、红、银，表明此电感线圈的电感量为 6800μH

（微亨），允许误差为±10％。

例 12：用指针万用表对电感器进行测试

取一只调压器 TA 与被测电感器 L_x 和一只电位器 R_P，按如图 10-24 所示进行接线，便构成了一个电感量测试电路。

调节电位器 R_P 使得其阻值为 3140Ω，闭合开关 S，调节调压器 TA，使 $U_R=10V$，通过式(10-2) 便可计算出被测电感器的电感量

$$L_x=\frac{R_P}{100\pi}\times\frac{U_L}{U_R}=\frac{3140}{100\times3.14}\times\frac{U_L}{10} \tag{10-2}$$

这就是说，在上述条件下，L_x 上的压降数值就是它的电感量数值。如果万用表测出 U_L 单位为伏特（V），则电感量的单位就是 H（亨利）。由于 H 单位很大，而一般电感器的电感量很小，为测试方便，一般宜选用数字万用表的 mV 挡。

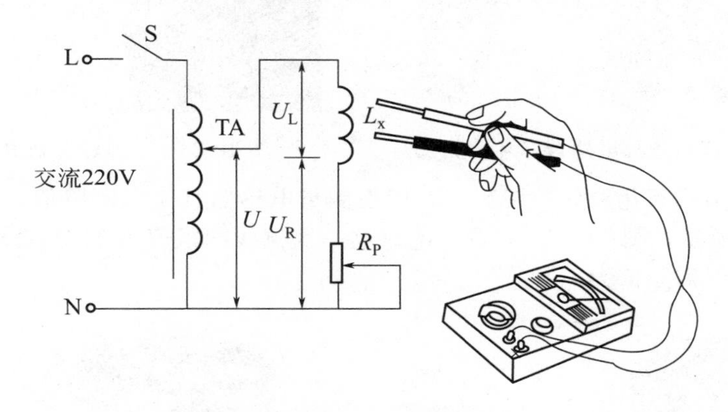

图 10-24　万用表对电感量的测试

对电感量的测量也可采用估测的方法。一般用于高频的电感器，圈数较少，有的只有几圈，其电感量一般只有几微亨；用于低频的电感器，圈数较多，其电感量可达数千微亨；而用于中频段的电感器，电感量为几百微亨。了解这些，对于用万用表所测得的结果，具有一定的参考价值。

例 13：用数字万用表对电感器进行测试

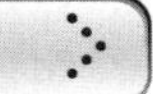

在家用电器的维修中，如果怀疑某个电感器有问题，常是用简单的测试方法，以判断它的好坏，如图 10-25 所示为磁环电感器通断测试，可通过数字万用表来进行，从图中看磁环电感器的电阻值为 0.4Ω。首先要将数字万用表的量程开关拨至电阻挡“通断蜂鸣”符号处用红、黑表笔接触电感器两端，如果阻值较小，表内蜂鸣器则会鸣叫，表明该电感器可以正常使用。

当怀疑电感器在印制电路板上开路或短路时，在断电的状态下，可利用万用表测试电感器 L_x 两端的阻值。一般高频电感器的直流内阻在零点几至几欧之间；低频电感器的内阻在几百欧至几千欧之间；中频电感器的内阻在几欧至几十欧姆之间。测试时要注意，有的电感器圈数少或线径粗，直流电阻很小，这属于正常现象（可用数字万用表测量），如果阻值很大或为无穷大时，表明该电感器已经开路。

当确定某只电感器确实断路时，可更换新的同型号电感器。由于电感器长时间不用，引脚有可能被氧化，这时可用小刀轻轻刮去氧化物，如图 10-26 所示。

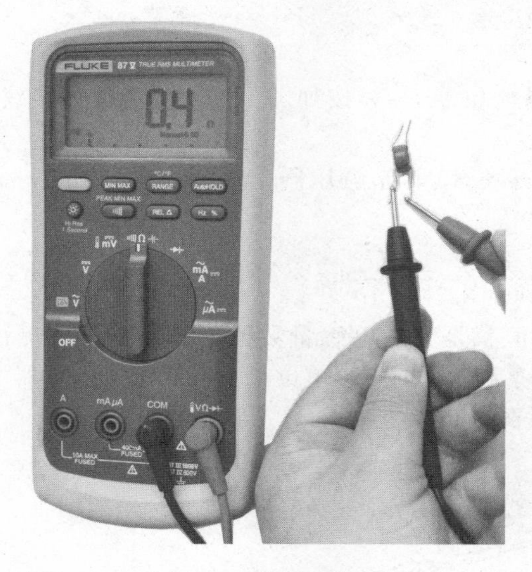

图 10-25　万用表对磁环电感器好坏的测试

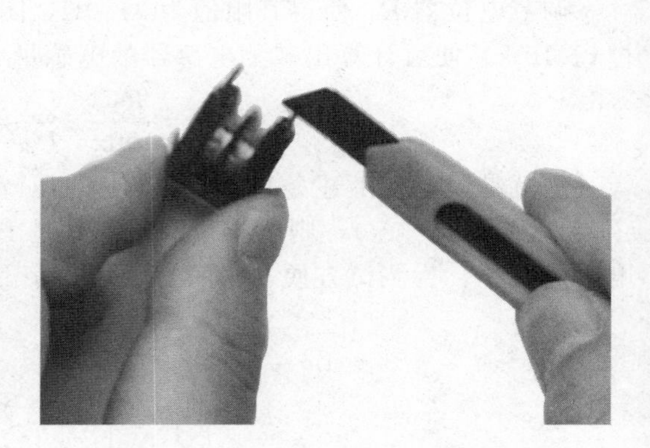

图 10-26　小刀轻轻刮去引脚氧化物

刮去电感器引脚氧化物后，用数字万用表测量电感器直流电阻阻值，观察是否符合要求，如图 10-27 所示，图 10-27(a) 测量电感器一次侧线圈阻值为 112.4Ω，图 10-27(b) 测量电感器二次侧线圈阻值为 1.0Ω。

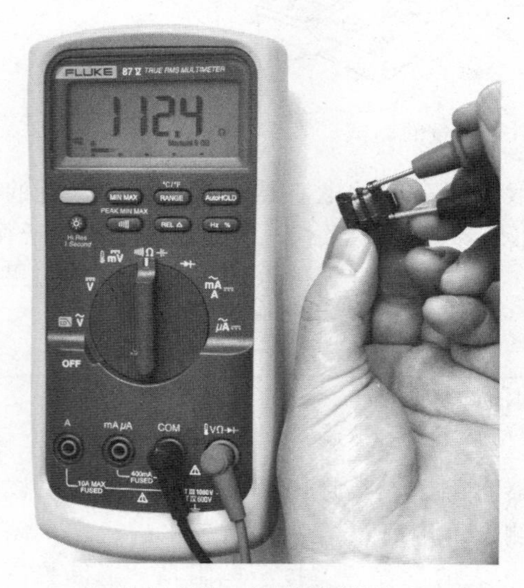

(a) 测量电感器一次侧线圈阻值为112.4Ω

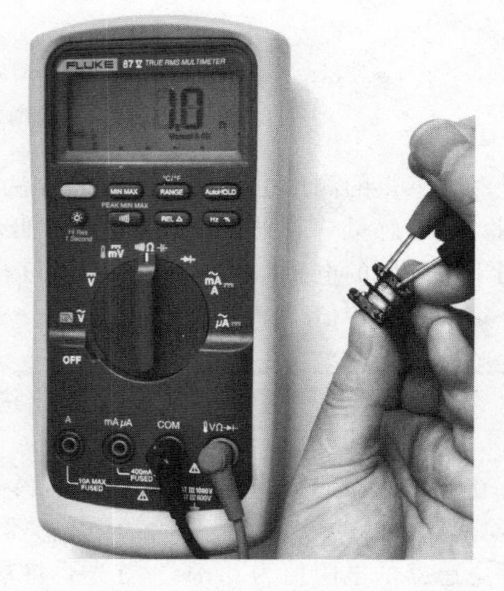

(b) 测量电感器二次侧线圈阻值为1.0Ω

图 10-27　用数字万用表测量电感器

例 14:　识别二极管

(1) 二极管的结构与分类

半导体（晶体）二极管的管芯是一个 PN 结。在管芯两侧的半导体上分别引出电极引线，其正极由 P 区引出，负极由 N 区引出，用管壳封装后就制成二极管。

常用的半导体二极管是用硅或锗等半导体材料制成的，目前我国已系列化生产的硅二极管有 2CP、2CZ、2CK 等系列，锗二极管有 2AP、2AK 等系列。部分二极管的实物图如图 10-28 所示。

图 10-28　部分二极管的实物图

按结构分，二极管有点接触型和面接触型两类，如表 10-12 所示。

必须指出，当温度升高时，由于二极管的正向电流增加，反向击穿电压会降低，所以二极管在高温条件下使用时其工作电压必须降低，否则，就有被击穿的危险。

表 10-12　常用半导体二极管的结构

分类	图形	用途
点接触型二极管	1—引线；2—外壳；3—触丝；4—N 型锗片	点接触型二极管的 PN 结结面积小，不能通过较大电流，但高频性能好，一般适用于高频或小功率电路
面接触型二极管	1—铝合金小球；2—阳极引线；3—PN 结；4—N 型硅；5—金锑合金；6—底座；7—阴极引线	面接触型二极管的 PN 结结面积大，允许通过的电流大，但工作频率低，多用于整流电路
常用二极管的外型和封装形式	EH型　EA型　ET型　D8型　D6型　ER型　DO201　DO204　ED型 GD型　圆柱型　BQ型　C2-02型	
二极管符号		

（2）用万用表检查二极管的好坏及正负极性

利用万用表的欧姆挡可以简易地判别二极管的极性和判定管子质量的好坏。欧姆表简化地来看，就是一个表头串联一个电池。由于电池的正极应接表头的正端，所以万用表上接正端的表棒（一般是红棒）接在电池的负极上，万用表上接负端的表棒（一般是黑棒）通过表头接电池的正极。

用万用表测量二极管时，将万用表置于 R×100 或 R×1k 挡（对于面接触型的大电流整流管可用 R×1 或 R×10 挡），黑表棒接二极管正极，红表棒接二极管负极。这时正向电阻的阻值一般应在几十欧至几百欧之间。当红、黑表棒对调后，反向电阻的阻值应在几百千欧以上。测量结果如符合上述情况，则可初步判定该被测二极管是好的。

如果测量结果阻值均很小，接近零欧姆时，说明该被测管内部 PN 结击穿或已短路。反之，如阻值均很大（接近无穷大），则该管子内部已断路。以上两种情况均说明该被测管已损坏，不能再使用。

如果不知道二极管的极性（正、负极），可用上述方法判断。当阻值小时，即为二极管的正向电阻，和黑表棒相接的一端即为正极，另一端为负极。当阻值大时，即为二极管的反向电阻，和黑表棒相接的一端即为负极，而另一端为正极。

必须注意，用万用表测量二极管时不能用 R×10k 挡，因为在高阻挡中，使用的电池电压比较高（有的表中用 22.5V 的电池），这个电压超过了某些检波二极管的最大反向电压，会将二极管击穿。测量时一般也不用 R×1 或 R×10 挡，因为使用 R×1 挡时，欧姆表的内电阻只有 12～24Ω，跟二极管正向连接时，电流很大，容易把二极管烧坏。故测量二极管时最好用 R×100 或 R×1k 挡。

（3）用万用表区分硅二极管与锗二极管

区分硅二极管、锗二极管可采用电阻法，如图 10-29 所示。

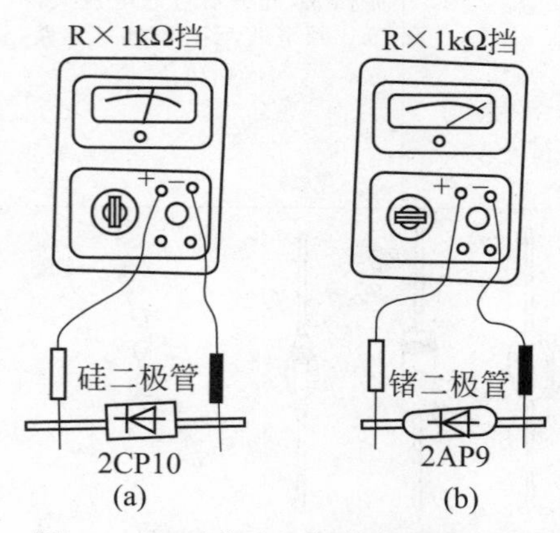

图 10-29　区分硅二极管与锗二极管

硅二极管在正向运用时的导通电压比锗二极管大，而在反向运用时，硅二极管的反向饱和电流比锗二极管小。这点区别反映在直流电阻上时，表现为硅管的正、反向电阻值都比锗二极管大。据此便可通过对正向电阻值的测试来判断所测二极管到底是硅二极管还是锗二极管。

测试方法是将万用表的量程开关拨至 R×100Ω 或 R×1kΩ 挡，测试二极管的正向电阻值，根据表头指针的偏转角度来进行判断，若指针指示在表盘刻度中间偏右的位置（4～8kΩ），表明被测二极管是硅二极管，如图 10-29(a) 所示；若指针偏转到靠近 0Ω 的位置，则表明被测二极管是锗二极管，如图 10-29(b) 所示。

例 15: 用万用表检测塑封硅整流二极管

由于硅整流管的工作电流较大，因此在用万用表检测时，可首先使用 R×1k 挡检查其单向导电性，然后用 R×1 挡复测一次，并测出正向压降 U_F 值。R×1k 挡的测试电流很小，测出的正向电阻应为几千欧至十几千欧，反向电阻则应为无穷大。R×1 挡的测试电流较大，正向电阻应为几至几十欧，反向电阻仍为无穷大。

使用500型万用表分别检测1N4001（1A/50V）、1N4007（1A/1000V）、1N5401（3A/100V）三种塑封整流二极管。由表10-13可知，该仪表R×1挡测量负载电压的公式为

$$U=0.03n'(\mathrm{V}) \tag{10-3}$$

由此可求出被测管的U_F值。全部测量数据列入表10-13中。

为确定管子的耐压性能，还可用兆欧表和万用表测量反向击穿电压。例如，用ZC25-3型兆欧表和500型万用表的250$\underline{\mathrm{V}}$挡实测一只1N4001，$U_{BR}\approx180\mathrm{V}>U_{RM}$（50V）。这表明该项指标留有较大余量。

表10-13　实测几种硅整流二极管的数据

型号	电阻挡	正向电阻	反向电阻	n'/格	正向压降U_F/V
1N4001	R×1k	4.4kΩ	∞	—	—
	R×1	10Ω	∞	25	0.75
1N4007	R×1k	4.0kΩ	∞	—	—
	R×1	9.5Ω	∞	24.5	0.735
1N5401	R×1k	4.0kΩ	∞	—	—
	R×1	8.5Ω	∞	23	0.69

家用电器常因整流二极管出现故障而影响整机的工作。这里介绍一种简便方法，不用焊下整流二极管，即可判断整流二极管的好坏，如图10-30所示。

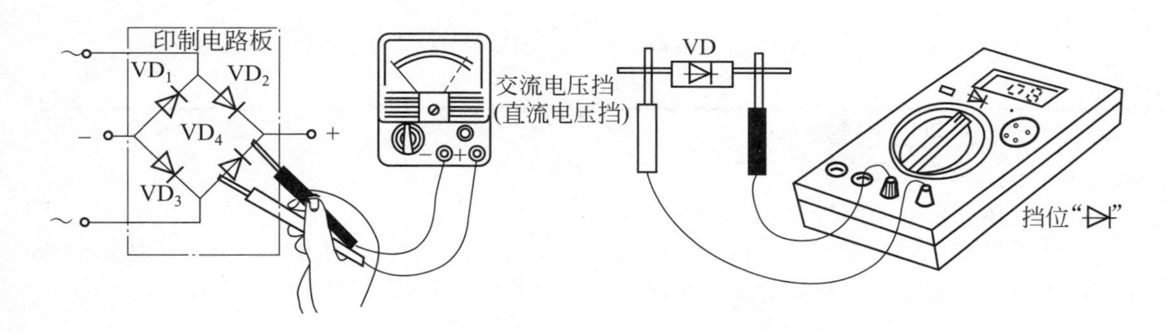

图10-30　在线判断整流二极管的好坏

将有故障的机器接通交流电源，把万用表的量程开关拨至交流电压挡（应根据整流电压范围选定具体挡位），将红表笔接到整流二极管的正极，黑表笔接在其负极，测得一个交流电压值；再将表笔对调，又测得一个交流电压值。用同样的方法，将万用表的量程开关拨至直流电压挡，测得一个直流电压值。根据上述测试结果进行判断。

若第一次测试的交流电压值为直流电压值的两倍（近似值），而第二次测试的交流电压值为零，说明该整流二极管是好的。

如果两次测得的交流电压值相差不多，说明整流二极管已击穿。

若第二次的测试值既不为零又不等于第一次的测试值，说明被测整流二极管的性能已变坏。若两次测试值均为零，则说明整流二极管已短路。这两种情况均需更换新整流二极管。

例 16: 用数字万用表测量整流二极管

用数字万用表测量二极管实例如图 10-31 所示。将数字万用表置于二极管挡位，黑色测试笔和红色测试笔分别连接到被测二极管的负极和正极，数字万用表显示被测二极管的正向偏压为 0.5779V。如果测试笔极性反接，仪表将显示“1”，表示不通。

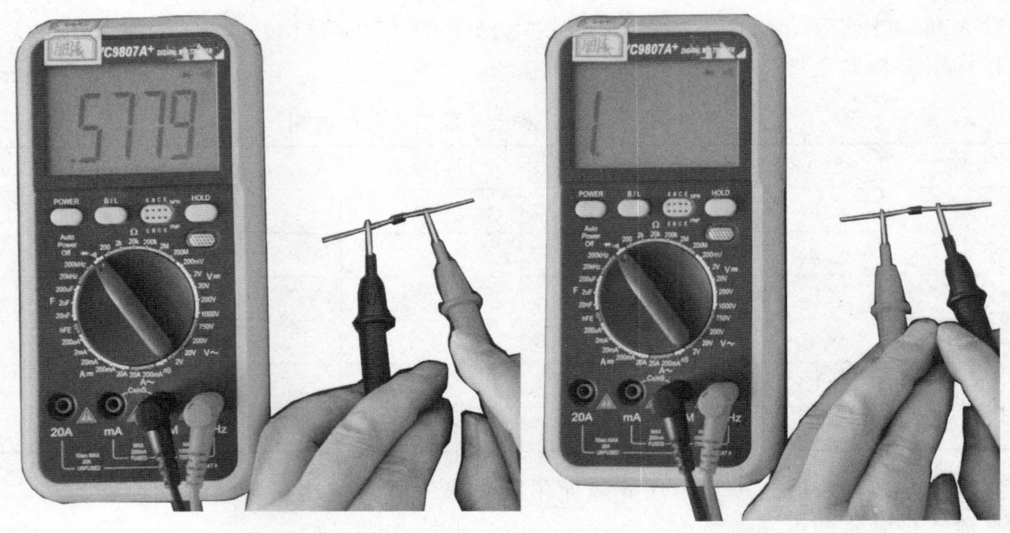

(a) 正向偏压为0.5779V

(b) 反向偏置显示“1”

图 10-31　用数字万用表测试二极管实例

例 17: 识别三极管

（1） 晶体三极管的结构和类型

晶体三极管（简称晶体管）是放大电路的核心元件。晶体管的出现，给电子技术的应用开辟了更宽广的道路。常见的几种晶体三极管的外形，如图 10-32 所示。

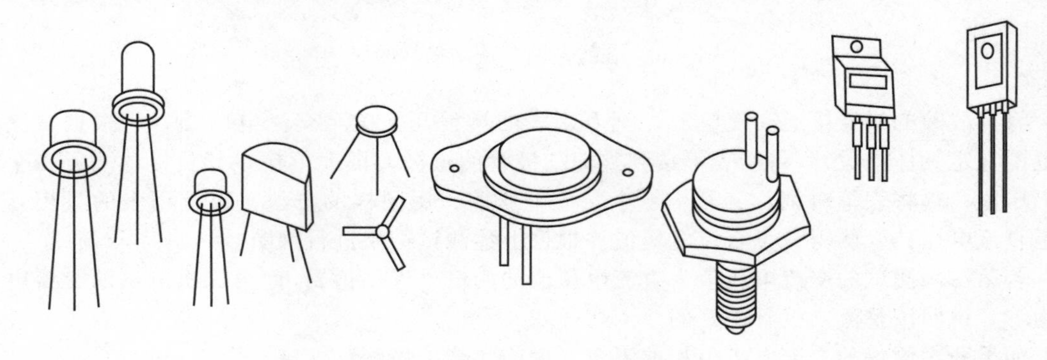

图 10-32　常见的几种晶体三极管的外形

部分常见晶体三极管的实物图，如图 10-33 所示。

三极管有 NPN 型和 PNP 型两类，其结构示意图和符号如图 10-34 所示。

图 10-33　部分常见晶体三极管的实物图

三极管有三个电极，即发射极、基极和集电极，分别用字母符号 E、B 和 C 表示。与发射极相连的一层半导体，称为发射区；与集电极相连的一层半导体，称为集电区；在发射区和集电区中间的一层半导体，称为基区，它与两侧的发射区和集电区相比要薄得多，而且杂质浓度很低，因而多数载流子很少。

发射极的功用是发出多数载流子以形成电流。发射极掺入的杂质多，浓度大。

基极起控制多数载流子流动的作用，基极与发射极之间的 PN 结叫发射结。

集电极的功用是收集发射极发出的多数载流子。其基极与集电极之间 PN 结的面积大，掺入的杂质比发射极少，这个 PN 结叫集电结。

在晶体管符号中，发射结所标箭头方向为电流流动方向。

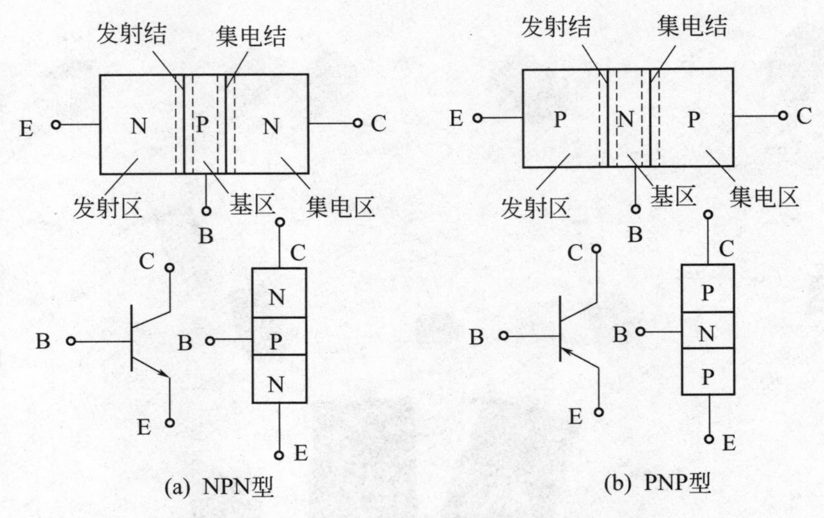

图 10-34　三极管的结构示意图和符号

例 18: 用万用表确定三极管的三个电极

对于小功率三极管来说，有金属外壳封装和塑料外壳封装两种。

金属外壳封装的如果管壳上带有定位销，那么将管底朝上，从定位销起，按顺时针方向，三根电极依次为 e、b、c。如果管壳上无定位销，且三根电极在半圆内，我们将有三根电极的半圆置于上方，按顺时针方向，三根电极依次为 e，b，c。如图 10-35 所示。

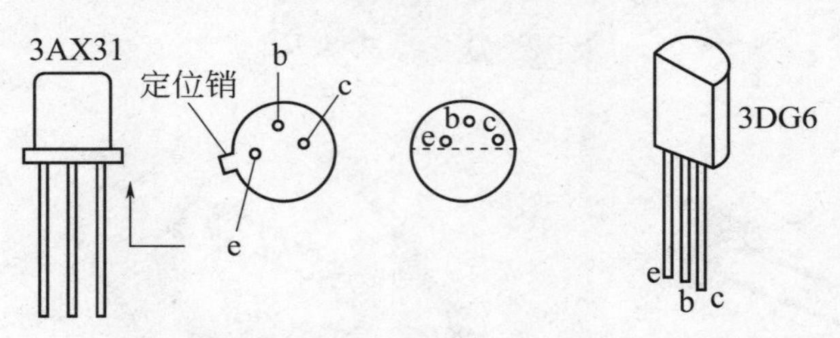

图 10-35　半导体三极管电极的识别

塑料外壳封装的，我们面对平面，三根电极置于下方，从左到右，三根电极依次为 e、b、c，如图 10-35(b) 所示。

对于大功率三极管，外形一般分为 F 型和 G 型两种，如图 10-36 所示。F 型管，从外形上只能看到两根电极。我们将管底朝上，两根电极置于左侧，则上为 e，下为 b，底座为 c。

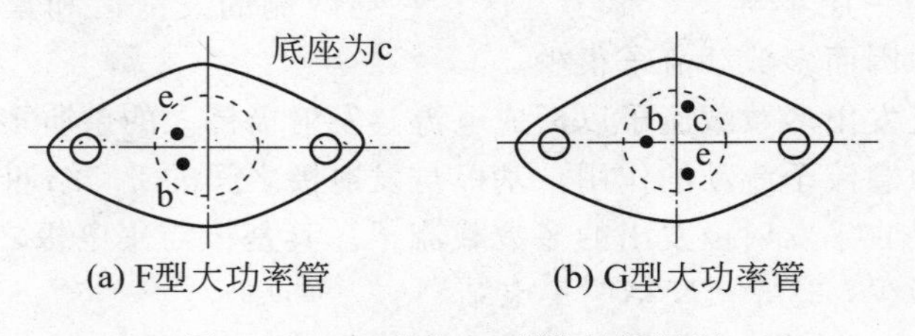

图 10-36　F 型和 G 型管引脚识别

G 型管的三个电极一般在管壳的顶部，我们将管底朝下，三根电极置于左方，从最下电极起，顺时针方向，依次为 e、b、c。

三极管的引脚必须正确确认，否则，接入电路不但不能正常工作，还可能烧坏管子。

例 19：用数字万用表检测三极管的类型

三极管类型有 NPN 型和 PNP 型，三极管的类型检测使用二极管测量挡。检测时，将挡位选择开关置于二极管测量挡，然后红、黑表笔分别接三极管任意两个引脚，同时观察每次测量时显示屏显示的数据，以某次出现显示 0.7V 左右内的数字为准，红表笔接的为 P，黑表笔接的为 N。

实际测量过程一：首先，将挡位选择开关拨至二极管测量挡。其次，将红表笔接三极管中间的引脚，黑表笔接三极管下边的引脚，观察显示屏显示的数据为 0.699V，该检测过程如图 10-37(a) 所示。

实际测量过程二：红表笔不动，将黑表笔接三极管上边的引脚，观察显示屏显示的数据为 0.698V，则现黑表笔接的引脚为 N，该三极管为 NPN 型三极管，红表笔接的为基极，该检测过程如图 10-37(b) 所示。如果显示屏显示溢出符号“1”，则现黑表笔接的引脚为 P，被测三极管为 PNP 型三极管，黑表笔第一次接的引脚为基极。

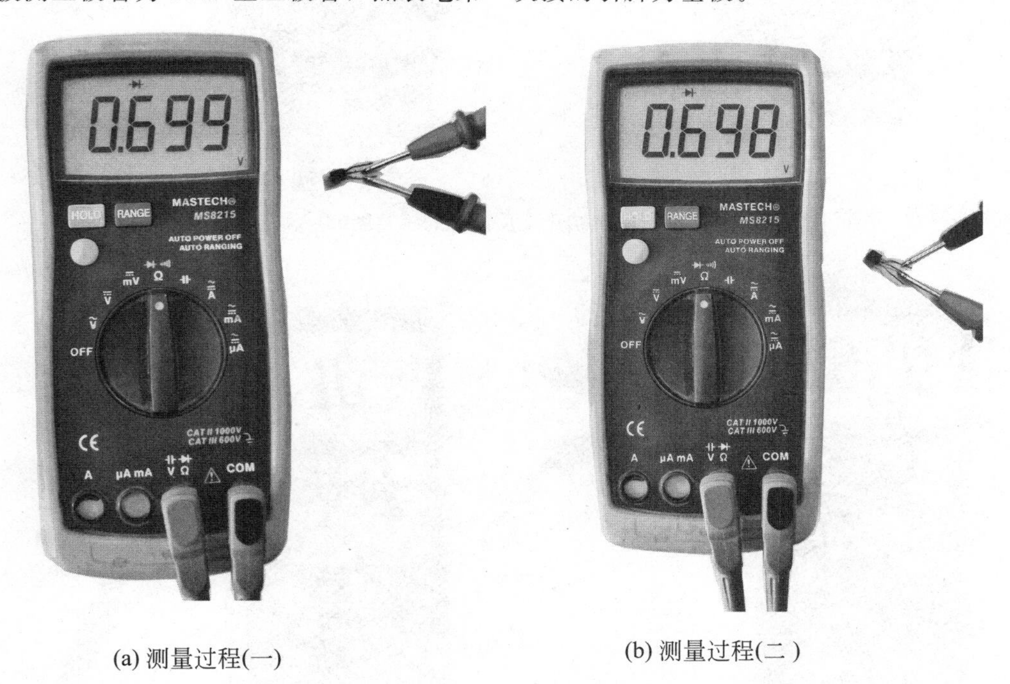

(a) 测量过程(一)　　(b) 测量过程(二)

图 10-37　三极管类型的检测

例 20：用数字万用表检测三极管的好坏

三极管好坏检测主要有以下几步。

检测三极管集电结和发射结（为两个 PN 结）是否正常。三极管中任何一个 PN 结损坏，就不能使用，所以三极管检测先要检测两个 PN 结是否正常。

检测时，挡位选择开关置于二极管测量挡，分别检测三极管的两个 PN 结，每个 PN 结正、反各测一次，如果正常，正向检测每个 PN 结（红表笔接 P、黑表笔接 N）时，显示屏显示 0.7V 左右内的数字，反向检测每个 PN 结时，显示屏显示溢出符号“1”或“OL”。

实际测量 NPN 型三极管两个 PN 结如图 10-38 所示。图 10-38(a) 为检测三极管集电结正、反情况的示意图。图 10-38(b) 为检测三极管发射结正、反情况的示意图。由图中检测显示可以看出，此三极管是好的。

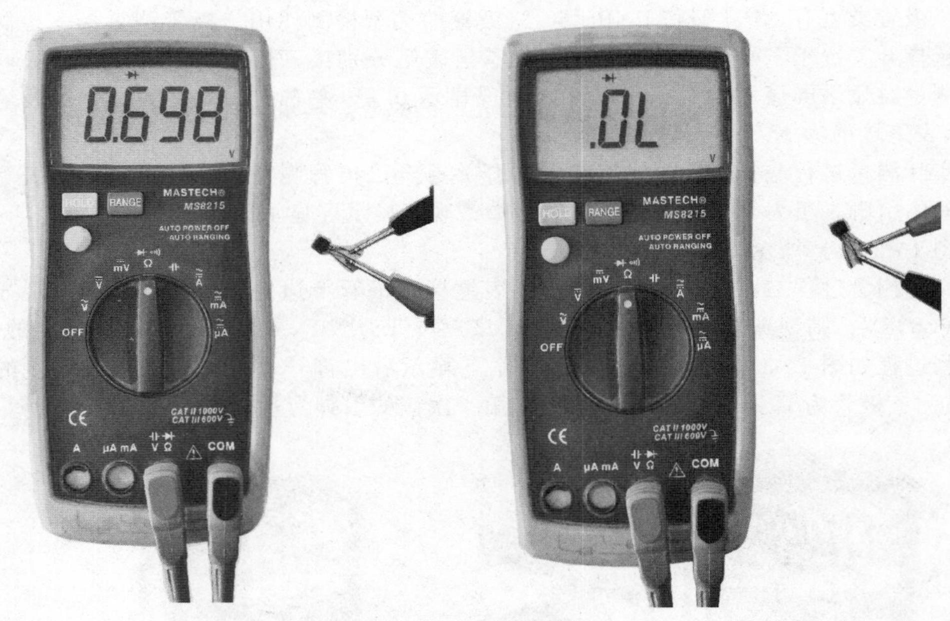

(a) 检测三极管集电结正、反情况的示意图

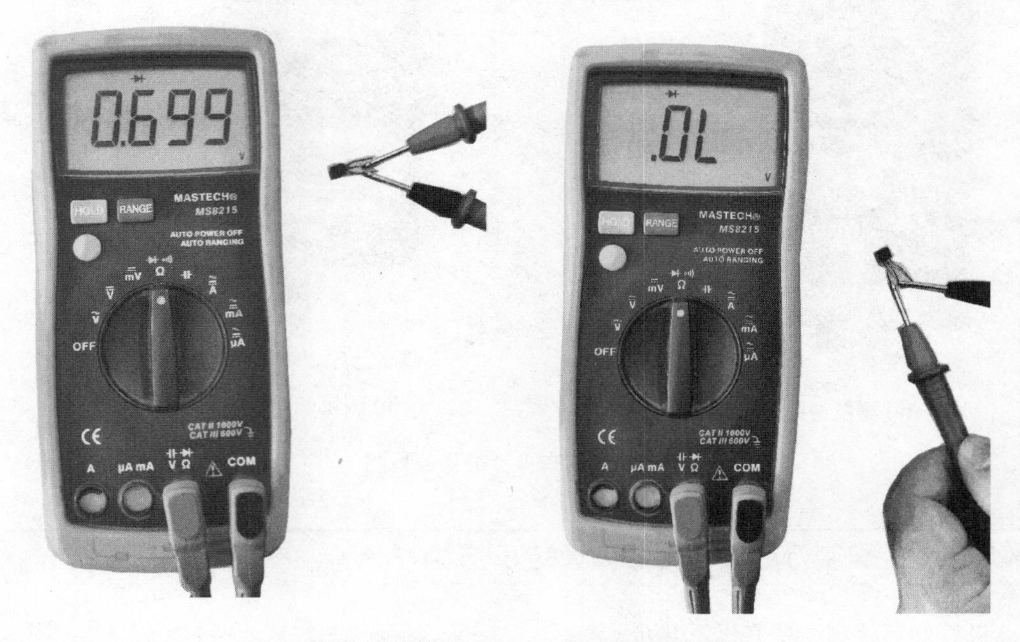

(b) 检测三极管发射结正、反情况的示意图

图 10-38　检测三极管两个 PN 结正、反情况的示意图

例 21: 数字万用表测量晶体管直流放大倍数

数字万用表测量晶体管直流放大倍数时，不用接表笔，转动测量选择开关至“h_{FE}”挡位，将被测晶体管插入晶体管插孔，LCD 显示屏即可显示出被测晶体管的直流放大倍数。

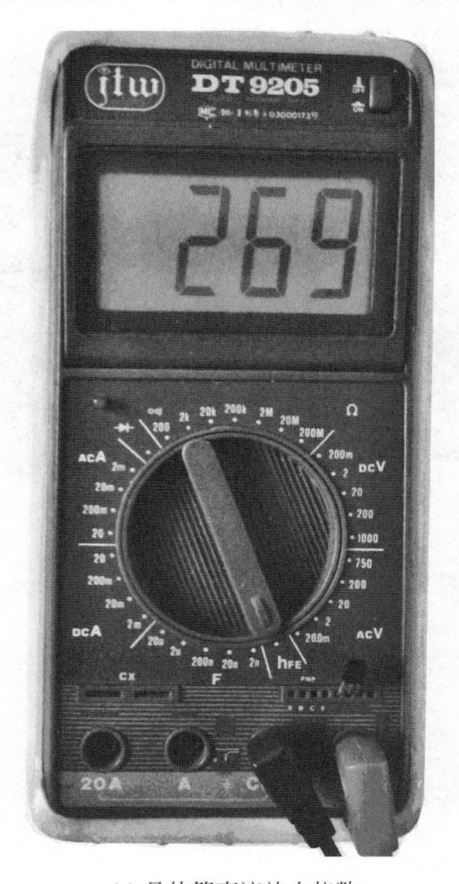

(a) 晶体管直流放大倍数

(b) 挡位选择示意图

图 10-39 用 DT9205 型数字万用表测量晶体管直流放大倍数

将 NPN 型三极管插入对应的 E、B、C 三个插孔，如图 10-39 所示。图 10-39（a）是用 DT9205 型数字万用表测量晶体管直流放大倍数的示意图，图 10-39（b）是 DT9205 型数字万用表挡位选择示意图。

例 22: 用数字万用表检测达林顿晶体管

由于达林顿管的 b、c 间仅有一个 PN 结，所以 b、c 极间应为单向导电性，而 be 结上有两个 PN 结，因此可以通过这些特性很快确认引脚功能。

参见图 10-40，首先假设 TIP127 的一个引脚为基极，随后将万用表置于二极管挡，用红表笔接在假设的基极上，再用黑表笔分别接另外两个引脚。若显示屏显示数值分别为 0.887、0.632，说明假设的引脚就是基极，并且数值小时黑表笔接的引脚为集电极，数值大时黑表笔所接的引脚为发射极，同时还可以确认该管为 NPN 型达林顿管。如果将黑表笔在假设 TIP127 的基极上连接，而红表笔分别接另外两个引脚，则测量的结果均为“OL”不通，说明此管是好的。

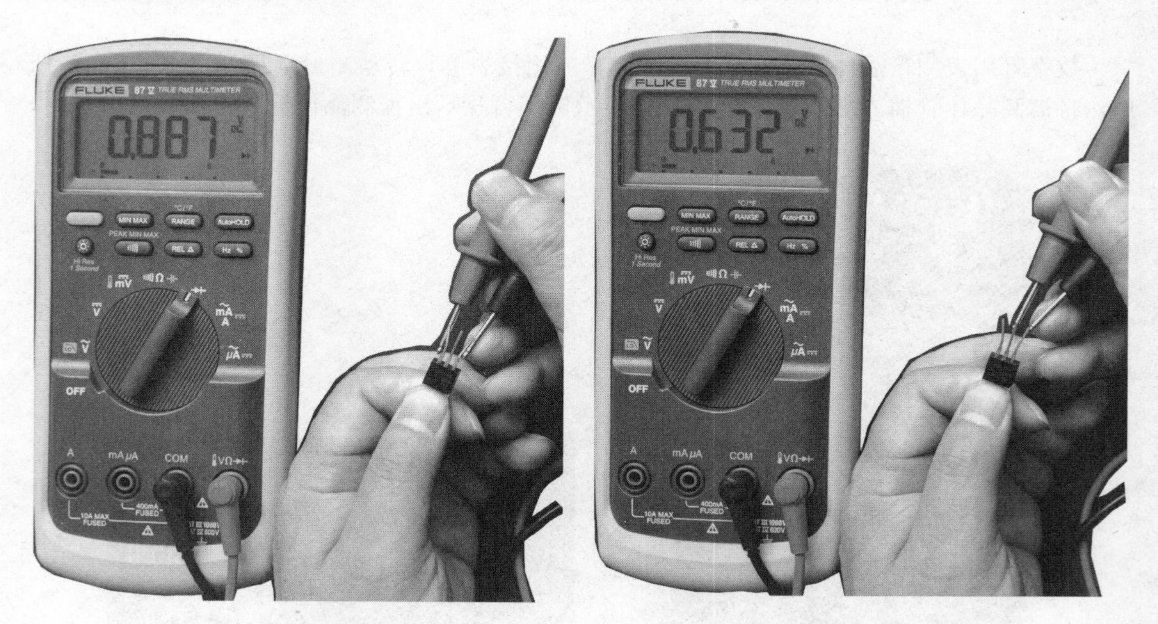

(a) be结正向电阻　　(b) bc结正向电阻

图 10-40　达林顿管管型及引脚的判别

参考文献

［1］ 乔长君. 维修电工技能快速入门. 北京：电子工业出版社，2014.

［2］ 祖国建，肖雪耀. 学会维修电工技能就这么容易. 北京：化学工业出版社，2014.

［3］ 张宪，张大鹏. 电子工艺基础. 北京：化学工业出版社，2013.

［4］ 黄继昌等. 电子爱好者必备手册. 北京：中国电力出版社，2011.

［5］ 陈崇明，刘咸富，吴彤. 快速掌握电工操作技能. 北京：化学工业出版社，2014.

［6］ 黄禹，黄威. 维修电工技术问答. 北京：化学工业出版社，2014.